徐州城市建设和管理的实践与探索——城管篇

主　编：王　昊

副主编：陈　辉　陈　刚　张安永　徐　建

中国建筑工业出版社

图书在版编目（CIP）数据

徐州城市建设和管理的实践与探索——城管篇／王昊主编．—北京：中国建筑工业出版社，2017.5
ISBN 978-7-112-20675-9

Ⅰ.① 徐… Ⅱ.① 王… Ⅲ.① 城市建设−研究−徐州② 城市管理−研究−徐州 Ⅳ.① F299.275.33

中国版本图书馆CIP数据核字（2017）第079903号

　　本书内容共10章，包括发展中的徐州城管、"百姓城管"理念构建、"科学城管"理念构建、"法治城管"理念构建、徐州城市管理执法体制的调整和完善、城市管理热点难点问题的破解、环境卫生管理的优化与提升、市政设施建设与管养、城市环境整治、城管典型案例。

　　本书适合于城市管理及相关岗位从业人员参考使用。

责任编辑：郦锁林　张　磊
责任校对：王宇枢　焦　乐

徐州城市建设和管理的实践与探索——城管篇
主　编：王　昊
副主编：陈　辉　陈　刚　张安永　徐　建
*
中国建筑工业出版社出版、发行（北京海淀三里河路9号）
各地新华书店、建筑书店经销
北京锋尚制版有限公司制版
北京顺诚彩色印刷有限公司印刷
*
开本：880×1230毫米　1/16　印张：19½　字数：507千字
2017年7月第一版　2017年7月第一次印刷
定价：248.00元
ISBN 978-7-112-20675-9
（29539）

《徐州城市建设和管理的实践与探索》丛书

编 著 委 员 会

顾　问：周铁根　曹新平

主　编：王　昊

副主编：陈　辉　李靖华　陈　刚　张安永

　　　　张　军　李　勇　徐　建　周宣东

编　委（按姓氏笔画排列）：

　　　　邓德芳　厉金富　田　原　白潇潇　吕茂松　朱宏森　任明忠

　　　　刘晓春　孙　强　李光耀　李　伟　李　玲　杨兆峰　杨　波

　　　　杨学民　何树川　张元岭　张　宁　周生光　周　旭　姜露露

　　　　姚行平　秦　飞　徐　品　梁红超　韩　蓓　蔡　枫

序一

　　值淮海经济区中心城市建设深入推进之际，《徐州城市建设和管理的实践与探索》系列丛书出版发行了，这是我市城市建设管理工作成果的集中展现，反映了改革开放以来徐州人民意气风发、勠力同心建设美好家园的生动实践。

　　楚韵汉风古彭城，南秀北雄新徐州。徐州是一座拥有5000多年文明史和2600多年建城史的文化名城，五省通衢、兵家必争，戏马台、燕子楼、黄楼、放鹤亭等历史古迹见证了这座城市的厚重与荣耀。新中国成立后特别是改革开放以来，徐州建设发展日新月异，江苏老工业基地、华东煤炭能源基地、全国综合交通枢纽成为城市的鲜明时代印记。近年来，我市坚持以新发展理念引领城市发展，紧紧围绕建设淮海经济区中心城市目标，着力推进城市、产业、生态和社会转型，充分释放现代交通枢纽、富集科教资源、双向开放平台、良好生态环境、城市服务功能等比较优势，持续提升城市综合实力和集聚辐射能力，徐州在淮海经济区的领军地位和带动作用日益凸显，一座富有活力、美丽宜居、和谐文明的中心城市正崛起于淮海大地。

　　党的十八大以来，习近平总书记就做好城市工作作出一系列重要指示，深刻回答了"怎样认识城市"、"建设什么样的城市"、"怎样建设城市"三个重大问题，明确提出了"一尊重、五统筹"的城市工作基本思路，强调"城市是我国经济、政治、文化、社会等方面活动的中心"，"坚持以人民为中心的发展思想，坚持人民城市为人民"，为我们加强城市建设和管理提供了根本遵循。学习贯彻总书记重要指示精神，就要牢牢抓住发展经济、改善民生、构建平台这个城市建设管理的最根本目的，更加注重促进产城融合、塑造特色风貌、提升环境质量、加强社会建设，努力走出一条具有徐州特点的城市发展路子。

　　文以载道，书以立言。《徐州城市建设和管理的实践与探索》系列丛书，从规划、建设、园林和城管四个板块，全面系统地总结了我市城市建设管理的创新探索、显著成效和宝贵经验，并在理论层面上进行了概括和阐述，是一部兼具研究性和实践性的著作。《徐州规划》将以人为本、尊重自然等理念有机融入，注重在规划中留住城市特有的地域环境、文化特色、建筑风格等"基因"；《徐州建设》集中呈现了我市建设现代化、高品质城市的探索历程，在棚户区改造、大枢纽建设、多元化融资等难题上给出了"徐州版"回答；《徐州园林》提炼总结了我市生态园林城市建设经验，对展示绿色振兴成就、传播生态文明理念具有独特价值和意义；《徐州城管》立足打造"精致、细腻、整洁、有序"的宜居环境，记录了"大城管委"体制构建、"城管+公安"综合执法、数字化城市管理等创新举措，提供了破解现代城市管理难题的"徐州模式"。

　　建设淮海经济区中心城市，是带动徐州全局发展的战略举措和牵引抓手。顺应省委、省政府支持淮海经济区建设的难得机遇，我市积极推动淮海经济区中心城市建设纳入国家战略，坚持新型工业化、新型城镇化、信息化互动融合，打造淮海经济区经济、商贸物流、金融服务、科教文化"四个中心"，建设极具实力、令人信服的中心城市，在淮海经济区崛起中更好发挥龙头作用。着力增强区域辐射带动力，加快建设区域性"一中心、一基地、一高地"，积极拓展开放合作新空间，打造区域发展核心增长极；着力增强高端要素集聚力，完善区域创新体系，搭建一流载体平台，形成集聚高端资源要素的"强磁场";着力增强城市功能承载力,优化"2+6+15"中心城市空间布局,推进成片开发、混合开发、融合开发,强化重大基础设施互联互通,提升中心城市首位度;着力增强生态环境竞争力,积极参与江淮生态大走廊建设,加快创成国家生态市和联合国人居环境奖,持续打造"一城青山半城湖"的金名片;着力增强公共服务供给力,加快构建社会建设"十二大体系",提升基本公共服务标准化均等化水平,全力创成全国文明城市,打造社会建设"徐州样板"。

城市,让生活更美好。建设淮海经济区中心城市,必须始终践行以人民为中心的发展思想,"见物"更"见人",时刻关注市民生活、感知百姓冷暖、满足大众需求,把徐州建设得更加繁荣、更具品质、更有温度,让人民群众在城市生活得更方便、更舒心、更美好,使徐州成为区域首善之城,成为一座令人向往的城市。

是为序。

中共徐州市委书记 张国华

序二

　　城市是国家经济、政治、文化、社会的重要载体和活动中心，是国家现代化建设的重要引擎。城市承载了经济社会发展脉络和历史记忆，也展示着时代特征和发展前景。这套丛书，通过规划、建设、城管和园林四个篇章，对徐州城市发展实践进行梳理和凝练，着重反映徐州城市转型发展的历史过程和经验。作为曾经在徐州市政府和政府部门工作过的我们感到十分欣慰，对徐州市日新月异发展和城市面貌的深刻变化感到由衷地高兴。

　　城市发展的历史阶段有其特有的历史规律。徐州作为计划经济时期的资源型城市，曾面临煤炭资源枯竭带来的城市、经济和环境等诸多困难和问题。面对城市转型的需要，徐州市坚持以规划为引领，以提高城市宜居性为目标，努力统筹生产、生活、生态三大布局，经过多年来持之以恒的努力，下大力气进行系统科学规划和生态修复建设，使城市建设面貌和生态环境品质发生了显著变化，形成了具有历史文脉传承和地域风光特点的城市新貌，获得"国家生态园林城市"和"中国人居环境奖"佳誉，在资源型城市转型上进行了积极有益探索和实践。

　　党的十八大以来，习近平总书记系列重要讲话精神阐述了治国理政新理念新思想新战略。中央相继召开了新型城镇化工作会议和城市工作会议，2014年2月习近平总书记在北京市考察工作时强调，建设和管理好首都，是国家治理体系和治理能力现代化的重要内容。他指出，城市规划在城市发展中起着重要引领作用，考察一个城市首先看规划，规划科学是最大的效益，规划失误是最大的浪费，规划折腾是最大的忌讳。他强调，规划务必坚持以人为本，坚持可持续发展，坚持一切从实际出发，贯通历史现状未来，统筹人口资源环境，让历史文化与自然生态永续利用、与现代化建设交相辉映。习近平总书记明确指出我国面向两个一百年，城市发展要体现时代发展新形势和新要求。城市是一个有生命的有机体，要顺应发展需要不断地进行自我更新。坚持创新、协调、绿色、开放、共享的发展理念，坚持以人为本、科学发展、改革创新、依法治市，转变城市发展方式，完善城市治理体系，提高城市治理能力，着力解决城市病等突出问题，不断提升城市环境质量、人民生活质量、城市竞争力，建设和谐宜居、富有活力、具有特色的现代化城市是城市建设和管理者们努力的方向。

　　期盼徐州市委、市政府坚持"四个意识"，人民同心协力、苦干实干，统筹推进"五位一体"总体布局和协调推动"四个全面"战略布局，推动全面深化改革，各项工作取得新进展，徐州城市建设发展不断取得新成果！

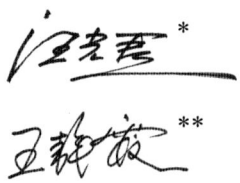

*　汪光焘：曾任徐州市人民政府副市长，建设部原部长，全国人大十一届人大常委、环资委主任委员。

**　王静霞：曾任徐州市规划局局长，中国城市规划设计研究院原院长、书记，国务院原参事，国务院参事室特约研究员。

目　录

0 发展中的徐州城管

随着城市的发展，城市问题日趋多样化和复杂化，城市管理所面临的任务也越来越艰巨。新中国成立初期徐州市区仅有人口26万余人、面积13.23km²，现在人口激增至300多万、面积超过3000km²，各种要素的集聚，给城市管理工作带来了巨大的压力与挑战。在此背景下，徐州在前无现成路子可循、上无明确业务指导可引，加之城管执法队伍庞杂、队伍隶属关系分散的情况下，通过调整机构、建章立制、引入市场等手段，不断推进体制创新和机制转换，收到了明显成效。尤其是近年来，紧紧围绕打造"精致、细腻、整洁、有序"城市环境的目标，以"天更蓝、地更绿、水更清、路更畅、城更靓"五大行动计划为主线，依托江苏省优秀管理城市、国家生态园林城市、国家卫生城市、全国文明城市"四城联创"等活动的开展，大力开展市容环境综合、专项整治，城市环境不断优化升级；在全国率先全面实施环卫保洁市场化和第三方监理，推行"积尘称重"深度精细保洁模式，环境卫生质量始终保持较高水平；创新"城警联动、巡查一体"执法协作新模式，大量热点难点问题得到较好破解，有效解决了城管"执法难、难执法"突出问题；强化城市功能性基础设施的配套、建设和监管，城市综合服务承载力不断增强，探索出了一条颇具徐州特色的大中城市管理之路。

0.1 徐州城管的起步和探索时期（1981～2001）

徐州市城市管理工作起步于20世纪80年代初，1981年成立了市城市管理委员会，负责全市的城市管理工作；1986年明确了城市管理工作由市各有关单位共同负责、各司其职，城市管理委员会负责协调、监督和指导；1989年成立市城市管理办公室，为市政府直属机构，同时也是市城市管理委员会的具体办事机构。1996年8月，市委、市政府决定市城市管理办公室更名为市城市管理委员会并正式列入政府职能部门序列。

1996年8月28日，经市人大制定、省人大批准，《徐州市城市市容和环境卫生管理条例》正式颁布实施。11月10日，市城管委制定下发《徐州市城市管理行政处罚程序规定》，以地方性法规的形式明确市城市管理委员会作为城市市容环境卫生行政主管部门的行政执法主体地位，指出市容和环境卫生管理实行统一领导、统一规划、条块结合，分区负责实施的属地管理和专业分工管理相结合的原则。12月2日，市城管委成立徐州市城市管理行政复议委员会，受理行政管理相对人对市下一级城管部门的具体行政行为而提起的行政复议，进一步规范了行政执法行为，徐州市城市管理开始走上了法制化轨道。

1997年4月10日，市政府办公室下发《关于印发徐州市城市管理委员会职能配置、内设结构和人员编制方案的通知》；4月25日，市城管委发布《关于整顿全市城管队伍的公告》，公布了城管队员的服装、标志及执法证件，以及市政府法制局和市城管委的举报电话，规范了行政执法队伍，畅通了市民参与路径、提高了公众参与程度。7月24日，市政府将原隶属于市城建局的"徐州市环境卫生管理处"和"徐州市上山垃圾处理厂"整建制划归市城管委。徐州市城市管理委员会先后改编、成立徐州市城市管理电化教育中心、市城管委劳动就业管理处、停车场管理处、户外广告管理处、霓虹灯管理处、洗车场管理处、工程渣土管理处、黄河故道管理处、九里山建筑垃圾堆放管理处、东站广场监察中队、古彭广场监察中队等专业管理机构，人员近500人，并进一步理顺了市环境卫生管理体制，为城市管理工作的开展打下了良好的基础。

1998年3月，市城管委制订"三场一路"亮化美化方案，6月开始实施工作，10月20日建设工程完工。7月，针对10个规模较大、环境较差的居民小区，按照治乱、治脏、完善基础配套设施、绿化美化等4个方面进行了居民小区综合整治活动。8月18日，颁布实施《徐州市市区生活垃圾袋装管理办法》，规范了市区生活垃圾管理。12月29日，市区公厕保洁使用管理权拍卖会在市城管委举行，此次拍卖标的共9座公厕，原定底价总额4.32万元，实际成交价总额7.97万元，超出底价84.44%，拍卖所得资金，由各区环卫处全部用于公厕的建设维护补助，市区公厕保洁使用管理权的拍卖，成为环卫保洁市场化萌芽阶段的有益尝试。

1999年8月3日，市城管委聘请了来自市区党政机关、企事业单位、新闻界等23个部门和单位的50名城管义务监督员，他们中既有人大代表、政协委员，又有民主党派人士，具有广泛的社会代表性和较强的监督能力。各县（市）区也相继聘请了社会义务监督员，初步形成了市、县（市）区二级城市管理社会监督网络，有力地促进了城市管理工作的开展。9月4日，市城管委分别与云龙区、鼓楼区、泉山区、九里区城管办、市户外广告管理处、彭城人民广场管理处等20个单位签订了市容环境卫生管理《行政执法委托书》。《行政执法委托书》明确规定了各受委托组织的委托执法权限、委托执法范围、委托执法时间及应遵守的委托事项。实施执法委托后，各受委托执法组织在委托范围内统一以市城管委的名义，行使国务院、省、市有关城市管理法律、法规的部分行政处罚权，基本上做到了全市城管系统执法主体统一、执法文书统一、执法票据统一，保证了城市管理执法的合法性，进一步理顺了城市管理体制，维护了城管执法队伍形象。11月9日，市城管委制定了《关于事业单位聘用（任）制人员的使用管理意见（试行）》，决定从2000年起，逐步实现事业单位全员聘用（任）制。

2000年1月6日，根据建设部和省建委有关文件要求，全市城管监察队伍换着统一新制式的城管服装标志，这对于规范全市城管监察队伍具有重要意义。4月10日，市城管委在电信168信息台开通了城市管理信息专线，市民只要拨通168相关号码就可查询城市管理有关知识和问题，这既有利于宣传城市管理的相关法律法规，也有利于市民监督作用的发挥。4月18日，市城管委、市财政局、市物价局、市地税局、市工商局联合制定下发了《市区生活垃圾处置费征收和使用管理实施细则》，明确了生活垃圾处置费征收对象、征收标准、征收办法、使用和管理、奖励与处罚等细则，规范了生活垃圾处理收费行为。6月24日，泉山区环卫处委托徐州市中桥拍卖公司，对该辖区内的16座公厕进行现场拍卖，拍卖所得资金主要用于市区公厕的改（扩）建。至此，全市已有28座公厕的使用权被拍卖，这标志着全市公厕管理向市场化迈出了一大步。7月，江苏省委党校、省行政学院在南京专门举办了"徐州城管模式暨城市现代化研讨会"，会议对"徐州城管模式"给予了充分肯定和高度赞扬。7月23日，《新华日报》在头版刊发长篇报道《城市管理看徐州》；11月2日，《新华日报》又在"辉煌九五"专栏推出报道《"创新和发展，永远是我们的唯一选择"——来自徐州城市管理工作的报告》，当年国内有41个城市285人次先后来徐州考察城市管理工作。8月底，由徐州市城市管理委员会主办的"中国城市管理信息网"正式开通，该网站为中国第一家以城市管理为核心内容的行业门户网站，主要定位于全国城市管理系统交流的信息平台、全国城市管理系统与市民交流的信息平台和中国城市管理系统与国外城市管理系统交流的信息平台。12月底，市城管委开展了"十万市民评城管"活动，在社会上引起强烈反响，该活动主要从市容市貌、队伍形象、执法力度、管理重点、执法方式等10个方面对徐州市城市管理工作进行一次全面的调查，广大市民对近年来徐州市城市管理工作给予充分肯定的同时，也提出了一些意见和建议，对于城市管理工作的进一步展开具有重要的指导意义。

2001年6月12日，为严格依法行政，加强城管系统行风建设，便于社会监督，根据《中华人民共和国行政处罚法》及国家、省、市城市市容和环境卫生管理法规规定，市城管局发布了《关于市区城市管理依法行政的公告》，进一步推动了行政执法程序规范化进程。9月5日，为确保市区市容环境管理效果，充分发挥市、区两级城管部门的作用，根据国家《行政处罚法》、国务院《城市市容和环境卫生管理条例》等相关法律、法规的规定，市城管局下发《关于进一步明确市、区城管部门执法区域的通知》，指出市城管局是全市市容和环境卫生行政主管部门和行政执法主体，明确了市、区城管部门执法区域。

这一时期，徐州市逐步探索出了一系列既符合本市实际，又在全国具有示范意义的城市管理工作新举措，形成了统一调度、集中整治、联合执法、管理配套的城市管理新模式，被国内同行誉为"徐州城管模式"，初步呈现出现代"大城管"体制的雏形。当然，由于原有的城市管理体制无法解决职权交叉、多头执法、重复执法等问题，因此有必要进一步进行改革。

0.2 徐州城管的改革时期（2002～2010）

2002年4月，市委、市政府在调查研究的基础上，根据徐州市城市管理工作特点，本着"两级政府，三级管理，四级网络"的原则，对城市管理体制进行改革，将原市城管局环境卫生、夜景灯饰、洗车场、停车场、河道、垃圾处理、工程渣土管理等职能划至市市政公用事业管理局；将户外广告审批、管理职能划至市规划局；将淮海广场管理职能划至市园林局。为发挥区级政府的作用，市政府将"对道路、广场、居民小区等公共场所进行保洁和垃圾清运，负责收取城镇垃圾处置费；负责管理道路门前三包；制止违章搭建建筑物、构筑物；受市规划部门的委托，对市区除重要地段外的户外广告的设置进行审批和管理"等14项城市管理权下放给各区政府行使。7月12日，国务院法制办下发了《关于在江苏省徐州市开展相对集中行政处罚权试点工作的复函》，决定在徐州市开展相对集中行政处罚权试点工作，明确了集中行使行政处罚权的行政机关的八个方面的职权范围。8月5日，省法制办下发《关于在徐州市开展相对集中行政处罚权试点工作的通知》，决定在徐州城区进行相对集中行政处罚权试点工作。10月11日，市政府印发《徐州市城市管理行政执法局职能配置、内设机构和人员编制规定》，决定撤销徐州市城市管理局，组建徐州市城市管理行政执法局（以下简称"市执法局"），各区（开发区、风景区）分设行政执法分局，实行管罚分离。11月6日，市政府印发《徐州市城市管理相对集中行政处罚权试点工作实施方案》，对实施城市管理相对集中行政处罚权的基本原则、范围、机构设置和人员编制、管理体制、经费保障和管理、相关部门职能调整、人员招录和队伍管理、人员分流、配套制度和措施等做了具体规定。11月7日，市政府出台《徐州市城市管理相对集中行政处罚权试行办法》，明确相对集中行政处罚权机关集中行使包括市容环境卫生全部和城市规划、市政、公安交通、园林绿化、环境保护、工商无照商贩等方面的部分处罚权，已经集中行使的处罚权，其他部门和单位不再继续行使。同年，城市道路管理市场化改革也正式启动。6月9日，市城市环境综合整治指挥部召开新闻发布会，公布淮海路保洁与秩序管理实行市场化运作，两家民营企业雪里红物业管理有限公司和金诺后勤管理服务有限公司取代原环卫保洁和门前三包人员，进行淮海路保洁与秩序管理工作。9月24日，市政府举行淮海路、中山路道路保洁与秩序管理招标投标会，经过评定，雪里红物业管理有限公司和国华物业保洁公司分别中标，市场化保洁面积达62万m^2，标志着徐州市城市道路管理市场化运作迈出重要一步。

2003年9月12日，市政府下发文件成立徐州市城市环境综合整治办公室，全面负责市区城市环境综合整治工作的领导、指挥和协调工作。10月，为了充分发挥区级政府的作用，确立区政府在城市管理中的主体地位，市委、市政府对城市管理行政执法体制进行了调整，将原隶属于市执法局的各执法分局整建制划归各区政府领导，建立起了"两级政府、三级管理、以区为主、重心下移"的管理体制。

2004年1月，市政府进一步推动环卫保洁作业市场化改革，以公开拍卖的形式将清扫保洁扩展至5条道路，保洁面积增加到126万m^2。从2月起，市城市环境综合整治办公室按照市委、市政府《关于进一步加强城市管理，开展城市环境综合整治的通知》要求，牵头组织市相关部门和各区政府，对市区范围内的132条主、次干道，从市容环卫、市政设施、园林绿化、道路交通、公共设施和规划管理等方面进行全面整治；按照无违章搭建、无噪声和油烟扰民、无机动车和非机动车乱停乱放、无饲养家禽和无证养犬现象、园林绿化等方面达标的标准，对全市188个物业、非物业管理小区进行了全面治理。在搞好全市道路、小区整治的同时，集中力量和时间，分阶段大力开展了违章建筑、无证养犬、户外广告、沿街建筑物及构筑物美化、"三场一路"和"一湖一河"、市场和停车场等6个方面的专项整治，通过开展专项整治活动，老城区的环境秩序得到优化，城市容貌明显改善。11月，市政府对城市管理体制和职能权限进行了调整，成立市市容管理局，与市执法局合署办公，两块牌子、一套班子，简称"市市容与城管执法局"，是市人民政府主管城市市容环卫工作的职能部门和市级城市管理相对集中行政处罚权的执法主体。将各区城市管理行政执法分局改名为各区城市管理行政执法局，赋予独立的执法主体资格，原区城市管理局改名为区市容管理局，与区城管执法局合署办公，两块牌子、一套班子，简称"区市容与城管执法局"。经济开发区的城管执法工作由市执法局进行委托执法。构建了"两级政府、三级管理、四级网络、重心下移、以区为主、上级监督"的管罚合一城市管理体制，明确了区级政府的主体地位，强化了街道、社区在城市管理中的作用。

2005年，市委、市政府将城市管理工作纳入各区（含开发区）的经济目标考核体系，从经济目标百分制考核中拿出20分，对各区的城市管理工作进行考核，市市容管理局承担市容管理和环境卫生管理两项计16分考核职责。其中，市容管理占11.2分，包括违章建（构）筑物拆除、居民小区、占道夜市烧烤摊点、"野广告"、户外广告、道路两侧建（构）筑物立面（外观）、占道摊点、沿街围墙整治、道路容貌及市政设施管理10项内容。环境卫生管理占4.8分，包括环卫经费投入、市容环卫责任区制度落实、道路街巷及小区保洁作业、环卫设施管理4项内容。为保证考核工作的科学、公正、合理，组建考核机构，充实考核人员，建立健全考核验收办法，从组织建设、目标计划、队伍建设、制度保障、资金投入5大体系方面进行严格检查。通过综合考核，各区对城市管理重视程度不断加大，各项措施更加扎实，长效管理机制逐步建立，工作成效比较显著。

2006年，市政府继续稳步推进环卫保洁作业市场化改革。6月，首次采用政府采购的方式，将市区15条道路保洁向社会公开拍卖，各区对部分道路也进行了市场化运作，保洁面积达到231万m²，有效提升了保洁作业水平。为有效解决"市容"与"繁荣"的矛盾，更多地关注民生，市市容管理局在城市管理工作中坚持以人为本，牢固树立民本理念，提出了市区道路占道摊点"严禁区、严控区、控制区"管理要求。将创建省级示范路的10条道路和淮海、彭城、人民三大广场设为严禁区，禁止设置摊点；将创建市级示范路的道路设为严控区，允许设置规范化便民服务点；将省、市级示范道路和"三大广场"外的其他道路和区域设为控制区，允许设置方便群众的规范化摊点群，占道摊点管理成效不断提高。按照规划定点、统一标识、统一工具原则要求，在市区次要道路、街巷设置200个便民修车（修鞋、修锁）点；在市区居民区、街巷规范设置了500个西瓜直销网点，方便了百姓日常需求。协调各区街道在社区设置了近200座便民"信息服务牌"，为各类服务公司提供更多的信息发布窗口，社区乱涂写、粘贴"野广告"现象得到一定遏止。积极探索"功能街"打造工作，选择一些小街道（如鼓楼区中学路、泉山区王陵路、云龙区统一南街等），调整门面房经营业态，设置更多功能多样的便民服务点，充实城市功能，满足群众需求，受到群众普遍欢迎。

2007年，城管部门加强对15条市场化保洁道路的监管，强化检查、考核，要求保洁公司严格落实经费、配备人员，推行每天两普扫、16h巡回保洁制；各区（保洁公司）改道路白天洒水为夜间冲刷，加强垃圾清运和机械化作业（垃圾清运率达到了98%，主要道路机械化清扫率达到40%），保洁质量得到提高。按照有情、和谐和阳光拆违的思路，重点对影响城建工程建设、群众生活和城市容貌的违法建设进行了拆除，全年城区共拆除违法建设1820余处、57万余m²，拆违面积超过了前10年总和，实现了历史性突破。同时，还完善了"市容环境好不好由群众说了算"的考评机制，推行义务监督员制度，把群众评价意见作为考评成绩的重要指标，切实让市民参与、见证和监督城市管理，全面调动人民群众在城市管理中的积极性，努力实现"城市管理人民管"的城管工作目标。

2008年，按照市政府要求，大力推进环卫保洁作业市场化，制定了《关于全面推进城区道路街巷清扫保洁市场化的实施方案》，城区所有建成已移交的220条、近970万m²主次干道［不含三环路和国（省）道穿城公路］，477条计140万m²街巷全部实现了市场化保洁，加上园林广场、贾汪区、铜山新区的市场化道路，全年全市市场化保洁面积约1500多万m²，是2006年市场化保洁面积的6.56倍。徐州市成为江苏省第一个全面实行道路、街巷保洁市场化的城市，市场化率位居全省第一，全面市场化保洁机制的推行，改变了全市道路、街道脏乱局面，使城市环境卫生水平得到显著提升。

较长时期以来，我国城市管理体制复杂，城市管理相关部门利益分割、各自为政。具体表现为管理机构重叠、职能交叉、扯皮推诿，缺乏统筹、协调和规划等，影响甚至阻碍城市发展。2009年，徐州市借鉴先进城市经验并结合自身实际，着力构建"大城管"体制。市政府成立了市城市管理委员会，由市长任主任、分管城建城管和公安的两名副市长任副主任，成员单位涵盖48个市级职能部门和各县（市）、区政府。市长作为城市管理的第一责任人，对所辖相关部门行使指挥权、督导权和赏罚权，统筹各职能部门，共同维护城市基础功能，管理城市公共空间，保持城市健康正常运作和良好秩序。市城管委下设办公室为其日常办事机构，市政府副秘书长任办公室主任，主要承担研究制定全市城市管理发展规划、工作目标和相关制度，对各成员单位城市管理职责进行分解，并组织、指导、监督、考核其做好城市管理工作等7项工作职能。"大城管"体制的推行，搭建起了高位指挥、高位组织、高位协调的管理平台，在市区之间、市各相关部门之间，以及城市管理、养护、执法等各行业之间加强沟通、理顺关系、形成合力等方面提供了载体，也为整合力量、畅通信息、破解管理顽症提供了组织保障，城市管理不再是"头疼医头、脚疼医脚"。"大城管"体制的建立，对于改变旧的城管观念，打破旧的城管体系，建立科学的现代城市管理新体系、新机制具有重要的意义。为推进数字化城市管理系统建设，制定了《徐州市数字化城市管理系统建设方案》，得到了住房和城乡建设部数字化城市管理新模式推广小组专家组的高度评价和充分肯定。年度完成了城市部件、影像数据普查建库，系统平台基础9大子系统，建设、园林、市政、水利部门视频等相关配套设施整合及监督指挥中心建设任务，市、区两级监控平台建设完成并实现了上线试运行。数字化城市管理工作的有序推进，为下一步推动城市的科学、严格、精细、长效管理，提高行政效能和公共服务水平创造了有利的条件。

2010年经国务院和省政府批复同意，徐州市部分行政区划调整工作启动实施，行政区域面积从过去的1159.9km²增至3037.3km²，人口从原来的184.3万激增到306.4万，城市规模的迅速扩张使城市管理的复杂性和难度系数陡增。面对严峻形势，结合国家、省大部制改革等有关要求，市委、市政府对城市管理工作做出了调整，将市市容管理局更名为市城市管理局，挂市城市管理行政执法局牌子；将原市市政公用事业管理局城市道路、桥涵、路灯管理职责（含公交场站建设管理职责）划入市城市管理局；原市市政公用事业管理局直属的市政工程养护管理处（不含排水管网维护公司）、照明管理处、市政公用监察大队、市政拆迁处、12319城建便民服务中心、工人医院、经纬监理有限公司和客运场站建设管理有限公司8个基层单位划归市城市管理局。对市城管局职能的重新划分和机构的大力度调整，为日后徐州建、管、罚"三位一体"体系的建立、完善奠定了坚实的基础。市城管局在组织结构清晰、责任职能明确的条件下，迅速形成了以创建"示范道路"为抓手，按照典型引路、示范带动的思路，采取以点带面、重点突破、循序渐进的城市管理方式，以"整修一条路、出新一条街、提升一方形象、惠及一方居民"为目标，将徐州城市管理工作推向了新的高度。当年，在历时8个月时间、投入近亿元对淮海西路进行全方位整治后，淮海西路以全省考核得分第一名的成绩成功跻身"省级市容管理示范路"行列。在环卫保洁方面，坚持以市场化为导向，积极推进政府职能转变和环卫服务社会化进程，变"运动员"为"裁判员"，变"以费养人"为"以费养事"，管干分离，制定下发了《关于全面推进城区道路街巷清扫保洁市场化的实施方案》，主城区共计587条、约1165.2万m²道路街巷，256.75万m²道路绿化带和6.3万m交通护栏，全部实行了市场化、一体化运作，至此，徐州市也在全省率先实现保洁市场化全覆盖。

0.3　徐州城管的发展时期（2011至今）

2011年，市委、市政府印发了《徐州市国民经济和社会发展第十二个五年规划纲要》，明确了"十二五"期间要以特大型区域性中心城市建设取得重大突破为目标，城市化水平提高到57%以上，城市功能大幅提升，基本建成区域性产业、交通、商贸、教育医疗、物流、旅游、金融、文化"八大中心"，初步形成徐州都市圈和淮海经济区核心区，把徐州建成充满活力的创新型城市、充满魅力的生态园林城市和充满竞争力的区域性中心城市。2016年，在巩固发展成果基础上，市委、市政府又明确提出，在"十三五"期间要全面实施创新驱动战略，全力打造"精致、细腻、整洁、有序"的城市环境，加快建设区域性产业科技创新中心、区域性先进制造业基地、区域性现代服务业高地，重点在项目建设、改革攻坚、双向开放、板块支撑、民生共享上下力气，求突破。围绕上述目标，城市管理工作紧紧跟进徐州的发展大局，推动城市管理由单纯的环境治理、事务管理向优化资源整合、改善城市形象、提升市民素质的转变。尤其是2015年以来，通过全方位的机制创新，着力推进各类城市管理薄弱环节、要素的破解，实现了城市管理发展的崭新跨越，得到住房和城乡建设部与省住房和城乡建设厅的充分肯定，先后有80余批次外地城市、1100多人来徐州考察交流。

2011年，进一步加快推进数字化、网络化城市管理建设步伐，促进城市管理方式的转型，构建与特大型区域性中心城市相适应的城市管理新模式。首先，积极探索以"街长、片长"为载体的网格化管理新机制，采取"试点先行、统一模式、整体推进"的办法，将市区31个街道办事处333条路段、225个社区，划分成为47个"片"、224个"分片"、385个"责任路段"，并分别配备片长、分片长、街长及路段协管人员等近3000人，基本实现管理全覆盖、无缝隙，考核点评、奖勤罚懒、责任倒查、公示监督等机制初步形成；启动运行数字化城市管理监督指挥系统，派遣各类案件5.4万余条，结案率稳步提升。其次，认真总结2010年淮海西路"省级市容管理示范路"成功创建经验，以"精心、精细、精致、精品"为目标，全力推进淮海东路、中山南路省级市容管理示范路创建工作，整治沿街建筑外立面6万余m²；拆除违建28处、1800余m²；新建港湾式公交站台13个，更换新型果皮箱300个，安装门牌518块，道路改造参照高速公路标准设计，建成双向六车、局部七车道，两条道路市容景观和品质形象实现质的飞跃，并以优异成绩跨入"省级市容管理示范路"行列。积极搭建市级市容管理示范路创建平台，制订并下发了《徐州市示范路建设指导意见》，各县（市）区17条道路通过了市级市容管理示范路考核验收。最后，正式申报创建省住房和城乡建设厅组织的"江苏省优秀管理城市"创建活动，市委、市政府主要领导和分管领导高度重视，成立了以市长为组长、分管市长为副组长的创建领导小组，对创建工作提出了明确要求和指示。

2012年，以理顺体制、优化机制、改善环境、服务民生、促进发展为主线，以创建"江苏省优秀管理城市"为抓手，大力开展"两项示范创建"活动，城市环境明显优化，人民满意度进一步提高，城市管理工作呈现快速发展的局面。首先，围绕"江苏省优秀管理城市"创建标准要求，开展老旧小区、街巷、城中村、城乡接合部、建筑工地、农贸市场等环境综合整治活动；抓好中心镇创建、城乡美好建设行动和乡村容貌环境治理等，城市综合管理绩效显著。其次，认真贯彻落实市委、市政府"外创示范道路、内创幸福家园"工作部署，把省、市级示范路创建作为提升城市容貌和管理水平的有力抓手，中山北路、民主南路和民主北路成功跨入省级市容管理示范路行列，徐州市市区以5条省级示范路保有量位居苏北第一，邳州市解放中路成为首条县域省级示范路；围绕"幸福家园"创建，实施"百条背街小巷、百个老旧小区""双百"市容环境专项整治，组织99个小区分层次参与市容管理示范小区创建，一大批热点难点问题得到解决，锦绣滨湖等30个居民小区被命名为"市容管理达标小区"。第三，将网格化管理与信息化手段有机结合，加快"数字城管"项目建设，一期项目顺利通过省厅验收，二期工程覆盖范围由118km²扩大到535km²，13个市级部门监控资源实现共建共享，公开透明、科学高效的考评体系基本形成，"数字城管"建设被住房和城乡建设部列为科技示范项目。第四，大力倡导绿色交通、低碳出行理念，坚持公益性和便民性原则，采取政府主导、企业运作方式，在市区（含新城区、云龙湖风景区）范围实施公共自行车服务系统建设，设置停放站点297个，安装锁车器8200个，投放公共自行车7500辆。当年共为市民办卡20.6万张，借车人次达395万、日均约5.5万人次，每辆车使用次数在8次/日以上，为市区道路交通分担率在3%以上，收到了良好的经济和社会效益。第五，着力提升环卫保洁质量，完善环卫规划，修订道路机械化和人工普扫作业标准，优化作业时间、频次，扩大机械化作业覆盖面；探索、推广"四位一体"和"日扫夜洗"保洁新模式；开展保洁作业车辆安全检查和性能鉴定，增强保洁单位履约效能；积极创新市场化监管机制，引入社会第三方评估监理机构对保洁单位实施考核，确保市区环卫保洁质量始终保持在较高水平。

2013年，紧紧围绕市委、市政府"建设美丽徐州、打造生态宜居环境"工作部署，以实施"天更蓝、地更绿、水更清、路更畅、城更靓"五大行动计划为指引，开展"外创示范道路，内创幸福家园、示范社区"活动，深入推进环境综合整治，全力抓好"三重一大"、为民办实事工作落实，切实巩固优秀管理城市创建成果，城市环境进一步优化，城市功能不断完善。首先，徐州市顺利通过考核验收，被省住房和城乡建设厅授予"江苏省优秀管理城市"荣誉称号，徐州市率先建成为苏北首家住房和城乡建设厅命名的优秀管理城市。其次，开展城市环境综合整治行动。按照省、市生态文明工程建设和环境整治工作部署，大力实施"天更蓝"、"城更靓"行动，将"931"扩展为"9332"，精心编制方案，落实资金投入，周密组织实施。深入开展"外创示范道路，内创幸福家园、示范社区"活动，将市区解放路、滨湖新天地东街纳入省级示范路创建范围；围绕环卫保洁、广告清理、占道经营、车辆停放、公共秩序、绿化硬化、家禽饲养和城管进小区等"八个管理到位"的标准，在市区90个幸福家园参创小区开展综合整治，评出"市容管理示范小区"27个；根据《江苏省城市管理示范社区标准》的有关要求，启动了市级城市管理示范社区的创建工作。第三，提升服务民生能力。完成公共自行车服务系统二期工程增点扩容；抓好市管道路、桥梁等市政设施管养，推行"无痕养护"、"巡养一体"新机制；加快"智慧照明"建设，完成路灯自动化系统升级改造，初步实现"三遥"（遥控、遥测、遥信）控制目标，结束了长达50年依靠人工巡查的历史。第四，启动实施市区环卫保洁第三方监理工作，市政府出台了《徐州市市区环境卫生保洁、园林绿化第三方监理实施方案（试行）》，东盛物业公司中标成为市场化第三方监理公司，徐州在全国范围内首创性实施环卫保洁和园林绿化管养市场化运作的第三方监管。第五，开展了以"跟着垃圾去旅行"、"环卫进校园"和"我当一天环卫工人"等为主题的"城管开放日"活动，拟定了《关于进一步保障环卫工人合法权益的意见》，确立10月26日为徐州市"环卫工人节"，对10名"最美环卫工人"、200名"优秀环卫工人"进行深度宣传和表彰。

2014年，按照市委、市政府中心工作部署，以江苏省优秀管理城市、国家生态园林城市、国家卫生城市、全国文明城市"四城联创"为目标，以"天更蓝、地更绿、水更清、路更畅、城更靓"

五大行动计划为主线，以"9332"城市环境综合整治为内容，切实巩固各项创建成果，城市基础设施服务功能进一步提升，城乡人居环境进一步优化，城市管理水平再上新平台。首先，抓好"四城创建"工作落实。将江苏省优秀管理城市、国家生态园林城市、国家卫生城市和全国文明城市"四城"捆绑联创，围绕考核指标，细化工作责任，厘清任务清单，明确时间节点，加大监管力度，全力推进实施。结合创建活动，同步开展城郊接合部、城中村、居民小区、农贸市场和校园周边、背街小巷、"三站一中心"等环境综合治理，较好解决了乱搭乱建、乱扔乱倒、乱扯乱挂、乱堆乱放、乱贴乱画和垃圾积存等热点难点问题。其次，继续深入开展"外创示范道路，内创幸福家园、示范社区"活动。在41条市级城市管理示范路中，优选夹河东街、泰隆商业街和丰县南苑路、邳州建设南路、新沂大桥路等5条商业道路参与省级示范路创建，在6个市级示范社区中推荐新沂市大桥社区、丰县滨河社区参加省级示范社区创建，均顺利通过省检查考核，省级示范路达到16条、省级示范社区达到5个，遥遥领先苏北其他地市。对市区72个幸福家园参创小区开展综合整治，年度评出20个"市容管理示范小区"。第三，加强环卫保洁精细化管理。出台道路、街巷精细化作业等一系列规范文件，编印《徐州市环境卫生作业规范及标准》手册及宣教光盘，对保洁员进行业务技能培训。制定落叶清扫与收运等应急预案，深入推进"垃圾不落地"和"三位一体"保洁新机制；在主次干道大力落实16h保洁制、20分钟保洁法和"一冲、两扫、两洒、一禁止"作业模式，市区道路机械化作业率达81.5%，城区环境卫生质量始终保持在较高水平。第四，强化停（洗）车场规范管理。认真落实《关于加强政府投资性公共停车泊位管理工作实施意见》，联合交警部门在具备条件的农贸市场周边设置公共停车场或停车泊位，出台《徐州市非机动车停放管理办法》等，对城区所有收费停车泊位进行了标识完善，推广收费员、摆放员、监督员"三员结合"管理模式。

2015年，紧紧围绕市委市政府"天更蓝"、"地更绿"、"水更清"、"路更畅"、"城更靓"五大行动计划等中心工作部署，在成功创建国家卫生城市后，以创建生态园林城市、全国文明城市和江苏省优秀管理城市为抓手，大力推动体制机制创新，扎实开展城市环境综合整治，努力提升环卫保洁质量和市政设施建管质量，着力解决热点、难点问题，城市形象、功能、品质得到显著提升。首先，推行"城警联动、巡查一体"执法协作新模式。针对城管工作"执法难、难执法"的实际，与市公安局联合下发《徐州市城市管理行政执法协作规定实施方案》（方案1至方案4），依托新设置的50个城管岗亭，将市区划分为64个巡区，整合巡区内城管队员、公安巡防警力，相互配合、协助、监督、处置各类城市管理问题，有效地解决了占道经营、店外经营和一些长期存在的热点难点问题，城市面貌焕然一新，城市管理常态化、长效化格局基本形成。其次，实施"城""警"联动，治理违停乱象。为解决市区"停车难、停车乱"现状，与市公安局联合印发《加强市区机动车停车管理工作实施方案》（徐公通［2015］111号）文件，将市区301条主次干道，根据等级划分为A、B、C三类。其中A类、B类道路为严管示范路、城市主干道，由公安交警和公安巡防力量共同负责，依法按照违反禁令标志上限实施停车管理。50个城管岗亭值岗人员和各区城管应急执法队伍负责C类道路、227条城市支巷的停车管理工作，主要职责是对违停车辆张贴违法告知单并做好取证上传工作，交由交警予以审核、处罚，较好弥补了交警部门警力不足问题，确保机动车辆"入位停车、规范停车"。新办法的实行，使市区主次干道机动车停车秩序大为改观。第三，结合创建活动，选择王场小区、三角线社区，实施老旧小区改造试点，市城管局、市公安局等部门自筹资金，协同市房管局、鼓楼区政府开展综合整治，由公安局金盾物业公司进驻管理，实现了监控到位、路面平、路灯亮、下水通、垃圾清、公厕净等目标，刑事案件大幅下降，群众安全感达97.8%，市民幸福指数大为提升。大力开展市容环境综合，疏堵并举治理马路市场、占道经营。出台了《徐州市临时便民疏导点管理暂行办法》，从方便市民购物和消费角度出发，合理规划设置临时便民疏导点。重拳治理广告店招乱象，严格执行省住房和城乡建设厅《城镇户外广告和店招标牌设施设置技术规范》要求和徐州市广告规划，依法开展各类违法户外广告、门头店招等专项整治。多措并举治理建筑工地和渣土运输，按照"六个起来"、"六不开工"要求，开展出土工地扬尘防治及渣土运输专项整治行动。第四，推广"积尘称重、深度保洁"环卫作业模式。制定下发了《关于开展环卫保洁精细管理的通知》（徐城管发［2015］81号）、《徐州市环卫保洁精细管理考核办法（试行）》、《关于印发〈徐州市环卫保洁精细管理考核实施方案〉的通知》（徐城管发［2015］87号）等文件，在主城区全面开展环卫保洁"积尘称重、量化考核、精细管理"工作，确立以机械冲洗作业为主，人工作业为辅的原则，在部分主干道实行了"三位一体"冲洗模式；考核监测结果按照"一点三计量"的原则，采取"一分两用"办法，将道路积尘合格率对应"保洁质量"和"扬尘治理"项目分值，分别与保洁公司当月经费拨付相挂钩，同时计入年度城市管理考核成绩。该举措有效降低了道路积尘，提升了路面清洁度。第五，实施"钻芯取样"，确保工程质量。根据市委、市政府工作安排和部署，精心实施了道路畅通改造、生态文明提升、公共设施完善等27项城建重点工程和为民办实事项目。为确保道路建设工程质量，专门成立了质量监督站，对所有道路工程项目采取"钻芯取样"揭露性检测方式实施过程监督和竣工验收。通过"钻芯"提取样本，现场测量沥青混凝土结构层厚度、弯沉值等是否符合要求，封存样本并送至专业质检部门进行其他质量综合检测。"钻芯取样"改变了过去对道路质量的检测只限于外观检测与工程资料审查的传统做法，提高了检测精度和标准，实现了工程质量、进度"双过硬"。

2016年，围绕市委、市政府中心工作部署，结合省"931"城市环境综合整治接续行动计划和全市文明城市创建等要求，立足打造"精致、细腻、整洁、有序"的城市环境，牢树"百姓城管、科学城管、法治城管"理念，大力推进思路、机制创新，城市科学化、规范化、精细化、长效化管理水平显著提高，城市管理事业发展取得新突破。首先，落实城市长效管理监督考核机制。市城管局在充分调研、反复论证基础上，制定了《徐州市城市长效管理考核办法》（徐政办发〔2016〕96号）。按照一个考核体系、一个考核标准、一支考核队伍、一个考核结果、一个结果运用的"五个一"原则，将各区42个街道办事处分成A、B、C、D四类、将市有关职能单位分成A、B、C三类，实行"大城管"数字化考核和重点问题督导、违建治理、环境综合整治"931"接续行动、老旧小区整治、城管队伍履职督察、机动车停车管理、城管岗亭管理、三（四）轮车整治、停车设施建管、非机动车停放及道路街巷管理等10项专项考核；每月编发考核通报，召开专题点评会议，在主要报纸媒体上公示各区、各街道办事处及市有关部门考核成绩、排名；市政府每年设立市城市长效管理考核奖励基金，年底根据各区考核结果兑现奖惩；每月对各类排名靠前的办事处给予不同等次的奖励，对排名靠后的办事处进行约谈、诫勉谈话等；对市相关职能部门考核情况，年底纳入市级机关年度绩效考评成绩，形成了"用数据说话、用数据决策、用数据管理、用数据创新"的城市长效管理考评体系。其次，创新实施环卫保洁市场化一体化运作机制。在城区所有道路、街巷、公园、河道、公厕、绿化带、交通护栏等实现市场化保洁全覆盖基础上，在主城区全面实施了新一轮保洁市场化、一体化运作，建立了以"机械为主、人工为辅"的环卫保洁模式，进一步拓展了一体化保洁范围。

为确保保洁公司认真履责，出台《徐州市市区环境卫生保洁、园林绿化第三方监理实施方案》，在全国率先建立了市场化保洁第三方监理机制，通过招标采购的方式选择具有城市建设管理资质企业对保洁质量进行监督、考评；市环卫部门同步制定对第三方监理机构监督、考核办法，较好形成了环环相扣的监督体系。第三，实施数字城管信息采集市场化服务。按照"管干分离、市场运作、政府监管"、"管理向服务转变"的思路，着力破解数字城管信息采集效率低下、人员管理困难等突出问题。对数字城管信息采集工作对外实施了市场竞争招投标并交由中标的社会专业公司实施，同时建立社会第三方监理和城管部门同步考核机制。通过市场化服务外包，较好实现了政府部门从"运动员"到"裁判员"的角色转变，行政管理效能大为提升。第四，实施城市管理社会监督有奖举报。为激励社会公众主动监督参与城市管理，依托数字化城市管理监督指挥中心，搭建了与群众交互的互联网平台—"市民城管通"系统。市民可以通过该系统对市区范围内城市管理方面存在的问题，进行监督举报；市数字化城管监督中心对市民举报问题分类汇总、立案，对同一个问题第一个举报、并经认定的市民给予一定数额的奖励。在对监督举报问题给市民奖励的同时，扣除市场化保洁公司、社会化信息采集企业相关考核经费，并纳入对各区、各办事处长效管理考核成绩，以推动各作业、管理主体认真履责。第五，全面开展老旧小区整治。变"锦上添花"思维为"雪中送炭"理念，将小区治理的工作重心从之前实施较好小区的提标创建，转变到实施群众最关心、关注的老旧小区综合整治。对市区基础设施薄弱、市容环境差、治安案件易发的无物业老旧小区，按照"一区一案"、"一案一品"原则，针对性地从道路、环卫等基础设施改造，公共服务设施完善，技防安防消防管理提升等方面进行综合整治。为切实抓好推进落实，成立了老旧小区建设、管理领导小组，细化各项必要改造、整治项目，健全长效收费物业管理措施，确保整治完毕、长效管理同步保障到位，切实巩固、深化整治成果。至年底，列入整治范围的73个小区已全部整治到位；剩余479个小区计划在2017年上半年全部整治完毕。本年度，徐州市圆满完成了既定的创建目标，分别以国家第一名、全省第一名的优异成绩，被命名为国家生态园林城市、江苏省优秀管理城市。

01

第 1 篇
徐州城管理念构建

城管部门承担着与城市容貌、城市环境、城市设施和城市秩序相关的大量繁杂的管理任务，其工作的好坏，不仅直接关系着人民群众的工作和生活，而且也直接影响着城市自身的发展。随着我国全面改革的深化和依法治国的不断推进，城管工作正面临着新的形势。为谁管理？怎么管理？靠什么管理？这些都是城管工作者必须回答的问题。徐州城管在实践中形成并践行的"百姓城管、科学城管、法治城管"理念，对此进行了很好的诠释。

1 "百姓城管"理念构建

　　我国正在进行的服务型政府建设，其本质就是在公共管理中凸显公民本位、社会本位、服务本位和效率质量本位。与人民群众工作生活息息相关的城市管理工作，其根本目的即是为百姓提供服务。习近平总书记指出，"保障和改善民生没有终点，只有连续不断的新起点"，只有把民生改善的重任扛在肩上、放在心上、落实在行动上，以人民利益为依归，改革发展才有含金量。2015年12月20日召开的中央城市工作会议也指出"做好城市工作，要顺应城市工作新形势、改革发展新要求、人民群众新期待，坚持以人民为中心的发展思想，坚持人民城市为人民"。因此，服务百姓既是城市管理工作的出发点，也是落脚点。近年来，徐州城市管理部门认真贯彻落实国家、省、市工作部署要求，践行"为百姓服务、请百姓参与、让百姓满意"理念，着力破解百姓关心、关注的热难点问题，着力服务民生民计，着力发动公众参与，全力打造"百姓城管"品牌，在实践中收到显著成效，城市人居环境更加精致、细腻、整洁、有序，城市管理水平实现跨越新提升，群众满意度大为提高。徐州市先后成功创建国家卫生城市、国家环保模范城市、国家生态园林城市、江苏省优秀管理城市，荣膺"中国人居环境奖"。

1.1 "百姓城管"理念是服务型政府建设的必然要求

1.1.1 服务型政府建设

　　20世纪六七十年代以来，随着世界政治、经济与社会的发展，建立在官僚制基础之上的传统管制型政府遇到了来自理论和实践的种种危机与挑战。为此，西方国家兴起了一场轰轰烈烈的政府改革运动，摒弃了传统的管制型政府模式，取而代之的是建立服务型政府。我国在社会主义建设初期，由于当时特殊的国际国内环境，实行了高度集权的计划管理体制，但随着社会主义市场经济的建立与发展，原有管理体制忽视公共服务的弊端日益凸显。因此，进入21世纪后，我国全面启动了建设服务型政府的进程。

1. 西方服务型政府的兴起

20世纪上半叶，在西方自由放任理论和国家干预理论的交替更新下，逐渐形成了传统的政府管理模式，即管制型政府。管制型政府最重要的理论原则是现代官僚制，政府处于整个社会的中心，对经济、社会进行全面的干预。19世纪末，美国正处于放任自由的市场经济社会，物质财富增长迅猛，产业经济调整剧烈，许多大企业纷纷吞并中小企业形成更大的经营规模。为了减少垄断势力对消费者利益的侵害，政府出台了一系列的联邦反垄断法，这就是政府经济管制的开始。随着1929年世界性经济危机的到来，原有的"自由放任"的经济政策已经完全失效，政府转而采用了"国家干预"的经济政策，希望通过政策的调整，经济的管制，能够使经济得到复苏。的确，在国家干预下，美国和欧洲许多国家的经济又重新走上正轨。但好景不长，许多问题随之暴露出来：首先，与经济管制的初衷相违背，经济管制所需的成本已经远远超过了它所带来的收益；其次，管制是用政府强制力去限制或影响经济主体决策的过程，因而管制必然具有政府决策的弊端。例如，由于信息不对称而造成企业竞争中的不公平、不公正现象；或是垄断带来的企业运行的低效率，高成本，许多企业在政府的保护伞下，安于平庸，缺乏竞争意识，丧失创新精神，等等。这既造成社会资源的巨大浪费，也给经济发展带来了负担。

20世纪六七十年代，英美等西方国家不仅在经济上陷入了"滞胀"，而且政府机构日益膨胀，管理成本逐渐增大，公共部门的服务质量与效率每况愈下，引起了公众对政府的强烈不满。为迎接全球化、信息化、国际竞争加剧的挑战，摆脱财政困境和提高政府效率，新公共管理运动应运而生，并迅速扩散。西方很多国家提出了创建"服务型政府"的目标，其根本理念即：管理就是服务，政府的存在是为了满足社会的需求，政府应该尽可能地为社会提供满意的公共物品。

新公共管理运动追求的是"三E"（Economy、Efficiency and Effectiveness，即经济、效率和效益）目标的管理改革。它认为服务型政府应是以顾客为导向的政府、运作高效的政府、职能有限的政府、责任政府和民主参与的政府，只有顾客驱动的政府才能提供多样化的社会需求并促进政府服务质量的提高；它倡导以企业家精神重塑政府，将企业管理理论、技术和方法引入公共部门，政府不再是凌驾于社会之上的封闭官僚机构，而是负有责任的企业家，公民则是公共服务的消费者——"顾客"或"客户"，政府的主要社会职责就是根据顾客的需求向顾客提供优质高效的服务；它强调政府应以公民需求为导向进行"政府再造"，实现"以政府为中心"向"以公众为中心"的价值转换。

西方的服务型政府实践始于英国。20世纪70年代，英国面临着经济形势不断恶化，公共服务成本剧增，服务质量低劣以及公务员对政府过时的管理方式感到厌倦等严峻的问题，撒切尔夫人开展了以引入竞争机制和顾客导向为特征的新公共管理改革。美国的服务型政府建设始于80年代，1993年克林顿政府开始了大规模的政府改革——"重塑政府运动"，目的就是建立以顾客为导向的高效政府。始于英、美的服务型政府建设，也迅速在加拿大、芬兰、法国、德国等国家蔓延开来。席卷西方各国的新公共管理运动，对西方各国的政府管理以及公共部门管理产生了积极的作用。通过这次改革，西方国家的公共管理水平有了大幅度提高，提供公共服务的质量和效率也有了大幅度提升，更好地满足了社会公众对公共服务多样化的需求，改善了政府与民众的关系，从而促进了西方国家经济、社会的发展，增强了西方国家在国际社会中的竞争力和影响力。

2. 我国服务型政府建设的必要性与迫切性

我国在社会主义建设初期，由于当时特殊的国际国内环境，中央政府实行了高度集权的计划管理体制，形成了管制型政府。随着社会主义市场经济的建立，我国从1988年就开始探索政府职能的转变，但是由于以前过分强调以经济建设为中心所形成的巨大思维惯性，致使我国政府职能转换滞后于经济社会的发展，政府实行的仍然是高度集权的管理体制，其行为惯性对公共服务的忽视，已阻碍了经济社会的进一步发展。因此，进入21世纪后，我国全面启动了建设服务型政府的进程，逐步抛弃了旧的"为民做主"的观念，确立了"人民做主，为民服务"的理念。

（1）是适应经济全球化的客观需要

随着改革开放的纵深发展，国际经济联系更加密切，竞争更加激烈。哪里政府管理规范，投资成本低，办事效率高，服务环境好，哪里就能吸引更多的资金、技术和人才，实现大的发展。为适应新形势，实现国际国内要素有序自由流动，实现资源高效配置、市场深度融合，政府部门必须创新管理方式，实现政府职能由微观管理向宏观管理、由直接管理向间接管理的转变，加快从"越位"的地方"退位"，在"缺位"的地方"补位"，严格按照规则办事。多年来，一些政府部门习惯于审批盖章、决策处分，权力高度集中，在管理理念、职能配置、政策法规、行为方式等方面，都存在着与市场经济要求不相适应的地方。因此，必须搞好职能分离和转变，把政府职能集中到宏观调控、市场监管、社会管理和公共服务上来。

（2）是创造良好经济发展环境的现实需要

在市场经济体制下，市场和政府各有分工，市场在资源配置中发挥决定性作用，政府负责为市场主体创造良好的发展环境。社会主义市场经济发展，迫切需要寻求政府行为和市场功能的最佳结合点，使政府行为在调节经济、弥补市场功能失灵的同时，避免和克服自身的缺位、越位、错位，实现向服务型政府转型。

（3）是推进民主政治发展的需要

我国是人民民主专政的社会主义国家，人民是国家的主人。随着我国社会主义经济和民主政治的建设，信息化时代的到来，公民接收的信息量大大增强，民主观念和权利意识不断强化，人民对政府从"管理者"转变为"服务者"的意愿越来越强烈；同时，在各种社会性组织得以成立的今天，公民社会逐步形成，公民话语权日显强劲，从而构成了促使政府由管制型转变为服务型的一种强大推力。

（4）是加强政府自身建设的实践需要

通过深化行政体制改革、推进科学民主决策、强化依法行政、加强行政监督等措施，政府自身建设取得了明显成效。随着社会主义市场经济的发展和民主政治建设进程的加快，人民群众的民主意识、法制意识、竞争意识和参政意识不断增强，迫切需要政府充分发挥服务职能，建设服务型政府。

3. 我国服务型政府建设的进程

相对于"管制型政府"而言，"服务型政府"的特征明显：一是突出人本理念。服务型政府的行政活动以满足人的基本权利和需求为出发点，全面彰显政府的人性关怀和人文关怀。公民与政府的关系实质上是政治契约关系，即委托代理关系，公民委托政府治理社会。二是政府负有限责任。凡是市场和社会可以自行调节与自我管理的，政府不必越俎代庖，必须做到权责相统一，切实履行其对人民和社会的义务，实施有效的社会管理并对其公共政策、行政行为的后果负责。三是促进发展。政府治理要促进社会物质文明、政治文明和精神文明的协调发展，坚持在经济发展的基础上促进社会全面进步和人的全面发展，让发展的成果惠及全体公民。四是依法行政。政府管理要严格依照法律法规的规定进行，做到合理合法、程序正当、高效便民、诚实守信、权责统一，不能超越法律许可的范围行使权力，更不能以任何借口剥夺或侵犯公民的合法权益。五是公平正义。政府机关的行政行为应该体现全社会成员的共同需求，使每个公民都得到平等的对待，拥有平等的机会。政府是否能够有效履行职责，实现公共利益，维护社会公平正义是公民认同和信任政府的主要条件。

进入21世纪以来，建设服务型政府得到了我国政府的高度重视。我国服务型政府建设表现为：2004年以前是自下而上、自发建设阶段；2004年以后是自上而下，全国铺开。2002年召开的党的十六大第一次把政府职能归结为经济调节、市场监管、社会管理和公共服务四项内容；中国（海南）改革发展研究院则于2003年7月在北京召开了"建设公共服务型政府"座谈会，并于2003年11月在海口召开了"建设公共服务型政府——中国转型时期政府改革国际研讨会"，对公共服务型政府进行了专题研讨；2004年2月，温家宝总理在中央党校省部级领导干部"树立和落实科学发展观"专题研究班结业式上正式提出"建设服务型政府"，这不仅对深化行政管理体制改革提出了目标要求，也对新形势下转变政府职能，构建现代化的行政管理模式指明了方向，国务院在《全面推进依法行政实施纲要》中提出，转变政府职能，建设服务型政府是全面推进依法行政的首要目标；2005年3月5日温家宝总理在政府报告中又明确指出：努力建设服务型政府，创新政府管理方式，更好地为基层、企业和社会公众服务；2006年10月，中国共产党第十六届六中全会通过《关于构建社会主义和谐社会若干重大问题的决定》，进一步明确要求"建设服务型政府，强化社会管理和公共服务职能"。自此，服务型政府第一次被写入党的指导性文件当中；2007年10月胡锦涛总书记在中国共产党第十七次全国代表大会的报告中再次把"加快行政管理体制改革，建设服务型政府"作为发展社会主义民主政治的重要内容而予以强调，明确要求各级政府不断推进和深化改革，进一步"健全政府职责体系，完善公共服务体系，推行电子政务，强化社会管理和公共服务"；2008年《政府工作报告》强调要"健全政府职责体系，全面正确履行政府职能，努力建设服务型政府"。这意味着我国的政府改革与治理要以满足社会的公共需求为导向，建设服务型政府，采用以人为本的公共治理方式来实现社会的和谐发展；2012年11月，党的十八大报告提出，要按照建立中国特色社会主义行政体制目标，深入推进政企分开、政资分开、政事分开、政社分开，建设"职能科学、结构优化、廉洁高效、人民满意的服务型政府"，并强调，"以人为本、执政为民是检验党一切执政活动的最高标准"。反映出服务人民群众，是中国共产党执政为民的鲜明标志，从而把中国共产党提升到"服务型执政党"定位的战略高度；2013年11月，党的十八届三中全会审议通过的《中共中央关于全面深化改革若干重大问题的决定》进一步强调，科学的宏观调控，有效的政府治理，是发挥社会主义市场经济体制优势的内在要求。必须切实转变政府职能，深化行政体制改革，创新行政管理方式，增强政府公信力和执行力，建设法治政府和服务型政府。目前，各地以转变政府职能为抓手，通过强化政府公共服务和完善社会管理，努力进行服务型政府建设，取得了良好的成效。

1.1.2 "百姓城管"是服务型政府建设的重要环节

由于城管部门从事的都是与人民群众生产、生活息息相关的工作，与基层百姓接触最多、关联最多。因此，从百姓的视角来看，服务型政府建设的好坏，城管工作反映最直观。但由于对计划经济时代的一些体制弊端的路径依赖，目前我国城市管理偏重于管理和执法导向，服务导向不足，造成虽然城管部门的工作任务在加重，工作成效在提高，但在不少地方出现人民群众对其认可度却不高的尴尬局面，影响了我国服务型政府的建设。因此，明确以百姓为服务对象，构建"百姓城管"理念，就成为服务型政府建设的重要环节。

1．由城管工作的本质决定

人民是城市管理的主体，城市管理也是为了人民。从这个意义上说，城管工作的本质就是为百姓提供服务，因此，城管工作要"为百姓服务、请百姓参与、让百姓满意"。而这些，恰恰是服务型政府建设的第一要义。

2．由城管工作的特殊性决定

城管部门从事的都是最基层的工作，既与百姓的生活密切相关，也与市民群众的利益紧密相连。城管工作的这一特殊性，城市管理的各项举措以及城管执法的过程，往往直接反映出服务型政府的形象。如：环境卫生保洁、生活垃圾收集运输处理，占道经营阻碍交通，渣土撒漏污染路面，路灯不亮、道路破损等等，只要这些方面一出问题并得不到有效解决，都会影响百姓对政府的印象。同时，我国城管执法队伍长期作为负面的新闻素材，被贴上"暴力执法"、"执法失当"、"行政不作为"等标签，"窗口效应"、"放大效应"和"变异效应"使得城管形象不佳。部分城管执法人员的错误行为，不但危害了城管整体的公众形象，更是损害了政府的形象。"百姓城管"理念强调执法中要以百姓需求为导向，以百姓满意为标准，可以纠正长期以来社会对城管部门的既定印象，进而改变人们对政府的印象，可以有效地推动服务型政府的建设。

1.2 徐州"百姓城管"构建

在服务型政府理念的指导下，徐州城管以解决与百姓生活联系最密切的问题为出发点，以公众参与为支撑点，以百姓满意为落脚点，逐步形成了"为百姓服务、请百姓参与、让百姓满意"的"百姓城管"理念。

1.2.1 为百姓服务

城管部门的所有工作都是为百姓服务的，长期以来，徐州城管以维护百姓的根本利益为己任，从市民的居住环境优化、出行便利等方面积极推进为民办实事，真正做到了"为民、利民、便民、安民"。

1．改善居住环境，提高百姓生活质量

良好的居住环境是提升市民生活质量的载体。徐州城管始终把改善市民居住环境放在突出的位置，大力开展居民小区环境整治、幸福家园创建、社区物业服务站建设、老旧小区环境综合整治等一系列整治活动，大大增强了市民居住的安全感和幸福感。

（1）居民小区环境整治

居民小区综合整治是塑造城市形象、打造宜居城市的基础工程，也是优化人居环境、提高市民生活质量和幸福指数的民心工程。20世纪末21世纪初，徐州市城管部门为了使居民小区逐步走上规范化管理轨道，通过创建"一类小区"、选出"十差小区"等一系列活动，开展了居民小区综合整治

活动，不断提升居民的生活环境质量，为居民营造了舒适的生活空间。2005年，徐州市开始创建省级文明城市、国家园林城市、国家环保模范城市、国家卫生城市活动（四城同创）。创建期间，城管部门针对影响群众生产、生活的市容环境突出问题进行重点治理，2011年，徐州市成功创建为"国家环保模范城市"，人居环境得到优化升级。

（2）幸福家园创建

2012-2015年，为打造"管理有序、环境优美、治安良好、生活便利、文明祥和"的城市人居环境，徐州市启动并开展了幸福家园创建活动，打造了一批绿化环保小区、垃圾分类处理小区、军民共建双拥小区、邻里和谐小区、文化特色小区、一站式服务小区、物价每日播报小区等。幸福家园的创建不仅使市民的生活更便利、居住环境更优美、治安条件更安全，而且也增强了居民对社区的认同感和归宿感，提升了市民的幸福指数。

通过"幸福家园"创建，一大批热难点问题得到解决，按照省城市环境综合整治要求，徐州市制订了《徐州市老旧小区环境综合整治三年规划》。2013～2015年，徐州市投入1.3亿元对167个老旧小区进行了整治，其中对市区54个老旧小区进行"回头看"，小区的面貌发生了较大的变化，深受小区居民的称赞。

（3）社区物业服务站建设

小区的管理与服务贴近社区居民的生活实际，关系到广大人民群众的切身利益。2013年，为巩固居民小区整治成果，提高无物业小区、老旧小区的管理水平，在符合条件的基础上由街道办事处建立社区物业服务站，结合落实徐委发[2013]42号和徐政办发[2013]175号文件精神，在主城区先行先试，对建筑面积3万平方米以上、无物业管理的小区，在符合条件的基础上由街道办事处建立社区物业服务站，为小区的卫生保洁、绿化养护、公共设施等提供基本物业服务。2013年建设社区物业服务站12个、2014年建设30个；2015年在总结市区建设社区物业服务站经验的基础上，扩大到所有县（市、区），共建设社区物业服务站150个，连续三年对小区的卫生保洁、绿化养护、公共设施等提供基本物业服务。通过三年的建设，徐州市建设社区物业服务站192个，有效地解决了老旧小区无人管理的局面。

（4）老旧小区环境综合整治

老旧小区整治是一件民生工程。针对老旧小区治安防范薄弱、案件高发多发、环境秩序差等情况，2015年10月开始，在鼓楼区选择王场、三角线两个具有典型性的小区（社区），围绕监控设置、治安巡逻到位及路面平、路灯亮、下水通、垃圾清、公厕净等目标要求，开展了为期5个月的环境深化整治及治安防范设施建设行动，2016年3月市政府专题召开了观摩会，收到了很好成效，受到群众高度认可，治安秩序改善显著。2016年7月，在总结试点经验、成效基础上，据此整治模式，启动了市区新一轮市区老旧小区环境综合整治工作。对市区基础设施薄弱、市容环境差、治安案件易发的无物业老旧小区，按照"一区一案"、"一案一品"原则，针对性地从道路、环卫等基础设施改造，公共服务设施完善，技防安防消防管理提升等方面进行综合整治。为切实抓好推进落实，成立了老旧小区建设、管理领导小组，细化各项必要改造、整治项目，探索物业费代征缴机制，落实物业化长效化监管措施，确保整治完毕、长效管理同步保障到位，切实巩固、深化整治成果。至2016年年底，列入第一批整治的73个小区已全面完成，剩余479个小区（含47个铁路小区）将于2017年7月底全部整治完毕，届时主城区62万群众的居住环境将得到显著改善。此次整治围绕群众关心、反映强烈的平安建设、环境改善问题，呼应了百姓的迫切期待。

2．完善交通系统，便利百姓出行

完善的交通系统不仅能够为市民出行提供方便，而且也能够在一定程度上保障市民的出行安全。近年来，徐州市通过实施人行道畅通工程、推进市区公共自行车项目、加强停车设施建设等手段，构建安全、畅通、快捷的出行环境，方便了市民的出行。

（1）实施人行道畅通工程

为破解机动车辆占用人行道、非机动车乱停放、行人随意横穿道路等问题，改善城市慢行系统，2015年底，城管部门在主城区开展道路整治，实施人行道畅通工程。人行道畅通工程重点采取在市主干道、次干道人行道上安装人行护栏、U形档、隔离柱等交通阻隔设施，以保证行人、车辆各行其道、各停其位，从而实现"路更畅"的管理目标。2015年，城管部门先在铜山路、民主路、复兴路等市区11条主要道路安装了人行护栏设施和隔阻设施，2016年进一步对市区其他59条市管道路全面推进实施。人行道畅通工程的实施，逐步解决了主次干道存在的人行道不通不畅问题，让人行道回归行人，提高了道路通达性和市民出行的便利性。

（2）建设公共自行车绿色出行系统

自行车交通作为城市"绿色"交通的重要组成部分，具有短途出行、接驳换乘、健身休闲三大主要功能，其在居民日常工作、学习、购物以及娱乐等短距离出行中承担着不可替代的作用。为缓解城市交通拥堵，解决公交出行"最后一公里"的问题，2012年，徐州市政府启动了市区公共自行车服务项目建设。从2012年9月启动运营以来，至今共建设公共自行车站点643个、安装锁车器24366个、投放公共自行车20365辆，配备员工252人、配置了18辆调度车、7辆抢修车，共设置了9个办卡点、3个维修仓库、1个指挥中心，项目5年全市总投资16260万元，极大地满足了市民的借还车需求。运营至今市民借车总数已达1.38亿人次，现日均借车超过13万人次，每辆自行车一天被借用8次以上，位居全国之首，取得显著的社会效益。

（3）完善功能性市政设施

城市道路是城市的骨架，也是城市结构布局的决定因素，对改善城市交通环境、方便市民出行、提升城市品位、促进城市发展具有重要意义。近些年，随着经济社会快速发展和城市化进程加速推进，城市空间和外延在持续扩大，因此，不断提升道路设施综合服务功能成为徐州市城市建设工作的重要一环。2010年以来，徐州城管部门每年实施一大批道路、桥梁建设、改造项目，省、市级市容管理示范路创建等，申报列入全市城建重点工程和为民办实事范围予以重点保障，提升了城市道路的服务功能，给市民营造良好的出行环境。

公交场站是保证城市公共交通正常运营的重要基础设施，加强公交场站建设及其维护管理是提高公共交通运行效率及服务水平、增强公共交通吸引力和缓解城市交通拥堵的重要硬件设施，事关城市公共交通的正常运营与市民出行条件的根本改善和提高。2011年以来，徐州市城管部门围绕便民、利民的服务宗旨，积极做好公交场站设施建设和管理工作，为百姓提供出行方便。

城市照明系统既是城市现代化建设程度和管理水平的体现，也是市民生活质量的象征。徐州城管部门日常管理中，通过采用最新的防粘贴纳米涂料、路灯单灯控制等新技术应用，创造了良好的照明环境，满足了市民活动的需要，保证了车辆和行人夜晚活动的安全，减少了夜间交通事故和犯罪、暴力事件的发生。

（4）着力解决"停车难"问题

随着经济社会的不断发展，徐州市机动车保有量在迅速增加，交通压力正逐步从动态向静态转化，"停车难"已成为一个较为突出的社会问题，且伴随着这一问题所涌现出的交通堵塞、民事纠纷等现象也时有发生。徐州城管部门为解决"停车难"问题，一方面，出台了《徐州市非机动车停放管理办法》等，推广收费员、摆放员、监督员"三员结合"管理模式，实现了非机动车的有序停放；另一方面，成立了徐州市停车设施建设管理工作领导小组，计划在"应划尽划、应设尽设"道路设置停车泊位，要求沿街企事业单位停车场向市民开放，鼓励企事业单位、居民小区及个人利用自有土地、地上地下空间建设停车场并允许对外开放获取利益，通过这种方式，调动了不同社会群体的积极性，有效地利用社会上的土地和空间资源增加停车位，最大限度挖掘停车资源；同时，通过限制道路停车泊位连续停放时间，禁止长期占用公共资源的行为，杜绝"僵尸车"，提高现有泊位利用率，一定程度上缓解了"停车难"问题。

3. 执法人性化，兼顾弱势群体谋生和百姓生活

城管部门的执法相对人大多属于社会弱势群体，他们的生活一旦失去保障，将会产生一系列的社会问题。城管部门在执法活动中，一方面要坚持严格执法、公正执法；另一方面也要针对要执法相对人的特殊情况，给予他们人文关怀，维护其正当的权益，尊重其人格，关心其基本需求，让他们感受到法律威严的同时，也感受到执法本身所固有的"温情"。徐州城管在城市管理中，以人性化执法为着力点，兼顾弱势群体谋生需求和百姓生活需要，取得了较好的社会效果。

（1）疏堵结合，设置便民服务点

占道经营，以街代市，一直以来都是城市的顽疾，也一直是城市管理工作中比较难以治理的热难点问题。因为一方面占道经营的从业人员主要是下岗失业人员、周边失地农民和外来务工人员，这部分人以城市道路为依托，摆摊设点、经营谋生。如果简单地一堵了之，他们没有了生计出路，就有可能产生暴力抗法、上访等过激行为；另一方面，马路市场也以其价格低廉和购物便捷而吸引了部分消费者，特别是城市中低收入人群。因此，在处理占道经营问题上，不能简单地采取处罚与取缔的方式，而应该创新工作思路。徐州城管部门在实践中不断探索，坚持以人为本、文明执法，逐步形成了"疏堵结合，堵疏并重"的占道经营管理方法。

2006年前，徐州城管采取的是"全面取缔"的方法，管理矛盾大，执法人员与摊主难以沟通，对立思想严重，效果不理想。2006年开始，为满足城市弱势群体谋生需求和市民生活需要，对一些难以全面取缔而又具备疏导条件的摊点，探索疏导管理方法，根据"堵疏结合，以堵为主"的原则，在部分有条件的区域设置便民疏导点，实行规范化管理。2007年，按照"服务民生、维护市容、可能必需、完善功能、规范有序、市民满意"和"主干道（广场）严禁、次干道控制、背街小巷规范"的原则，在市区街巷、居民区、公共场地等城区，设置规范摊点群和便民服务维修点，解决了部分下岗职工和弱势群体生计问题。2008年，按照"疏堵结合、总量控制、提升品位、方便群众"原则，在深入调查研究的基础上，在全市统一规划定点设置400个便民维修服务网点。2011年至今，采取"疏堵结合，疏堵并重，全面整治，便民利民"的方法，按需设置疏导点后，对马路市场、摊点群和市区道路进行全面整治。2012年，下发《徐州市占道经营整治方案》，指出要坚持以人为本、疏堵结合、分类定位、规范管理的原则，全面取缔未经批准（疏导）的摊点，根据现实条件与便民需求，对区域和道路实行分级管理，因地制宜地设置临时便民疏导点，定点、限时依法规范经营。2015出

台了《徐州市临时便民疏导点管理暂行办法》，按照疏堵结合、服务民生、规范有序原则，在不影响交通和市容秩序的区域，设置一批便民集市、特色早夜市和节假日经营区，对具备疏导条件的困难群体，引导限时、限区域规范经营。累计设置便民疏导点55处、"五小"便民车397辆、西瓜直销点400余个，既解决了占道扰民、影响市容问题，又解决了部分弱势群体就业问题，同时也方便了百姓生活，取得了良好的社会效果。

（2）教育为主，处罚为辅

城管执法的目的是通过教育提高市民的综合素质，从而避免各类违法、违章情况的出现，并最终为市民营造良好的生活空间。因此，城管执法活动中，处罚只是手段，教育才是目的。更何况城管部门的执法相对人大多属于社会弱势群体，其违法行为的社会危害性并不大，更应以说服教育为主。

在很多的执法案件中都进行多次的说服劝导，最后才选择强制性手段解决，真正做到教育为主，处罚为辅，使得摊贩能够真正意识到自己的错误并改正，避免再次的违规经营。

近年来徐州城管推行了"两表一卡"制度："两表一卡"即"占道经营业户登记表"、"路段执法服务登记表"和"路段执法服务登记卡"，对占道经营者的姓名、年龄、家庭收入和经济状况、经营项目、方式、地点等和城管队员的宣传服务内容、经过、结果和次数等情况全面的记录。通过"两表一卡"档案的建立，城管队员执法时对路段的违章情况真正做到"知己知彼"。建立了跟踪服务制度：是以"两表一卡"制度为依托，对违章业户进行跟踪服务。以市城管局直属大队对淮海西路的管理为例，经城管队员逐个调查登记，该路段共有15户违章业户，其中一些生活确实困难，如淮海西路交通银行西侧的一经营业户夫妇，双双下岗，家中还有2个上学的孩子，经济十分困难。城管队员通过实地走访了解情况后，捐钱赠米，进行慰问。同时积极帮助他们联系了一处价格合理的小门面作为经营场所。在城管队员的帮助下，此经营业户夫妇的生意越来越好，就这样，在多次整治中都未取缔的违章"钉子户"自动纠正了违章行为。

市城管局要求城管队员在行政执法和管理中要做到以情动人、以理服人、以行助人、以身正人，依法管人。"以情动人、以理服人"要求城管队员要善于宣传教育和感化说服；"以行助人"是要求队员用自身的实际行动去帮助别人；"以身正人"要求城管队员通过自身文明的言行引导被管理者；"依法管人"是通过法律的强制力，警戒违章者，强制其行为"入轨"。市城管局规定，一般情况下，对较为固定的违章业户建立全面的档案登记后，至少服务10次以上才能采取强制性的处罚措施。如泉山区城管局通过宣传教育、耐心开导的方式，成功地解决了新一佳附近"曹老三"违章占道问题。城管队员在对淮海路某一公交站牌后的巷口里的摊点进行治理的时候，执法人员经过多次劝说之后，摊贩依旧违法经营，城管队员在了解到商贩夫妻两人都没有工作、孩子在上学、主要靠摆摊维持生计的情况后，一方面耐心地进行说服教育，另一方面协助引导他们进疏导点进行规范经营。

通过"教育为主、处罚为辅"执法方式，可以使执法相对人从思想深处认识到其违法行为的危害性，从而自觉终止违法行为，进而从根本上防止了各种违法行为的反复发生。

1.2.2 请百姓参与

百姓是城市管理的主体，城市管理也是为了百姓，城市管理各项工作的开展都以百姓的利益诉求为基础，因此，参与城市管理是百姓的应有权利。同时，百姓作为城市管理的利益相关者，其也有义务参与城市管理。所以，为促进城管工作的顺利开展，城管部门应通过健全百姓参与机制、畅通百姓参与渠道等途径，充分调动百姓参与城市管理的积极性。徐州城管部门在城市管理决策、实施和监督全过程中引入公众参与，保证了城市管理工作的顺利开展。

1. 百姓参与城市管理决策

城市管理中的相关意见、办法、决策与百姓生活的方方面面密切相关，只有让百姓参与到决策的制定中来，才能发现百姓真正关心的"真问题"，才能更有效地为百姓服务。

早在2004年6月至8月，为全面听取社会各界对如何做好城市管理工作的意见、建议，提高城市管理行政执法工作水平和工作效能，市执法局通过新闻媒体，面向社会开展了"城市管理金点子征集"活动。共收到有价值性稿件200多封，通过知名专家严格的评鉴，共评选出优秀"金点子"多个；9～10月，为充分发挥广大市民在城市环境综合整治中的作用，调动社会各方面的力量参与城市管理工作，真正体现城市管理好不好"市民说了算"的精神，市城市环境综合整治办公室在环境综合整治中推行了听证制度。对市民呼声最高、反映最为强烈的突出问题，召开了"淮海广场地区环境整治专题听证会"、"市区油烟扰民、违章搭建问题专项治理听证会"等，邀请市民、专家、学者、业内人士参与论证，听取社会各界的意见和建议，征求科学、稳妥解决问题的双赢办法。

2009年，徐州市城管执法二大队参与"评议市级机关百名处长"活动中，为保证评议活动不走过场，11月14日上午，大队在银河广场设置投诉举报现场受理点，倾听市民呼声，征求服务意见，就地为群众解决实际困难和问题。11月23日下午，二大队邀请辖区管理服务对象20余家单位代表对大队城管执法、市容管理等进行座谈交流，面对面征求沿街单位的意见建议。活动期间，大队累计整改存在突出问题2条，为民办实事6条，出台规章制度4条，发放各类宣传资料200多份，现场受理群众投诉、举报5起，为群众提供咨询服务80余人次，收到评议组和群众的一致好评。

2012年以来，徐州市政府启动了市区公共自行车服务项目建设，各级各部门通过多种形式，广泛征求市民和社会各界意见，向广大市民发出了征求意见书，请广大市民积极参与、献计献策；组织各区对辖区内不少于3个社区的人员，召开座谈会、发放调查问卷，认真倾听市民的真心实意，确保公共自行车项目真正成为顺民、利民、便民的民心工程。

2013年至今，在幸福家园创建、老旧小区整治的过程中，协同各区在各整治小区组建了志愿者服务队伍，发放征求意见表10万份，征求群众对创建工作的建议和意见，着力解决小区管理、环境综合治理和服务中急需解决的困难和问题，获得了群众的理解和广泛支持，较好形成了全民动手、人人参与的良好氛围。

2. 百姓参与城市管理实施

百姓参与决策的制定可以使城市管理工作更有指向性，而百姓参与到城市管理各项办法、决策的实施，则可以保证具有建设性的决策能够真正落到实处。

1983年8月公布实施的《徐州市城市市容和环境卫生管理条例》明确在淮海路、中山路、复兴路三条主干道实行"门前三包"责任制。此后，徐州城管部门在每年的环境整治中加强了有关"门前三包"责任制的管理和实施。1999年12月24日，市城管委制定下发了《关于市区道路两侧实行市容环境卫生管理自包责任制的通知》。其主要内容为：自2000年1月1日起，市区道路两侧一律实行沿街机关、团体、部队、学校、企事业单位、个体工商户、居民户市容环境卫生自包责任制管理。通过这种自我管理活动，公众能够积极主动地投身到市容环境管理中来。2016年4月，按照"主次干道市容环境责任书签约率达到100%，履约率达到95%以上"的目标要求，徐州城管部门对主次道路市容环卫责任区制度落实情况进行全面摸底，掌握沿街单位和店面履约情况，以办事处（大队）为单位建立并完善市容环卫责任区制度数据库，重新签订市容环卫责任书24869份。同步开展"包自我管理落实、包义务履行、包互动参与"为主要内容的"门前新三包"竞赛活动，共发放《"门前新三包"自我管理倡议书》39450份，与业主签订《"门前新三包"自我管理承诺书》27265份。另外，引导沿街业户应尽到两个主动劝导和告知的义务，即对责任区内的违规违法行为应当履行劝导、举报等社会义务；对责任区内出现的公共设施破损、丢失等问题，应当及时主动向相关管理部门反映告知，确保第一时间进行维护；在雨雪、冰雹等极端天气和突发应急状态下，积极主动协助政府做好责任区范围内应急排水、清雪除冰等工作，确保道路通畅和行人安全。开展"门前新三包"自我管理活动是进一步引导公众参与城市管理实施的很好形式。

早在1994年，城管部门开展"从我做起，清洁彭城"活动，万名青年志愿者参加。发动志愿者加入到徐州市的城市环境整治中，以此让人们树立环保意识，并意识到建设家园应该是每个市民的责任，爱护环境就是爱护自己的家园。2000年，为了凝聚人心，提升民气，徐州市城管委会同有关部门先后组织了"百万市民看徐州"、"万人告别陋习签名"、"城市管理成果巡回展览"等活动，发动人民群众进行自我约束，参与城市建设。同年，市黄河故道管理处的城管队员和市铁货街小学师生在故黄河畔开展了以"爱我家乡河，美化、净化家乡河"为主题的"保护故黄河"活动。数百名城管队员、少先队员对故黄河两岸的塑料袋、瓜果皮核等垃圾以及野广告进行了清理，并认养了黄河岸边1000多平方米的绿地，让环保成为自己的责任。2002年4月15日，徐州市政府召开全市城市环境综合整治动员大会，要求全市各级各部门紧紧围绕创建文明城市和国家园林城市的目标，以治脏、治乱、治差为重点，全面发动，全民动手，全面整治，依靠全市市民的力量，尽快改变市容脏乱差的状况；4月23日，举办了为期三天的徐州市城市环境综合整治万人签名活动，很多市民在"整治环境、美化家园"的条幅上签下自己的名字，以自己的决心和实际行动参与到城市环境综合整治中来。2003年10月，徐州市开展了历时两个多月的"影响市容环境卫生秩序十大问题评选"活动，从30多个问题中选出了市民深恶痛绝的"十大陋习"：占道摊点（出店）经营，马路市场、露天烧烤，乱贴野广告，随地吐痰、便溺，在公共场所遛狗，饭店油烟、噪音扰民，乱停放机动车、非机动车，沿街商店高音喇叭招徕顾客，夜间施工噪音扰民，乱倒垃圾、乱泼污水。近年来，徐州城管部门开展了多种形式的群众性精神文明创建活动，使人们在参与中逐渐形成新的思维、行为方式，增强社会大局意识、责任意识，养成关心市容和城市形象的良好习惯。举办了"向十大陋习宣战·新年承诺"宣传咨询活动，制作了告别"十大陋习"录制磁带20余盘、印制宣传手册2万份；开展了"创市民满意年万人签名"活动，发放《致市民的一封信》、《环境整治标准及考核评比办法》等倡议、宣传材料2万多份。进一步引导市民规范自己的行为，树立自觉意识，以自己的实际行动真正参与到城市管理中来。

近年来，遵循优化城市环境、真情服务百姓的原则，在日常管理过程，徐州城管通过"走出去、请进来"等方式，及时将有关法律、规章宣传到相关企业、个人，对经营中易于疏忽的薄弱环节开展行政指导，使管理相对人及时了解法规、政策，力避违章遭受处罚而产生不必要损失。积极开展"城管开放日"、"热心城管好市民"、"走进城管、体验城管、参观城管"等活动，形成"城市是我家、管理靠大家"的浓厚氛围。通过多种形式广泛宣传，较好提升了公众对城市管理工作的参与度、支持度。

3．百姓参与城市管理监督

百姓的监督是对城管执法工作及时有效的反馈与约束，良好的群众监督可以使城管执法人员随时随地注意自己的公众形象和执法行为，同时还可以让增加群众对城管执法工作的关注，更好的约束城管执法人员，为城管执法工作提供有力的保障。

为百姓开辟广泛的投诉、求助渠道，是百姓参与监督的前提。1999年，徐州市城管委公布了市容热线和监督举报电话，24h都有专人值班。市容热线一共受理各类咨询和投诉电话53000多次，办复率在95％以上，满意率在90％以上，群众提出的各种困难、意见、要求，基本能够得到回应和解决，同时，设立了"主任信箱"，接受广大市民的投诉。2003年，市城管委开通了城市管理信息专线，市民只要拨通168相关号码、就可查询城市管理有关知识和问题，包括市容管理、环境卫生管理、法律责任，有助于提高市民群众的知法、守法意识，有效地发挥市民群众的监督作用。2006年，市市容管理局开通了城市管理信息和投诉平台，为市民举报、反映问题开辟了更加便捷、高效的途径；在市场化运作道路的保洁检查工作中引入GPS监控系统，在洒水车、机扫车上安装了GPS卫星定位监控器，实现了对城区235万m^2主要道路冲刷、洒水和机械清扫、保洁工作的全时空监控。2007年，为健全高效、快捷的运行机制，提高解决热、难点问题能力，开通了网上短信投诉平台，各区建立了网上投诉受理系统，实现了市、区联网、联动，在市局举报中心（便民服务中心）实行24h值班制度。2008年，推进热线24h畅通工程，指导、督促各区建立健全工作网络，认真解决群众反映问题，市投诉接待（便民服务）中心群众受理案件969起，比往年大幅减少，总体整改率进一步提高。2011年，进一步强化城管局投诉举报中心和12319城管便民服务中心功能作用，规范受理流程，提升服务质量；组织群众参加"行风热线直播室"活动，直面倾听、解决群众反映的城市管理问题，办理率、回复率达到100％。2016年，"徐州市民城管通"正式上线，市民可以随时反映城市管理类问题并可上传照片，市民通过这种简单的方式，就可以解决问题，鼓励了市民积极参与到城市管理中来。

推行政务公开是百姓监督的重要途径。徐州市在2003年，实行"阳光执法"，按照市委市政府关于政务公开的有关要求全面实行了行政执法公示制。徐州市城管局设立了公示大厅，各执法分局设立了行政执法公示栏和人员监督栏，对行政执法责任制、错案追究制、执法监督检查制等进行公示，将行政执法职能、执法依据、权限、程序、时限、结果，人员照片、姓名及胸牌号码等张贴上墙。利用互联网将执法依据、职责权限、规章制度等上网公示，对城市管理行政执法工作中的重大活动、重要举措在媒体上进行公布，方便了全社会了解行政执法工作；2007年，大力推进政务公开，对89项行政处罚、4项行政许可和3项行政征收等权项对外公示，实行阳光运作，接受群众监督；抓好行政处罚、许可权委托单位的指导检查，确保依法行政、工作规范。2009年，在认真总结基层办事处"定人、定岗、定责"岗位责任制做法基础上，在市区城管执法系统推行了"一岗双责"责任制工作，明确了每名执法队员的责任岗段（责任田），通过新闻媒体将执法人员责任范围、电话号码以及监督电话号码向社会公布，广泛接受群众监督。同年，按照《中华人民共和国政府信息公开条例》的要求，完善全市城管系统政府信息公开平台，保障市民依法获取城市管理相关信息，指导各区做好政务信息公开的推进、指导、协调、监督。2010年开始，徐州市推行网格化、长效化管理机制，为细化街道办事处、社区和具体执法人员的网格化责任区，实现城市执法管理"全覆盖、无缝隙、不间断"，徐州城管在《徐州日报》等媒体公示片、街长工作职责、工作区域及联系电话，接受社会监督。2012年开始，深入开展"两个习惯"主题教育和"晒生活"、"晒日记"、"晒职权"活动。这一系列活动的开展，确保各项行政权力在阳光下高效运行。

聘请社会义务监督员是百姓参与监督的重要形式。徐州城管在做好队伍内部监督的基础上，强化外部监督工作。1995年以来，徐州市城管委从社会各界聘请了部分义务监督员。在总结实践经验的基础上，1999年8月，徐州市城管委从社会各界重新聘请了50多名城市管理义务监督员。这些义务监督员基本上是市人大代表、政协委员和民主党派人士，具有较强的监督能力。各县（市）区城管部门也相继聘请义务监督员，形成了市、县（市）区两级监督网，对义务监督员反映的问题及时进行登记、查处、反馈办理结果。与各新闻媒体联合，对城管行政执法违纪违规事件及处理情况敢于"家丑外扬"，不遮丑、不护短。对违纪违规人员和违纪单位的处理公之于众，通过向社会公开，加大透明度，广泛接受社会外部监督，增进了社会对城管部门公正、公平执法的认同感，也有力促进了城管队伍素质的提高，收到良好的社会效果；2003年，徐州市执法局在社会各界聘请50名城市管理行政执法义务监督员，以加大行政执法督察力度，促进行政执法队伍作风建设，提高城市管理行政执法的水平和效能；2006年，徐州市开展了"城管进社区"活动，实行定人定岗责任制，对小区进行分区域包片管理，聘请社区群众义务监督员对城市管理工作情况监督、评判，建立"问责"机制，对工作落实不力、不作为、乱作为问题严厉查处，依靠社区群众使社区管理更透明，更规范；2008年，在便民疏导点聘请义务监督员，让他们评判管理效果及服务态度，群众参与度、满意度显著提升。近年来，为强化检查考核在城市管理工作中的推进、激励作用，完善了"市容环境好不好由群众说了算"的考评机制，推行义务监督员制度，把群众评价意见作为考评成绩的重要指标，切实让市民参与、见证和监督城市管理，全面调动人民群众在城市管理中的积极性，努力实现"城市管理人民管"的工作目标。

实施城市管理群众监督有奖举报。为激励、引导社会公众主动监督参与城市管理，2016年10月，依托市数字化城市管理监督指挥中心，搭建了与群众交互的互联网平台—"市民城管通"系统。发放宣传操作手册50万余份、印有操作指南扑克牌5万余副，制作展板300余块等，通过媒体、载体宣传和定点、入户宣传等方式，引导群众广泛参与。市民通过该系统，可对市区范围市容秩序、环卫保洁、违法建设、车窗抛物、野广告清理、非机动车摆放、工地扬尘、市政施工、环卫及交通设施等城市管理方面问题，进行监督举报；市数字化城管监督中心对市民举报问题分类汇总、立案，对同一个问题第一个举报、并经认定的市民给予一定数额的奖励，每月以话费、转账、现金、微信红包等方式给予兑现。在对监督举报问题给市民奖励的同时，扣除市场化保洁公司、社会化信息采集企业相关考核经费，对辖区城市管理责任执法人员实施处罚，对市民举报问题处置情况纳入对各区、各办事处长效管理考核成绩，以推动各作业单位、管理主体认真履责。至2016年年底，市民共上报案件9万余件，认定3万余件，奖励金额152万余元。有奖监督举报制度，搭建了城管部门与市民之间的良性互动平台，培育了大量市民"城市啄木鸟"，既调动了市民主动参与城市管理的积极性、主动性，也较好推动了城市管理相关问题的高效解决，"人民城市人民管"的氛围日益浓厚。

1.2.3 让百姓满意

服务百姓既是城市管理工作的出发点，也是落脚点。城管部门工作的成效如何，归根结底要由百姓来评判，因此，百姓满意是城管工作的最终目标。徐州城管部门通过规范城管队伍、破解城管难题、消除服务盲区等一系列举措，获得了百姓的认可和赞誉。

1. 着眼规范管理，打造百姓认可的城管队伍

徐州城管部门按照《住房城乡建设部关于印发全国城市管理执法队伍"强基础、转作风、树形象"专项行动方案的通知》（建督[2016]244号）要求，围绕"三个强化"，狠抓规范化建设，城管队伍综合素质和依法行政能力大幅提升，获得了百姓的认可。

（1）强化制度约束和法制建设

徐州城管部门在健全执法公示、证件管理、错案追究、法制培训、全过程记录等制度基础上，制定了执法人员及协管员、执法行为、装备配备、执法督察、执法应急处置等管理规范。出台了《徐州市市容和环境卫生管理条例》、《徐州市警务和城管辅助人员管理办法》、《徐州市城市管理执法协作规定》及五个实施方案，推进了《徐州市城市管理综合执法条例》立法工作。针对性开展规范化建设星级单位创建、队伍建设提升年等活动。

（2）强化装备保障和教育培训

徐州城管部门统一更换城管制服，严格执法车辆管理。在64个巡区增配电动巡查车494台，为每位执法人员配备1部城管通，每两人配备1部执法记录仪和1支录音笔，每一中队配备1部对讲机，每条主次道路配备1～2部警务通等。增招协管员500余人，并建立工资分档、优先招选等激励机制。加强思想政治和职业道德教育，强化执法为民思维，增强管理就是服务意识。采取知识大比武、军事化集训、经验交流学习、举办知识讲座、"送法上门"等途径，加强法制培训，让每位城管队员切实做到"三熟"（熟悉城管职能、熟悉行政法规、熟悉执法程序）、"四会"（会法言法语、会调查取证、会做思想工作、会案卷制作）。

（3）强化风纪督察和履职问责

徐州城管部门组建督察大队，配备精干执法人员24名、三轮巡查督察摩托车4辆、应急督察车1辆，设立"教育管理办公室"。健全日常24h巡查、专项督查和视频督察机制，建立实时督察信息传输、自动考评系统。出台队伍督察、考核办法，明暗结合开展专查、联查、互查，对发现的轻微队伍形象、履职问题，要求现场整改；对情况严重的，第一时间带至"教育管理办公室"约谈，及时向责任单位反馈，公开通报批评，跟踪追责问效，并纳入考评成绩；对涉及违法违纪的，移交纪检部门查处。编发《督察通报》72期，书面约谈违规人员299人次、现场约谈872人次，辞退严重违规人员9人，违规问题同比下降75%以上。设立"委屈奖"，对工作中受委屈人员给予特殊奖励。

2. 实施多方联动，破解百姓关心的城管难题

徐州城管部门瞄准百姓关心关注、不满意环节，制定精准举措，实施多方联动，推动大量热难点问题有效破解，收到事半功倍的效果，赢得了百姓的赞誉。

（1）实施"城管+公安"协作联动

实施街面市容秩序巡查联动巡查。在34个街道办事处建立城管、巡防、治安、交警巡查一体、快捷联动机制，划分64个巡区，统一配置具备实时指挥、值班备勤、便民服务等多能合一城管岗亭48个，每一岗亭配备执法人员、协管员20～30名，24h四班三运转值勤；相互配发"城管通"180部、"警务通"183部，结合新的《徐州市市容和环境卫生管理条例》和"门前新三包"落实，联动查处违法行为，占道经营、店外经营、广告店招等98%以上的市容难题得到较好解决。

实施机动车违停联动治理。将主次干道划分成A、B、C三类，A类、B类严管示范路、主干道由交警、巡防负责，C类道路、城市支巷由48个城管岗亭和各区应急城管队伍取证上传，交警审核、处罚，停车难、停车乱现状大为改观。

实施违建立体化联动监控。按照住建部违建治理部署要求，实施新增违建零容忍。抽调城管队员、巡特警等组建彭鹰空中巡查大队，投资200余万元，购置2套4架六旋翼工业无人机，重点对违法建设、市容秩序、市政设施实施空间监巡；对交通秩序、治安情况、应急事件等开展数据采集和实时动态监管，搭建了多维互动的立体巡防巡控体系。

实施渣土运输、工地扬尘联动监管。创新落实住建部有关文件精神，印发招投标管理、联动执法、计分考核办法，建立城管、交警、巡特警、治安民警联勤机制。推行渣土运输公司化运营，制定渣土运输"七不开工"、渣土车辆"六个统一"、渣土弃置点"三个必须"和工地监管"六个起来"等规范，建设了网上快捷联审平台。

实施执法查处联动互助。制定互联互通、双向核查、"扁平化"指挥、联席会议、考核奖惩等协作互助机制。对暴力抗法等钉子户，公安部门强力保障，行政拘留违法当事人50余名，暴力抗法等案件同比下降80%以上。城管队员提供违法犯罪线索510余条，协助侦破治安、刑事案件50余起，协助抓获违法犯罪嫌疑人60余名。

（2）实施条块结合"大城管"协作联动

成立高位监督、指导、协调机构——"市城市管理委员会"，明确了各区、市各相关职能部门等成员单位职责。印发长效管理考核办法，分别将各区、各相关部门纳入长效管理考核、绩效考评体系。设立5800万元考核经费，对各区、各街道按年度、月度兑现奖惩；对每月排名靠后（未达到基本分）的街道，对其主要负责人进行约谈（已60人次），连续两次倒数第一的，诫勉谈话（已5人次），连续三次倒数第一的，调整岗位，形成了"条"、"块"履责共管的合力。

（3）实施部门、媒体及社会监督联动

每年选定12家部门牵头负责每月的城市管理现场考核，市纪委、监察局等全程监督。在徐州主流报纸媒体开辟专栏，每两周对城市管理工作大篇幅正面宣传，占领舆论阵地，弘扬城管正能量。聘请人大代表、政协委员、群众及企业家代表为政风、行风监督员，充分发挥12345、12319热线、徐州发布、政务微博、书记及市长信箱等平台作用，畅通监督渠道，回应百姓关切，解决社会关心问题。

3．消除服务盲区，践行百姓满意的城管理念

随着经济的发展、社会的进步，百姓的诉求日趋多样化，为此，城管部门理应顺应百姓的诉求变化，积极探索并创新服务方式和内容。近年来，徐州城管部门以百姓满意不满意为评判标准，通过便民早餐、农贸市场、便民服务岗亭、"零障碍"工程、市民城管通等一系列民生工程的建设，初步实现了服务百姓"无盲区"，很好地践行了百姓满意的城管理念，获得了群众的广泛好评。

相关调查显示，由于早餐店"多散小、脏乱差"，城市居民约有50%吃不到"放心早餐"，有70%在外就餐人群对早餐质量不满意，"吃早餐难"长期困扰广大市民。因此，为市民提供便捷、卫生、营养的大众化早餐，满足市民多层次、快节奏生活要求，成为城管部门保障改善民生和构建和谐社会的重要任务。徐州城管通过开展便民早餐示范店创建活动，使主城区便民早餐示范店总数至今已达220家，布点也进一步向居民集中区、新城区和城乡接合部延伸，"15分钟便民早餐圈"已全面建成，正努力向"10分钟便民早餐圈"迈进，彻底扭转了市民的"吃早餐难"，深受百姓好评。

农贸市场是重要的城市基础公共设施，事关百姓生活品质。为切实改善农贸市场购物环境，更好地满足人民群众日益增长的生活需要，徐州城管积极开展了农贸市场及周边专项整治。通过加强日常保洁，清除垃圾乱堆、污水漫溢等现象；配套完善公厕、垃圾收运等设施；规范机动车、非机动车停放秩序等举措，实现了农贸市场的提档升级。2014年，修订了《徐州市主城区农贸市场（街坊中心）布局规划》，按照每个农贸市场（街坊中心）服务半径1km、每千人100m²的标准，市区规划至2020年设立农贸市场（街坊中心）138处。这些为市民"菜篮子"提供便利、规范服务的措施，极大地方便了市民生活。

为保障城市治理工作的长效化，便民服务的常态化，徐州城管以创建"优秀管理城市"为切入点，从市区61座治安岗亭中抽调50座，设为城管岗亭，开启城管工作街面服务"零死角"模式。城管岗亭实行24h值班制，统一外观、标识和办公设备，一日三餐配餐到岗，内部通电话、通网络、通监控，配备医药箱、工具箱、针线盒、雨伞等便民服务设施，免费供群众使用，为群众提供贴心便捷的服务，帮助群众解决日常生活中可能出现的小问题、小困境，为群众提供了零距离的城市管理投诉和建议渠道，架设起城管与群众之间沟通的桥梁。

为方便百姓办事，徐州城管实施"零障碍"工程。围绕12类行政许可事项，构建一站式全程协办机制，张榜公布值班领导和协办员照片、办公地点和手机号码，建立短信投诉处理系统和"一把手"网上服务厅，实施服务群众"三亮"举措（亮职务身份、亮岗位职责、亮服务电话），实现了"一个窗口对外，一个中心审批、一个口子收费、一站式服务"；完善同岗AB角、一次性告知、限时办结、挂牌上岗、服务承诺、"一案三卡"（每一起案件都有"便民服务卡"、"队员廉洁自律卡"、"执法满意度征求意见卡"）、服务对象定期走访和请假、报批、报备等制度，在人大"零障碍"评议活动中获得满意等次。

为更好地实现城市管理"便民利民"的要求，结合数字城管系统的建设运行情况及智能手机的普及现状，徐州城管部门通过"市民城管通"系统，让市民可以实时查看市区范围内的一些路况监控和公共自行车、停车场等点位信息，方便市民的出行和停车问题，可以通过公示公告了解城市管理的相关信息，便于市民合理规划自己的出行路线，安排自己的生活，相关问题也可以拨打数字城管便民服务热线"12319"咨询。市民也可以通过关注全民城管微信公众号随时随地了解更多信息。这也是城管部门借助现代信息技术服务百姓的有益尝试。

百姓满意是城管工作的最终目标，是评判城管工作好坏的终极标准，因此，城管工作必须交由百姓评价、让百姓说了算。徐州城管部门一直坚持以百姓是否满意作为评判城管成效的标准，邀请人大代表、政协委员、群众及企业家代表，一方面当城管政风行风的"评议员"，促进城管系统作风转变；另一方面当城管工作的"裁判员"，定期对城管工作评价打分，对标找差、对标补差。通过连续三年开展问卷调查，反映出百姓对城市环境综合整治的满意度逐年提高，2016年满意率达到94.5%。

2 "科学城管"理念构建

城市管理工作是一项系统工程。但传统的"人海"式城市管理模式手段单一，管理方式落后，城市管理中的问题也往往层出不穷，甚至越管越多，管理的效能不高。近年来，随着社会经济的发展和城市化水平的提高，城市人口迅速集聚，城市基础设施日趋完善，城市空间不断拓展，原有的城市管理手段和管理模式已越来越不能适应城市快速发展的要求。伴随计算机、物联网、大数据、云计算等新技术的创新和应用，"科学城管"成为可能，只有加强科技应用，运用科学的技术和方法，才能提高城市管理的效率和水平。因此，构建"科学城管"理念就成为提升城市管理水平的必然选择。

2.1 徐州数字城管系统建设

2.1.1 数字城管系统建设的背景

传统城市管理模式在运行中积弊重重。首先，责任主体不明确。城市管理工作涉及城管、环保、园林、公安、交通、通信等多个单位和部门。各部门分工界限多依靠人工划分，经常会出现某一区域或某一类问题无人管或多人管的情况，造成管理范围模糊、职责不清、职能交叉、管理混乱的局面。其次，发现问题不及时。以往城市管理问题的发现主要有两个途径：一是城市管理相关职能部门自己主动发现，其弊端是巡查形式单一，问题发现率较低，结案率不高，易造成城市"病症"多发、频发现象；二是通过群众拨打投诉热线或媒体曝光等被动获得，再经过领导层层批示后转办到相关职能部门处理，其弊端是环节众多，程序烦琐，效率低下，问题得不到及时有效的解决。第三，处置问题不迅速。由于城市管理工作经常涉及其他相关部门，需要他们参与解决。由于行政体制原因，其他部门与城管执法局在工作上联系的方式只是传统的信函、电话、拜访等方式，往往需要花费较多的时间。这种方式明显导致很多城市管理案件处置不及时，尤其是急、难、险、重的案件。第四，联动机制不健全。由于各城市管理部门职责不同，认识不统一，考虑本部门利益较多，涉及不好管、有争议、利益不大的一些问题则是能推则推，特别是日常工作中出现的跨区域、跨部门并且需要协调的城市管理问题时，部门之间缺乏统一的调度，以至于以收代管、以罚代管、只审批不管理的现象屡见不鲜。第五，监督考评机制不科学。传统模式下问题的处理过程和结果缺乏完善的监督考评机制，导致问题处置效果没人管、问题处理是否及时没人管，管好管坏、管与不管一个样，群众是否满意无所谓。久而久之，城市管理部门处置问题的积极性也就大打折扣。

数字城管系统是综合应用计算机网络技术、无线通信技术、"3S"空间信息技术等信息化手段，通过对城市管理对象的数字化，以10000m²为一个单元，将城市划分为若干个管理网格，整合管理资源，使信息采集、案件派遣、问题处置、反馈核查、监督评估成为完整的管理链，形成"闭合回路"的管理新体系。每个环节均科学化地实现"定标、定量、定限"考核记录，从根本上变革并创新了传统的城市管理模式。

2005年，建设部开始组织"数字城管"建设试点，2006年7月和2006年11月，建设部先后在北京市、扬州市召开了现场会，公布了两批"数字城管"试点城市，江苏省扬州市和南京市鼓楼区被列为我国首批10个数字化城市管理试点城市，常州、无锡被列为第二批试点城市。2007年2月18日，中央政治局委员、国务院副总理曾培炎在视察北京东城区城管新模式时，高度肯定了其创新实践，认为东城区通过运用现代信息技术，优化管理流程，探索"数字化城市管理模式"，明显提高了城市管理效率和政府管理水平，较好地解决了城市运行中的多发问题，取得了明显成效，指出其经验值得总结，做法值得推广。2007年7月，建设部在成都市召开了现场会，公布了第三批试点城市，江苏省昆山、吴江、张家港被列为第三批试点城市。在全国数十个城市（城区）数字化城市管理建设工作试点的带动下，呈现出全面建设数字化城市管理新模式的良好态势。

在此背景下，2007年5月，江苏省政府办公厅下发了《关于推进数字化城市管理工作的意见》（苏政办发〔2007〕57号），明确要求：至2007年年底，全省各城市需完成数字化城市管理工作实施方案的制定；至2008年年底，苏南省辖市和县级市以及苏中省辖市建成数字化城市管理平台；至2009年年底，苏北省辖市和县级市以及苏中苏北有条件的县级市建成数字化城市管理平台；2015年，全省各市（县）区基本实现数字化城市管理，形成分工明确、责任到位、沟通快捷、反应快速、处理及时、运转高效的城市管理模式。

2.1.2 徐州数字城管系统的建设过程

根据省政府的工作安排，2008年7月10日，徐州市政府办下发了《关于2008年徐州市数字化城市管理建设工作意见》（徐政办发〔2008〕100号），明确了市数字化城市管理建设工作组织机构，并对数字化城市管理建设工作提出了要求。

2008年11月21日，中共徐州市委、市政府下发了《关于印发〈振兴徐州老工业基地目标任务分解方案〉的通知》，明确指出由市容管理局牵头，各部门配合，创新城市管理方式，综合运用行政、法律、市场、信息等多种手段，推进城市管理现代化，建立徐州市数字化城市管理系统。

从2009年开始，徐州市委、市政府连续6年将此项工作列入市城建重点工程和为民办实事重点项目。市政府专门成立了以市长为组长的建设领导小组（徐政发〔2009〕37号）；2009年2月27日，中共徐州市委办公室下发了《关于进一步加强振兴徐州老工业基地督查工作的通知》，通知要求各牵头单位和责任单位要对照市委、市政府印发的目标任务分解方案（徐委发〔2008〕29号），层层将任务细化分解；3月26日，徐州市发改委下发了《关于徐州市数字化城市管理系统项目建议书的批复》

（徐发改高技［2009］157号）；3月27日，徐州市政府召开常务会议，专题研究数字化城市管理系统建设问题（市政府常务会会议纪要2009年第3号），并印发了《徐州市数字化城市管理工作实施方案》（徐政发［2009］67号），明确徐州市数字化城市管理系统建设的目标、原则、方式、任务、地点等，建立大城管局管理模式，实现高位监督、高位指挥的既定目标；5月9日，江苏省住房和城乡建设厅组织省内外专家对系统建设方案进行了论证；6月4日，徐州市发改委下发了《关于徐州市数字化城市管理系统项目可行性研究报告的批复》（徐发改高技［2009］263号）。

徐州市数字化城市管理系统共分五期建设：

一期工程。2009年至2010年，一期工程计划总投资2400万元，项目采取BT建设模式，由徐州电信承建，项目主要内容：一是初步建立数字城管系统运行环境；二是完成覆盖徐州市区建成区约118km²的地理信息数据普查及建库；三是建设了数字城管系统的20个应用子系统，包含住房和城乡建设部规定的9个基础子系统及针对徐州使用实际的11个拓展子系统。

一期工程（扩大部分）。2010年至2011年进行了一期扩大部分建设，计划投资1800万元，由移动承建，项目主要内容：一是建设数字城管视频监控系统平台（含软件及硬件）；二是在市区建成区范围内新建监控点位1000处；三是建设8套移动车载监控。

二期工程。2011年至2012年进行了二期工程建设，投资600万元，由联通、立得、政通等公司建设，项目主要内容：一是延续一期建设成果，将数字城管的数据网格范围扩展至535km²；二是新增视频监控点位100处；三是建设了机关房屋、道路桥梁管理、渣土管理、城市信息管理4个信息系统。

三期工程。2012年至2013年进行了三期工程建设，计划投资2700万元，由联通公司承建。项目主要内容：一是建设城市处理数据共享平台；二是建设"数字环卫"系统、"执法通（处置通）"系统、"12319"服务热线呼叫中心及OA办公系统5个软件系统；三是进一步整合建设城市视频监控，推进资源共享，新增监控点位648处；四是为加强数字化城市管理的工作力度，新增车载监控6部；五是根据数字化城市管理工作的需要，对数字化新大厅进行装修改造。

三期（扩大部分）工程。2013年进行了三期（扩大部分）工程建设，计划投资1800万元，由大恒公司、美竹公司、立得公司、政通公司、泰华公司、中友讯华公司、神州通达公司7家公司承建。项目主要内容：一是数字化大厅大屏及硬件采购；二是云管委机房建设；三是建设了全民城管系统、路灯远程智能控制系统；四是对广告管理系统、数字城管系统进行了升级完善；五是完成了西三环、北三环的监控设备迁移，同时对监控设备进行了升级与改造。

2015年，投资206万元，建成国内较先进的两套四架"空中无人机监管系统"。

2016年，根据市委、市政府一号文件规定，计划建设城市管理监控全覆盖、城市地理数据普查和更新、城市管理应急指挥视频会议系统等。

徐州市数字城管系统的体系架构（C/S）主要包括网络基础设施、软硬件平台、数据库群、核心平台、专业应用、对外服务以及相应的管理体系。依据住房和城乡建设部的标准，徐州市数字城管系统建设了9大基础子系统，同时结合徐州市城市管理实际，建设了数字城管案件办理、呼叫受理、视频监控、无线数据采集、数字环卫、路灯远程智能控制、渣土车辆GPS信息、道路桥梁管理、户外广告管理、市容管理数据库、OA办公、"12319"服务热线、监督指挥、基础数据管理、应用维护、综合评价、地理编码、数据交换、协同工作、"执法通"（处置通）、全民城管、道路审批挖

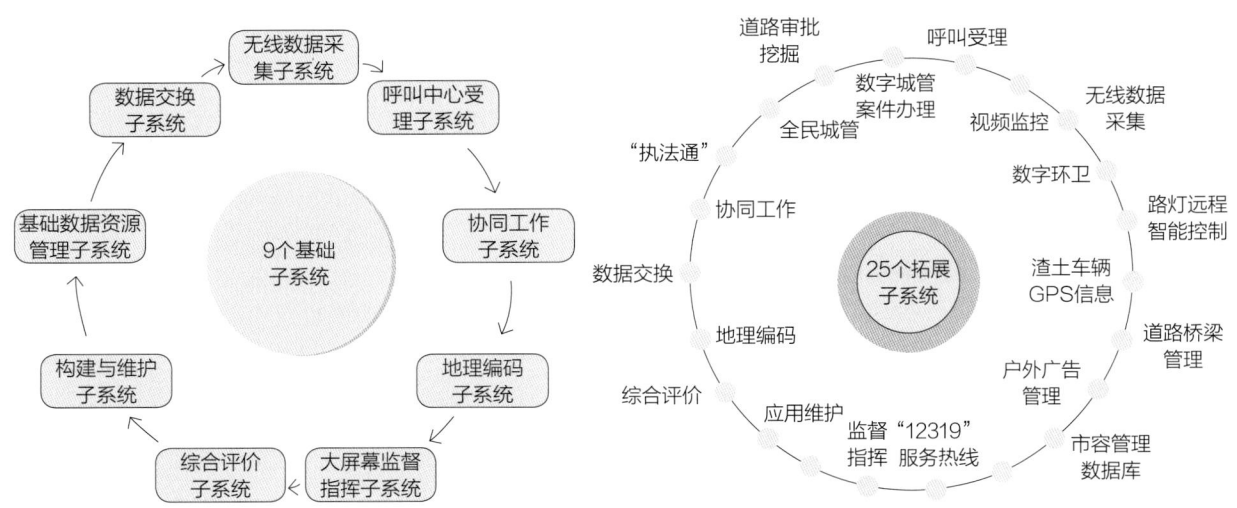

图 2-1 徐州市数字城管基础子系统和拓展子系统图

掘等25个拓展子系统。如渣土运输处理监管系统以徐州市基础地理信息平台为基础，以城市建筑渣土管理为核心，以物联网技术为支撑，综合运用无线视频、RFID、GIS、GPS以及3G等技术手段，建立起一套徐州市建筑渣土产生、运输及处置环节的全过程监管平台。数字环卫系统实现了对环境卫生管理工作流程的实时监控和管理数据的实时调用等，极大地提高了城市管理的效率（见图2-1）。

2014年，徐州市数字化城市管理监督指挥中心与中国矿业大学（徐州）合作，成立了"中国矿业大学智慧城管教学科研基地、智慧城管研发基地"。

2.1.3 徐州数字城管系统的特色

在徐州市数字城管系统建设过程中，通过借鉴和学习外地城市的先进经验，结合徐州城市管理工作的实际，进行了一些有益的探索和创新。

（1）统一规划，同步建设。在数据普查、网格划分、区级平台和各级网络终端建设中，采取全市统一规划、统一标准、同一事项同步建设的方式，避免了各自为政、标准不一等弊端。

（2）整合资源，信息共享。在数据普查中，利用市国土部门1:500地形图和地理信息系统数据，节约投资；提高部分城市部件的测绘精度，普查数据可回馈国土部门使用。

（3）服务市民，保存历史。建立数字城管门户网站，既为市民提供一个投诉和反映问题的平台，又将城市街景影像引入网站，使广大市民足不出户即可浏览市容市貌。大量的实景影像资料为今后的城市建设留下一份珍贵的历史档案。

（4）动态位置量算，提高定位精度。采用自动生成位置描述文字功能，改变目测估计距离，手工输入位置文字的传统模式，在系统平台和城管通手机上点击任意位置即可获得该位置的文字描述，减轻人工工作量，提高精度和效率。

（5）引入实景影像，增强系统功能。在系统平台和城管通上引入实景影像，为操作人员创造身临其境的感觉，无论在二维地图上点击部件符号，还是在实景影像上点击部件的标志，均可获得所需部件属性信息，真正实现"所见即所得"。

（6）精细指挥手册，提高工作效率。编制精细化的指挥手册，明确每个区域内各类部件事件问题的管理单位；利用计算机和地理信息系统的密切结合，系统直接确定管理单位，不再需要人工判断。

（7）监控抓拍立案，自动精确定位。建设监控立案受理功能，将监控系统与地理空间系统密切结合。

2.2 徐州数字化城管系统运行

徐州市数字城管系统始终坚持"三个第一"的原则，即"第一时间发现问题，第一时间受理问题，第一时间解决问题"。形成了"一级监督、两级指挥、三级管理、四级网络"的运行模式和"多元化问题发现、巡查一体、扁平化指挥"的运行机制以及规范化的监督考核制度，构建了横向到边、纵向到底、市区联动、部门互动的"大城管"工作格局。

2.2.1 徐州市数字城管系统的工作方法与工作流程

1. 数字城管系统的工作方法

徐州市数字城管系统采用万米单元网格管理法和部件、事件管理法，实现了城市管理区域的精细划分和城市管理对象在管理区域中的有序、精确定位。

万米单元网格管理法就是在城市管理中运用网格地图，以10000m²为基本单位，将所辖区域划分成若干个网格状单元，由城市管理监督员对所分管的万米单元实施全时段监控。同时明确各级地域责任人为辖区城市管理责任人，从而对管理空间实现分层、分级、全区域管理的方法。徐州市通过采集基础地形、地理编码、单元网格、城市部件、实景影像数据等方式，共划分万米单元网格4463个，由信息采集员对所分管的万米单元实施全时段巡查，巡查中发现的问题实时上报市数字化城市管理监督指挥中心，中心根据"万米网格"电子地图的准确定位，将相关问题派遣给对应的责任部门，实施精确处理，从而避免了由于定位不准导致拖延问题处理时间（见图2-2）。

部件、事件管理法即从静态与动态两个方面，将城市管理对象划分为城市部件和事件，运用地理编码技术将部件、事件按照地理坐标定位到万米单元网格地图上，通过网格化城市管理信息平台对其进行分类管理的方法。市城管局按照住房和城乡建设部《数字化城市管理模式建设导则（试行）》的要求，结合徐州市的实际情况，编制了《徐州市数字化城市管理监督指挥手册》，将城市管理事件分为6大类81小类、部件分为7大类90小类并纳入《徐州市数字化城市管理监督指挥手册》中，作为数字化案件采集、派遣、处置依据。把所有设施和发生的问题，落实到以街道社区为基础的单元网格中，一旦发现问题，就会被迅速、精确地记录和确定下来，并由相关责任

图2-2 徐州市万米单元分布图

图 2-3　《徐州市数字化城市管理监督指挥手册》和城市管理部事件分类、责任单位及立案条件图

人立即进行处理。《徐州市数字化监督指挥手册》明确规定了城市管理部件和事件的主管部门、权属单位、处置单位、处置时限和立案条件、结案标准等，是数字化城市管理系统建设的一项基础性内容。构建了以问题发现、核查结案为核心内容的城市管理问题监督制度体系；构建了以处置职责重新确认、处置结果规范、处置时限精准为核心内容的城市管理问题处置执行的制度体系；它也是城市管理考核制度建设和长效机制建设的基础（见图2-3）。

通过实施部件、事件管理法，不同事件都有相关的负责主体以及具体的处理日期，从而保证了城市管理内容各司其职，提高了管理效率。

2. 数字化城管系统工作流程

徐州市数字化城管系统工作流程包括7个环节：一是信息采集，信息采集员、督导人员、公安机关辅助人员、视频监巡人员、12319热线等根据《徐州市数字化监督指挥手册》规定的事部件类型，通过数字化系统进行采集上报；二是案卷建立，市数字化城管中心坐席员按照手册立案标准进行审核，符合立案条件的予以立案，并完善案件信息，不符合立案标准的将予以回退；三是任务派遣，根据手册中规定的处置标准和时限，市数字化城管中心坐席员通过数字化系统将案件派遣至相应的责任部门进行处理；四是任务处理，责任部门接收到派遣案件后，通过数字城管系统或其他方式下达给相关处置单位。处置单位接收到案件及处置指令后，派遣人员按照规定的处置时限和处置要求进行处理；五是任务反馈，处置单位处理完毕后，相关处理人填写办理过程，将已完成的案件上报责任部门。责任部门接到反馈案件后，认真完成核查登记，并将案件通过数字化城管系统反馈到市数字化城市管理中心；六是核查结案，市数字化城市管理中心接到责任部门反馈案件后，按照"谁上报谁核查"的原则，通过系统向上报人员发放核查任务，进行现场核查。核查结果由市数字化城管中心坐席人员审核，通过的予以结案，未通过的将派至处置部门重新处置；七是综合评价，按照住房和城乡建设部颁布的《城市市政综合监管信息系统绩效评价》及《市委办公室、市政府办公室关于印发〈徐州市城市长效管理考核办法〉的通知》，对城市管理问题处理等进行综合评价，评价结

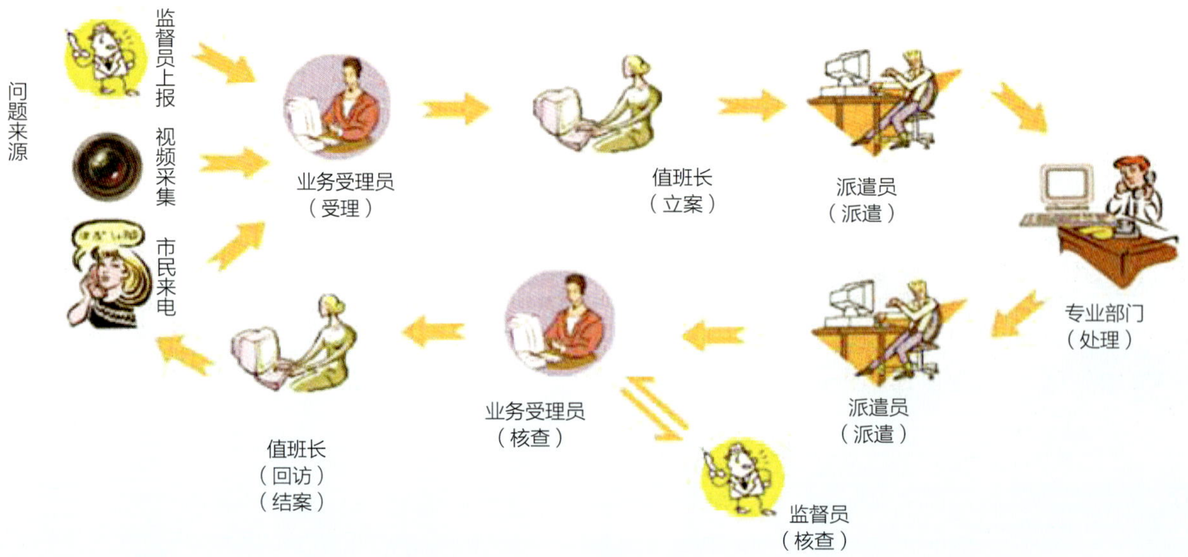

图2-4 数字化城管系统工作流程

果作为责任部门、处置单位考核的主要依据（见图2-4）。

2.2.2 徐州市数字化城管系统运行体系

1. "一级监督、二级指挥、三级管理、四级网络"的运行模式

徐州市数字化城市管理系统在传统三级联动的基础上，进一步将管理延伸至社区，实现城市管理问题市、区、街道、社区四级联动，充分发挥了街道、社区在城市管理工作中的作用，提高了城市管理效率。

徐州市数字化城市管理系统建成了1个市级平台、7个区级平台、46个职能部门终端、42个办事处、197个社区终端。市数字化城市管理监督指挥中心为一级平台，主要行使监督权、评价考核权、奖惩权，实行高位监督；区指挥派遣中心为二级平台，负责统一调度分散在辖区内各专业部门和街道办的管理资源和执法力量，共同履行城市管理职责，对市监督指挥中心报送的城市管理问题进行分类、派遣，并负责督促检查专业部门处置情况，反馈处理结果；街道办事处为三级管理平台，通过现有的数字网络平台将案卷派遣至所属四级平台责任单位，督促其整改并反馈至上一级平台，作为问题的直接处置单位，则负责在规定时限内尽快处置数字城管系统派遣的问题，并及时向二级平台申报结案；社区为四级平台，社区通过电脑终端、短信等方式收到街道派发的城市管理问题，处置完成后进行反馈，该案件可以自动由社区居委会反馈至该案件的发现部门，同时反馈至街道、区派遣中心、市监督指挥中心，实现快速反馈，从而既保障了问题处理时的四级联动，又提高了城市管理问题的派遣和反馈效率；若该案件超出社区职能，则直接反馈至街道，然后逐级向上反馈直至解决，社区居委会作为基层部门，作为监督员队伍的补充，也可以通过社区电脑终端、短信方式上报城市管理问题。职能部门是指各种城市部件、事件问题处理单位和责任部门，职能部门终端平台按照数字化城市管理相关管理规范的要求，及时完成市数字化城市管理监督指挥中心派遣的属职责范围和管辖的部件、事件问题的处理。

目前，徐州市数字化城市管理已形成了"一级监督、二级指挥、三级管理、四级网络"的运行模式。在系统接入范围上做到了"横向覆盖到面、纵向延伸到底"，真正实现全方位的数字化城市管理。横向上，城市管理的问题可以派遣到城市管理的全部职能部门；纵向上，一方面职能部门可以派遣到业务处室，甚至进一步派遣至专业公司进行处置，另一方面街道（乡镇）可以派遣至社区（行政村），列入考核但地理数据未能普查的区域，采用移动监控车辆进行移动式考核，真正意义上做到了城市管理的"条块联动"（见图2-5）。

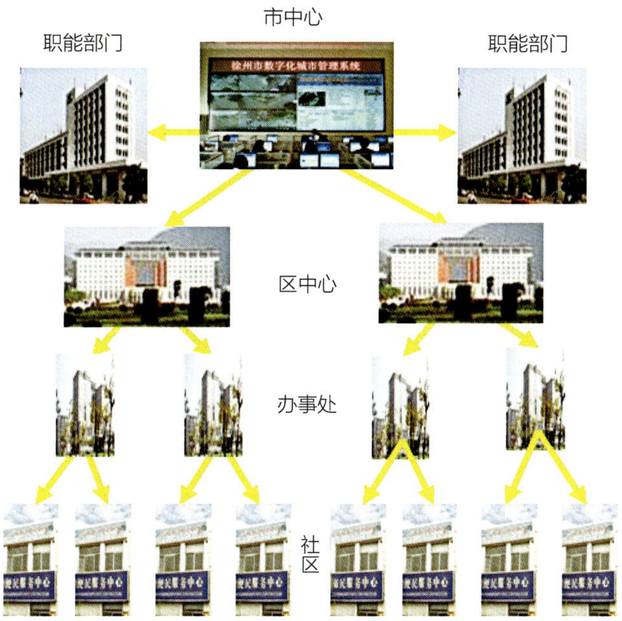

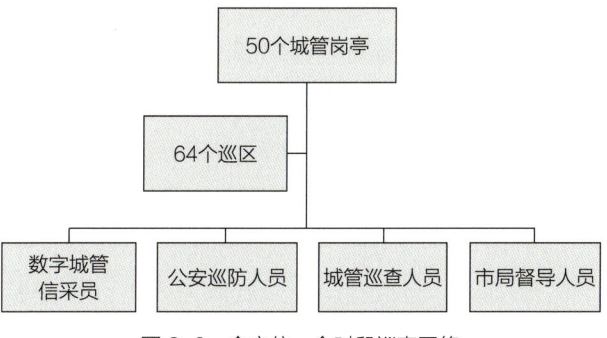

图2-5 "一级监督、二级指挥、三级管理、四级网络"的运行模式

2."多元化问题发现、巡查一体、扁平化指挥"的运行机制

（1）多元化问题发现机制

长期以来，城市管理问题的发现主要靠有限的执法人员巡查、市民举报、新闻媒体曝光等渠道，问题发现基本上是被动的、滞后的。实行数字化城市管理后，主动发现问题的能力明显增强。

一是共划分信息采集员采集网格56个，每个信息采集网格安排一名信息采集员，根据《徐州市数字化监督指挥手册》规定，对网格内的公共设施、园林绿化、市容环境等城市管理问题进行巡查上报，并通过数字城管系统进行办理。

二是自2015年4月起，根据市城管局和市公安局联合制定的《徐州市城市管理行政执法协作规定实施方案》，依托数字化城管平台，将全市31个街道办事处全部纳入"巡查一体"工作范围，以50个城管岗亭为基础，将全市划分为64个巡区，组织"数字化城管信息采集员"、"城管巡查人员"、"公安巡防人员"、"市局督导人员"四支专业力量，在各辖区开展全方位、全时段的巡查，发现问题后使用城管通手机上报，通过数字化系统立案、派遣、处置、反馈及结案（见图2-6）。

三是将12319成功纳入数字城管系统。2011年12月19日，城市管理投诉平台、数字城管平台与12319热线平台"三台合一"后，与数字城管系统实现了无缝对接，实行7×24×365工作制，建立了完善的标准化处置流程，打破了传统热线工作模式，受理的热线问题均通过数字城管系统进行核实、立案、派遣、处置、核查、结案、反馈，同时承担市局节假日和夜间的总值班任务。

四是2015年完成了全民城管扩大应用建设，召开新闻发布会向社会公开发布"市民城管通"手机APP软件，邀请全体市民主动参与城市管理并发挥大家的主人翁意识，打造、维护"精

图2-6 全方位、全时段巡查网络

致、细腻、整洁、有序"的宜居环境，共建"美好徐州"。系统自2016年3月17日向社会发布正式使用以来，截至2016年年底已上报案件3万9千余件，结案率98.49%。

另外，根据问题发生程度、社会影响等，增设了领导交办、媒体曝光、执法上报、专项上报等问题渠道，徐州市数字化城管系统问题来源渠道已拓宽到14个，其中12319热线占1.00%、督导巡查占10.05%、辅助巡查占35.34%、视频上报占5.26%、巡查上报占48.02%，覆盖了城市管理问题受理的所有方式。

（2）"巡查一体"工作机制

自2015年4月23日起，根据市城管局和市公安局联合制定的《徐州市城市管理行政执法协作规定实施方案》（方案一～方案四），依托数字化城管平台，城管、公安部门建立起城市管理行政执法"巡查一体，联动执法"协作机制，这一机制将城管执法的巡查区域与巡特警、交警的巡逻区域结成互助巡区，交警、巡特警在巡逻时发现的占道经营、违章搭建、道路塌陷存在严重安全隐患、路灯杆倾斜、公共自行车站点破损、渣土车洒漏等15项涉及市容市貌的问题，直接通过市数字城管系统上报，由市数字化城管监督指挥中心派遣至相关责任部门（单位）处置；巡特警发现并通过数字城管系统上报的交通秩序类问题，列入徐州市公安局对交警个人的绩效考核。公安机关和城管部门对执法、执勤过程中出现的突发、应急事件进行联合处置。对城管执法中遇到的阻挠公务、暴力抗法的，各级公安机关能够及时、快速地进行保障，实现信息共享。

全市分三批在市区31个街道办事处的城市管理重点、难点区域，建立了巡查一体的日常执法机制和城管、巡防、治安、交警快捷联动的应急处置机制。要求所有城管队员必须文明执法、按章办事，对于占道经营的烧烤摊等，有疏导点的尽量引导商贩去疏导点经营。在文明执法的同时，对部分"顽固"摊贩，单靠城管部门确实很难处理的，由城管部门协同辖区公安部门进行联合执法，两部门职能有机结合，为城管执法提供了保障，执法也更加规范。通过联合执法机制的实施，城市环境有了明显提升，市容秩序有了明显改观。

为进一步发挥和巩固联合执法效果，市数字城管中心共安装配发公安辅助巡查城管通187部，在巡逻时发现城市管理问题，通过"城管通"上报至数字城管监督指挥中心，为每个城管岗亭配备了监控、电话、电脑及对讲设备，同时，部分城管队员也配发有"警务通"，发现机动车乱停乱放问题可派单至市交警大队进行处理。根据要求，城管人员需全方位、全时段在辖区内巡逻，及时发现各类城市管理问题并及时处置。

市数字化中心以管理网格为单位，对街道办案件处置情况进行指导、协调、督办。市区城管巡查队伍以50个岗亭为依托的街道办事处范围内的主次干道、背街小巷、老旧小区等，按照"路到中心水到边"的要求进行巡查上报，实现全覆盖、无死角巡查，重点发现、上报，解决环境卫生、市容秩序、基础设施三大类问题。公安巡防以区为单位进行巡查，市巡特警支队要对各区巡防大队落实工作的情况进行督查、指导。将数字城管网格同公安巡防和城管巡查人员巡区相叠加，形成数字城管信息采集网格、公安城管执法的巡查区域与巡防、交警的巡逻区域结成互助巡区，增强了公安部门的巡逻力量，保证了巡查无盲区。

2016年1月20日，市城管局和市公安局又抽调专业人员共同组建了彭鹰空中巡查大队，下辖2个飞行中队，拥有2套4架六旋翼无人机，主要负责对城市违章建筑、市容市貌、市政设施、交通秩序、治安情况、应急事件等方面的数据采集和实时动态监管，使城市管理各类问题能得到更及时的发现和处置（见图2-7）。

"公安＋城管"的联合执法以制度形式进行固化，并通过制定相应的日常管理制度、绩效考评制度、日常激励制度，保证执法工作的长效化，提升了城市管理的水平和效率。截至2016年年底，立案10.5万余件，应结案10.27万余件，结案10.25万余件，结案率99.89%。

（3）"扁平化指挥"工作机制

尽管经过多方努力，城市管理工作有了长

图2-7 彭鹰空中巡查大队的无人机

足的进步，但有些问题依然存在：城管体制、机制还不能完全适应经济社会发展的新需要；环卫精细化管理水平还不高；占道经营、店外经营，部分背街小巷、城郊接合部环境卫生脏乱差等问题尚未得到有效解决；道路、环卫、路灯等市政设施欠缺和功能不全问题还较为突出；工程建设和管理还存在许多不完善的地方；市容环卫责任区制度落实不够扎实；基层执法管理基础还不牢固；执法队伍规范化建设、管理水平还有待于进一步提升等各种弊端仍然突出。尤其是效率和效能方面有较大的缺陷，机动性、灵活性和有效性明显不足。为巩固各项创建成果，落实规范化、长效化管理，进一步提高城市管理水平，努力打造整洁、文明、有序的城市容貌环境，按照《徐州市城市管理行政执法协作规定》（徐政办发〔2014〕193号）要求，2015年4月15日，城市管理局依托徐州市数字化城市管理系统，构建了"扁平化"城市管理指挥体系。整合市、区两级城管力量，组织鼓楼、云龙、泉山区城管局及市局市容处、市环卫处、停洗车执法大队、广告执法大队、渣土执法大队等人员进驻数字化大厅，直接调度、指挥和协调各街道办事处处置各类城市管理问题，建成了发现问题、立案统计、跟踪督办、审核登记、信息研判、考核督查的"扁平化"快速工作机制。初步实现了城市管理工作及时发现、快速反应、迅速处置的目标，进一步提高了城市管理工作效率（见图2-8）。

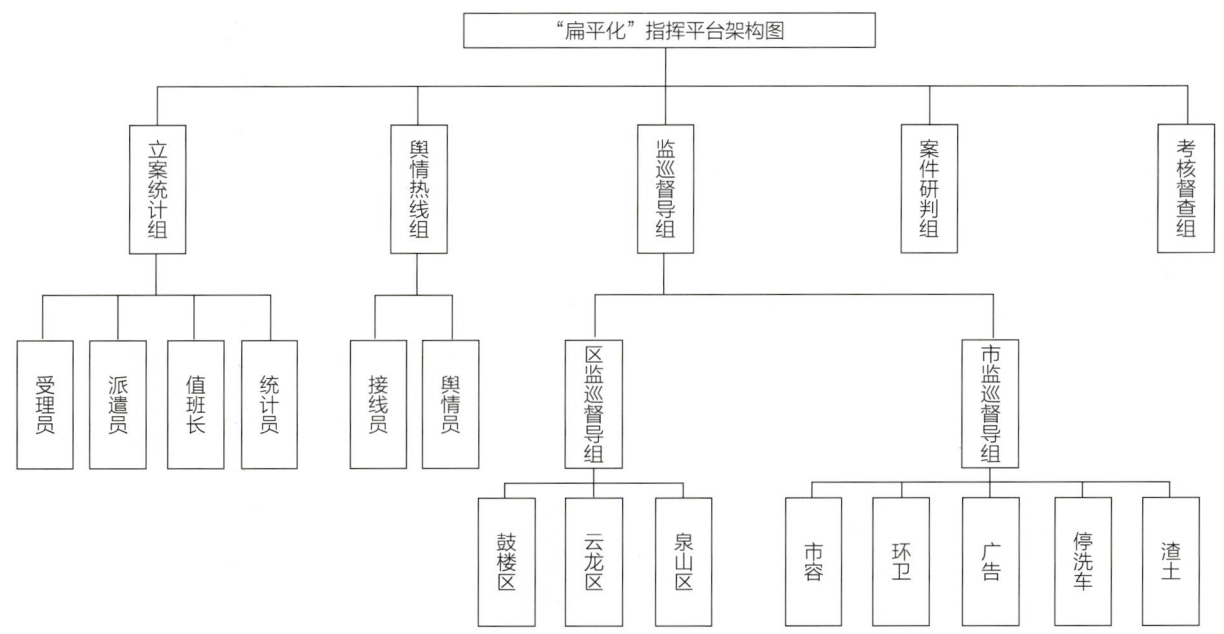

图2-8 徐州市城市管理"扁平化"指挥平台架构

"扁平化指挥"是通过减少行政管理层次，减少行政管理环节，建立一种紧凑、干练的扁平化组织结构。按照"巡查一体"工作部署，依托数字化城市管理系统平台，对市、区两级城管力量进行整合，组织各区业务处室人员进驻数字化城管指挥中心进行案件督导，不管何种渠道发现问题，由进驻人员实时对讲立刻下派，至少下派到社区一级，直接调度、指挥和协调各街道办事处处置城市管理问题，搭建出城市管理"扁平化"指挥平台。

根据"扁平化指挥"工作的需要，成立了立案统计、监巡督导、案情研判、考核督查、热线舆情5个组：

立案统计组。一是对于公安巡防人员、信息采集员上报的数字化案件进行立案、派遣、结案等。二是对案件进行分类统计，计算相应的奖励、处罚数据，编发短信、日报表、旬报表、月报表。三是对上报的占道经营、店外经营、在建违建、广告等重点问题，定时将数据推送至监巡督导组，供其指挥督办。

监巡督导组。一是对立案统计组报送的店外经营、占道摊点、在建违建等重点问题，利用对讲机、电话进行指挥督办，将督办情况、问题整改情况逐条登记。二是利用视频监控对本辖区内的城市管理问题进行巡查，利用对讲机、电话对重点问题进行指挥督办。此外，还负责对目前已建成的50个岗亭进行24h监督。

案件研判组。一是对立案统计组报送的案件和舆情热线组报送的市民投诉、舆情曝光案件进行梳理统计，分析出当前案件的高发区域、高发类型及高发时段，指出巡查力量薄弱的区域、路段，巡查管理工作不到位的巡组、人员；二是通过对每天案件的碰撞对比，筛选出多次上报、长期存在的问题，进行重点分析，研判多次通报得不到整改的原因，进行重点督办，并每日编发研判专报；三是通过对以往节假日、月度、年度同期时间段数据分析，结合近期问题发生趋势，对季节性城市管理问题进行分析、预测。

考核督查组。考核督查组负责对立案统计组、监巡督导组、案件研判组、热线舆情组当天工作完成情况进行检查、调度、督促督办。对城市管理状况进行整体考核，根据市局考核文件编发考核通报。

热线舆情组。负责市民热线投诉的受理、舆情信息登记办理、局总值班室工作，对于巡查一体范围内，市民热线投诉、舆情曝光、领导交办的店外经营、占道摊点、在建违建、在建广告等重点案件，及时填写案件督办抄告单，报监巡督导组进行跟踪督导，并将处置结果及时向市民回访。

"扁平化指挥"工作机制的突出优点是减少冗余，问题发生在哪个巡区？这个巡区由谁负责？"巡查一体"实施后分工很明晰，进驻人员很清楚，极大缩短案件处理的时间。主要体现在案件处理流程从以往的4个步骤缩短至如今的2个步骤。以往案件处理需要经过上报至市级数字化指挥大厅，下派至区级数字化指挥大厅，再下派至办事处，再下派至具体执行人四步，扁平化管理后，案件处理流程就包括上报至市级数字化指挥大厅和下派至具体执行人两步，流程减少一半，效率有了明显提高。

截至2016年年底，共督办问题5万件，将3次以上的问题列入"黑名单"进行重点督办，目前列入"黑名单"案件2673件，整改2504件，整改率为93.7%。同时利用数字系统平台向各区、各办事处实时发送当天城管问题点位、数量及处置情况。

2.2.3 规范化的城市长效管理监督考核机制

1.完善长效管理考核制度

2016年7月，为更加科学有效地组织城市长效管理考核工作，整合规范城市长效管理领域内的各类考评考核，进一步提升城市管理长效化、常态化、规范化、科学化水平，市城管部门制定了《徐州市城市长效管理考核办法》（徐政办发〔2016〕96号）。《徐州市城市长效管理考核办法》明确了"进一步优化城市长效管理体制机制，深化、固化城市'巡查一体'工作机制，遵循一个考核体系、一个考核标准、一支考核队伍、一个考核结果、一个结果运用的'五个一'原则，着力形成'用数据说话，用数据决策、用数据管理、用数据创新'的城市管理新格局，进一步强化抓基础基层、抓重点难点、抓常态长效的'三抓'考核导向，全面提高城市长效管理水平和效能"的指导思想；确定了考核对象为区、街道、市有关职能部门及省属责任单位三大类，考核内容为数据城管考核和重点工作考核，积分方法采取百分制考核计分，考核机制实行通报公示制度、建立例会点评制度和严格奖惩措施落实。与以往城市管理工作突击式、运动式的传统做法相比，长效管理考核的突出特点是：

（1）考核全覆盖

以往，城管考核只考核主城区，即鼓楼区、云龙区、泉山区、徐州经济技术开发区和新城区，铜山区、贾汪区以及大庙、大黄山、东环、金山桥、桃园、苏山、庞庄、火花等办事处不参加考核。新的考核办法实施后，所有建成区全部纳入考核，不能完全算建成区的三堡镇、大吴镇改成办事处后也强行入轨，直接纳入市考核。以前在创国家卫生城市、生态园林城市时，没有纳入考核范围的地方经常会出问题。现在纳入考核后，因为考核对象覆盖了7个区、42家街道办事处（管理处）以及46家市有关职能部门及省属责任单位，市、区两级城管局会发现以前涉及部门配合力度不够、形成不了合力的状况大大改变。

（2）考核全时段

长效管理考核办法没有重点时间段之说，数字化是个手段，通过全天候的信息采集上报、12319热线等途径，从早到晚通过市数字化大厅、区数字化大厅包括扁平化指挥实现24h无缝对接，不留空挡。自8月份起案件只要从市中心派出，即开始计时，时间紧迫，区二级平台再压案件不派问题得到较好解决，办事处接到案件后解决效率大为提升。

（3）考核专业化

以前多部门参与考核，因为打"人情分"或打"和牌"等原因，最终成绩甚至需精确到小数点后四位才能分出高低。现在通过数字化信息采集上报、立案、派遣、检查、结案流程，直接产生考核得分。而且考核的过程是公开、透明的，各区、各办事处及市各职能部门每时每刻都能从系统上查询到自己的结案情况，目前考核成绩及排名等情况，到月底最后一天的24时，系统数据自动固化，谁也做不了假。这就是遵循一个考核体系、一个考核目标、一支考核队伍、一个考核结果、一个结果运用的"五个一"原则，形成了"用数据说话，用数据管理，用数据创新"的城市管理新格局。

（4）奖惩力度大

考核中对区、办事处采取经济挂钩，对部门采取绩效挂钩。市政府专门设立了2600万元的城市长效管理考核奖励基金，各区财政再配套拿出2600万元用于考核兑现，共5200万元，根据考核结果予以真金白银的实打实地兑现，奖励力度全省乃至全国最大。

为更加科学有效地组织开展城市长效管理考核工作，2016年底，城管部门进一步调整和完善了《徐州市城市长效管理考核办法》，在原有数字化城管考核和重点工作考核的基础上，增加了"现场考核"内容，同时，对考核对象、考核计分和考核奖惩措施等进行了进一步的调整与完善，确保长效考核机制更加科学、公平、公正。

2．实施数字城管信息采集市场化服务

信息采集是数字城管运行的前提与基础，只有经过规范、及时、准确、完整的技术手段采集所需的信息，才能有助于对信息的正确处理和反馈，才能充分发挥数字化城市管理的作用。信息采集既是起点，也是终点，以此形成闭环，达到在第一时间发现问题、第一时间处置问题和第一时间解决问题的要求。按照"管干分离、市场运作、政府监管"、"管理向服务转变"的思路，针对原来数字城管信息采集效率不高、人员管理困难等突出问题，市城管局借鉴外地城市经验，并结合徐州实际，推行数字城管信息采集工作市场化运作。2016年10月20日，市城管局将市区约300平方公里范围，计11类、28项数字城管信息采集工作对外实施了市场竞争招标（见图2-9），从11月20日起交由中标的北京数字政通科技股份有限公司实施，同时，对中标公司建立起社会第三方监理和城管部门同步监督考核机制。

作为独立的第三方的专业化信息采集公司，通过政府采购的形式与政府建立了合同契约关系，其运作依据是信息采集服务合同、采集立结案规范和标准等，这就有效避免了人为的、主观的采集现象，能更客观真实地反映城市管理中存在的问题。同时，信息采集公司在业务运作、人员管理、技术支持等方面更为专业规范，大多数问题能在第一时间得到发现，运行效率较高。

通过实施数字城管信息采集市场化服务外包，不仅较好实现了政府部门从"运动员"到"裁判员"的角色转变，实现了行政管理效能提升，而且也进一步推动了数字城管人员、信息采集的全覆盖，科学化、规范化和高效化监管水平迈上了崭新平台。

3．创新长效管理社会监督激励机制

为激励、引导社会公众主动监督参与城市管理，进一步深化文明城市创建，2016年11月，市城管办依托数字化城市管理监督指挥中心，对原"市民城管通"系统进行了升级，增设了"有奖监督举报"功能。市民发现市容秩序、环卫保洁、违法建设、车窗抛物、野广告清理、非机动车摆放、工地扬尘、市政施工、环卫及交通设施等城市管理方面问题，都可用手机在第一时间登录系统，用

图2-9　徐州市数字城管信息采集工作市场化项目招投标

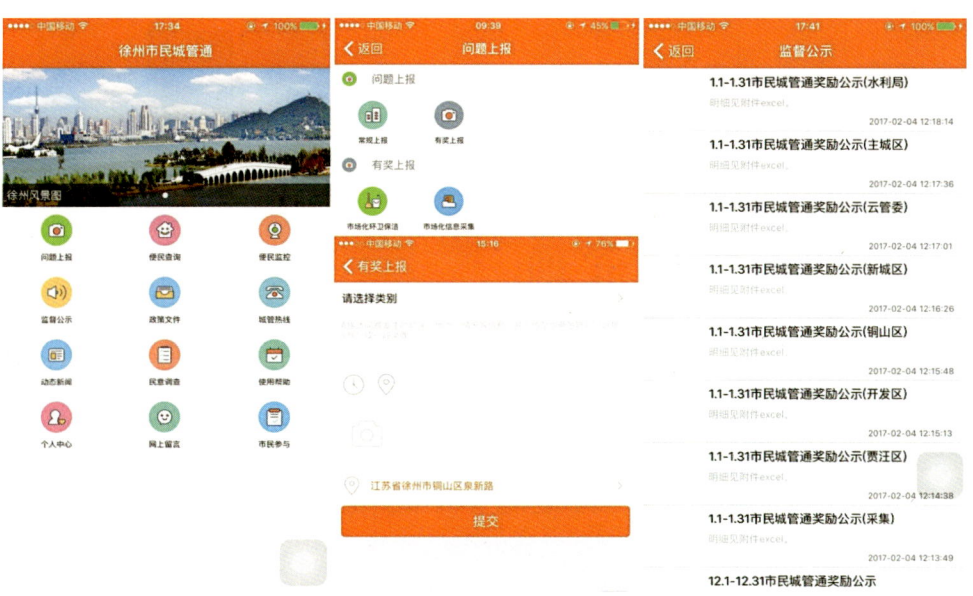

图 2-10 徐州市民城管通“有奖监督举报”功能

环卫保洁市场化作业社会监督举报问题奖励标准

一、鼓楼区、云龙区、泉山区、新城区、云龙湖风景名胜区

（自2016年11月15日起试行）

问题类型	小类	问题描述	奖励标准	采集时间	处理时限	备注
道路保洁	路面保洁	路面废弃物超过规定时间未清理的。	50元/例	8:00至18:00	10－30分钟	1、10 分钟：中山路（苏堤南路至二环北路）、淮海东路、新淮海西路、湖东路、金山南路；2、20 分钟：西安路、建国路、和平路（苏堤南路至黄河西路）、解放路、湖北路、环城路、二环西路、复兴南路（汉桥至建国路）、铜山路、民主路；3、30 分钟：其余市场化道路。
		人行道、窨井口附近脏污严重，存在0.5平方米（含）以上油渍或污渍。	50元/例			
	积存生活垃圾	积存生活垃圾5平方米以上。	200元/处		30分钟	
		积存生活垃圾1平方米以上，5平方米（含）以下。	100元/处			
		积存生活垃圾1平方米（含）以下。	50元/处			
	文明作业	保洁员焚烧垃圾、树叶的。	50元/例	全天	无	
		保洁员向下水道、河道清扫或倾倒垃圾。	50元/例			
	积尘检测	工地周边20米范围内，超过20克的。	100元/处	8:00至18:00	无	视频资料记录检测全过程；按照道路长度每100米认定一处。
		道路积尘超出量≤标准值的1/2的。	50元/处		无	
		标准值的1/2<道路积尘超出量≤标准值。	80元/处			
		标准值<道路积尘超出量。	100元/处			

数字化城市管理信息采集社会监督举报问题奖励标准

（自2016年12月5日起试行）

序号	区域（类别）	问题类型	问题描述	奖励标准	上报间隔
1	各类小区（含老旧小区）	乱堆垃圾	露天堆放生活垃圾，垃圾箱（池）垃圾满溢、散落的	20元/处	1小时以上
		毁绿、占绿	毁坏、占用楼栋居民公共绿地、种植各种蔬菜等，乱堆乱放严重、公共空间严重脏、乱、差	10元/处	
		化粪池、公厕环境卫生	井盖缺失、破损、粪便外溢，小区内公厕脏、乱、差	20元/处	
2	违法建设（市区范围内，含各类小区、公共区域）	在建违建	正在搭建的建筑物、构筑物50平方米以上	100元/处	30分钟以上
			正在搭建的建筑物、构筑物50平方米以下	50元/处	
3	公共绿地（含绿化带）	绿地脏乱	脏、乱、差	10元/处	
4	农贸市场	市场周边或垃圾箱周围暴露生活垃圾	每平方米范围内有3处（含）以上片状、块状垃圾的	20元/处	
		市场周边机动车、非机动车乱停放	未按规定停放	10元/处	
		市场内部公厕环境卫生	公厕脏、乱、差	20元/处	
		涨市、占道经营	农贸市场外摆放摊点，占道经营	10元/处	
5	城乡结合部（含棚户区、城中村）	环境脏乱差	大量垃圾堆放（含垃圾桶周边），暴露垃圾、建筑垃圾乱堆乱放、片状、带状堆积物、占道施工车辆无法通行、厕所（旱厕）脏乱差、道路破损严重无法通行、路灯损坏不亮	10元/处	1小时以上
		占道经营	在公共场所从事经营行为		
		店外经营（含占[illegible]	出店经营		

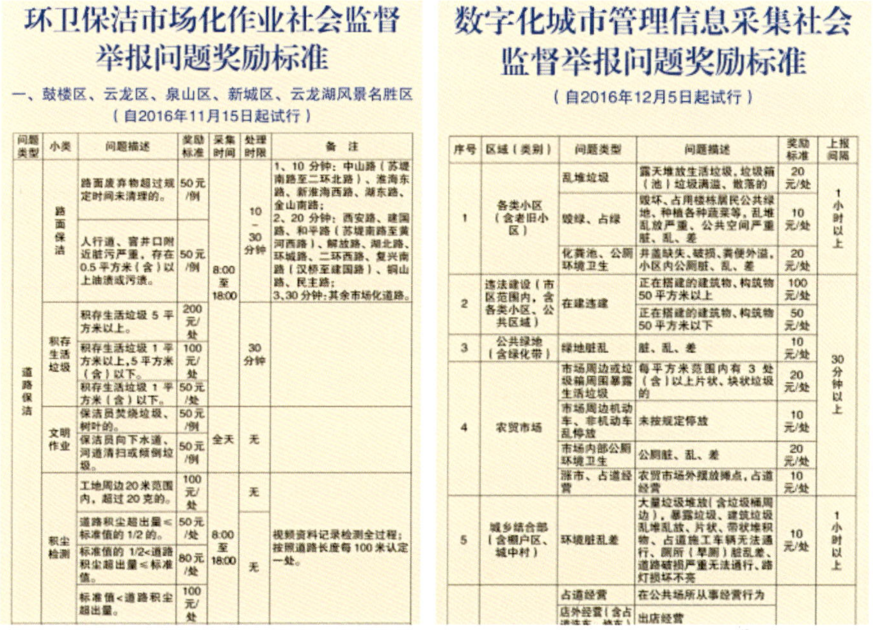

图 2-11 徐州市城市管理问题社会监督举报奖励（处罚）标准

手机拍照并编辑好地点、问题等相关信息后点击“问题上报”提交。市城管办成立市、区城市管理问题社会监督举报中心和奖励支付中心，举报中心每月3日前对前一月份“市民城管通”系统上报的数据进行汇总统计，并将问题认定及奖励情况报送支付中心，由支付中心于每月6日前以话费、转账、微信红包、现金等方式对市民举报立案的问题兑现奖励经费（见图2–10）。

有奖监督举报制度实行“一奖一罚”制：对环卫保洁市场化作业方面的问题，举报奖励经费从市场化环卫保洁公司作业考核经费等中扣除；数字化城市管理信息采集方面的问题，举报奖励经费从市场化信息采集公司采集考核经费中扣除（见图2–11），政府的投入并不增加。同时，城管部门还将发现的问题纳入对各区、各办事处长效管理考核，有效地推进了各作业、管理主体认真履责。

个人文明一小步，城市文明一大步

06 徐州360

中国徐州网官方微博二维码

徐州日報

2016年12月14日　星期三

责编：朱松岭　美编：傅可涵　校对：杨巽

创建进行时·与文明同行

“市民城管通”首次发放奖金78余万元

“城市啄木鸟”热情高涨，全民城管氛围日益浓厚

本报讯（记者 陆铭）为了引导、激励社会公众主动参与城市管理，提高城市管理水平，市数字化城市管理监督指挥中心推出了“市民城管通”系统，

民反馈，并对符合奖励条件的问题报送予以奖励。环卫保洁市场化作业方面的问题，奖励经费从市场化环卫保洁公司作业经费中扣除；数字城管信息

民城管通”奖金，发放总金额为788410元。其中个人单项最高奖金为27330元，领取奖金达到万元以上的为20余人。

市数字化城市管理监督指

首先，根据“城市啄木鸟”每天上报的案件数，相关部门很快就梳理出哪些问题比较突出、哪个路段需要加强服务等内容，然后对症下药进行有针

车停车场不能满足停放需求。

不仅如此，环卫保洁问题被“啄”出后将进行梳理统计，作为下一次市场化招标的依据。

“说‘啄’出了环卫保洁的

建筑工地围起文明墙

日前，为加强建筑施工现场文明城市创建工作，让建筑工地周

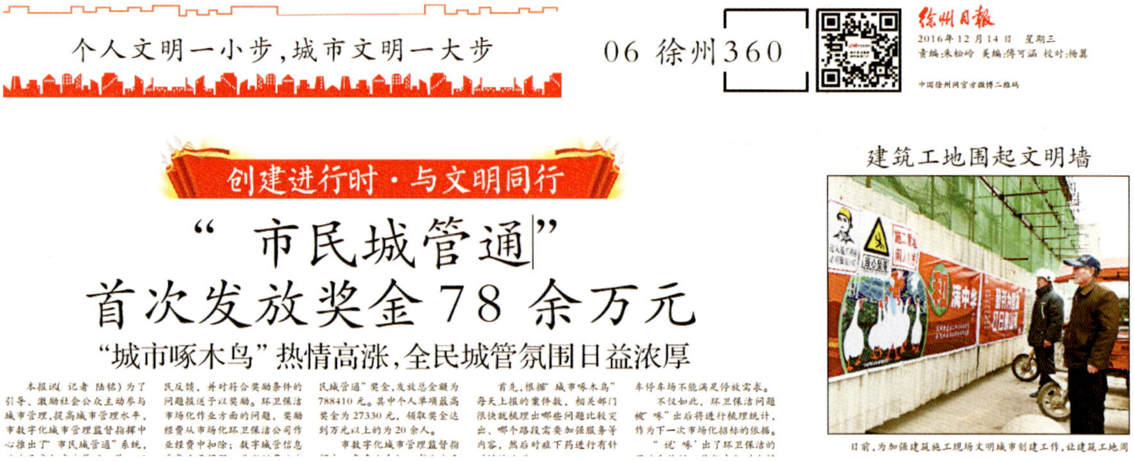

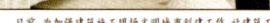

图 2-12　徐州市社会监督举报奖励发放新闻报道

社会有奖监督举报制度实行至2016年年底，市民共上报案件9万余件，认定3万余件，奖励金额152万余元（见图2-12）。社会有奖监督举报制度的推行，不仅搭建了城管部门与市民之间的良性互动平台，调动了市民主动参与城市管理工作的积极性、主动性，而且也较好地推动了城市管理相关问题的高效解决，“人民城市人民管”、“管好城市为人民”的良好氛围日益浓厚。

4．规范长效管理行政执法奖惩机制

2016年11月，为全面落实《徐州市城市长效管理考核办法》、《〈徐州市城市管理行政执法协作规定〉实施方案（一）、（二）、（三）、（四）》等文件要求，建立更加科学、规范的奖惩、激励机制，督促执法管理人员认真履责，进一步提升城市管理水平，确保高质高效完成文明城市创建和“931”城市环境综合整治接续行动等各项工作任务，打造“精致、细腻、整洁、有序”的城市环境，市城管局和市公安局发布了《〈徐州市城市管理行政执法协作规定〉实施方案（五）》。

（1）实施范围

鼓楼、云龙、泉山区，徐州经济技术开发区（为金山桥、东环、大庙、大黄山街道办事处范围），新城区，铜山区（为铜山、新区、三堡街道办事处范围），贾汪区（为老矿、大泉、大吴街道办事处范围）；云龙湖风景名胜区，淮海广场地区。以上各区（地区）实施区域以市城管办、市数字化城管监督指挥中心框定范围为准。

（2）工作职责

1）城管执法队员及协管员职责：负责做好本辖区职责范围内各项城市管理工作；配合公安民警开展治安巡逻和社会面管控，及时发现、协助抓获各类违法犯罪嫌疑人员。

2）公安辅警职责：在本辖区内（鼓楼、云龙、泉山辖区范围），除认真落实公安巡逻、执法外，承担城市管理各类问题的拍摄、取证、上传及核查义务。

（3）奖惩制度

按照《徐州市城市管理行政执法协作规定》有关要求，结合市区数字化城市管理信息采集和环卫保洁市场化工作实际等，制定奖惩措施如下：

1）奖励办法

①公安辅警：如使用手机“市民城管通”系统上报鼓楼、泉山、云龙区范围城市管理问题，可

享受与市民同等待遇的奖励；如上报鼓楼、泉山、云龙区范围环卫保洁市场化一体化作业实施范围的问题，可同时获得对第三方监理监督的奖励（对奖励10、30、50、80、100、200元的环卫保洁问题，同时分别对应获得对第三方监理监督奖励金额为：2元、5元、8元、12元、15元、30元）。如使用"警务通"上报机动车违停问题，可享受对违停机动车问题举报的奖励（按2元/辆标准奖励）。

②城管执法队员及协管员：如使用手机"市民城管通"系统上报市区（含鼓楼、云龙、泉山、铜山、贾汪区，徐州经济技术开发区、新城区、云龙湖风景名胜区及淮海广场地区）环卫保洁市场化作业实施范围的问题，可享受与市民同等待遇的奖励；如上报的环卫保洁市场化一体化作业的问题在鼓楼、泉山、云龙区辖区范围的，可同时获得对第三方监理监督的奖励（对奖励10、30、50、80、100、200元的环卫保洁问题，同时分别对应获得对第三方监理监督奖励金额为：2元、5元、8元、12元、15元、30元）。如使用"警务通"上报机动车违停问题，可享受对违停机动车问题举报的奖励（按2元/辆标准奖励）。

2）对辖区内城管执法队员及协管员处罚办法

按照有奖必罚的原则，结合辖区主要城市管理职责，落实对辖区内城管执法队员及协管员处罚。只要对社会公众（含市民、公安辅警等）举报某一城市管理问题（不含市区环卫保洁市场化作业实施范围内问题）进行了奖励，即按照该辖区范围对社会公众奖励标准的50%数额对责任城管执法队员及协管员实施处罚（见表2-1）。

市区城管执法人员、协管员城市管理工作考核事项及扣罚标准　　表2-1

序号	区域（类别）	问题类型	问题描述	扣罚标准	
				主城区	铜山区贾汪区
1	各类小区（含老旧小区）、车站等	暴露垃圾，乱堆放	露天堆放生活垃圾，垃圾箱（池）垃圾满溢、散落的；乱堆放非常严重的	10元/处	5元/处
2		毁绿、占绿，饲养家禽	非法占用、毁坏楼栋居民公共绿地种菜，饲养家禽家畜	5元/处	2元/处
3		公厕、化粪池	公厕脏、乱、差，井盖缺失、破损、粪便外溢	10元/处	5元/处
4	违法建设（市区范围内，含各类小区、公共区域）	在建违建	正在搭建的建筑物、构筑物50平方米以上	50元/处	20元/处
5			正在搭建的建筑物、构筑物50平方米以下	25元/处	10元/处
6	农（商）贸市场	市场周边或垃圾箱周围暴露生活垃圾	每平方米范围内有3处（含）以上片状、块状垃圾的	10元/处	5元/处
7		涨市、占道经营	市场外摆放摊点，占道经营	5元/处	2元/处
8		公厕	设施损坏、影响正常使用的，存在积粪、化粪外溢的	10元/处	5元/处
9	城乡结合部（含棚户区、城中村）	环境脏乱差	垃圾乱堆乱放，杂草、杂物、草堆等未及时清理的	5元/处	2元/处

续表

序号	区域（类别）	问题类型	问题描述	扣罚标准	
				主城区	铜山区贾汪区
10	主次干道背街小巷公共区域	占道经营	在公共场所从事违章占道经营行为	5元/处	2元/处
11		店外经营（含占道洗车、修车）	出店经营		
12		疏导点未按规定经营	乱摆乱放、超出范围		
13		占道堆放物料	在公共场所堆放物品		
14	主次干道背街小巷公共区域	广告设置	违规或占道摆放广告牌	5元/处	2元/处
15			擅自设置气球、空幔、飞艇、充气模型、拱门、条幅、布幔等		
16			在店面橱窗外张贴、摆放、悬挂广告		
17			一店多招、多层多招		
18		广告设施	倾斜、脱落、破损、其它有安全隐患问题	5元/处	2元/处
19		施工围挡	沿街店面装修无围挡或围挡破损，周边脏乱差		
20	城市家具	各类护栏、隔离柱等物理阻隔设施	移位、破损、缺失等	5元/处	2元/处
21	其他	上述问题之外其他事件、部件城市管理类问题		2元/处	1元/处

注：1. 上述道路、街巷等区域，公厕及环卫设施等纳入市场化保洁运作范围的不列入考核范围；

2. 主城区特指鼓楼、云龙、泉山区，徐州经济技术开发区、新城区、云龙湖风景名胜区及淮海广场地区管辖范围。

3）奖惩兑现

按照条线管理的原则进行奖惩数据统计。涉及市容秩序类的，由市城管执法支队五大队扎口负责；涉及环卫类和第三方监理的，由市环卫处扎口负责；涉及信息采集类的，由市数字化城管监督指挥中心扎口负责；涉及违建类的，由市治违办扎口负责；涉及机动车违停的，由市公安局交警支队扎口负责。各条线牵头统计单位应于次月3日前将各区、各责任单位上月奖惩数据，报经市城管局各分管领导审签后发送市城管执法支队五大队汇总。建立联络员制度，市城管执法支队五大队、市公安局巡特警支队巡防科，各区、各相关单位分别确定一名联络员，市城管局财审处统筹制定各项衔接、配合机制，共同做好奖惩工作的落实。市城管局设立奖惩资金专用账户，由财审处负责抓好专用账户的管理。各区于每月8日前将本辖区上月被处罚金额拨付到市城管局财务指定专用账户，逾期不拨付的，由市城管局上报市城管办，由其从各区城市管理保证金中直接扣除（云龙湖风景名胜区、淮海广场地区逾期不拨付的，由市城管办扣除当月长效考核分值）。为落实奖勤罚懒，对于扣罚的资金，每季度以区为单位予以返还，主要用于对辖区先进个人的奖励等。市城管执法支队五大队要对各区每月奖励资金兑现情况、被处罚资金拨付到位情况及每季度返还扣罚款使用情况等开展专项督察，并编发通报。

（4）有关要求

1）加强组织领导。为推进奖惩考核工作推进落实，成立由市城管局分管数字化城市管理工作副局长任组长，市公安局交警支队、公共交通治安分局分管负责人，市城管执法支队五大队、市公安局巡特警支队巡防科，市城管局财务审计处、监察室、督查室，市数字化城管监督指挥中心、市环卫处、市治违办、各区城管局（大队）主要负责人为成员的奖惩考核监督领导小组，领导小组日常工作由市城管执法支队五大队和市公安局巡特警支队巡防科共同牵头，相关单位、处室配合实施。各区、各相关单位要同步健全领导、落实机制，确保工作有序、高效开展。

2）强化执法管理。各区、各相关单位在全方位抓好城市管理工作落实的同时，要结合文明城市创建等工作要求，依托巡查一体机制，重点抓好背街小巷、城中村、城郊结合部和农贸市场、医院、学校等周边环境治理，下大力气解决占道（店外）经营、乱停乱放、乱搭乱建、户外广告、门头店招、乱张贴、卫生死角等难点问题。为确保社会公众发现问题的及时解决，将问题反复出现情况、具体整改情况等纳入市对各区城市长效管理考核和对相关部门绩效考评范围。

3）完善内控机制。各区、各相关单位要加强执法、管理人员城市管理有关文件及"市民城管通"系统等学习、培训，切实做到精通掌握各项管理标准要求，熟练使用各项执法管理装备；要进一步明确日常巡查管理责任，健全内部奖惩考核、问责追责机制，切实激发执法管理人员工作的积极性、主动性和能动性，努力形成比学赶超、创优争先的浓厚氛围，确保各项城市管理工作落到实处、取得实效。

在数字化城市管理系统运行过程中，数字化城管系统构建了横向到边、纵向到底，市区联动、部门互动的"大城管"工作格局。自2011年5月运行以来，截至2016年年底，徐州数字城管系统共上报并立案问题件，应结案1277560件，结案1251529件，结案率97.96%，按期结案1045298件，按期结案率为81.82%。12319系统自运行以来，共受理市民来电20.4万余件，结案19.84万余件，办结率97.26%，调阅视频5387次，拷贝3576次，有力地促进了城市管理水平的提高。

2.3 智慧城管

智慧城市是可持续发展理念与新一代信息技术相结合的产物，是城市发展的趋势和特征。"智慧城管"是"智慧徐州"建设的重要组成部分，用"智慧城管"的理念和思路来提升徐州数字城管，可以加快"智慧徐州"建设的进度。

2.3.1 "智慧城管"建设的背景

徐州市数字城管的建设与运营，切实解决了一大批涉及民生的城市管理问题，并在落实"四化"长效管理和自然灾害条件下的应急管理中发挥了积极作用，实现了城市管理由粗放向精细、开放向闭合、静态向动态、分散向综合、被动向主动、单一向互动转变。但近年来随着经济社会发展，城市管理的范围不断拓展，市民对城管工作的要求不断提高，给城市管理提出诸多新的课题。同时，数字城管经过几年的运行，对照"三个第一"的要求，在发现手段、流程设置、管理方式、运行评价等方面也有待改进和提升。2014年4月1日，徐州市政府发布《徐州市关于加快推进"智慧徐州"建设实施意见》（徐政发［2014］27号），明确了"智慧徐州"建设的指导思想和基本原则，确定了"智慧徐州"建设的主要目标和重点任务，提出了"智慧徐州"建设的保障措施，指出："智慧徐州"建设是将智慧化技术与先进的城市建设理念进行有效融合，推进徐州未来发展的重要战略；建设"智慧徐州"，有利于加快全市经济转型升级，有利于提升公共管理服务水平，有利于创新社会管理方式，提高人民群众生活幸福感。2015年4月7日，住房和城乡建设部、科技部联合下发《关于公布国家智慧城市2014年度试点名单的通知》（建办科〔2015〕15号），徐州获批国家智慧城市试点。目前，"智慧徐州"框架已基本建成，统筹建设"智慧徐州"枢纽、创新打造产业集聚中心、协同推进高效运行中心、融合构筑公共服务中心的"一枢纽、三中心"建设取得阶段性成果。

作为"智慧徐州"建设重要组成部分的"智慧城管"，是以新一代信息技术为支撑的城市管理新模式，用"智慧城管"的理念和思路来提升徐州数字城管，可以加快"智慧徐州"建设的进度。为此，一方面需要不断引入新技术，通过整合、扩建、升级、新建应用系统，构建智慧城管的技术支撑体系，提供"智慧的管理工具"；另一方面需要不断引入先进的管理理念与模式，通过完善标准规范、协同机制、预警机制、评价机制、服务机制等，构建智慧城管的管理支撑体系，提供"智慧的管理方法"，从而为"智慧城管"提供全方位支撑。

2.3.2 徐州"智慧城管"建设

1. 智慧城管的内涵与特征

"智慧城管"是充分利用物联网、云计算、信息融合、网络通信、数据分析与挖掘等现代信息技术手段，强化信息获取自动化、监督管理精细化、业务职能协同化、服务手段多样化、辅助决策智能化、执法手段人性化，通过信息资源整合实现城市管理要素、城市管理过程、城市管理决策等全方位的智慧化。

与"数字城管"相比，无论从技术构成方面，还是管理理念上，"智慧城管"都有巨大的突破和超越。

首先，覆盖范围更为广泛。充分借助物联网、传感网、视频识别等技术，对涉及城市部件管理、城市环境卫生管理、城市生命线管理等与城市管理职能相关的诸多领域进行更全面的感知、更智慧的识别，实现管理对象与管理服务的高度整合，从而为城市提供更全面的智慧化公共管理。

其次，技术应用更为先进。充分运用物联网技术、传感网技术、云计算技术、信息融合技术、通信网络技术、数据仓库技术、数据分析与挖掘技术等现代技术手段，强化信息获取自动化和精细化、管理决策智慧化，立足科技创新、资源整合、协作共享，推动智能系统的应用。

再次，交换共享更为有效。通过管理体制创新和身份认证、目录交换等技术平台建设，确立信息系统之间的层次性，促进分布在不同管理部门间的海量数据的流转、交换、共享、比对，为应用提供良好的协同工作环境。城市管理各职能部门不再是信息孤岛，将更高效地协同运作，从而极大推动城市综合治理和运营的良性循环。

第四，关联应用更为协同。在互联互通网络、数据交换与共享基础上，以政府、城乡居民、企业的互动为核心构建公共管理与服务平台，可为用户提供整合式的协同服务——政府协同办公、城市协同治理、面向城乡居民的协同式服务、面向区域的协同式管理等，从而为城市管理与运营提供更智能、高效，响应更灵活、及时的决策支持系统、管理服务手段、创新应用模式。

第五，为民服务更为优化。如何最大限度服务好广大市民，是智慧城管的重要出发点和立足点。智慧城管将开创各类在线服务，打造全方位的服务交互平台，在城市网格管理、公共服务、静态交通管理、城市环境治理等领域进行积极拓展，实现更多的服务渠道，更丰富的服务内容，更好的服务互动。智慧城管将涉及城市管理的各类民生信息全部引入智慧管理的服务交互平台。在事关民生的突出社会问题中为广大群众提供一个随时、随地、随身的信息化沟通渠道。提高信息查询效率，降低市民生活成本，全面提升广大市民的生活幸福感。

第六，决策辅助更为强化。为城市治理与运营提供更简捷、高效、灵活的决策支持与行动工具，形成基于海量信息和智能过滤处理的、具有介入式、互动式功能的智能化城市管理决策模型，通过科学的决策分析，更好地把握城市系统的运动状态和规律，为城市公共管理与服务提供更便捷、高效、灵活的创新应用与服务模式，从而实现现代城市运作更安全、更高效、更便捷、更和谐的目标。

徐州"智慧城管"采用互联网＋城管模式，体现四大基础特征：全面透彻的感知、宽带泛在的互联、智能融合的应用以及以人为本的可持续创新，是在已有"数字城管"建设丰富实践的基础上，进一步推进先进信息技术应用与全新城市管理和运营理念的融合，从而推动城市管理上台阶，城市公共服务上水平。

2. 徐州"智慧城管"架构

"智慧城管"体系需要构建一个统一的城市管理信息平台，通过分层建设，达到平台能力及应用的可成长和可扩充，创建面向智慧城管体系架构如图2-13所示。该体系架构可划分为四层，从上至下依次为应用层、平台层、实现层、支撑层。

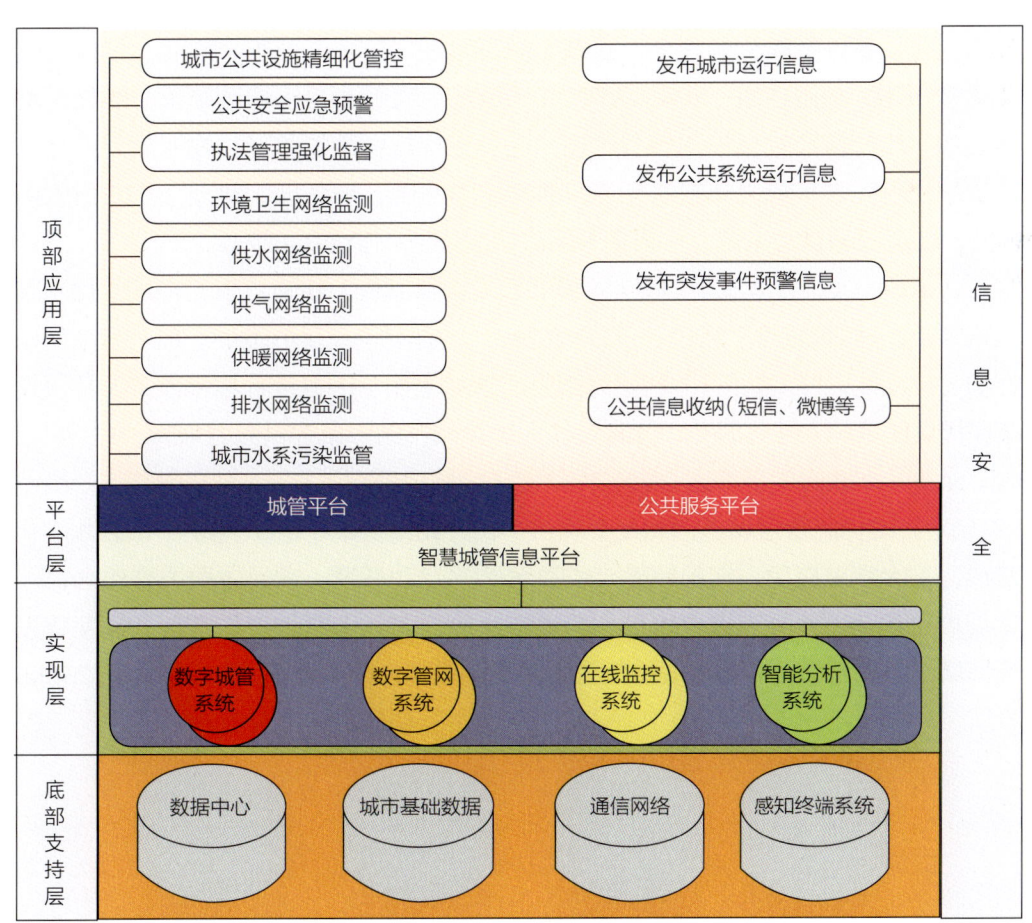

图 2-13　智慧城管体系架构图

在顶部应用层，整合现有的信息化基础资源，综合运用物联网、云计算服务等新一代高科技手段，建立城市管理各环节全面感知、智能分析、信息共享、协同作业的统一平台，在城市公共设施精细化管控、公共安全应急预警、执法管理强化监督、环境卫生等方面，全面提升和完善城市管理功能。同时，建设对外公共服务网络平台，能够及时发布城市运行信息、公共系统运行质量、突发事件预警信息等服务信息。服务网络平台同时也是一个公共信息收纳平台，通过市民城管通、12319热线等方式接受公众信息，为公众提供方便快捷的服务。

在软硬件实现层，搭建设住房和城乡建设部规定的9大标准子系统的数字化城管系统平台，实现城市管理案件的闭环处理；利用网络通信、物联网、视频采集等技术，构建在线监控系统，实现城市状态的跨地域、全范围的统一监控、统一存储、统一管理；将在线监控系统采集的数据与图像信息分析处理，通过数据模型进行预测预警，实现城市管理智能化决策支持。

在底部支持层，结合云计算技术建设智慧城管专用数据中心，为城管平台和公共服务平台长期安全运行提供硬件保障；建设并完善城市基础数据，并实现城市基础数据的规范化、常态化更新；充分整合、共享有线和无线通信网络资源，为智慧城管平台正常运行提供通信支持。

3. 着力打造"智慧城管"

近几年，徐州市城管局受市政府委托建设数字城管，打造智慧城管，以党的十八大报告，十八届四、五中全会和习近平总书记系列重要讲话精神为指导，深入贯彻落实《中共中央国务院关于深入推进城市执法体制改革改进城市管理工作的指导意见》，围绕市委、市政府重点工作，秉承管理精细化、服务人性化、系统智能化的理念，提高了城市管理"感知、分析、监测、指挥、服务"五位一体智能化管理功能，高屋建瓴，认真调研，立足需求，着眼未来，精准建设，依托先进技术，开拓创新，徐州数字化城管经过数年的悉心建设，已具备智慧城管的雏形。物联网、云计算、大数据等已得到广泛的应用，各系统之间互联互通，数据共享共用，与各部门实现了全方位对接，自动化水平逐步提升，如全民城管通系统、广告管理系统等应用已收到预期成效。

百尺竿头，更进一步。几年来，"数字城管"为"智慧城管"建设打下了良好的技术基础，提供了宝贵的实践经验，"智慧城管"经过三年开拓创新，也得到了长足的发展。但"智慧徐州"的建设具有长久性和可持续性，"智慧城管"将始终围绕"智慧徐州"的既定目标和任务，尽快完成智能化升级，为市民提供便捷的人性化服务，为建设"大美徐州"的形象提供强力保障。

2016年，依据《市政府关于下达〈徐州市2016年度城建重点工程计划〉的通知》（徐政发〔2016〕1号）文件中确定在省优秀管理城市创建配套项目中，计划投资2000万元用于"市区数字化监控全覆盖"项目建设，扩大智慧应用，实现精确定位及案件的自动派遣。项目主要内容包含：一是增补监控点位，实现城管数字化监控市区全覆盖；二是结合徐州市城市管理工作实际，开发建设"应急视频指挥"等拓展应用子系统；三是完成地理数据普查和更新，使系统覆盖市区建成区253km^2。

3　"法治城管"理念构建

法治是人类政治文明的重要成果，依法治国已成为我国的治国基本方略。城市管理工作担负着维护城市正常运行秩序的重任，更应当加快法治化进程，实现依法管理、依法行政。徐州城管一方面通过提高制度建设质量、严格规范执法行为、切实加强执法监督和法制宣传教育，全面推进行政权力在法治轨道上运行；另一方面强化城管执法队伍的规范化建设，为建设"经济强、百姓富、环境美、文明程度高"的美丽徐州，提供了有力的法治保障。

3.1　"法治城管"理念构建的必要性

目前在城市管理过程中存在着管理方式简单、执法手段弱、执法行为不规范、管理和执法理念落后等问题，给管理和执法带来了不少的困境和负面影响。在大力推进依法治国的今天，构建"法治城管"理念十分迫切与必要。

3.1.1　法治城管的背景

1. 法治的内涵与特征

最早提出法治思想的是古希腊的哲学家。亚里士多德认为，"法治应当优于一人之治"，在《政治学》中指明了法治一词的基本要素："法治应包含两种意义：已成立的法律获得普遍的服从，而大家所服从的法律本身是制定得良好的法律"。英国思想家洛克认为，法治即是政府应该"以正式公布的既定的法律来进行统治，这些法律不论贫富、不论权贵和庄稼人都一视同仁，并不因特殊情况而有出入"。现代西方一些辞书普遍将法治的内容归结为：对立法权的限制；反对滥用行政权力的保护措施；获得法律的忠告、帮助和保护的大量的和平等的机会；对个人和团体各种权利及自由的正当保护；法律面前人人平等。

中国古代的先秦诸子就提出并推行过"以法治国"的"法治"。如《管子·说法》中有"以法治国，则举措而已"；《商君书·任法》中有"任法而治国"；《韩非子·心度》中有"治民无常，唯以法治"。先秦法家"以法治国"的"法治"是法家法律思想的核心，也是它与儒家进行论争的焦点，法家与儒家在政治法律思想上的对立主要表现为"法治"与"礼治"、"德治"的对立。法家的"法治"要求"不别亲疏，不殊贵贱，一断于法"。其推行法治的方法主要为"以法为本"，使法令成为人们言行的唯一标准，善于运用赏罚，将法与势、术相结合等。

现代意义上的法治已不再是古代法治的简单延续，而是与时俱进，发展成为具有特定内涵和特征的法治理论，并由理论转变为与人治相对立的一种治国方略。

（1）现代意义法治的内涵

现代意义上的法治强调实质意义上的法治和形式意义上的法治两者的统一。实质意义的法治强调"法律至上"、"法律主治"、"制约权力"、"保障权利"的价值、原则和精神，形式意义上的法治强调"依法治国"、"依法办事"的治国方式、制度及其运行机制。

总之，现代意义上的法治是指以民主为前提和基础，以严格依法办事为核心，以制约权力为关键社会管理机制、社会活动方式和社会秩序状态。

（2）现代意义法治的特征

1）民主是法治的前提。首先，没有民主，法就不可能是多数人意志的体现。不体现多数人的意志，法就失去了最基本的社会基础，依法而治就不可能进行。其次，没有民主，法就不可能在社会中得到有效的贯彻实施。最后，没有民主，法就可能为专制者所垄断、所驱使，法便失去了应有的尊严和权威，结果人治取代了法治，专制取代了民主。所以，法治必须以民主为基础。

2）民主是法治的目标。民主与法治相对于人类的全面自由发展来说都是手段，相对于立法、执法和守法来说都是目的。在民主与法治二者之间，就局部看，民主与法治的手段与目的关系是相对的，民主与法治相应地互为手段和目的。就总体看，法治只能是手段，民主才是目的。把民主作为法治的目标，实际上是法治对于人的价值的最直接的体现。民主乃人民主权、多数人的权力、多数人的统治，法治必须在民主的基础上又以民主为目的。

3）法治的核心是严格依法办事。依法办事是法治的最基本准则，离开了依法办事，再好的立法意图也不可能转化为社会的现实。有法不依比无法可依更为可怕。作为法治的依法办事首先便是对国家机关及其公务人员必须坚持法律至上的要求。

4）法治的关键在于制约权力。权力拥有者必须受到法律的制约，因为他们不依法办事，要比一般社会主体更难以追究，他们的违法行为对法治的破坏比一般社会主体更为严重。因而他们是最容易破坏法治，也可能是最严重地破坏法治的主体。所以法治必须首先对拥有权力的机关及其人员实行制约，其目的在于维护和实现法治，否则法治就可能因权力的不受约束而毁于一旦。

5）法治是一种社会管理机制。作为社会管理机制的法治，与人治是对应和对抗的，它是社会控制者通过法所进行的社会运作过程和社会组织形式。在法治状态中，法的规定是社会管理的根据和手段，法的实现是社会管理的目标和要求，法的实施是连接法的规定和法的实现的桥梁。在法治社会中，社会被法连接构建成一个既有自由又有纪律，既有集体意志又有个人价值的生动、活泼、内在有机联系的整体。

6）法治是一种社会活动方式。在法治状态中，人们都自觉地把法当作自己的行为准则，用法来引导自身的行为，衡量他人的行为。法成为人与人之间的连接线，人们依法从事社会生活或社会活动。在法治状态下，社会一般成员应以法律的方式构筑重要的社会关系，实施社会行为。即使社会的特殊成员，如政府官员、司法官员等也必须遵循法的规定，依法办事。人们是否以法作为自己的活动方式，或在何种程度上以法作为自己的活动方式，既是人们法治意识的外化，也是社会法治程度的标志。

2. 法治中国的进程

新中国建立初期，我国民主和法制建设一度有过长足的发展，制定了具有临时宪法性质的《中国人民政治协商会议共同纲领》和其他一系列法律、法令，对巩固新生的共和国政权，维护社会秩序和恢复国民经济，起到了重要作用。1954年第一届全国人民代表大会第一次会议制定的《中华人民共和国宪法》，以及随后制定的有关法律，规定了国家的政治制度、经济制度和公民的权利与自由，规范了国家机关的组织和职权，确立了国家法制的基本原则，初步奠定了中国法治建设的基础。但由于"左"的指导思想，20世纪50年代后期以后，特别是"文化大革命"期间，中国社会主义法制遭到严重破坏。

20世纪70年代末，中国共产党总结历史经验，特别是汲取"文化大革命"的惨痛教训，作出把国家工作中心转移到社会主义现代化建设上来的重大决策，实行改革开放政策，并明确了一定要靠法制治理国家的原则。为了保障人民民主，必须加强社会主义法制，使民主制度化、法律化，使这种制度和法律具有稳定性、连续性和权威性，使之不因领导人的改变而改变，不因领导人的看法和注意力的改变而改变，做到有法可依，有法必依，执法必严，违法必究，成为改革开放新时期法治建设的基本理念。在发展社会主义民主、健全社会主义法制的基本方针指引下，现行《宪法》以及《刑法》、《刑事诉讼法》、《民事诉讼法》、《民法通则》、《行政诉讼法》等一批基本法律出台，中国的法治建设进入了全新发展阶段。

20世纪90年代，中国开始全面推进社会主义市场经济建设，由此进一步奠定了法治建设的经济基础，也对法治建设提出了更高的要求。1997年9月召开的中国共产党第十五次全国代表大会，将"依法治国"确立为治国基本方略，将"建设社会主义法治国家"确定为社会主义现代化的重要目标，并提出了建设中国特色社会主义法律体系的重大任务。1999年九届全国人大二次会议通过的宪法修正案规定："中华人民共和国实行依法治国，建设社会主义法治国家。"依法治国的方略被上升为宪法原则，从而使"依法治国"从党的意志转化为国家意志，中国的法治建设揭开了新篇章。

进入21世纪，中国的法治建设继续向前推进。2002年11月，党的十六大报告从发展社会主义政治民主的高度，指出"要把坚持党的领导、人民当家做主和依法治国有机统一起来"。2004年，将"国家尊重和保障人权"载入宪法。2007年10月召开的中国共产党第十七次全国代表大会，明确提出全面落实依法治国基本方略，加快建设社会主义法治国家，并对加强社会主义法治建设做出了全面部署。2012年11月，党的十八大提出，法治是治国理政的基本方式，要加快建设社会主义法治国家，全面推进依法治国；到2020年，依法治国基本方略全面落实，法治政府基本建成，司法公信力不断提高，人权得到切实尊重和保障。将依法治国方略提到了一个更新的高度。2013年11月，党的十八届三中全会进一步提出，建设法治中国，必须坚持依法治国、依法执政、依法行政共同推进，坚持法治国家、法治政府、法治社会一体建设。

2014年10月，党的十八届四中全会审议通过了《中共中央关于全面推进依法治国若干重大问题的决定》，明确了全面推进依法治国的总目标是"建设中国特色社会主义法治体系，建设社会主义法治国家"；指出了全面推进依法治国的重大任务是"完善以宪法为核心的中国特色社会主义法律体系，加强宪法实施；深入推进依法行政，加快建设法治政府；保证公正司法，提高司法公信力；增强全民法治观念，推进法治社会建设；加强法治工作队伍建设；加强和改进党对全面推进依法治国的领导"，从而开启了法治中国建设的新征程。

3. 江苏的法治实践

（1）法治江苏的提出

从党的十五大提出依法治国方略，到党的十六大要求坚持党的领导、人民当家做主和依法治国的有机统一，建设社会主义法治国家。这是中国共产党在总结自身治国理政的实践，借鉴世界各国现代化建设历史经验的基础上作出的一项顺应民心民意的科学决策。依法治国，必须通过各个地方的依法治理，努力提高整个国家的法治程度来实现。提出建设法治江苏这一目标，就是依法治国方略在江苏的具体实践。

作为我国东部沿海经济较为发达地区的江苏，地区生产总值已经连续13年保持两位数的强劲增长势头。与此同时，随着改革开放的不断深入，人民群众的民主愿望和政治诉求也日益增长。如何落实人民群众的知情权、参与权、选择权和监督权，把人民群众的民主要求纳入法制化轨道，已成为发展人民民主、实现人民利益的迫切需要。

正是在这种背景下，江苏开始探索具有地方特色的法治建设之路。从20世纪90年代开始，省委作出了依法治省的工作决定，省人大也通过了决议；在世纪之交，省委还制定了依法治省的工作规划；2003年后，省委根据党的十六大的部署，着眼于"两个率先"的需要，提出了以推进依法治省，建设"法治江苏"统领民主政治建设的新目标。2004年7月14日，《法治江苏建设纲要》正式颁布实施，标志着江苏依法治省进程进入全面推进的新阶段。《纲要》明确指出：建设法治江苏，就是全省人民在党的领导下，在依法治国、建设社会主义法治国家总体进程中，依照宪法和法律规定，通过各种途径和形式管理国家事务、经济文化事业和社会事务，逐步实现我省政治生活、经济生活、社会生活的法治化，做到事事有法可依、人人知法守法、各方依法办事。

建设法治江苏，是树立和落实科学发展观，全面推进依法治国方略，建设社会主义民主政治，实现党的领导方式、执政方式根本转变的重大战略举措，是我省实现"两个率先"，建设以人为本、全面协调可持续发展的新江苏的重要内容和有力保障。

（2）法治江苏的基本精神和主要任务

法治江苏的基本精神是促进人的全面发展和社会和谐，以保障人民民主为核心，以完善公共权力的制约和监督制度为重点，把人民民主制度置于基础地位。

建设法治江苏，应以邓小平理论、"三个代表"重要思想和科学发展观为指导，以宪法和法律为依据，坚持以人为本、全面协调可持续发展的科学发展观，坚持党的领导、人民当家做主和依法治国有机统一。发展人民民主，扩大人民群众对社会事务的知情权、参与权、监督权和选择权。积极推行"公推公选"、公开选拔等干部人事制度的改革，推进干部人事制度的民主化和法治化。建立健全结构合理、配置科学、程序严密、制约有效的公共权力运行机制。强化信息公开、政务公开和责任追究，完善重大事项报告制度、经济责任审计制度、质询制度和民主评议制度，确保公共权力的行使公开、透明、科学、民主，合乎法律、顺乎民意。通过完善立法、依法行政、公正司法、法律监督、法制教育和法律服务等途径，全面推进政治、经济、文化和社会领域的法治化，切实做到有法可依、有法必依、执法必严、违法必究，推进江苏社会主义物质文明、政治文明、精神文明协调发展，率先全面建成小康社会，率先基本实现现代化。

3.1.2 法治城管的内涵

2011年4月7日至8日，江苏省住房和城乡建设厅在海门召开全省城市管理工作会议。在这次会议上，首次提出"十二五"期间全省城市管理工作要树立"百姓城管、科学城管、法治城管"新理念。即城市管理工作，要以提高社会管理水平为导向，着力推进城市管理体制机制创新；以服务百姓为出发点，着力推进执法队伍管理和依法行政工作；进一步提高城市管理科学化、精细化、长效化水平，促进城市经济社会持续、健康、协调发展。

法治城管的基本内涵是依法管理城市，回答的是靠什么管的问题。依法治国已成为我国的治国基本方略，城市管理工作担负着维护城市正常运行秩序的重任，更应当加快法治化进程，实现依法管理、依法行政。要进一步健全城市管理法律法规体系，落实行政执法责任制，积极探索依法、规范、高效、便民、权责统一的现代城管执法新模式，严格执法，文明执法，切实维护城市的整体利益和社会公平正义，促进社会和谐。

1. 法治城管的主体——市民

市民是城市的真正主人，自然是法治城管的主体。城市管理工作的出发点和落脚点，都是为了让城市更加整洁有序、更加生态宜居，从而提升市民的人居环境质量，提高现代文明程度，实现好、维护好、发展好市民的利益。党的十八大报告明确提出，"必须坚持人民主体地位。中国特色社会主义是亿万人民自己的事业。要发挥人民主人翁精神，坚持依法治国这个党领导人民治理国家的基本方略，最广泛地动员和组织人民依法管理国家事务和社会事务、管理经济和文化事业、积极投身社会主义现代化建设，更好保障人民权益，更好保证人民当家做主。"因此，城管部门接受人民的委托从事城市管理工作，必须树立为人民管理城市的理念，强化宗旨意识和服务意识，落实惠民和便民措施，以群众满意为标准，切实解决社会各界最关心、最直接、最现实的城市管理难点、热点问题。吸收市民参与城市管理，深化市民参与城市管理的程度，对于促进执法主体与执法相对人的关系和谐、提升城乡社会的正能量、促进社会的民主自治能力和水平、促进城市其他方面的综合提升，都极具重要意义。

2. 法治城管的客体——制约和监督行政权力

《法治政府建设实施纲要（2015～2020年）》强化对行政权力的制约和监督的目标是：科学有效的行政权力运行制约和监督体系基本形成，惩治和预防腐败体系进一步健全，各方面监督形成合力，人民群众的知情权、参与权、表达权、监督权得到切实保障，损害公民、法人和其他组织合法权益的违法行政行为得到及时纠正，违法行政责任人依法依纪受到严肃追究。实现上述目标的主要措施有健全行政权力运行制约和监督体系；自觉接受党内监督、人大监督、民主监督、司法监督；加强行政监督和审计监督；完善社会监督和舆论监督机制；全面推进政务公开；完善纠错问责机制。因此，提倡法治城管，必须围绕有效制约和监督城市管理行政执法权，加强行政执法责任制，科学划分不同执法环节应当承担的责任，将行政执法责任细化落实到每个岗位，有效防止行政权力的滥用。科学规划执法职能，合理设置执法力量，改变多头执法和执法缺位、越位、错位的状况。优化城管执法人员结构，提高行政执法效能，降低行政执法成本，促进城管执法活动严格规范公正文明。

3. 法治城管的法律依据——宪法、法律和地方性法规

宪法是我国的根本大法，从法律的效力上看，处于最高位阶，是制定法律和地方性法规的依据，在我国的政治生活中起着举足轻重的作用，体现着党的意志和人民利益。法律是依据宪法制定的解决具体社会问题的具有强制性和指导性的规范性文件。地方性法规是以宪法和法律为依据，依据宪法和法律的授权，结合地方的实际情况而作出的规范性文件。因此，提倡法治城管，必须加强城市管理和执法方面的立法工作，完善配套法规和规章，实现深化改革与法治保障有机统一，发挥立法的引领和规范作用。

4．法治城管的主要内容——立法、执法、普法

法治城管是包括地方立法、行政执法、普法宣传等一项系统工程。这几个环节既自成一体又紧密联系，共同构成法治城管的有机整体。立法、执法和普法是建设法治城管的主体，也是加快法治化进程的重要条件和保障。法治城管的实现有赖于各个组成部分的健康发展。

加强城市管理和执法方面的地方立法工作，按照与法律、行政法规相配套、以人为本和"不抵触、有特色、可操作"的要求，制定城市管理和执法方面的地方性法规、政府规章，明晰城市管理职责边界、执法范围、行政程序等内容，规范城市管理执法的权力和责任。开展现行地方性法规、规章与规范性文件清理工作，并及时向社会公布清理结果。制订修订城市管理和行政执法标准，形成完备的标准体系。

通过完善行政执法程序、创新行政执法方式、全面落实行政执法责任制、健全行政执法人员管理制度、加强行政执法保障等措施，严格规范公正文明执法的要求得到全面落实，严格实施法律法规规章，及时查处和制裁各类城市管理方面的违法行为，切实保障公民、法人和其他组织的合法权益，有效维护城市秩序。

在全社会进行法制宣传教育，是法治城管重要内容之一。要积极响应"全面推进依法治国"、"全面推进依法治省"的新形势，围绕城市管理工作重点任务，加强与新闻媒体的互动、联络，拓宽宣传载体，大力宣传城市管理工作及法律、法规，开展好各项评比等主题活动，引导市民摈弃不良陋习，养成文明风尚，营造全社会理解、参与、支持城市管理工作的良好氛围。

3.2　徐州城管的法治建设

近年来，徐州市高度重视法治建设，深入贯彻中央城镇化工作会议、中央城市工作会议精神，以"四个全面"战略布局为引领，以城市管理现代化为指向，以"理顺城管执法体制，加强城市管理综合执法机构建设，提高执法和服务水平"为目标，把江苏省优秀管理城市、国家生态园林城市、国家卫生城市和全国文明城市等创建活动等作为抓手，通过提高制度建设质量、严格规范执法行为、实加强执法监督和法制宣传教育，全面推进行政权力在法治轨道上运行，为建设"经济强、百姓富、环境美、文明程度高"的美丽徐州，提供了有力的法治保障。

3.2.1　积极推进地方立法工作，不断提高制度建设质量

1．地方性法规方面

（1）制定《徐州市城市建筑外立面管理条例》

近年来，市委市政府高度重视市区城市市容管理，把建筑外立面整治作为改善城市环境的重点工程来抓，先后完成了淮海路等主干道和主干道两侧建筑外立面的整治。同时，不断加强对城市建

筑外立面的常态化管理，城市容貌发生了较大改观。为总结工作经验，提高管理水平，积极推进"城更靓"行动计划的有效实施，市人大常委会制定出台了《徐州市城市建筑外立面管理条例》（以下简称《条例》），于2015年5月1日起正式施行。《条例》的实施，对加强徐州市城市建筑外立面管理，提升城市品位，塑造良好的城市形象，发挥重要的作用。

《条例》共二十三条，主要内容有：一是明确城市建筑外立面容貌标准，塑造城市良好外观形象。《条例》明确规定，市城市管理主管部门应当会同有关部门根据相关城市规划以及国家和省现行有关标准，结合本市实际制定市城市建筑外立面容貌标准，报市人民政府批准后实施。市城市建筑外立面容貌标准应当在市人民政府批准后三十日内向社会公布。为了保障市城市建筑外立面容貌标准得到执行，条例还明确规定，城市建筑外立面设计建设、装饰装修应当符合市城市建筑外立面容貌标准等。二是对成片城市建筑外立面的改造行为设定改造规则，使改造于法有据。《条例》规定：组织实施成片区城市建筑外立面改造的，组织实施单位应当编制改造规划方案。改造规划方案应当予以公示，公示时间不少于十日，并采取论证会、座谈会或者其他方式征求公众的意见等。三是设立联合办理制度，将监管融于服务之中。《条例》规定：申请城市建筑外立面装饰装修的，由城市管理主管部门统一受理，会同相关部门实行联合办理，具体办法由市人民政府制定。四是现场设立公示牌，让施工在阳光下运行。《条例》为保障百姓的监督，给准予装饰装修的相对人在施工时设定了一定的义务。即准予装饰装修的，建设单位或者个人应当在施工现场显著位置设立公示牌，公示牌应当注明批准机关、项目名称、施工期限、施工单位、施工负责人及监督电话，公示期自施工之日起至完工之日止。

为贯彻执行《条例》，市政府依照《条例》赋予的职责，制定了《徐州市城市建筑外立面容貌标准》、《徐州市城市建筑外立面装饰装修许可联合办理办法》两部配套文件。

（2）制定《徐州市云龙湖风景名胜区管理条例》

近年来，徐州市高度重视云龙湖风景名胜区的规划、建设和保护，先后建成了小南湖、市民广场、艺术馆、音乐厅、滨湖公园、珠山景区等精品工程，景区的品质得到了显著提升，游客数量不断增加，影响度进一步提高。但在景区的管理中仍然存在诸多矛盾和问题。一是违法建设情况较为突出。不按照景区规划建设，违建、毁绿等现象时有发生。二是景区环境污染问题未能杜绝。一些经营单位向湖内排放污水、燃油机动船污染湖面、在湖岸刷洗车辆、涮洗衣物等污染水体的行为屡禁不止。三是部分游客环境保护意识较差。随意践踏绿地、损坏设施、乱扔垃圾、乱刻乱画等不文明行为依然存在。四是景区内经营管理活动不够规范。景区观光车、游船、停车场在经营场地、范围划定等方面管理不规范。

为加强云龙湖风景名胜区生态环境、自然景观及历史文化遗存的保护，规范景区规划建设，依法查处各类破坏和侵占景区资源的行为，市委、市政府印发了《关于改革云龙湖风景名胜区管理体制的意见》（徐委发〔2012〕31号）文件，强调要加快云龙湖风景区景观规划编制和景区立法工作，切实把景区保护、开发和管理纳入法制化轨道。

根据江苏省人民政府批准的《徐州市云龙湖风景名胜区总体规划》，《徐州市云龙湖风景名胜区管理条例》明确了云龙湖风景名胜区、核心景区和外围保护地带范围。景区范围为云龙山北麓，沿湖北路至韩山北麓为风景名胜区北界；沿韩山西麓西外环路南下，再顺玉带路跨京福高速到沿山、顶山一带为风景名胜区西界；南以光山、黑山、驴眼山南麓到走马山过京福高速到大小刀山为界，自大刀山、小刀山北上，绕中国矿业大学（徐州）新校区的西界，接三环南路，环泰山、淮海烈士纪念塔园林、彭园边界，至云龙山第一节峰为风景名胜区东界，总面积约44.7km²。云龙湖风景名胜区核心景区分为南北两片，北部包括云龙湖及其周边地带除珠山之外的云龙山、西凤山等地域；南部为北至拉梨山，南至汉王水库，包括老虎山、尖山和大小窝山等区域，核心景区面积约15.1km²。风景区总体规划对外围保护地带范围面积44.2km²。

风景名胜区是宝贵的自然和文化遗产资源。为了加强对风景名胜区资源的有效管理，保护和合理地利用资源，处理好各方面的关系。《徐州市云龙湖风景名胜区管理条例》确立了科学规划、统一管理、严格保护、永续利用的原则。为实施有效管理，设立了风景名胜区管理机构，作为市人民政府的派出机构，按照市人民政府规定的职责对风景区实施统一管理。为着力解决权责交叉、多头执法问题，建立权责统一、权威高效的行政执法体制，《徐州市云龙湖风景名胜区管理条例》确立了相对集中执法权，推进综合执法制度，将风景区内规划、建设、环保、市政园林、城市管理、水利、农业、文物保护等方面的执法监督工作统一交由风景区管理机构统一实施。为有序、生态利用景区资源，《徐州市云龙湖风景名胜区管理条例》规定，禁止景区修建各类与景区保护无关的建（构）筑物和设施；禁止污染水体、水面等行为。《徐州市云龙湖风景名胜区管理条例》经江苏省第十二届人民代表大会常务委员会第十四次会议于2015年1月16日批准，自2015年5月1日开始施行。实施以来，景区生态得到了有力保护，资源利用有序，云龙湖风景名胜区被评为国家级风景名胜区及国家5A级旅游景区。

（3）制定《徐州市城市市容和环境卫生管理条例》

1996年制定实施的《徐州市城市市容和环境卫生管理条例》，对指导徐州市市容和环境卫生管理，创造并维护良好的生活、工作环境，保障城乡居民身体健康，发挥了积极和不可忽视的作用。但随着城市的快速发展，现行的法规制度存在的内容涵盖不全、有些规定在执法实践中可操作性不强以及一些新问题在实际执法中无法律依据等问题逐步显现。因此，有必要对现行的法规进行修订。2014年，市人大常委会将《徐州市城市市容和环境卫生管理条例》（修订）列为立法预备制定项目积极推进，2014年、2015年，市人大常委会组织市政府法制办公室、市城市管理局等相关部门赴云龙区、鼓楼区和贾汪区，以及天津、呼和浩特、哈尔滨等市，围绕城乡容貌和环境卫生管理情况，城乡容貌和环境卫生管理体制情况，城乡容貌管理与城乡规划、城市道路管理如何衔接，城乡废弃物监管制度的建设和执行情况，城乡环境卫生设施建设与管理情况，城乡容貌和环境卫生作业、服务管理市场准入、信用考核制度建设及执行情况，以及2008年国家《城市容貌标准》出台后，徐州市市容和环境卫生管理与国家标准不相适应，以及需要规范的内容等七个方面的问题，采取召开专题座谈会、实地查看等方式，展开了立法调研。在充分调研的基础上，2016年4月完成了《徐州市市容和环境卫生管理条例（草案）》（以下简称《条例（草案）》；6月20日经市人民政府第56次常务会议讨论通过；6月29日经市十五届人大常委会第三十二次会议一审通过；8～9月份，市人大常委会二审通过后，将报省人大常委会批准、实施。此次立法将有利于规范徐州市城市市容和环境卫生管理，促进社会建设和治理，改善市民人居环境、提升城市形象，并将对巩固徐州市"江苏省优秀管理城市"创建成果起到积极的作用。

《条例（草案）》共七章六十九条，主要内容包括"市容环境卫生责任区制度、市容管理、环境卫生管理、监督检查及执法授权"等。针对市容和环境卫生管理工作中的难点问题以及市民百姓关心的热点问题，《条例（草案）》作出如下规定：为维护整洁、优美、文明的宜居环境，建立了市容环卫责任区制度；为保障规划实施、完善城市治理，建立了违法建设治理制度；为规范户外广告设置管理、解决停车难和洗车污染环境等问题，建立了规划引领，市场准入等制度；为落实环境保护监督职责，加强生活和建筑废弃物管理，建立了减量化、资源化、无害化处理制度和建筑废弃物运输市场准入制度；为引导相对人诚信参与市容环卫活动，建立了信用评价和信用公示制度。为加强市容和环境卫生管理，顺应城市管理执法重心下移，《条例（草案）》创新了管理体制，即授权由经济开发区、城市新区、产业园区、风景名胜区等管理委员会和镇人民政府负责其管辖区域内的市容和环境卫生管理工作。这样规定，一是为城乡统筹发展，特别是为城镇管理留下空间；二是有利于基层开展市容环卫管理工作；三是可以为农村社区、中心村管理提供法规依据。

（4）参与《徐州市户外广告管理条例》立法调研

随着徐州市近年来经济社会快速发展，城市基础设施建设不断完善，对加强和规范城市户外广告管理提出了新的要求，同时，现行相关规章和办法，已不能满足城市户外广告管理的需要。为依法推进和规范城市户外广告设置和管理，《徐州市户外广告管理条例》列为2015年市人大常委会立法调研项目。2015年8月，市城管局参与了市人大常委会组织的立法调研活动，先后到睢宁县、新沂市、鼓楼区、云龙区等县（市）区城区户外广告管理现场，对徐州市户外广告管理体制、广告设置规划编制情况、广告设置许可规范情况、广告设置市场化运营情况、违法户外广告设施拆除程序、户外广告设置管理中存在的突出问题，以及如何加强户外广告规划编制，明确政府及相关部门主体责任，规范健全市场运作机制，加大户外广告执法监督力度等方面健全和完善相应的体制机制等方面进行调研，为贯彻实施《中华人民共和国广告法》、《江苏省广告条例》奠定了基础。

2. 政府规章方面

（1）制定《徐州市餐厨废弃物管理办法》

随着徐州经济的日益繁荣、居民生活消费能力的不断提高，徐州市餐饮业发展较快。据统计，2012年徐州市城区日产餐厨废弃物约298t，在收运、处置方式上，是作为城市生活垃圾一并运至生活垃圾填埋场或者生活垃圾焚烧发电厂处置。由于餐厨废弃物有特殊再生利用的价值，餐饮服务单位和个人为获取不当利益，将其卖与餐厨废弃物收购人，致使餐厨废弃物流入城市周边的养殖场，或者被提炼加工成"泔水油"、"地沟油"，对人民群众的生命健康造成了危害。为了保障食品安全，促进资源的科学循环利用，《徐州市餐厨废弃物管理办法》被列为徐州市人民政府2014年政府规章制定项目。市城管局在充分调研、先后数次向有关部门和社会征求修改意见和建议，不断修改完善，形成规章草案。2014年，2月18日，市人民政府第26次常务会议审议通过了，以市政府令第136号形式，公布了《徐州市餐厨废弃物管理办法》，《办法》于2014年4月1日起施行。该办法对做好徐州市餐厨废弃物管理工作，保障人民群众食品安全和餐厨废弃物资源化利用，促进资源节约和环境整治方面都有十分重要的意义。

（2）制定《徐州市警务和城管辅助人员管理办法》

为了规范徐州市警务和城管辅助人员管理，保障警务和城管辅助人员合法权益，2015年，由市公安局牵头、市城管局参与，起草了《徐州市警务和城管辅助人员管理办法》。《办法》对警务和城管辅助人员应当具备的基本条件、不得招用为辅助人员的情形、履行的职责、行为规范、履职禁止性规定、享有的权利、招用程序、经费来源和标准、人员管理制度等进行了规范。2015年12月17日，以徐州市人民政府令第143号的形式，公布了该办法，自2016年2月1日起施行。

（3）制定《徐州市城市生活垃圾处理费征收和管理办法》

为进一步完善徐州市城市生活垃圾处理收费制度，加快城市生活垃圾无害化、资源化、减量化处理步伐，提升城市生态环境质量，根据徐州市政府规章2015年立法计划，市城管局在深入调研、广泛征求意见的基础上，起草了《徐州市城市生活垃圾处理费征收和管理办法（送审稿）》。《办法》解决徐州市城市生活垃圾处理费征收和管理规范性文件效力级别较低、部分职能部门责任不明不能形成整体协力、生活垃圾处理费的用途表述不清等问题，确立了采用委托征收的方式、生活垃圾处理费的使用范围、明确各部门应负的职责建立健全权责明晰的协作机制，以及对征收单位完成任务情况进行奖惩等制度。2016年3月7日，市长签署第144号市人民政府令，公布该《办法》，自2016年5月1日起施行。

3．立法征求意见方面

对于市人大常委会、市政府法制办、其他行政部门安排的立法征求意见等任务，市城管局始终本着高度负责的态度，认真学习研究，积极提出修改意见和建议。近年来，市城管局先后为《徐州市消防条例》、《徐州市城市绿化条例》、《徐州市公共体育设施条例》、《徐州市云龙湖风景名胜区管理条例》、《徐州市城乡供水条例》地方性法规草案，以及《徐州市出租汽车客运经营权管理办法》、《徐州市规范性文件制定办法》、《徐州市公共移动通信基站管理办法》等政府规章草案，提出数十条修改意见和建议。

3.2.2　积极提高依法行政水平，严格规范公正文明执法

1．制定行政权责清单

《中共中央国务院关于深入推进城市执法体制改革改进城市管理工作的指导意见》要求：要按照转变政府职能、规范行政权力运行的要求，全面清理调整现有城市管理和综合执法职责，优化权力运行流程。依法建立城市管理和综合执法部门的权力和责任清单，向社会公开职能职责、执法依据、处罚标准、运行流程、监督途径和问责机制。制定责任清单与权力清单工作要统筹推进，并实行动态管理和调整。为贯彻落实这一要求，近年来，按照市统一部署，市城管局对部门职责、职责边界、对应的权力事项、公共服务、权力事项办理、事中事后监管制度措施等行政权力清单进行了清理、编制。经梳理，市城管局有行政处罚权力事项130项、行政强制权力事项5项、行政征收和行政奖励事项各1项。在清理、编制和梳理的基础上，市城管局制定了《徐州市城市管理行政处罚自由裁量权实施细则》。

2．健全完善执法制度

近年来，市城管局为切实履行城市管理执法职责，通过健全完善各项执法制度，规范执法程序、办案流程，明确办案时限，提高办案效率和执法水平。建立健全了行政处罚程序制度、行政处罚案件审批制度、罚款决定与罚款收缴分离规定、执法文书票据领用和缴销管理制度、行政执法公示制度、行政执法错案责任追究制度、行政执法案件统计分析制度、行政执法案卷评查制度、行政处罚适用规则和裁量基准制度、执法全过程记录制度等约20项工作制度，这些制度的建立与落实，

使执法制度得到健全完善，规范执法行为有了制度上的可靠保障。

3. 严格规范公正文明执法

2013年以来，市城管局积极响应省城市环境综合整治工作推进小组办公室和省住房和城乡建设厅开展的"九整治"、"三规范"、"一提升"为主要内容的城市环境综合整治"931"行动，围绕徐州市开展的国家卫生城市、国家生态园林城市、全国文明城市、江苏省优秀管理城市等创建活动，持续加大对占道经营、店外经营、乱设摊点、乱贴乱画、乱堆乱放、乱丢弃垃圾、饲养家禽家畜、户外广告、建筑施工工地扬尘污染、工程渣土管理的整治力度，对以上违法行为坚决予以查处，行政处罚案件数量和罚款数两项指标呈连年快速增长态势。市城管局还在提高执法质量上下功夫，认真落实行政执法案卷评查、办案情况定期分析通报等制度，建立执法人员执法业绩档案，充分发挥中队法制员作用，积极开展"岗位大练兵"、争当"执法能手"等活动，激励执法人员勇作为、敢担当。

4. 积极推进"两法衔接"工作

徐州市《关于加强徐州市行政执法与刑事司法衔接工作的实施意见》、《徐州市行政执法机关移送涉嫌犯罪案件工作办法》等文件下发后，市城管局及时组织召开了专题会议，认真传达学习相关文件精神和全市"两法衔接"工作推进大会上的领导讲话，集体学习了《最高人民检察院、公安部关于公安机关管辖的刑事案件立案追诉标准的规定》等，并就如何贯彻落实文件精神等重要问题，进行了安排部署。市城管局还按照市委政法委《关于推进"两法衔接"信息平台建设的通知》要求，配备了专用电脑、专用扫描仪，电脑、扫描仪的配置要求均能满足工作需要。市"两法衔接"信息共享平台2014年10月1日正式启用后，为贯彻落实市"两法衔接"领导小组办公室通知要求，根据《徐州市行政执法与刑事司法衔接信息共享平台管理办法》有关规定，结合城管执法特点，市城管局专门制定下发了《关于规范报送行政执法与刑事司法衔接信息共享平台行政处罚案件信息的通知》（徐城管发〔2014〕115号），对局属执法单位上报行政处罚案件信息范围和时限、内容和格式、方式等，进行统一和规范。

3.2.3 加强复议和应诉工作，保护相对人和维护自身的合法权益

行政复议是公民、法人或其他组织通过行政救济途径解决行政争议的一种重要手段，市城管局作为各县（市）、区城管部门的上一级行政主管部门，为法定行政复议机关。近年来，市城管局高度重视行政复议工作，不断加强行政复议工作规范化建设。建立健全了行政复议工作责任制，将行政复议工作列入法治城管建设内容，建立健全行政复议首长负责制、行政复议工作责任制、责任追究制等工作制度。加强行政复议机构、人员、经费及场所保障，办案用照相、摄像、录音器材等设备齐备。

随着全社会法治思维和法治意识的不断增强，通过诉讼渠道解决行政争议和民事纠纷，运用法律武器来保护自己的合法权益逐渐成为一种新常态。特别是2015年5月1日起施行、修订后的行政诉讼法规定"经复议的案件，复议机关决定维持原行政行为的，作出原行政行为的行政机关和复议机关是共同被告"之后，市城管局参与诉讼的案件数呈逐年增加趋势。对诉讼案件，市城管局积极应诉，及时提交答辩状、认真收集和提交证据，按时参加开庭，并严格落实新修订的行政诉讼法关于行政机关负责人出庭应诉制度。

3.2.4　积极响应新形势，深入开展法制宣传教育活动

近年来，市城管局积极响应"全面推进依法治国"、"全面推进依法治省"这一新形势，围绕"示范创建、市容整治、环卫提档、设施完善、机制创新、法治建设、形象提升、文明塑造"等年度重点工作，加强与新闻媒体的互动、联络，拓宽宣传载体，做好"徐州发布"、政务微博等工作，大力宣传城市管理工作及法律、法规，开展好"争做文明市民，抵制车窗抛物"、"走进城管"、"跟着垃圾去旅行"、"彭城十佳城市管理热心市民"、"城市管理优秀新闻"评比等主题活动，引导市民摈弃不良陋习，养成文明风尚，营造全社会理解、参与、支持城市管理工作的良好氛围。

由于法治建设和依法行政工作成绩突出，徐州市城市管理局先后受到省、市多次表彰。2012年1月，被江苏省全面推进依法行政工作领导小组办公室和省政府法制办评为"2011年度全省城市管理行政执法工作先进集体"；江苏省全面推进依法行政工作领导小组授予市城管局为"省级依法行政示范点"（2012～2013）；2012年5月，被江苏省住房和城乡建设厅评为"全省住建行政执法队伍规范化建设先进集体"；2011年4月，被中共徐州市委、徐州市人民政府评为"2009～2010年度法治城市创建工作先进集体"；2011年11月，被徐州市人民政府依法行政领导小组授予"2012～2013年依法行政示范点"；2014年7月被市政府表彰为"2009～2013年度依法行政工作先进单位"。

3.3　徐州城管队伍规范化建设

《中共中央关于全面推进依法治国若干重大问题的决定》明确指出，全面推进依法治国，必须大力提高法治工作队伍思想政治素质、业务工作能力、职业道德水准，着力建设一支忠于党、忠于国家、忠于人民、忠于法律的社会主义法治工作队伍，为加快建设社会主义法治国家提供强有力的组织和人才保障。可见，加强法治建设，执法队伍的规范化建设是基础。因此，有必要加强城管队伍的规范化建设。

早在2006年3月，徐州市城管局就根据《关于在全省建设系统开展行政执法队伍规范化建设活动的通知》要求，拟定了《关于在全市市容与城管执法系统开展行政执法队伍规范化建设活动的意见》，决定在全市开展城管执法队伍规范化建设活动，明确了城管执法队伍规范化建设的内容。5月31日，市城管局发布了《关于对全市市容与城管执法系统开展行政执法队伍规范化建设情况综合检查的通知》，决定从6月20日开始对全市城管执法队伍规范化建设情况进行综合检查。2009年至2012年，在全市开展了星级执法队伍创建评比、执法队伍能力提升年、执法队伍规范化提升年等活动。近年来，市城管局围绕完善执法制度、强化执法保障、加强教育培训、强化纪律建设、强化监督检查和加强城管协管员管理等方面，不断强化城管执法队伍规范化建设工作，管理和执法水平得到了大幅提升，依法行政和法治创建等工作走在全市先进行列。

3.3.1　完善城管执法制度

制度建设既是队伍建设的重要内容，也是队伍建设的实现方式。徐州市城管局从制度入手，坚持用制度管人，用制度管事。以完善的管理制度，达到了内强素质、外树形象的目的。

随着城市管理体制的调整，2002年徐州市撤销了市城市管理局，设立了市城市管理行政执法

局。2003年，为规范城市管理行政执法队伍建设，提高执法管理效能，市城市管理行政执法局先后颁布了《关于城市管理行政执法全员岗位责任制的实施意见》、《关于进一步加强依法行政、文明执法的意见》、《城市管理行政执法公示制度》、《徐州市城市管理行政执法证件管理制度》、《城市管理行政执法错案追究制度》、《城市管理行政执法法制培训制度》、《徐州市城管监察队员队容风纪和廉政的规定》、《徐州市城管工作人员违纪处罚若干规定》、《关于在全市城管工作人员中推行"文明用语、执法忌语"活动的通知》等一系列规章制度。2006年，重点开展城管执法队伍规范化建设，成立了市城市管理行政执法支队，下发了规范化建设意见，开展了专项检查；2008年，发布了《关于进一步严格落实"四禁止"的通知》，2009年，下发了《关于在全市城管执法队伍中开展规范化建设星级单位创建活动的实施意见》；2010年，下发了《关于开展城管执法队伍管理提升年活动的实施意见》；2011年下发《关于建立城市管理行政执法人员执法业绩档案制度的实施意见》；2014~2015年，印发了《徐州市城市管理城管执法人员管理规范》、《徐州市城市管理城管执法协管员管理规范》、《徐州市城市管理城管执法行为规范》、《徐州市城市管理城管执法装备配备管理规范》、《徐州市城市管理城管执法督察工作规范》、《徐州市城市管理城管执法应急处置工作规范》、《徐州市城市管理城管执法协作规定》等7项规范。《徐州市城市管理行政执法行为规范》从执法检查和取证、行政处罚、行政强制、执法文书使用及制作等方面对城管执法行为进行了规范；《徐州市城市管理行政执法装备配备管理规范》，对包括执法服饰、执法车辆、通信设备、勘查取证设备、办公设备和配备执法人员的头盔、盾牌、防刺背心等警戒防护设备，从财政拨付、采购、标准化配备，到日常规范化管理和监督工作，都明确了责任、制定了标准；《徐州市城市管理行政执法督察工作规范》要求行政执法督察必须以事实为依据，以法律、法规及规章为准绳，坚持属地管辖的原则，在市、区、街道办事处城管执法机构分别成立相应执法督察机构，负责本辖区城管执法督察工作并负有督察责任。同时将规范的执行情况纳入城市管理目标考核内容，考核结果作为对执法机构和执法人员奖惩的重要依据。《徐州市城市管理行政执法人员管理规范》明确了市城市管理行政执法部门是全市城管执法队伍管理的主管部门，负责指导、协调各县（市）、区城管执法队伍规范化建设工作。从行政执法人员的招录、辞退、人员晋升机制、后备干部的储备、轮岗交流制度，到党风廉政教育和政风行风教育、执法人员执法行为规范、考核和检查监督机制、执法培训内容、学时等都做了详细的规定。《徐州市城市管理行政执法协管员管理规范》，在人员招聘、工作职责、教育培训、人员管理等方面都做了严格的规定。2016年2月，下发了《徐州市城市管理（城市管理行政执法）局关于印发行政许可和行政处罚等信用信息公示工作实施方案的通知》。

近年来，各级城管执法部门也陆续出台了一系列的规章制度，如贾汪区出台了《贾汪区城市管理行政执法局年度综合目标量化考核实施办法》、《贾汪区城市管理行政执法局工作人员绩效考核实施办法》、《贾汪区城市管理（行政执法）局职业道德规范》等；沛县出台了《沛县相对集中行政处罚权实施办法》、《行政执法责任制》和《行政执法错案追究制》等；新沂市出台了《新沂市城市管理工作人员行为标准》、《行政处罚卷宗规范》等。这一系列规章制度的建立，为城市管理工作提供了依据和支撑。

3.3.2 强化城管执法保障

执法装备是城管执法工作的重要保障，良好的执法装备能极大地提高执法效率，更好地开展城市管理工作。徐州城管立足现实需要和长远发展，全面提升执法装备保障能力，为徐州市城市管理工作的开展和队伍建设发展提供了有力的支撑和保障。

1．规范城管服装标志

服装标志是行政执法人员身份和执法的重要标志，体现法律的尊严和政府的权威。早在1996年4月，市城市管理办公室发布《关于规范城管监察人员标志的公告》，决定市城管监察人员统一使用新的规范标志。1997年4月，市城管委发布《关于整顿全市城管队伍的公告》，公布了城管队员的服装、标志及执法证件，以及市政府法制局和市城管委的举报电话，规范了行政执法队伍。1999年12月，市城市管理委员会下发《关于进一步加强全市城管（建）监察队伍服装标志配发管理的通知》，对徐州市城管（建）监察队伍服装和标志的配发范围、式样、配发标准以及服装标志的管理等作了详细规定。2000年1月，全市城管监察队伍换着统一新制式的城管服装标志。2002年12月，按照省建设厅和省法制办关于实施城市管理相对集中行政处罚权的要求，全市城管执法队伍再次统一更换新式制服。2014年，城管执法队伍更新了执法服装，配置了防刺背心、反光背心、防割手套等执法装备，进一步强化了执法保障。2015年9月16日，参照北京城管服装样式，又统一更换了城管制服，按照职务、级别确定衔级（协管员按工作年限确定）。规范的服装标志不仅提升了城管队员职业自豪感，而且也树立了城管执法新形象。

2．保证执法车辆配备

执法车辆的配备对于保障基本公务需求，满足行政执法的正常、高效运行具有重要意义。2006年，为严格城管执法车辆管理，徐州城管实行车辆统一登记制度，建立市、区车辆管理数据库；突出抓好基层办事处执法车辆的监管，严禁私车喷标执法标识，严禁使用不规范标志，切实维护城管执法队伍良好形象。至2013年，执法车辆人均座位由2008年不足1座，增至1.45座。2015年以来，市区3个主城区为落实"巡查一体"机制，为64个巡区配备电动巡查车494台，并开展了执法车辆专项整顿活动，严查违规配置使用执法车辆的问题，确保执法车辆的规范管理与使用。

3．装配通信及勘查取证设备

2003年，徐州市城管局为全局所有干部和执法队员每人配备了一部手机，缴存了一定的话费，开通了手机局域网，保证了执法信息的快捷传递和执法办案的迅速、高效。同时为各分局配备了取证设备，共购置数码相机10台、网易通10台，提高了基层执法队员的办案效率。2012年，城管局又采购了一批执法现场记录仪、数码相机、对讲机等调查取证和通信装备。每个中队（小组）可以保证有2部以上的对讲机（车载电台）通信装备、1套以上的数码相机、录音笔、摄像机等调查取证设备。2015年，为进一步发挥"城警联动"的执法效果，市城管局共安装配发公安辅助巡查城管通187部，在巡逻时发现城市管理问题，通过"城管通"上报，通过数字化系统立案、派遣、处置、反馈及结案。

3.3.3　加强教育和培训

行政执法的质量和效果如何，在很大程度上取决于行政执法人员素质的高低。所以，加强对城管执法人员的业务培训是提高城管执法队伍整体素质和行政执法能力的重要环节。徐州市城管局以提高队伍综合素质为目标，积极探索教育培训工作的新思路、新途径，创新城管培训工作机制和方法，增强教育培训的针对性和时效性，打造出一支高效务实的城管队伍。

1.加强思想政治和职业道德教育

根据《江苏省人民政府关于加快推进法治政府建设的意见》，按照"缺什么补什么、什么弱强什么"的基本思路，市城管局每年初制定下发当年《全市城管执法系统法律知识学习和行政执法培训工作要点》，内容涵盖思想政治教育、职业道德教育、法律知识培训等方面。各级城管执法部门结合各自工作实际，采取集中学习、上门授课、法院旁听等灵活多样的方式进行"充电"。思想政治和职业道德教育课程的开设，强化了执法人员"执法为民"理念，在执法实践过程中，坚持文明执法，把人性化管理贯穿于执法活动始终，处处体现"以人为本"。牢固树立了"执法就是服务"意识，在服务中实施执法，在执法中体现服务。业务培训强化了执法人员的"三熟、四会"，三熟，即：熟悉城管职能、熟悉行政法规、熟悉执法程序；四会，即：会法言法语、会调查取证、会做思想工作、会案卷制作。

2.强化法制教育培训

城市管理工作具有执法范围广、适用法律多、专业要求高、执法情况复杂等特点，而且，目前我国的法律更新速度在加快，各项新的法律层出不穷，及时组织对执法工作人员的法律知识培训就尤为迫切与必要。徐州市城管局通过法制教育培训常规化和培训形式多样化，强化对执法队伍的法制教育培训。

（1）法制教育培训常规化

一方面每年年初都根据省市有关法制教育培训的文件要求，制定下发当年《法制教育培训工作实施方案》，将法制学习要点细化、量化到月，明确集中学习和自学的内容、形式、时间、地点及授课人；另一方面对教育培训进行全过程监督，直属队伍逐月上报学习培训情况并按单位整理归档；各县（市）、区及委托执法队伍按《城市管理考核方案》分期检查与考核。

（2）法制教育培训形式多样化

一是组织全市城管系统法律知识大比武活动。自市城管执法支队成立以来，每年都组织一次全市城管系统法律知识竞赛活动，至今已成功举办三期。各县（市）区及委托执法单位和直属大队等22支队伍均组织精兵强将参加比赛，促进了全体执法人员学法用法的积极性，提高了执法水平。

二是组织封闭和半封闭式的军事化集训活动。将执法队员、协管员分批、分期组织到驻军或高校进行军事化集中培训。培训中既有体能锻炼，也邀请省、市有关专家和学者，以及执法经验丰富的队员，从法律法规、心理疏导、经验座谈、团队文化、社交礼仪、队列训练、拓展训练等方面对执法人员进行较为全面的培训。培训对象由市局直属大队延伸到基层办事处。培训期间实行了严格的考核，培训结束进行了考试，对参训人员建立了学习培训档案，实行每人一档。

三是组织执法骨干和法制员开展经验交流学习活动。经常组织各单位的法制员、执法骨干开展"法院旁听"、"现身说法"、"案卷评查"等活动，让执法队员在活动中汲取经验，取长补短，使依法行政在法、理、情各个方面得以体现。

四是举办各类法律知识讲座，经常邀请省市有关专家学者，为领导干部、基层执法人员开展法律法规、心理疏导、团队文化等知识讲座。

五是开展"送法上门"活动。组织执法能手在做好为各个直属大队"送法上门"的基础之上，将法律法规的宣传培训工作深入扩大到区、办事处。先后到泉山区、铜山区城管局、郑集镇对行政执法工作进行前期调研，并对基层城管队伍负责人进行行政处罚、行政强制等内容的授课。

通过大力度的教育培训，徐州城管执法人员综合素质普遍提高，执法能力显著增强。

3.3.4　严抓城管队伍建设

2000年4月，市城管局制定了《关于市区城管系统进一步端正行风严明纪律的决定》，在全市城管监察队伍中开展了为期三个月的教育整顿活动。当年共立案查处20起违纪违规行为，22人次被通报批评，24人次被责令待岗、下岗，4人受到警诫。有力地推进了城管执法队伍建设，维护了城管队伍的良好形象。

2004年，市执法局建全并落实城管行政执法队伍管理的各项规章制度，加大对违规违纪行为的查处力度。对城管执法工作中出现的以罚代收、以罚代管、吃拿卡要、越权执法等违规违纪行为从严从重查处。

2015年5月，为进一步加强全市城管系统纪律作风建设，切实解决城管干部职工思想、纪律、作风、工作等方面存在的突出问题，努力实现城管队伍纪律作风的转变，形成与时俱进、团结实干、廉洁勤政、规范执法的良好氛围，提升城管干部队伍整体形象，市城市管理局制定了《全市城管系统纪律作风整顿活动实施方案》，召开了全市城管系统纪律作风整顿动员大会，对整顿活动进行动员和部署。此次纪律作风整顿活动，重点整治以下五个方面的问题：

一是整顿责任心不够问题。着力整顿、解决少数同志工作责任心不强、担当意识不够，缺乏守土有责的意识和干事创业的热情；工作精神懈怠、不思进取、得过且过、出工不出力，只讲待遇、不讲奉献，甚至慢作为、不作为、乱作为，在其位不谋其事；对本单位、本处（室）的业务工作、队伍建设情况掌握不全面、处置不及时，队伍建设不力；过于强调职责、职能、分工，工作上喜欢"推"，对群众反映的违法建设等热点难点问题查处不及时等问题。

二是整顿执行力不强问题。着力整顿、解决少数同志缺少只争朝夕的精神，对既定的决策部署缺少干劲、冲劲、闯劲；单位、处（室）存在的重点工作推进迟缓；缺乏攻坚克难的勇气，对群众多次反映的问题、系统挂牌督办的问题不能及时有效解决；对上级交办的工作，推诿扯皮，上级不盯不办，上级盯着缓办，工作推三阻四、敷衍塞责，打太极拳，群众不满；队伍中不同程度地存在的"上头热、中间温、下面凉"中梗塞；对上级部署的工作，少数单位、处（室）传达不及时、不到位，甚至不传达、不部署等问题。

三是整顿队伍管理不严问题。着力整顿、解决少数领导干部未能履行好业务、队伍"双肩挑"职责，有时不愿管，怕得罪人，管理失之于宽、失之于软，对队伍中一些出工不出力、执法车内休息、迟到早退等违规违纪、不规范问题睁一只眼、闭一只眼，乐得当"老好人"；有时不敢管，执行制度时不敢动真碰硬，处理违纪违规问题心慈手软，直至小事演变大事，内部问题演变成外部问题；有时不会管，管理上"和稀泥"，队伍管理没有章法，班子不团结，队伍管不住，队伍的战斗力大打折扣，一线城管执法人员、协管员粗暴执法、不文明执法、不规范执法，没有严格遵守财务管理相关规定等现象。

四是整顿纪律和自律意识不到位问题。着力整顿、解决少数同志缺乏对规章制度的敬畏之心，不守规矩、不听招呼，未能严格遵守各项规章制度，令不行、禁不止；工作中存在的迟到、早退、脱岗，上班时间上网聊天、玩游戏；队容风纪不整，形象不佳，不按规定着装，挂饰品、染指甲、留怪发等现象；不能严于律己，利用职务之便"吃、拿、卡、要"，"八小时之外"对自己要求不严，交友不慎、过于广泛，存在办人情案、选择性执法以及乱停车、闯红灯、公车私用等现象。

五是整顿服务意识和能力不足问题。着力整顿、解决少数同志服务意识淡薄，为民执法、民生城管的理念尚不能深入到思想里、落实到行动上；对待群众"冷硬横"，不善于做群众工作，工作方法简单粗暴；个别窗口单位首问负责制等制度落实不到位，存在的"门难进、脸难看、话难听、事难办"，工作不到位、解释不到位，让市民或者管理对象兜圈子、跑冤枉路，致使群众意见很大等现象。

3.3.5 健全监督考核机制

城管执法直接影响到公共利益和老百姓个人利益，也容易导致或诱发社会矛盾纠纷并影响社会和谐稳定。加强城管执法监督，既是保障和督促行政机关严格规范公正文明执法，切实维护公民、法人和其他组织合法权益的重要手段，也是全面推进依法行政、加快建设法治政府的重要内容。徐州市城管局积极构建监督考核体系，以监督促管理，以考核抓落实，促进了城市管理工作深入开展，使城管工作逐步走上了制度化、规范化轨道。

1. 加强内部监督考核

内部监督是行政机关进行自我监督、自我控制的重要形式，也是行政机关实现内部管理的主要手段。市城管局通过严格日常督察考核，强化内部监督。早在2004年，就通过建立责任追究、错案追究、公开办事、行政执法报告、执法责任、行政赔偿和行政执法评议考核等制度，规范执法行为，促进严格依法行政。2008年，制定下发了全市城管执法系统督察工作办法，规范统一全市城管执法部门内设督察机构，强化对局机关处（室）、直属各单位年度绩效考核，建立奖惩、问责机制，通过严格绩效考评、激励约束，提高了落实工作的积极性和责任感。2013年，按照"重督察、严考核"的要求，坚持开展好岗位目标责任管理，通过建立和完善日常督察、定期互查、随机抽查等方式，加大对执法队伍的督察力度。充分发挥考核的"杠杆"和"指挥棒"作用，将队伍管理考核内容进行量化积分。支队定期将督察和考核情况进行通报，并抄送至同级党委、政府，以引起各级领导的重视，使监督考核真正达到激励先进、鞭策后进、激发干劲的目的。2014年，下发了《徐州市城市管理行政执法督察工作规范》，将其执行情况纳入城市管理目标考核内容，考核结果作为对执法机构和执法人员奖惩的重要依据。规定了执法人员"八不准"：不准擅离职守、擅自脱岗；不准在执行公务时违规着装、吸烟、饮食；不准非公务着装出入餐饮、娱乐场所；不准非公务，将执法车辆停放在餐饮、娱乐场所门口或附近；不准徇私舞弊、刁难报复；不准利用职权吃拿卡要，私分财物；不准在工作时间饮酒和酒后执法；不准殴打违法违章当事人。明确了执法人员违反第一至六项规定的，情节较轻的，给予责令作出书面检查、通报批评等处理；触犯党纪政纪的，按有关规定给予处分；涉嫌犯罪的，移送司法机关依法处理。违反第七、八项规定的，一律予以开除公职。

2016年1月，为进一步加强城管执法队伍的督察工作，市城管局决定进一步充实支队督察大队职能。首先，建立了全员督察机制。督察大队全体人员均参与到执法督察的日常巡查、核查和督办工作中。根据"定人员、定片区、定责任"的原则，将督察大队划分为4个片区中队（鼓楼、云龙、泉山、开发区和新城区）和1个机动中队，实行早、中、晚3个班次24小时执法督察巡查，确保执法督察工作全面化、常态化、规范化。其次，执法监督方式多样化。根据督察的内容，采取日常巡查、专项督察、暗访督察等不同方式开展督察工作。对日常巡查中发现的问题，取证后立即向所在辖区管理负责人反馈并要求及时整改，同时跟踪督办，力求整改效果；对于群众举报、媒体曝光和各级领导交办转办的案件，进行专项督办；对于不宜公开调查的案件，进行暗访调查。2016年上半年，支队累计约谈违规人员102人，其中鼓楼区38人，云龙区36人，泉山区23人，开发区3人，新城区2人。发现各区长期存在的突出市容市貌问题222处，其中鼓楼区62处，云龙区65处，泉山区70处，开发区25处。针对以上市容存在问题，除现场督促整改外，共下发限期督办单和专项督办单29份，目前各区均已整改到位。查处各类违规行为72起，其中鼓楼区32起，云龙区20起，泉山区16起，开发区3起，新城区1起。下达限期督办单72份，违规执法人员均受到相应处理。办理专项督办案件7起，其中市委、市政府批示的督办案件1起，群众举报投诉5起，网络舆情1起。专项督办结案率达到100%。第三，督察通报公开透明化。依托市局办公平台，定期将督察检查情况公开、透明地予以发布。督察通报注重客观性，坚持以事实说话，真实反映各区目前队容风纪等队伍管理情况，使各区情况一目了然。截至6月底，共编发督察通报4期。督察和巡查工作加强，有效提升了执法队伍的整体素质。

2．强化社会监督

城管部门利用社会力量对自身执法行为进行监督，进而倒逼城管部门加强内部管理，让执法的过程更公开、更透明，也更公平公正。这既有利于改善城市管理工作，同时也有利于提升城管部门的管理水平，改善城管部门的社会形象。

政务公开是保障公众知情权的基本要求，也是社会监督的前提与基础。早在2004年，市城管局就积极推行"政务公开、阳光执法"，建立"六公开、四承诺"制度，将执法内容、执法程序、执法权限、执法人员、执法电话、监督投诉渠道予以公开；要向社会承诺：对市民的建议有回音、对市民的意见有反馈、对市民的投诉有结果、对市民的举报有处理。2006年，大力推进政务公开，对许可、处罚范围、依据、流程等对外公示，严格规范行政许可、处罚和强制措施的执行。2007年，为建立"行为规范、运转协调、公正透明、廉洁高效"的城管行政体制，积极推行政务公开，全面落实行政执法责任制。向社会公示了行政执法主体依据、机构职能、14部行政执法依据，89项行政处罚的实施依据、处罚种类，4项行政许可公示的实施依据等内容。2013年，深入开展领导干部"晒日记"、"晒职权"、"晒节假日公车停放、使用情况"、"晒公车费用"等党风廉政建设活动。

广泛听取意见，是接受社会监督的重要形式。城管职责涉及社会的方方面面，与人民群众的利益紧密相连，因此城管必须听取社会各方意见，接受来自社会的监督。市城管局积极参加全市开展的万人评议机关活动，根据活动反馈的评议意见、建议，认真进行了归纳、梳理，全面查找问题，系统分析原因，认真制定整改措施。面向社会聘请义务监督员，请他们对城市管理行政执法工作进行监督。义务监督员对城市管理工作提出的意见和建议，被采纳率超过80%。为保障义务监督员充分行使监督权力，市城管局建立了举报受理、质询反馈、定期汇报等制度。在重大决策和重要工作中征询义务监督员的意见和建议。对他们反映存在的问题全部进行调查、处理，并及时反馈给义务监督员。建立健全了市容环境好不好由群众说了算的考评体系，大力推行监督员制度，增加群众意见在考评工作中的权重，切实让群众参与、见证、监督城市管理工作。

新闻媒体、社会舆论对政府及其部门的监督是我国行政系统监督体系中不可或缺的一部分。徐州城管部门非常重视新闻媒体及社会舆论对城管工作的监督作用，借助12319便民服务热线、徐州市城市管理局网站、徐州市数字城管网站、市民城管通等平台渠道，鼓励群众参与活动或投诉举报，在新闻媒体公示结果，并将考评情况计入对相关责任单位年度考核成绩；进一步发挥数字化在考核中的主体作用，探索建立诸如新闻媒体参与监督的社会化机制，提升城市管理综合考评的科学性、权威性和有效性。陆续开展了市民"走进城管、体验城管、参观城管、监督城管"和"美丽徐州"摄影大赛等系列活动，进一步营造全社会理解、支持、参与城市管理工作的良好氛围。

3.3.6 严格城管协管员管理

城管协管员是在城管执法人员的带领下协助开展城市管理工作的人员，是当前城管部门弥补城管队伍力量不足、提升城市管理水平和效率的有效途径。在当前城市管理任务日益繁重、城管力量严重不足的情况下，作为城管辅助力量的协管员，在协助城市管理行政执法，维护城市秩序等方面正发挥了越来越重要的作用。但是，由于受协管队伍人员年龄结构的多样性和人员素质参差不齐等因素的影响，如何规范和加强协管员队伍管理，是许多城市面临的共性问题。徐州市城管局从源头把控、教育培训和强化管理等环节，加强对协管员队伍的规范管理，取得了很好的效果。

1. 强化协管员源头把控

徐州市城管局在聘用协管人员时，坚持控制数量、注重质量的原则，严把入门关。2012年，根据《关于规范城市管理行政执法协管人员队伍建设的意见》（苏府法〔2011〕28号）文件精神，徐州市城管局起草了《徐州市城市管理行政执法协管人员管理暂行办法》，规定用人单位招聘协管员，应将招聘计划向市城市管理行政执法局报批。市城市管理行政执法局批准后，由用人单位会同有关部门实施招聘。招聘协管员一般采用面向社会公开招考的方式，经过笔试、面试、体检、政审、公示等程序，择优聘用；也可以劳务派遣用工形式选聘，但应当明确公示聘用条件，接受社会监督。2014年7月26日，为了进一步加强协管人员队伍的规范化建设，徐州城管执法支队制定了《徐州市城管执法支队协管人员管理细则（试行）》，明确协管员队伍由支队统一调配至支队各大队工作，招聘协管员必须经市编办核批，面向社会统一招录。协管员聘用期限为一年，首次聘用的城管协管员试用期为三个月，实行一年一聘。11月28日，为了进一步提高协管员队伍的整体素质，维护城市管理行政执法队伍的社会形象，徐州市城市管理行政执法局制定了《徐州市城市管理行政执法协管员管理规范》，规定新聘用的协管员年龄在35周岁以下，应当具有大专以上文化程度（退伍军人可以放宽到高中文凭），有一定的政策理论水平和管理能力。

2. 加强对协管员的教育培训

《徐州市城市管理行政执法协管人员管理暂行办法》明确用人单位应建立健全协管员教育培训各项制度，制定协管员教育年度培训计划，教育培训时间每年度不得少于15天。培训可采取定期封闭式集中培训和不定期专项培训的方式，以城市管理方面的法律法规知识，职责任务、工作纪律、业务基础知识、职业道德、执勤礼仪、队列训练等为主要内容。新招聘或劳务派遣的协管员，用人单位应组织不少于7天的集中岗前培训，经考试合格并取得工作证件后方可上岗。《徐州市城管执法支队协管人员管理细则（试行）》指出加强协管员教育培训，按照支队《年度法制教育培训工作实施方案》在培训时间、内容、时长、考核方式等方面与执法人员一致。同时，根据本单位特点采用集中、自学、座谈等形式对协管员进行专题教育培训。新招聘的协管员必须接受支队统一组织的集中培训，经考核合格后方可上岗。2015年11月，《徐州市城市管理行政执法协管员管理规范》提出各级城管执法主管部门应当采取多种形式，加强协管员的社会主义荣辱观、理想信念、职业道德、文明礼仪、服务意识等系列教育，引导协管员树立大局意识、荣誉意识和服务意识。要通过教育培训，不断提升协管人员的综合素质，树立协管人员队伍的良好形象。

3.强化对协管员的管理

将协管员队伍管理纳入城市管理行政执法队伍进行统一管理。《徐州市城市管理行政执法协管人员管理暂行办法》指出用人单位应建立健全对协管员的考核奖惩、工作业绩档案和责任追究等管理制度；制定严格的协管员考核机制，考核分为日常考核和年终考核，并将日常考核和年终考核综合成绩作为奖惩、解聘、续聘的重要依据。《徐州市城管执法支队协管人员管理细则（试行）》指出建立协管员档案，将登记表、劳动合同、考核奖惩等有关资料及时记入个人档案；严格考勤和请销假制度；实行交流轮岗制度。《徐州市城市管理行政执法协管员管理规范》指出各单位应当向社会公布协管员名单，建立协管员管理档案和不良记录制度，加强对协管员的监督。建立完善晋升和奖励机制，对于表现优秀、业绩突出，或有突出贡献的，可以优先招聘为全额事业编制人员。2015年，徐州市城管局在对市、区新招录的1020名协管员严格管理的同时，对前期临时使用的协管员进行全面清理（各区清退85人）。采取定期检查、暗访督察等形式，加强执法、作风监督，累计纠处各类违规违纪行为70余起，下达《队容风纪督察告知书》5份、《限期整改告知书》553份，编发《督查通报》9期。通过从严管理、从重督查，不规范管理、不文明执法等问题基本得到杜绝。

02

第 2 篇

徐州城管体制改革

4 徐州城市管理执法体制的调整和完善

先进、合理的城市管理执法体制是现代化城市管理的制度保证。但现实是，与城市发展要求和人民群众生产生活需要相比，我国多数地区在城市市政管理、交通运行、人居环境、应急处置、公共秩序等方面仍有较大差距，城市管理执法工作还存在管理体制不顺、职责边界不清、法律法规不健全、管理方式简单、服务意识不强、执法行为粗放等问题，这些在一定程度上也制约了城市的健康发展。因此，有必要对城市管理执法体制进行调整和完善。徐州市顺应经济社会发展的要求，不断调整和完善城市管理执法体制，较好保障了城市管理工作的健康、有序发展。

4.1 徐州城市管理执法体制的改革与探索

回顾徐州城管的历史沿革，徐州市城市管理工作起步于20世纪80年代初，但直到1996年8月，市城市管理办公室才更名为市城市管理委员会并正式列入政府职能部门序列。1996年8月和11月，《徐州市城市市容和环境卫生管理条例》和《徐州市城市管理行政处罚程序规定》相继颁布实施，徐州市城市管理才开始走上法制化轨道。20世纪90年代中后期，徐州在前无现成路子可循、上无明确业务指导可引，加之城管执法队伍庞杂、队伍隶属关系分散的情况下，通过撤办设委（局）、建章立制、引入市场机制等手段，开拓了一条堵疏结合、管理与服务并重的城市管理新路径，探索出了一条大中城市管理之路，被外地同行和有关专家称之为独具特色的"徐州城管模式"。

然而，随着我国改革的深入和经济、社会的发展，徐州同其他各地一样，相应的现代城市管理执法体制始终没有真正确立，从计划经济时期一直延续下来的多头执法、各自为政、以罚代管、重复处罚等导致的暴力抗法、群体性事件层出不穷。21世纪初，徐州获准实行相对集中处罚权试点工作，在一定程度上实现了决策、执行和监督相分离，体现了精简、统一、效能的原则，解决了行政管理上的纵向效率和横向关系问题，逐步形成了"两级政府、三级管理、以区为主、重心下移"的管理体制，在建立办事高效、运转协调、行动规范的城市管理体制方面起到了很好的促进作用。但在试点中逐渐又出现新的执法交叉和执法真空现象，造成职责分化、执法成本上升、工作效率降低。在此背景下，徐州市开始构建系统、综合、高效的"大城管"体制。"大城管"体制搭建起了高位指挥、高位组织、高位协调的管理平台，将徐州城市管理由单一的对物的静态管理转变为对物和人的动态管理，由单一的政府职能过渡到全社会广泛参与，由单一的城管部门执法管理过渡到相关职能部门综合执法管理，把所有城市行政管理部门都纳入到整个城市管理体系之中，改变了过去孤立管理和条块不合的"小城管"局面。通过组织、法律、服务、技术、社会五大支撑体系的相互协调、配合，以"街长、片长"为载体的网格化管理新机制逐步发挥作用，并在实践中摸索出"一级监督、二级指挥、三级管理、四级网络"的数字化运行模式，一定程度上实现了城市管理的长效化、精确化、动态化以及规范化。

4.1.1 "相对集中行政处罚权"制度试点

改革开放以来，我国社会经济发展取得了前所未有的成就，伴随着国民经济的快速发展，我国经济与社会关系也变得愈加复杂，从而导致行政机关相应的行政管理事务急剧膨胀。市场规模的日益扩大、利益组合关系的日趋复杂、交织性社会事务的不断涌现，使以前非常细化的职能划分难以应付。原有的行政执法体制在行政权力的运作方面不仅成本高而且效率低下，已经不能满足新时期行政执法的发展需要；传统的行政职能划分也已适应不了宏观调控管理思想的基本要求。要么出现管理中的调控缺位，要么出现互相推诿或越权。要消除种种弊端，政府行政系统必须以一个相对一致的姿态调控具有交叉性的社会关系和难以归类的社会事态。在这样的背景下，相对集中行政处罚权制度应运而生。

相对集中行政处罚权是指《中华人民共和国行政处罚法》确立的"相对集中行政处罚权制度"，即经过国务院或者经国务院授权的省、自治区、直辖市人民政府的批准后，将若干有关行政机关的行政处罚权集中起来，交由一个行政机关统一行使。行政处罚权相对集中后，有关行政机关不得再行使原行政处罚权。

相对集中行政处罚权作为一项法律制度，是由1996年3月17日八届全国人大四次会议通过的《中华人民共和国行政处罚法》首先确立的。这部法律的第十六条规定："国务院或者经国务院授权的省、自治区、直辖市人民政府可以决定一个行政机关行使有关行政机关的行政处罚权，但限制人身自由的行政处罚权只能由公安机关行使"。这是我国第一次以法律形式确认行政处罚权的集中行使，它突破了原有的行政体制条块的框架，将若干行政机关分散行使的行政职能集中由一个行政机关行使。这在观念上是一个重大改变，在体制改革上是一个重要的改革和创新，为改革我国的行政执法体制提供了法律依据。

为了积极、稳妥地实施好行政处罚法这一规定，国务院先后下发《关于贯彻实施〈中华人民共和国行政处罚法〉的通知》（国发［1996］13号）、《关于全面推进依法行政的决定》（国发［1999］23号）、《关于继续做好相对集中行政处罚权试点工作的通知》（国办发［2000］63号）和《关于进一步推进相对集中行政处罚权工作的决定》（国发［2002］17号）等文件，进一步明确提出了开展相对集中行政处罚权工作的具体原则、要求和程序。这些配套制度，是地方开展相对集中行政处罚权工作的重要依据。其中《关于贯彻实施〈中华人民共和国行政处罚法〉的通知》（国发［1996］13号）明确规定："行政处罚法是规范政府行为的一部重要法律，与行政机关的关系重大，其所确立的行政处罚设定权制度、实施行政处罚的主体资格制度、相对集中处罚权制度……是对现行行政处罚制度的重大改革。各省、自治区、直辖市人民政府要做好相对集中行政处罚权的试点工作，结合本地实际提出调整行政处罚权的意见，报国务院批准后施行"。《关于进一步推进相对集中行政处罚权工作的决定》（国发[2002]17号）明确指出：实行相对集中行政处罚权的领域，是多头执法、职责交叉、重复处罚、执法扰民等问题比较突出，严重影响执法效率和政府形象的领域，目前主要是城市管理领域。

相对集中行政处罚权制度在城市管理领域的实施从试点到全面推进，经历了三个阶段。

启动阶段：从1996年10月到2000年8月。国务院为贯彻实施《行政处罚法》，先后下发了《关于贯彻实施〈中华人民共和国行政处罚法〉的通知》、《关于全面推进依法行政的决定》，提出要通过理顺行政执法体制，保证行政执法机关合法、公开、公正、高效执法，推进相对集中行政处罚权的试点工作，并在总结试点经验的基础上，扩大试点范围。从1997年5月北京市宣武区启动试点以后，国务院先后批准了北京、天津、黑龙江等省（市）14个设区市开展相对集中行政处罚权的试点工作，实质性地启动了在城市管理领域的试点工作。

推行阶段：从2000年9月到2002年7月。国务院办公厅下发了《关于继续做好相对集中行政处罚权试点工作的通知》，明确提出要在总结试点经验的基础上，积极稳妥地扩大试点范围。要求试点的经验运用于市、县，进一步理顺行政体制，坚决克服多头管理，政出多门的弊端，切实促进政府职能转变。这一阶段，国务院又先后批准了65个设区市在城市管理领域开展试点工作，并逐步统一了试点机构名称及范围、内容。从1997年以来，国务院共批准3个直辖市和23个省、自治区的79个城市开展了试点工作。

全面推进阶段：2002年8月22日，国务院下发《关于进一步推进相对集中行政处罚权工作的决定》，决定认为确定试点工作的阶段性成果已经实现，进一步在全国推进相对集中行政处罚权工作的时机基本成熟，为此按照行政处罚法的规定，依法授权省、自治区、直辖市人民政府可以决定在本行政区域内有计划、有步骤地开展相对集中行政处罚权工作。这标志着在城市管理领域相对集中行政处罚权的试点工作已经结束，进入全面推进阶段。

在城市管理领域推行相对集中行政处罚权制度，其目的在于解决城市管理中长期存在的多头执法、职权交叉和行政执法机构膨胀等问题，提高行政执法效率，降低行政执法成本，建立"精简、统一、效能"的城市行政管理体制。

2002年4月3日，徐州市委、市政府作出对市城市管理体制进行改革的决定，以理顺城市管理工作关系，充分发挥区级政府及相关职能部门的作用。徐州市委、市政府在调查研究的基础上，根据徐州城市管理工作特点，本着"重心下移、属地管理、以区为主"的原则，对城市管理体制进行改革：将原市城管局环境卫生、夜景灯饰、洗车场、停车场、河道、垃圾处理、工程渣土管理等职能交给市市政公用事业管理局行使；将户外广告审批、管理职能交给市规划局行使；将淮海广场管理职能交给市园林局行使。为发挥区级政府的积极作用，市政府将"对道路、广场、居民小区等公共场所进行保洁和垃圾清运，收取城镇垃圾处置费；管理道路门前三包；制止违章搭建建筑物、构筑物；受市规划部门的委托，对市区除重要地段外的户外广告的设置进行审批和管理"等14项城市管理权下放给区级政府行使。改革强化了区级政府及街道办事处在城市管理中的作用，并按照"管、罚分离"的原则重新调整和分配有关行政许可权和行政处罚权，同时对相关单位、人员、资产等进行了相应调整，为在城市管理领域实施相对集中行政处罚权做好了充足的准备。

国务院法制办于2002年7月12日下发了《关于在江苏省徐州市开展相对集中行政处罚权试点工作的复函》，同意在徐州进行相对集中行政处罚权试点；8月5日，省法制办下发《关于在徐州市开展相对集中行政处罚权试点工作的通知》（苏府法字［2002］41号），决定在徐州城区进行相对集中行政处罚权试点工作。随后徐州市政府于10月11日出台了《徐州市城市管理行政执法局职能配置、内设机构和人员编制规定》，徐州城市管理相对集中行政处罚权试点工作正式展开。根据国务院对集中行使行政处罚权行政机关的要求，以及相关机构八个方面的职权范围，徐州市决定撤销徐州市城市管理局，组建徐州市城市管理行政执法局，为市政府工作部门，各区（开发区、风景区）分设行政执法分局，实行管罚分离。11月6日，市政府印发《徐州市城市管理相对集中行政处罚权试点工作实施方案》，对徐州市实施城市管理相对集中行政处罚权的基本原则、范围、机构设置和人员编制、管理体制、经费保障和管理、相关部门职能调整、人员招录和队伍管理、人员分流、配套制度和措施等做了具体规定。11月7日，市政府出台了《徐州市城市管理相对集中行政处罚权试行办法》，进一步明确了相对集中行政处罚权机关集中行使包括市容环境卫生全部和城市规划、市政、公安交通、园林绿化、环境保护、工商无照商贩等方面的部分处罚权，已经集中行使的处罚权，其他部门和单位不再继续行使。

为更好地落实相对集中行政处罚权试点工作，实现处罚与管理的有效衔接，2004年5月下旬徐州市政府下发了《关于印发<徐州市城市管理体制和职能权限调整方案>的通知》（徐政发［2004］65号），将各区（开发区、风景区）城市管理行政执法分局的人、财、物交由各区政府（管委会、管理处）管理，将云龙、鼓楼、泉山、九里区城市管理行政执法局与辖区城市管理局规整、合并，一套班子，两块牌子，在城市管理方面行使行政管理职权，具有独立的行政执法主体资格；开发区和风景区管理处的城市管理行政执法机构，受市城市管理行政执法局的委托，具体实施城市管理行政执法活动；将市城南经济技术开发区城市管理行政执法局整建制划归云龙区城市管理行政执法局，将市城市管理云龙湖风景区监察大队整建制划归市城市管理云龙湖风景区行政执法大队，将市园林局园林监察大队、淮海广场地区管理处监察大队整建制划归市城市管理行政执法局；市城市管理行政执法局设城市管理行政执法支队，支队长由局长兼任；各区、开发区城市管理行政执法局设城市管理行政执法大队，大队长由局长兼任；市公安局、各区公安分局在本局内设立城市管理治安办公室，由市公安局、区公安分局内部调剂，城市管理治安办公室依法专职负责维护城市管理秩序、处理城市管理行政执法过程中发生的治安案件。

城管相对集中行政处罚权是我国最早开始跨部门综合执法体制改革的探索，对于精简机构、提高效能起到重要的示范作用。相对集中行政处罚权的实施，实现了执法职能的相对集中，能够有效克服分散执法软弱无力的弊端；责任明确，减少职责交叉和执法推诿扯皮，在一定程度上提高了执法效率、精减了执法机构和执法人员；而且在一定范围内进行了行政处罚权与行政许可权相对分离的探索，为进一步改革和完善我国的行政执法体制以及政府机构改革进行了有益的尝试。但随着对城市管理体制探索的不断深入，在相对集中行政处罚权制度取得成效的同时，实施过程中也暴露出协调困难、监督检查职责划分不清、新的权力交叉、立法不明确等诸多问题。实践中出现的城管机构权限横向上无序扩张，纵向上权限下移无依据等权力配置难题以及法律保障的缺失，已经阻碍改革的深入。

4.1.2 "两级政府、三级管理、重心下移、以区为主"体制的探索

徐州在推进相对集中行政处罚权的过程中发现，虽然"相对集中行政处罚权"在防止行政管理中的调控缺位和越权，明确责任，减少行政机构职责交叉和执法推诿，提高执法效率等方面都产生了积极的推动作用，但从城市管理机构的整体运行机制来看，仍存在市、区共管而集权较多，条、块结合又以条制块，权、责统一却不尽合理等问题。因此即使各部门目标相同，可始终难成合力，无论在管理层次划分上，还是组织结构与运行机制方面，都存在着不少弊端，制约了徐州城市经济、社会的加速发展。为解决城乡混管，层次不清以及政府职能的"越位、缺位和错位"等现实问题，徐州在相对集中行政处罚权的基础上，进一步确立了"两级政府、三级管理、以区为主、重心下移"的管理模式，改革和完善了行政执法体制，深化了政府机构改革。并于2004年11月再次对城市管理机构进行梳理，成立了徐州市市容管理局，与徐州市城管执法局合署办公，一套班子、两块牌子，简称"市市容与城管执法局"。并对"两级政府、三级管理、以区为主、重心下移"的城市管理新模式提出了三点基本要求：（1）在扩大街道办事处职能的前提下做到政企分开，把市政建设管理方面（环卫、绿化、养护、房屋维修、物业管理）的经营职能转让给企业，让这些企业遵循市场经济规则运行。社区管理部门主要受区政府的委托，协调、监督、规范企业的行为。（2）在扩大街道办事处管理权限的前提下，做到政社分开，让社区内各个单位和组织、居民在办事处的指导下自我管理那些公益型、公众性、福利性的非行政事务，并开展社区互助服务，提高社区自我管理、自我服务的能力。（3）街道办事处作为"块"的主体，必须协调、配合好"条"的单位，使"条"、"块"结合，更好地管理社区事务，为社区服务提供保障。

徐州城管部门在"两级政府、三级管理"体制的实施过程中，切实细化街道办事处、社区和具体执法人员的责任区，严格落实管理职责，真正做到"全覆盖、无缝隙、不间断"。从城市管理工作的实效来看，虽然较以往有所改进，但仍存在很多问题。如作为基层自治组织的社区居委会管理工作落实不足、活力不强等，给城市社会治理的发展带来了一定的障碍。2006年4月，徐州市市容管理局下发了《关于全面实施"城管进社区"的通知》（徐市容［2006］56号），指出：全面实施城管进社区，完善四级网络，建立社区城市管理机构，配备社区城管专干，是实现"四城同创"目标的重要手段，进一步明确了"城管进社区"的实施方法和要求、实施范围以及考核办法。在相关规章制度等文件的指引下，2008年徐州市在50个社区中全面推进"城管进社区"工作，在社区设立城管服务站，健全城市管理规章制度，落实城市管理专干，全面启动社区城市管理，切实激活"四级网络"体系。鼓楼区在辖区6个街道办事处每个社区派驻两名城管队员，定期了解基层城市管理情况；实行定人定岗责任制，对小区进行分区域包片管理；建立城市管理联席会议制度，每月召开一次由派驻城管队员、社区居委会和物业管理公司负责人参加的协调会，帮助解决群众关心、关注的市容环境问题。云龙区在彭城、子房、骆驼山、黄山4个办事处的39个社区落实城管进社区工作，每个社区配备一名专职城市管理指导员、一名包挂城管执法队员，建立日常巡查、例会和接待记录、保洁员考核等10余项制度；结合老旧小区整治，建立了社区主任与执法队员解决问题联动机制。泉山区建立服务大厅式城管服务站10个，结合落实城市管理行政执法责任制和市容环卫责任区制度，由执法人员在社区全面履行执法、管理职责；聘请社区群众义务监督员对城市管理工作情况监督、评判；建立"问责"机制，对工作落实不力、不作为、乱作为问题严厉查处。九里区在6个社区落实了城管执

法队员包挂机制，较好地推进了城市管理进社区工作的落实。

"两级政府、三级管理、四级网络"的城市管理体制科学地确定了市、县（市）区、乡镇（街道办事处）三级管理职责与职权，逐步建立了政府统一领导，部门各负其责，社会广泛参与的城市管理体制，把城市管理工作真正落实到基层，拓展到社区，徐州市"权责明确、范围清晰、运转协调、监管到位"的城市管理新机制基本形成。

4.1.3 "大城管"体制的建立

1. "大城管"体制建立的背景

随着城市化进程的不断加快，城市管理中的矛盾日益突出，新的社会治理格局和社会治理体系的建立，要求实现一个多元主体参与的、以公共服务提供为主要方式的、以安全与和谐为主要体现的新的社会治理格局，复杂的城市问题给城市管理提出了新的挑战。传统的城市管理模式中，城市管理等同于一般市政管理的观念已经明显落后，它没有将城市社会管理纳入其中，在管理过程中将"人"和"物"截然分割开来，而是把"人"从中剥离出去，只留下"物"和静态的成分。强调管理多于主动服务，规范市民的行为多于满足市民的正常要求，方便管理机构及其管理者多于方便广大市民，没有体现出"以人为本"的思想，在实践上也造成了市民对城市管理有事不关己、高高挂起的消极态度，不能形成上下联动、齐抓共管；并逐渐暴露出城市管理体制不健全、运行机制不完善、法治化进程缓慢、职能转变不到位、信息化水平不高等问题。在此背景下"大城管"体制改革于2009年8月7日第一次在住房和城乡建设部所批准立项的《中国城市综合管理体制及其运行机制研究》课题研究大纲公开征求意见稿中出现。该意见稿明确提出"大城管"模式，不仅指的是"城市管理＋基础设施建设＋经营模式"，而是城市管理结构与体制的改革。即以先进的管理理念为指导，由政府、企业、公众等多元主体共同参与，依靠现代化的数字技术平台，综合运用市场、法律、行政等手段，对包括城市基础设施、公用事业、环境卫生、园林绿化、城市规划及建设等各种类型的城市公其事务进行管理及服务，使城市各种资源得到充分、有效利用，从而提高城市综合竞争力，促进城市经济、社会、环境等持续、健康发展的综合管理体制。在具体的落实过程中，成立城市管理委员会，由市长任"一把手"，统筹各职能部门，实现城管的管理权和执行权统一，也就是城市综合管理，这种"全力向上提升"设置，为大城管的"大"提供了领导保障，城市主要领导担任部门负责人的管理模式，确保了横向联合机制的实现，大城管模式的实质表现为权力的向上集中，并带来权力范围的不断拓展。这种纵向权力的提升，成就了横向职能边界的扩张，职能的横向联系，真正实现了城市管理资源整合的权限范围。所管理的范围包括给水、电力、通信、垃圾收运处理、供水等城市基础功能，以及城市公共空间。大城管体制改革不仅仅只是行政职能的扩大和城管归属问题的解决，更为关键的是要实现"执法型城管"向"服务型城管"的转变，使城市公共空间管理与弱势群体利益达到平衡。

大城管理念将其复杂的子系统通过相互联系、相互作用的方式有机地结合起来，用微观、中观、宏观三个层面构架起城市管理的科学结构。该结构以微观管理来实现城市空间的生态系统的良好运行，这是城市的活力之源；以中观管理来保证城市社会系统的健康发展，这是人类的生存要义；以宏观管理来确定城市经济系统的大计方针，这是城市的发展保障。大城管内涵的第一层面是"小城管"，即市政、园林、环卫、绿化等日常的城市管理，它是整个城市管理的基础层面。不仅包括基础设施和公共设施的建设管理，还包括城市自然环境的保护和生态平衡的维持，全面体现生态环境的可持续性，这一层面是整个城市管理的微观要义，是城市管理过程的初级阶段和贯串始终的基础。大城管的第二个层面是社区建设，包括社会管理，它是整个城市管理的核心层面。社区是社会的细胞，社区和谐是社会和谐的基础，是构建和谐社会的重要切入点，现阶段社区已成为完善城市功能、提高城市管理水平和居民素质、维护社会稳定的重要载体。这一层面，需要在城市管理中充分体现人本思想，做到理解人、尊重人，了解并满足市民的正常需要，把"物"与"人"有机地结合起来，实现城市管理由第一层面向社区建设、社会管理的第二层面转化，为推动城市社会的全面发展提供安定舒适的社会环境和人文环境。大城管的第三个层面是开发、经营和发展城市经济，它是整个城市管理的保障系统，城市管理既要满足当代城市发展的现实需要，又要满足未来城市发展的需求。实现可持续发展，就必须保持城市系统的生态持续性、经济发展持续性和社会发展的持续性，以确保城市成为人类能过上有尊严、身体健康、安全幸福和充满希望、美满生活的地方。这种既满足现实又必须满足未来的可持续发展必然要求城市管理者要开发城市、经营城市，大力发展城市经济，不仅使已经形成的城市资源得到保值，而且最大程度的实现增值；不仅为现实的城市管理提供保障，而且为未来的城市发展创造条件，实现城市的可持续发展。

2."大城管"体制的建立过程

徐州对"大城管"体制的探索可以追溯到20世纪90年代末，当时徐州在前无现成路子可循、上无明确业务指导可引，加之城管执法队伍庞杂、队伍隶属关系分散的情况下，通过撤办设委、建章立制、引入市场机制等手段，开拓了一条堵疏结合、管理与服务并重的城市管理新路径。探索出了一系列既符合本市实际，又在全国具有示范意义的城市管理工作新举措，被国内同行誉为"徐州城管模式"。形成了统一调度、集中整治、联合执法、管理配套的城市管理新路径，初步呈现出现代"大城管"体制的雏形。但由于受到当时的时代背景、城市管理发展进程以及科学技术手段等因素制约，导致相关管理理念更多地停留于"大城管"内涵的第一层面，对第二、三层面的探索尚不够全面、深入。随后徐州城管针对原有的城市管理体制中无法解决职权交叉、多头执法、重复执法等问题进行了一系列改革，促使了徐州城市管理体制在实践中不断得到巩固与发展，相关部门工作职责逐步理顺，工作思路愈发清晰，方法日臻完善。

随着徐州城市化进程的加快以及面积的不断扩大，城市建设日新月异，尤其是2010年铜山撤县建区以后，徐州城区面积由原来的1160km^{2}增加至3037km^2，人口超过300万。城区面积和人口的持续增多，特别是一些人由"农民"变成"市民"后，他们的就业方式、生活习惯、社会保障等一系列均要实现由"乡"到"城"的转变，更加增添了城市管理工作的复杂性、反复性、突发性和长期性。同时，随着经济社会的快速发展，人们的生活水平和对城市环境的要求也越来越高，人们的法治观念和维权意识也越来越强，这些都给徐州城管工作提出了新课题和新要求，全国其他各地城市基本也都面临同样的问题，城市管理工作的任务越来越艰巨。

2009年，徐州市政府出台了《市政府关于进一步加强城市管理工作的意见》（徐政发［2009］136号），明确提出构建综合管理、条块结合的"大城管"工作格局；9月，市委市政府成立了徐州市城市管理委员会，形成了以市长作为城市管理的第一责任人的高位监督协调机构，市城管委下设办公室，具体负责日常工作，开始着力构建徐州"大城管"平台。其目的在于，弥补城市管理体制逐渐暴露出层级过多、效能低下、活力不足、公共服务能力较差等缺陷。这种以市长任主任、分管市长任副主任，各县（市）区、各部门为成员的城市管理委员会，作为政府高位协调机构，对各相关部门、单位行使指挥权、督导权和赏罚权，统筹指导、管理城市公共空间，极大地提高了城市管理效率。徐州市城市管理委员会的组建从高位搭建了城市管理平台，有效提高了城市管理的决策效率。然而在运转过程中，徐州市也深刻意识到城市管理是一项复杂的系统工程，需要各部门相互配合、共同承担。2010年，徐州"大城管"体制在部门层面，也作了进一步的改革，努力在体制建设上寻求突破。如根据《市委、市政府关于印发〈徐州市人民政府机构改革实施意见〉的通知》（徐委发［2010］13号）文件精神，将徐州市市容管理局更名为徐州市城市管理局，挂徐州市城市管理行政执法局牌子，为市政府工作部门，主要行使以下三大块职能：一是市政设施建管：负责市管道路、桥涵、照明、公交场站、公共自行车等市政设施的建设、养护与管理；二是市容环境卫生管理：指导、督促各区（开发区）做好辖区内环卫保洁、生活垃圾收运及处理，店招店牌、户外广告、建筑外立面、工程渣土运输、停（洗）车场和占道经营、马路市场等市容环境卫生的管理；三是城市管理行政执法：对违反城市管理法规、规章的行为进行行政处罚，指导各县（市）、区抓好城管队伍的建设和管理。在城管部门层面，形成了"建、管、罚合一"的体制。随后，为进一步调整、明确市城管委成员单位的城管职责，根据市政府机构改革"三定"方案，结合城管工作实际，市政府制定下发了《关于调整市城市管理委员会成员单位及其城市管理职责的通知》（徐政发［2010］146号），对市城管委成员单位进行了调整（调整后市城管委共有成员单位42个），对各成员单位城管工作职责进行相应的调整梳理，进一步明确了市城管办职责、各成员单位共同职责和具体职责。

在相关规章制度不断完善的基础上，徐州市城市管理委员会积极构建"大城管"工作网络。组织协调各区（开发区）建立健全"大城管"工作机构，各县（市）、区（开发区）分别成立了高位配置的区级城管委、城管办，并抽调专门人员集中办公，安排办公室、配备车辆等。市各职能部门也分别明确了分管负责人和具体工作处室或人员，在全市范围内逐步建立了条块结合、部门联动的"大城管"工作网络。为切实解决城市管理中存在的薄弱环节，消除管理盲点，实现城市管理的精细化和全覆盖，2010年12月，城管部门制定了《徐州市城市网格化管理暂行办法（试行）》（徐城管委发［2010］13号），决定在市区全面推行"片长制"和"街长制"管理制度。"片长"制是指责任人对一定区域的城市管理工作负总责的管理制度。在管理区域内，按照"需要与可能"的原则，设立若干个"分片长"、"街长"，使区域内的城市管理工作真正做到无缝隙、全覆盖。"街长"制是指主次道路上的管理人员在"街长"的统一领导下，对各自责任路段的环境卫生、市容市貌、公用设施、绿化、亮化、美化等方面实施综合管理的制度。《徐州市城市网格化管理暂行办法（试行）》明确了实现环境卫生明显改善、市容市貌明显改观、管理水平明显提高、城市形象明显提升的工作目标，确定了横向到边、纵向到底的精细化、网络化管理模式，并对人员、执法、协作、联动等相关保障进行了部署。在此基础上，鼓楼区以街道办事处为片，全区设7个片，办事处主任为片长，分管副主任为副片长，以社区为分片，全区设54个分片，社区主任为分片长，配备108名片区管理人员；云龙区对全区8个街道办事处及户部山、淮海食品城共划分成10个片、72个分片，编制了《片长、街长工作手册》，同时采取城管、公安、房管等联勤工作制；泉山区将全区14个街道办事处划分为81个片区，设立88个片长，由街道办事处领导班子成员任片长，研究出台了《泉山区城市管理片长、街长制度考核办法》，全区设132个街长，优秀执法骨干任街长，完善了城市管理长效机制。为进一步提升城市管理工作水平，确保城市网格化管理工作取得实效，2011年7月，城管部门发布了《市城管委关于进一步推进城市网格化管理工作的意见》(徐城管委发〔2011〕2号),进一步完善了工作网络:一是确保"片长"和"街长"专职化;二是明确"片长"和"街长"的工作责任;三是通过建立"便民联系卡"制度,提高"双向知晓率",同时,进一步明确了指导思想、细化了工作目标和强化组织、经费等工作保障。

随着徐州"大城管"格局的初步建立,对于城市管理信息的需求量逐步增大,加之徐州城市规模的不断扩张,城市管理事件的显著增多,传统的城市管理模式中各部门原有的应用系统和彼此间信息流通开始出现障碍,难于协同的状况已经远远不能满足现代化城市管理的需要,迫切要求城市管理者将信息技术、网络数字技术等新型技术手段运用到城市管理工作上来。自2011年起,徐州在城市管理工作上大力推进人性化服务、网格化覆盖、智能化应用、精细化管理,采用数字化技术和网格化管理,打破了城市管理的地域限制,建立了新型城市管理数字信息监管、联动机制,提高了城市服务效率和城市管理水平,使"大城管"体制得到进一步地健全完善。

在徐州的数字化城市管理模式中,城市管理信息平台将12345市长热线、12319市政热线、市长信箱、网络、报纸等市民投诉、建议渠道一并整合纳入,并通过创新城市管理流程,使市民、社会团体建议、监督得以实现,反映问题得以解决,有效实现了管理主体多元化;数字化城市管理模式中,政府成立城市管理委员会对各城市管理部门进行统一指挥、协调、监督和评价,有效避免了职能交叉等引起的推诿扯皮等现象,较好地解决了城市管理部门化、职能分散化的问题。数字化城市管理模式中,采用部事件管理法,将所有城市管理内容分为7大类90小类部件和6大类81小类事件,部件类小到井盖、路灯、果皮箱、行道树,大到停车场、立交桥、公厕,事件类小到占道经营、道路不洁、涂写张贴,大到违法搭建、垃圾渣土、道路塌陷,均按照国家规范进行部件编码,每个监督员对自己辖区内城市部件数量、位置、所属管理部门均能有效掌握,发现问题可及时上报,由部门限时处理,切实将城市管理精细化落到实处。数字化城市管理模式的主要特征与现代城市管理要求均能有效契合,符合城市管理发展信息化的趋势。为完善数字化城市管理模式,徐州市城管局于2012年出台了《徐州市数字化城市管理系统建设方案》,进一步细化了数字化城管的相关内容,并以此为指导,将网格化管理与信息化手段有机结合。纵向上理顺了不同层级政府的事权和职能,减少执法层次;横向上推进了综合执法和跨部门执法,整合队伍,减少了执法队伍种类。形成了以属地管理、条块结合、以块为主、立足基层、重心下移为原则,实行政府主导、部门负责、上下联动、综合治理的管理体制。徐州通过数字化城管推动了城市管理模式从粗放管理走向精细管理,提高了城市管理效率;从运动式管理走向常态管理,完善了城市管理手段;从突击式管理走向无缝隙管理,细化了城市管理路径;从单中心管理走向多中心治理,整合了城市管理资源;从随意性管理走向规范化管理,降低了城市管理成本。

徐州城管部门在把数字化城管与"大城管"体制有机结合的过程中,将"两级政府、三级管理、四级网络"的"大城管"工作方法,进一步发展为"一级监督、二级指挥、三级管理、四级网络"的数字化城市管理新模式,充分调动和发挥了区级政府、职能部门履行城市管理职责的积极性。通过"部门联动、分工协作、责任明确、考核科学"的综合管理途径,提高了综合协调、督查督办、考核评比等效能,促进长效管理措施的落实,切实构建管理无缝隙、责任全覆盖的"大城管"工作格局。为进一步深化"大城管"体制改革,全面系统地推进"大城管"模式在徐州展开,徐州市在2013年成立了徐州市城市管理研究会,这标志着"大城管"工作增加了学术研究与交流的新领域,为提高城市管理工作提供了建言献策的平台。

4.2 徐州"城"、"警"联动行政执法模式

与其他国家和地区基本都是由警察承担城市管理工作不同，我国是成立专门的城管队伍来进行城市管理。但由于城管执法力量相对薄弱、执法手段相对单一，城市管理中"执法难、难执法"的困局一直难以有效破解。正是因为这样，城管与警察的结合成为我国城市管理行政执法体制改革的新方向。

4.2.1 城市管理行政执法的国际经验

从全球范围来看，随着经济和政治权力的不断结构化转移，许多快速成长的大城市开始共同面临一些诸如资源匮乏、交通拥堵、环境污染、暴力犯罪和城市无限制扩张等问题和压力。因此如何通过不断提高行政管理效率和公共服务水平来有效解决这些问题，已经成为困扰各国政府的一项世界性难题。无论是压倒一国政权的"茉莉花革命"小商贩，还是在美国金融危机和欧债危机形势下的"占领华尔街"等市民游行示威，都在不断拷问着城市管理部门的执法效能。在漫长的城市化进程中，许多国家也不同程度探索出一整套适合于本国国情的城市管理执法体制，不断破解诸多城市发展难题。

在世界各国的城市管理工作中，明确设立"城管"建制的，仅有中国，很多国家的城市管理工作由警察承担。在美国、英国、日本、新加坡等国家，既无城管局，也无城管执法队，城市管理职能统一由警察行使。警察不仅管刑事、治安，也管乱摆摊、乱丢垃圾、乱停靠、公共场所插队、乞讨、流浪及违法建设等城市管理方面的违法行为。

在法国，由市政府管辖的市政警察负责维持市场秩序，保障购物安全并监督公共卫生。针对乱摆摊的行为，法国政府2011年3月14日颁布的规章规定，无照摊贩可以被处以6个月的监禁以及高达3750欧元的罚款。当商贩整体上造成扰民、阻塞交通的时候，警察有权力将商贩带走，并对其携带的商品依法进行处置。

美国的"城管"就是警察。美国并没有直接的行政部门管辖路边摊贩，一般由警察监管。美国的城市管理法律体系完备、执法监督严格，对城市管理执法的法律授权充分、翔实，各个城市都依据国家、州、郡的法规制定了地方性的具体法规，对利益相关者的权利和义务均有明确规定。例如，除了道路、交通类的一般性法律外，美国纽约还专门制定了《纽约市摊贩管理条例》和《摊贩保护第一修正案》，明确规定了摊贩获得营业许可条件、许可的营业项目、营业时间、营业地点、摊位结构、食品卫生要求及操作规范、相关责任与义务、收费与处罚依据等，使摊贩和执法者均有依据，从根源上避免了异议和冲突。

在印度，其"城管"也是警察，城市管理从行政机构上是属于市政府的一项工作，具体到执行都是由街区、社区警察来负责。萨罗基尼市场位于印度首都新德里比较富裕的南区，是一个很有名的综合性市场。市场内大约有4000名没有执照的流动性小摊小贩，贩卖一些手机套、首饰和衣服等日常用品。每天下午4时许，总是萨罗基尼市场最热闹的时候，不过并不是因为顾客增多，而是一辆满载警察的卡车会驶进市场里。据介绍，萨罗基尼市场内的通道很狭窄，恰好只够一辆卡车行驶，

所以满载警察的卡车总是慢悠悠地前进，车上的警察虽然人手一根木棍，但表情却是一脸的轻松，甚至有些懒散。而市场内的小贩显然比这些警察机警得多，当市场外响起熟悉的卡车轰鸣声，他们便会交头接耳，互相传递消息，然后包裹起东西散去。当然也有些不机灵的小贩被警察抓住，他们的东西会被扔到卡车上去，不过整个过程并不暴力，冲突性不强。这场看似"游戏"的场景在萨罗基尼市场经常上演，警察与小贩仿佛已经培养出一种默契，警察例行公事般地从街道间穿过，小贩全部消失不见，警察一走，小贩又从市场的各个角落"钻"了出来。

与美国、法国一样，英国、德国、意大利、日本等国家，在城市管理问题上，均是由当地的警察负责。虽然他们没有专门设置"城管"这样的特殊机构，但这并不意味着这些国家不重视城市的管理。在一些管理流动摊贩比较有经验的国家，大多都会制定相对完备的法律，对"谁来管理、如何管理"这些问题都有详细的规定。以日本为例，它在城市管理方面主要依靠《轻犯罪法》，该法制定于1958年，在1983年修正。乱买卖、乱停靠、公共场合插队、违法建筑等共计34项都属于轻犯罪行为，警察可以依法对有这些行为的人进行处理。

在亚洲，如韩国、新加坡和我国香港等国家和地区，城市管理执法相关职责均由警察承担。我国香港地区的《定额罚款（公共地方洁净罪行）条例》，均由城市管理警察负责执行。《中华人民共和国治安管理处罚法》中也有诸如养犬管理、社会生活噪声管理等方面的治安处罚条款。近年来，许多人大代表、政协委员提出，我国应当探索建立"轻犯罪"制度和城市管理警察制度，由城市管理警察队伍承担查处城市管理方面的"轻犯罪"的执法职责，提高城市管理执法的权威性和威慑力。各地特别是有地方立法权的城市可以在这方面进行积极探索，为创新城市管理执法制度积累经验。

4.2.2 国内城市管理执法体制改革

随着相对集中行政处罚权制度在城市管理领域的实施，公安机关的职能由行使城市管理行政执法权变为行使行政执法保障，各地公安机关在加强城市管理行政执法保障实践中，形成了多种模式，也起到了很好的效果。

1. 公安机关参与城市管理行政执法的背景

与其他国家和地区基本都是由警察承担城市管理工作不同，我国是成立专门的城管队伍来进行城市管理。但是，随着我国新型城镇化进程的快速推进，城市管理执法工作面临的环境日益复杂。首先，城市管理行政执法工作涉及面广，执法事项多。近年来，随着城市管理行政执法工作的深入开展，各地城市管理执法机构承担的执法职责范围不断扩大，执法事项不断增多。这些执法事项与市民的生产、生活密切相关，许多还面临复杂的社会矛盾和大量的历史遗留问题，执法工作必然触及违法相对人的切身利益，容易引发其抵触情绪，并成为激发相关矛盾的导火索。其次，城市管理执法工作面临严峻的治安形势。近年来，违法相对人妨碍城市管理执法人员执行公务和暴力抗法问题日益严重，并呈现出数量日益增多、暴力程度不断上升等趋势，从个人突发性抗法向有组织集体性抗法发展，从口头谩骂、侮辱向人身伤害发展。据不完全统计，2013年以来，媒体公开报道的城市管理执法人员因公死伤事件多达23起。再次，公安机关负有维护城市管理治安秩序的重要职责。《中华人民共和国人民警察法》第六条规定，人民警察的职责包括：预防、制止和侦查违法犯罪活动，维护社会治安秩序，制止危害社会治安秩序的行为等。然而，有些地方的公安机关在处置这些妨碍执行公务或暴力抗法事件时，却将其作为民事纠纷来处理，对违法行为的打击力度明显不足。

妨碍城市管理执法人员执行公务和暴力抗法行为具有侵害执法者人身安全、妨害社会管理、扰乱治安秩序、破坏法律尊严的本质属性，有的属于治安案件，有的属于刑事案件，有的甚至可能引发群体性事件，公安机关在预防、查处、处置此类案件上负有不可推卸的法定职责。因此，加强城市管理行政执法的公安保障尤为迫切和必要。

2. 公安机关参与城市管理行政执法的演变

公安机关参与城市管理行政执法的形式有两种：一是直接行使部分城市管理行政执法权；二是依法行使城市管理行政执法保障的职能。

在多头执法阶段，公安机关主要由公安交警部门依据公安交通管理方面的法律、法规、规章的规定，对侵占城市道路的行为进行行政处罚。

在现实中，由于行政管理门类的划分不可能做到泾渭分明，其交叉在所难免，因而一个行为往往涉及多个法律和多个行政管理领域。侵占城市道路的行为就是这样，公安交通管理和城市管理方面的法律、法规、规章都对这一行为进行了调整，并且设定了行政处罚的规定，这也正是多头执法的特点。

在多头执法与综合执法并存的阶段，一方面公安交警部门依据公安交通管理方面的法律、法规、规章的规定，对侵占城市道路的行为行使行政处罚权，另一方面随着公安机关的巡警队伍的组建，各地纷纷制定《人民警察巡察条例》，赋予巡警城市管理的综合执法权。如1995年5月1日起施行的《北京市人民警察巡察条例》赋予巡警的综合执法权就涉及市容环卫部门、园林部门、工商部门的部分城市管理行政执法权。这一时期的其他城市的《人民警察巡察条例》也都有类似的规定。

在相对集中城市管理行政处罚权的阶段，公安交警部门对侵占城市道路的行为进行行政处罚的权力已经集中到城市管理综合执法部门行使。各地巡警的城市管理综合执法权也相继被取消。2003年7月18日，北京市十二届人大常委会第五次会议经表决通过废止了《北京市人民警察巡察条例》。理由是根据《中华人民共和国行政处罚法》的规定，北京市自1997年相对集中城市管理行政处罚权试点以来，该条例所规定的城市市容环境卫生、城市绿化等执法职责和相应的行政处罚权，已逐步交由区、县城管监察组织和北京市城市管理综合行政执法局承担。

出于同样的理由，青岛、无锡等城市也先后将当地的《人民警察巡察条例》废止了。没有废止当地《人民警察巡察条例》的城市也都对其进行了修改，取消了巡警的综合执法权。

因此，随着相对集中行政处罚权制度在城市管理领域的实施，公安机关已不再行使城市管理行政执法权，其参与城市管理行政执法的形式主要是依法行使行政执法保障的职能。

2015年底，《中共中央国务院关于深入推进城市执法体制改革改进城市管理工作的指导意见》提出："公安机关要依法打击妨碍城市管理执法和暴力抗法行为，对涉嫌犯罪的，应当依照法定程序处理"。这充分体现了党中央、国务院对城市管理执法工作的高度重视，也为解决城市管理执法难问题提供了重要的政策保障。

3. 公安机关参与城市管理行政执法的模式

城市管理行政执法工作大多触及相对人的切身利益，容易引发其抵触情绪。在相对集中行政处罚权制度在城市管理领域实施以前，由于城市管理行政执法队伍的多样性，使得城市管理领域内的矛盾得到了分摊，妨碍公务和暴力抗法现象相对不严重。但是，当相对集中行政处罚权制度在城市管理领域实施后，城市管理行政执法领域内的矛盾都集中到了城市管理行政执法部门的身上，妨碍公务和暴力抗法等问题就越来越突出了。

暴力抗法的增多对于城市管理行政执法部门来说显然难以承受。依据《行政处罚法》第三章第十六条：国务院或者经国务院授权的省、自治区、直辖市人民政府可以决定一个行政机关行使有关行政机关的行政处罚权，但限制人身自由的行政处罚权只能由公安机关行使。由于这一条文的限制，城管综合执法机关不能取得限制人身自由的行政处罚权，于是，为了应对城市管理工作中的各类治安复杂情况，城市管理行政执法部门自然而然地就会通过一些方法和渠道来影响公安机关，使其加强行政执法保障的职能。

而且，随着相对集中行政处罚权在城市管理领域的实施，公安机关的城市管理行政处罚权已经集中到城市管理综合执法部门来行使，剩下的城市管理行政执法保障的职能便凸显出来，成为公安机关在城市管理方面的工作重点。因而各地公安机关都纷纷采取措施以加强其对城市管理行政执法的保障。

（1）派驻警力模式

派驻警力模式的核心是公安机关向城市管理执法部门派驻警力参与行政执法，这里的派驻人员并不直接行使城市管理行政执法权，其职责是保障城市管理行政执法的治安秩序，通俗地说就是打击阻碍城市管理行政执法人员依法执行公务的行为。即市级或区级公安机关通过设立警务室、派驻公安干警等方式，配合城市管理执法部门开展执法工作，保障执法安全。

北京是第一个向国务院申请并得到国务院授权的实行城市管理综合执法的城市，北京市公安局在每个区城管大队配置了20名民警，组成巡察分队，人事关系属于公安局，执勤时分散派遣与集中调度相结合；2002年，深圳市建立了城管公安协同执法机制，各区公安部门抽调了6名警察长期派驻区城管局行政执法队伍；2003年6月武汉市公安局选派了10名民警，随同城管执法队员上路执法；银川市公安局于2014年12月成立了全国首家环境和食品药品安全保卫分局（加挂城市管理治安分局牌子），整合分散在银川市公安局各部门的有关环境保护、城市管理、食品药品安全领域的执法职责，将警力分别派驻城市管理、环保、食品药品监督等部门，实行联动执法，并建立起部门联席会议工作机制。

（2）设立专门警察队伍模式

设立专门警察队伍模式的核心是公安机关设立专门的城市管理警察队伍，即市级公安机关设立专门机构，组建专门队伍，承担保障城市管理执法工作、查处城市管理相关的治安和刑事案件等相关职责。一般来说，公安机关派驻到城市管理行政执法部门的人员并无办案权，其对城市管理行政执法的保障主要是通过随同执法的教育和震慑作用来实现的，一旦发生阻碍城市管理行政执法人员依法执行公务的现象，这些派驻的民警可以对违法犯罪人员采取强制措施，但要移交给派出所、刑侦队、治安队等相关的职能部门来作最后的处理，这是因为派驻队伍的非正规性妨碍了办案权的取得。因而有些实施相对集中城市管理行政处罚权的城市就结合本地实际，在公安机关组建城市管理警察队伍，赋予其治安案件和刑事案件的办案权。

湖南省长沙市在2000年就成立了全国第一支城市管理警察队伍——长沙市公安局城市管理警察支队（加挂公共交通分局牌子），该支队下设6个大队，每个大队配备15~30名民警，分别派驻各区，主要承担配合、保障城市管理执法工作的相关职责；陕西省西安市自2005年以来，通过设立西安市公安局城市管理支队，建立公安城市管理执法警务室、交警城市管理执法警务室，实行公安干警、交警与城市管理执法人员随行办案等方式，构建起了覆盖市、区的城市管理执法公安协助机制。海口市自2014年8月开始在城市治理领域中推行"公安＋城管"联合执法改革，经过不断论证和深入探索于2015年5月海口市公安局城市警察支队，明确了城市警察支队主要职责是预防、制止和查处违反城市管理相关规定的各类违法犯罪行为，依法调处城市管理过程中发生的案件、事件和矛盾纠纷，有效保障其他行政机关依法行政，维护城市公共秩序稳定。

（3）公安、城管干部交叉任职模式

此模式的核心是实行公安机关、城市管理执法部门领导干部交叉任职。市级或区级公安机关领导干部兼任同级城市管理执法部门领导职务，推动建立城市管理执法与公安联勤联动工作机制，强化执法保障。

上海市于2014年出台了《关于进一步完善本市区县城市管理综合执法体制机制的实施意见》，明确要求将公安机关保障城市管理执法制度化。区县公安分局分管治安的副局长兼任区县城市管理行政执法局副局长，区县公安机关安排专门力量配合城市管理执法队伍开展执法工作。2015年6月，新修订的《上海市城市管理行政执法条例》明确规定：公安机关与城市管理执法部门以及乡、镇人民政府应当建立协调配合机制。区、县公安机关应当确定专门力量、明确工作职责、完善联勤联动机制，在信息共享、联合执法和案件移送等方面配合本区域内城市管理执法机构开展行政执法工作。

公安机关参与城市管理行政执法的目的就是依法打击阻碍城市管理行政执法工作的违法犯罪行为，为城管执法人员依据国家有关法律、法规和规章行使城市管理行政处罚权提供安全体制保障。在城市管理执法实践中，这一做法也的确起到了较好的效果。首先，发挥了教育和震慑作用。城市管理执法人员在查处违法建设过程中，极易遭遇暴力抗法，公安干警提前介入，控制现场，并通过法律宣传、教育说服和震慑制止，可以有效预防和减少暴力抗法等违法犯罪行为的发生。其次，依法查处妨碍城市管理执法人员执行公务和暴力抗法行为，能够有效维护法律尊严，树立执法机关权威，保障城市管理执法工作有序开展。第三，有利于规范执法行为，树立良好形象。公安干警随行办案或联合治理，有助于规范和约束城市管理执法人员的执法行为，减少粗暴执法、随意执法、滥用职权等违规违纪行为的发生，保护执法相对人的合法权益，改善城市管理队伍形象。

4.2.3 徐州城市管理行政执法"城警联动、巡查一体"模式

2015年，为更深层次地深化城市管理执法体制改革，加快构建具有徐州特色的城市管理制度体系，徐州通过整合资源、相互配合、联勤联动，着力探索新形势下公安、城管联勤工作的新途径、新举措，即"城警联动、巡查一体"模式。

1."城警联动、巡查一体"模式形成的背景

与其他各地相似，徐州在经济、社会快速发展的过程中也面临着城市管理执法保障体制相对滞后的问题，暴力抗法、群体性事件多有发生。

2014年4月8日，和平办事处城管人员在西苑执法过程中，由于摆摊者抗拒执法发生争执，造成市民围观、起哄，如后来没有公安机关的及时介入，很可能酿成大范围的群体性事件。

在明珠路和煤建路交叉口，有一个水果摊，面积很大，长期占道经营，严重影响交通秩序和环境卫生，因为摊主张某的蛮横，周围居民虽然意见纷纷，却都敢怒不敢言。为解决张某占道经营的问题，永安街道办事处城管人员曾多次劝阻，甚至免费提供合法摊位供其经营，但张某却并不配

合。2015年4月22日，城管执法人员对张某的水果摊依法进行强行取缔时，但令人意想不到的是，拒不配合的张某竟然拿出了一根疑似雷管的物品和执法人员对峙。城管执法人员第一时间拉起了警戒线，并伺机从张某背后将其制服，把危险品抢了下来，并从其身上搜出一把砍刀。抢夺过程中，两名执法人员的手指和腿部分别被张某咬伤，随后，张某被赶来的公安民警带回派出所作进一步调查处理，张某的水果摊也在其走后被顺利取缔。

这种事例还有很多，其反映出原有执法体制下城管部门面对着社会的各个阶层，由于执法手段比较单一，执法力量相对薄弱，单纯其一个部门的单打独斗，已无法解决城市化进程中的诸多城市管理问题。只有创新观念，转变思路，借助公安部门的高效配合，才能破解城管执法难、难执法的窘境。

2.“城警联动、巡查一体”模式的形成

“城警联动、巡查一体”模式是徐州城市管理者在汲取国内公安机关参与城市管理行政执法已有经验的基础上，结合徐州实际，在长期的实践摸索中，形成的一种城管与警察相互协作、全面协调的新型工作模式。由警察配合城市管理行政执法，依法打击阻碍城市管理行政执法工作的违法犯罪行为，为城管执法人员依据国家有关法律、法规和规章行使城市管理行政处罚权提供安全体制保障，形成“执法和谐、保障有力、齐抓共管、共建文明”的联勤工作新局面，进一步提升服务与管理水平，达到人性化管理和文明执法的最佳效果。

“城警联动”协同执法是在依法行政、规范执法的框架下，城管与公安部门按照各自职权互相支持、联动工作，探索出一条“联合执法为支撑、整合资源为核心、完善机制为重点、强化保障为关键”的巡查一体、互联互动新模式。“巡查一体”中“巡”指巡逻，城管执法人员全方位、全时段在辖区内巡逻，及时发现各类城市管理问题；“查”指查处，城管执法人员对发现的各类城市管理问题，情节轻微、未造成严重后果的，应先进行说服教育，使违法当事人主动纠正违法行为；对经劝阻无效、仍继续实施违法行为的，按照《行政处罚法》、《江苏省城市市容和环境卫生管理条例》等法律、法规，依法立案查处。

2015年，市委、市政府创新了市领导分管和城管干部任用制度，公安和城管工作由一位副市长分管，市公安局党委副书记兼任市城管局党委书记、局长和市城管委办公室主任，市交警支队支队长进入市城管局党委领导班子序列，从组织机构领导配置上较好整合了公安、城管执法管理资源。2016年，在区级层面不断深化城警联动组织领导机制，如云龙公安分局副局长兼任云龙区城管局局长等。

徐州市城管局与公安局先选择地处市中心的黄楼、彭城、王陵3个办事处，开展“城管＋公安”巡查一体、联动执法试点。依据办事处行政辖区面积、范围和城市管理现状，将每个办事处合理划分为2～3个巡区，整合巡区内城管、巡防、治安、交警等力量，重点围绕占道经营、店外经营等长期得不到有效解决的市容秩序热点、难点问题，开展全方位、全时段巡查，共同发现、处置，建立了巡查一体的日常执法机制和快捷联动的应急处置机制，提升了一线执法队员“在岗率”、“管事率”和“处置率”，实现了日常执法管理由突击式向常态化的转变。在试点取得初步成效后，市城管局和市公安局联合下发了《徐州市城市管理行政执法协作规定实施方案》（方案1至方案4），分三个批次，在市区31个街道办事处全面推行巡查一体，将市区合理划分为64个巡区，在重要路口、问题高发区域设置了50个城管岗亭，有效破解城管依法执法困局，初步形成协同配合、互动监督、协作联动"全覆盖"良好局面。

3."城警联动，巡查一体"模式的运行机制

针对城管工作"执法难、难执法"的实际，徐州城管积极探索"城管＋公安"执法协作新模式，并着力从日常管理、绩效考评、联动处置和奖惩激励等方面建立、健全了四大机制，较好地保障了各项城市管理工作的推进和落实。

（1）"巡查一体"的日常执法机制

巡查一体的日常执法机制，关键在于提高"在岗率"、"管事率"和"处置率"。一是通过加强管理，切实提高"在岗率"。根据巡区内城管执法工作特点，制定切合实际的巡查方案，明确巡区内每个巡查小组的巡查时段、频次和内容，建立健全上下班打卡、撰写巡查日志、交接班记录等日常管理制度，并严格执行，确保每一名执法人员都在岗在位。二是通过严格考核，明确奖惩，切实提高"管事率"。将巡查人员的考核奖惩与巡区内的城市管理问题发生情况挂钩，激励巡查人员从被动工作向主动工作转变，积极解决困难、处置问题，努力提高执法水平和处置效率。三是通过建立联动机制，加强执法保障，切实提高"处置率"。市、区、街三级城管队伍和公安机关要建立快速反应的联动机制，进一步加强对城管执法的保障，确保城市管理的突出、难点问题得到彻底解决，从而提高处置效率。

1）建立巡区制。按照属地管理的原则，参照巡特警的巡逻制度，建立城管执法人员巡区制。即根据街道办事处的面积和工作实际，将街道办事处划分为若干个巡区（巡区划分可参考派出所辖区）。城管执法人员在巡查时需着城管制服，配备执法文书、取证设备（如照相机、执法仪、数码鹰等）、对讲机、执法通等。

2）明确巡查班次。巡查实行错时交接班制，即上午班（7:00～13:00）；下午班（11:30～19:00）；小夜班（17:30～24:00）；大夜班（00:00～8:00）四个班次。各街道办事处要在保证巡查人员正常休息的前提下，根据工作实际，合理安排巡查班次和人员分组；要将各巡区的巡查班次和人员分组方案报区城管局审核，并报市城管局备案（见表4-1）。

巡区排班表（示例）　　　　　　　　　　　　　　　　表4-1

时间	7:00～13:00	11:30～19:00	17:30～24:00	00:00～8:00	休息
星期一	A、B	C、D	E	F	G
星期二	G、A	B、C	D	E	F
星期三	F、G	A、B	C	D	E
星期四	E、F	G、A	B	C	D
星期五	D、E	F、G	A	B	C
星期六	C、D	E、F	G	A	B
星期日	B、C	D、E	F	G	A

注：A、B、C、D、E、F、G为七个班组，原则上每个班组不少于3人，每个巡区不少于21人。每组每周工作六天，休息一天。

3）建立应急执法制。建立市、区、街三级应急执法队伍，市城管局成立应急执法大队，各区城管局成立应急执法中队（人数不少于30人），各街道办事处成立应急执法分队（人数10～30人）。各

级应急执法队伍要承担本辖区内突发事件和难点问题的处置工作；同时，在早、中、晚三个时间段（7:00~9:00；11:00~13:00；17:00~19:00），对辖区内的重要路段和问题多发区域进行执法巡查。徐州经济开发区市容市政管理局，新城区、云龙湖风景名胜区城管执法大队可结合辖区管理实际参照执行。

4）实行领导带班制。市城管局实行局领导值班制，值班期间发生突发、重大事件时，如果分管领导外出，值班领导应在第一时间赶到现场妥善处置。各区城管局、街道办事处要建立领导24h带班制，出现应急、突发事件及重点、难点问题时，带班领导应第一时间赶到现场妥善处置。

5）实行联动应急制。建立市、区、街统一的联动应急指挥体系。即在遇到重大紧急情况时，经市城管局批准，区应急执法中队可以跨区执法。经区城管局批准，街道办事处应急执法分队可以跨街道执法。

6）明确责任分工。各区城管局：负责监督、指导辖区内各街道办事处巡区制的落实，巡区的划分及人员的分配、分班等工作；负责指挥、调度、协调辖区内重大、突发事件的应急处置工作。各街道办事处：负责巡区制度的具体落实，按照24h工作制，根据辖区实际，制定具体的巡区划分及人员的分配、分班等工作；负责对辖区出现的重大、突发事件进行妥善处置并按规定上报。巡区执法人员：负责依法查处巡区内的城市管理问题，出现重大、突发事件时应妥善处置并第一时间上报。各级数字化城管指挥中心：市、区两级数字化城管指挥中心通过系统平台，按照《徐州市数字化城市管理考核办法》（徐政办发〔2013〕74号）文件规定，对街道办事处案件按时结案率进行考核。

7）双向督导核查。为实事求是反映城市管理问题整改率，针对数字化立案派遣案件的整改情况，在通过100名网格信息员核实的同时，抽调市巡特警支队21人，分成7个组，结合各自巡区，参与城管部门日常工作的监督考核，每天对各区、各办事处"931"环境综合整治进展、数字化派遣案件整改和日常市容秩序管理等情况进行督导检查，并及时反馈检查结果，确保各类问题整改到位。

（2）"公开、公正、科学、透明"的日常考核机制

按照《徐州市数字化城市管理考核办法》（徐政办发〔2013〕74号）、《2015年徐州市城市管理工作考核意见》（徐城管发〔2015〕24号）等文件要求，按照本方案的规定，结合"巡查一体"执法机制的特点，对各区城市管理实施专项考核。将市民、公安机关辅助人员、12345和12319热线反映及新闻媒体曝光城市管理问题的处置结果，纳入市城管局对各区城市管理工作考核。同时，按照"扁平化、日常化、及时化"的原则，建立日信息、周简报、月通报、年考核的常态化考核机制。

1）信息来源多元化。城市管理信息采集工作实行24小时工作制，信息采集人员分时段进行信息采集，实现信息采集的全时段、全天候。在信息采集员上报的基础上，增加交警支队、巡特警支队，各公安分局巡防大队、派出所巡防中队巡查上报，12345转办和12319热线投诉，微信、微博、邮箱举报及新闻媒体曝光等多种信息来源渠道。

2）信息采集扁平化。依托数字化城市管理系统，整合市、区两级城管力量，组织各区城管局、市局业务处室和部分直属大队人员进驻数字化城管大厅，成立立案统计、监巡督导、案情研判、考核督查、热线舆情等5个组，搭建形成"扁平化"指挥平台。重点针对突发问题、简单问题，由数字化指挥大厅通过电话、对讲机直接指挥到城管岗亭，城管岗亭值岗人员接到指令后，迅速通知责任路段巡查人员立即前往处置，并及时反馈处置结果。信息发现者或专人通过数字化城管系统终端直接上报，进入数字化城管系统进行案件派遣办理，以提高信息采集效率。将市区1776个城管监控、

5000余个治安监控资源有效整合，实现了视频监控资源分用户、分级、分权限的资源共享，填补监控盲区，提升了视频监控的整体效能和社会管理水平。公安机关和城管部门相互配发"城管通"180部、"警务通"183部，各自在巡查、执法过程中发现和遇到的问题，能够及时互联互通，形成有效的配合保障机制，进一步简化了处置流程，提高了处置效率。

3）信息处理流程化。所有的城市管理问题均通过数字城管系统流转，系统接收问题后，由市数字化城管监督指挥中心根据《数字城管监督指挥手册》进行核实、立案并派遣至相关责任单位进行处置，处置完成后由市数字化城管监督指挥中心进行核查（公安机关有关单位上报的问题由公安机关负责核查），如问题已整改则予以结案，如问题仍存在，则再次派遣至责任部门二次处置，根据系统实时统计功能，及时、准确地了解问题办理过程。

4）信息通报制度化。建立日信息、周简报、月通报的常态化考核考评机制。日信息：将系统生成的各考核部门每日案件办理情况，以日信息的形式送至各区城管局长。周简报：将系统生成的各考核部门每周案件办理情况，以周简报的形式送至各区政府分管领导。月通报：将各部门每月案件办理情况，以月度通报的形式送至各区党、政主要领导。

5）考核结果公开化。根据《徐州市数字化城市管理考核办法》（徐政办发［2013］74号）进行考核计分。主要考核案件按期、超期结案率，督办案件办理情况，案件一次完成情况及工作量等情况，考核结果按季度在新闻媒体上公示。

（3）及时、高效的联动处置机制

城管执法的巡查区域与巡特警、交警的巡逻区域结成互助巡区，在平时工作时互不干扰，在需要帮助时相互协助。公安机关对城管执法中遇到的阻挠公务、暴力抗法的，能够及时、快速地进行保障，实现互联互动。实现快速处置，即城管执法人员在巡查中第一时间发现问题，第一时间处置问题，第一时间反馈信息。实现联动处置，即公安机关和城管部门通过建立有效的联络、配合机制，对执法、执勤过程中出现的突发、应急事件进行联合处置。对城管执法中遇到的阻挠公务、暴力抗法的，各级公安机关能够及时、快速地进行保障。实现信息共享。即公安机关辅助人员在巡逻时发现城市管理问题，通过城管通手机上报至市数字城管监督指挥中心，城管部门辅助人员发现的机动车乱停放问题，通过12319热线平台派单至市交警支队。

1）建立联席会议制度。建立由城管部门牵头召集的公安机关与城管部门联席会议制度。市公安局与市城管局每半年召开一次联席会议；各区城管局与各区公安分局每季度召开一次联席会议；各街道办事处与辖区派出所每月召开一次联席会议。定期通报阶段性工作成效，研究需要共同解决的问题，协商下步工作计划。

2）建立公安民警和城管队员之间的巡区互助制度。交警、巡特警在巡逻过程中，发现城管巡查人员遭遇暴力抗法等情况时，应立即进行协助，保障城管执法人员的人身安全。城管巡查人员遇到交警、巡特警等公安机关在执行公务时需要帮助的，应立即提供协助，做好协助抓捕犯罪嫌疑人等配合工作。在问题多发的重点区域，设置城市管理服务岗亭、流动服务站点，作为城管队员、交警、巡特警等日常办公地点。

3）建立信息互通机制。交警、巡特警在巡逻时发现的城市管理问题，直接将问题反馈给城管部门，由市数字化城管监督指挥中心派遣至相关责任部门（单位）处置。城管队员在巡查时发现违法事件，应立即制止并报警，同时协助公安机关抓捕犯罪嫌疑人。

4）健全快速保障机制。城管巡查人员在执法过程中，出现阻挠公务、暴力抗法情况，巡查人员立刻向110指挥中心报警。110指挥中心接警后，应立即通知辖区派出所民警进行保障并及时取证，同时调度附近的巡特警、交警等给予支援。各级公安机关与各级城管部门要加强协同合作，研究制定联络、配合、互助的具体方案和执行细则。

（4）完善的考核奖惩机制

按照《徐州市城市管理行政执法协作规定》，公安警辅队员发现并反映城市管理问题，城管执法人员、协管员发现违章停车等交通违法行为，在对相应发现上报人员予以奖励的同时，按照对等原则，扣除责任巡区小组绩效考核工资，同时纳入市对各区城市管理工作考核。坚持实事求是、客观公正的原则，采取精神鼓舞和物质奖励相结合的方法，严格考核并兑现奖惩，切实做到奖惩结合、奖罚分明。

1）奖励时间、范围及措施。试点街道办事处从试行之日起执行，其他区域，按照方案规定与工作推进同步。对发现上报的问题，经核实后予以奖励，具体方法、流程和经费渠道如下：

①对实行市场化管理的环境卫生的奖励。市民：通过拨打12319热线将发现的实行市场化管理的环境卫生等问题进行投诉、举报，由市数字化城管监督指挥中心进行立案、派遣、结案审核，并按月进行统计、汇总，奖励费用由市城管局承担。城管部门辅助人员：将发现的实行市场化管理的环境卫生等问题上报至市数字化城管监督指挥中心，由市数字化城管监督指挥中心负责按月进行统计、汇总，奖励费用由市城管局承担。公安机关辅助人员：通过城管通手机将实行市场化管理的环境卫生等问题进行上报，由市数字化城管监督指挥中心负责按月进行统计、汇总，奖励费用由市城管局承担。

②对城市管理类问题的奖励。市民：通过拨打12319热线将发现的各类城市管理问题进行投诉、举报，市数字化城管监督指挥中心通过12319热线平台将问题派遣至区数字化城管派遣中心，由其将问题派给责任单位处置并负责结案审核。各区城管局负责按月进行统计、汇总，奖励费用由各区政府承担。公安机关辅助人员：通过城管通手机将各类城市管理问题进行上报，由市数字化城管监督指挥中心进行立案、派遣，处置结果由公安机关辅助人员进行核查，市数字化城管监督指挥中心进行结案审核，并按月进行统计、汇总；公安机关辅助人员的负责同志，按照巡区内辅助人员发现问题总数的平均值发放奖励，奖励费用由市城管局承担。

③对交通秩序类问题的奖励。市民：通过拨打12319热线将发现的机动车乱停放问题进行投诉、举报，市数字化城管监督指挥中心负责按月进行统计、汇总，奖励费用由市城管局承担。公安机关辅助人员：通过城管通手机将发现的机动车乱停放问题进行上报，市数字化城管监督指挥中心负责按月进行统计、汇总，奖励费用由市城管局承担。

④对市政管理类、公共自行车等问题的奖励。市民：通过拨打12319热线将发现的市政管理类、公共自行车问题进行投诉、举报，由市数字化城管监督指挥中心进行立案、派遣、结案审核，并按月进行统计、汇总，奖励费用由市城管局承担。公安机关辅助人员：通过城管通手机将发现市政管理类、公共自行车问题进行上报，由市数字化城管监督指挥中心进行立案、派遣，处置结果由公安机关辅助人员进行核查，市数字化城管监督指挥中心进行结案审核，并按月进行统计、汇总，奖励费用由市城管局承担。城管部门辅助人员：将发现的市政管理类、公共自行车问题向市数字化城管监督指挥中心上报，由市数字化城管监督指挥中心进行立案、派遣，处置结果由城管部门辅助人员

进行核查，市数字化城管监督指挥中心进行结案审核，并按月进行统计、汇总，奖励费用由市城管局承担。

⑤对见义勇为人员的奖励。市民、城管人员协助公安机关抓捕犯罪嫌疑人或为公安机关破案提供有效线索的，参照市政府相关文件执行。

2）惩罚措施。按照"奖惩结合、奖罚分明"的原则，对发现上报问题人员予以奖励的同时，对相关责任单位和人员予以相应的处罚，具体如下：

①对各区城管局、街道办事处：市民、公安机关辅助人员发现的各类城市管理问题，纳入市城管局对各区城市管理工作考核。

②对各保洁公司：市民，公安机关、城管部门辅助人员发现的实行市场化管理的环境卫生问题，纳入市城管局对保洁公司（物业公司）的考核。按照道路保洁和公厕管理合同的规定，扣除相应的分值，并从每月拨付的保洁经费中按照奖励金额3倍（奖励金额10元以上的）、5倍（奖励金额10元及以下的）扣除款项。具体考核细则由市环卫处制定并报市城管局批准后实施。

③对公共自行车管理公司：市民，公安机关、城管部门辅助人员发现的公共自行车问题，纳入市城管局对公共自行车公司的考核，具体考核细则由市场站管理公司负责制定并报市城管局批准后实施。

④对城管人员：市民，公安机关辅助人员发现的各类城市管理问题（不含市场化、市城管局直管的问题），按照奖励标准同等扣除责任巡区小组的绩效考核工资（三人一组的，执法队员扣50％、辅助人员各扣25％；两人一组的，执法人员扣70％、辅助人员扣30％；都是执法人员或辅助人员的，各扣50％）。扣除的考核工资由各区城管局统筹，用于奖励各街道办事处前5名（巡区小组在20个及以上）或前3名（巡区小组低于20个）的优秀巡区小组（三人一组的，执法队员奖50％，辅助人员各奖25％；两人一组的，执法人员奖70％，辅助人员奖30％；都是执法队员或辅助人员的，各奖50％）。具体奖惩细则由各区城管局负责制定并报市城管局备案。

⑤对交警：市民、城管协管发现的交通秩序类问题，列入市公安局对交警个人的绩效考核，具体处罚细则由市交警支队制定并报市公安局批准后执行。

⑥对城市管理责任单位（个人）：市民、公安机关辅助人员、城管协管发现的道路破损、违章接坡、路灯、公交站亭等问题，纳入市城管局对局属各责任单位的绩效考核，同时按照奖励标准同等扣除有关责任人的绩效考核工资。具体处罚细则由各责任单位制定并报市城管局批准后执行。

⑦其他事项：对于上报的重复问题，按上报时间的先后顺序，第一个发现并上报的给予奖励，之后的不再奖励。

"城警联动，巡查一体"模式的运行，一方面有效破解了城市管理的"顽疾"问题。自"巡查一体"推行，市区21条难管路段、高发区域和551处长期存在的热难点问题，200个非法马路市场、摊点群，1.2万余处占道摊点得到根本清理或取缔，3200余家店外经营问题得到较好规范；各类1.24万余处违法广告得到有效拆除（其中，高炮广告27座，跨街灯桥广告22座，屋顶广告68块，路灯杆道旗广告1725处，大型标识字号1200余处，字幕式电子显示屏8600余块）。目前，市区主次干道98％以上的占道、店外经营问题和一些长期占用公共资源的"钉子户"都得到了有效解决，城市面貌焕然一新，市容秩序管理迈入长效化、常态化、精细化轨道。另一方面也为"平安徐州"建设提供了有力支持。城管、巡防、治安、交警快捷联动的应急处置联动、互助巡区、巡查一体等机制的建立，使城管人员在日常执法管理中及时发现、协同处置社会治安案件，隐性增加了公安巡逻部门的力量，在覆盖范围、执法力量等多个层面给不法分子给予震慑，市区治安案件发案率明显回落，暴力抗法、阻挠执法案件大幅减少（与往年同比下降60%以上），"1＋1＞2"合力进一步显现。2015年，中国最安全城市30强榜单中，徐州以91.30分名列第4位。2016年8月，江苏省委省政府印发《关于进一步加强城市规划建设管理工作的实施意见》明确指出："公安机关应当与城市管理部门加强协作配合，有条件的地区城市管理部门与公安部门分管社会治安或交通秩序的领导可兼职"，对徐州市"城管+公安"体制的成功实践做法给予了肯定和推广。

4.3　进一步推进徐州城市管理执法体制改革

2013年11月15日，十八届三中全会通过的《中共中央关于全面深化改革若干重大问题的决定》，在"深化行政执法体制改革"中提出要"理顺城管执法体制，提高执法和服务水平"，对城市管理体制改革提出了新的要求。2014年10月23日，十八届四中全会作出《中共中央关于全面推进依法治国若干重大问题的决定》，明确指出"理顺城管执法体制，加强城市管理综合执法机构建设，提高执法和服务水平"。并强调，坚持系统治理、依法治理、综合治理、源头治理，提高社会治理法治化水平。

按照十八届三中、四中全会关于推进综合执法、建立权责统一权威高效的行政执法体制的要求，要探索整合政府部门间相同相近的执法职能，归并执法机构，统一执法力量，减少执法部门，探索建立适应我国国情和经济社会发展要求的行政执法体制。经国务院领导和中央编委领导同意，2015年4月上旬，中央编办印发《中央编办关于开展综合行政执法体制改革试点工作的意见》（中央编办发〔2015〕15号），确定在全国22个省（自治区、直辖市）的138个试点城市开展综合行政执法体制改革试点，要求试点地区在继续推进减少执法层级、明确各级政府执法职责的同时，重点从探索行政执法职能和机构整合的有效方式、探索理顺综合执法机构与政府职能部门职责关系、创新执法方式和管理机制、加强执法队伍建设四个方面推进试点。江苏省南京市、常州市、南通市、徐州市、盐城市、昆山市、泰兴市、沭阳县列入试点城市名单。

4.3.1　江苏省全面实施综合行政执法体制改革的试点

为深化行政执法体制改革，根据《中共江苏省委江苏省人民政府关于进一步简政放权加快转变政府职能的实施意见》（苏发〔2014〕14号）和中央编办关于开展综合行政执法体制改革试点工作的要求，2015年9月9日，省政府办公厅印发《关于开展综合行政执法体制改革试点工作的指导意见》（苏政办发〔2015〕86号）（以下简称意见）。《意见》从指导思想、基本原则和试点目标三个方面明确了推进行政执法体制改革的总体要求，并从构建清晰的执法职责体系、推动执法力量整合和重心下移、分类推进综合执法、创新综合执法机制等方面，提出了改革的主要任务和具体措施，并部署了组织实施的举措。

《意见》指出，要深入贯彻十八届三中、四中全会和习近平总书记系列重要讲话精神，认真落实"四个全面"战略布局，按照省委十二届七次、八次会议的要求，围绕使市场在资源配置中起决定性作用和更好发挥政府作用，进一步提高执法效率和监管水平，不断增强基层政府治理能力。坚持放管并重、宽进严管，完善基层综合执法制度和执法监管方式，探索建立权责统一、权威高效的行政执法体制，使市场和社会既充满活力又规范有序。要在坚持依法推进、创新监管，横向整合、重心下移，"两个相对分开"，统筹协调、稳步实施的原则下，推进综合行政执法体制改革试点，努力构筑综合执法机构和政府职能部门职责关系更加顺畅，"制度＋技术"的执法监管方式初步形成，综合执法队伍规范化建设进展明显，实现一套清单管边界、一个部门管市场、一支队伍管执法、一个平台管信用、一个号码管服务、一套机制管检查，建立简约高效、职责清晰、运转协调、执法有力的综合行政执法体系。

《意见》在"构建清晰的执法职责体系"中提出：要紧紧抓住人民群众最期盼解决的行政执法突出问题和制约行政执法工作的难点问题，进一步厘清不同层级政府及其部门的执法监管职责，减少执法层级，落实执法责任。省级部门主要负责执法标准制定、监督指导、重大案件查处和跨区域执法的组织协调工作，一般不设具有独立法人资格的执法队伍。强化行政执法属地管理，除关系全国统一市场规则和管理以及中央明确由上级统一监管的事项外，原则上实行属地管理，由市、县两级政府行使执法管理职能。市、县（市、区）应进一步理顺职责关系，厘清执法权限，统筹县（市、区）和乡镇（街道）的执法管理工作，解决基层"看得见、管不着"和执法力量分散薄弱等问题。经济发达、城镇化水平较高的乡镇，根据需要和条件可通过法定程序行使部分县级部门在本行政区域的执法权。积极探索理顺综合执法机构与政府职能部门的职责关系。按照中央推行地方各级人民政府及其工作部门权力清单制度的要求，合理划分综合执法机构与政府职能部门的职责权限，厘清政府管理职能与行政执法职能的关系，应由政府职能部门承担的行政管理职能，不能交由行政执法机构行使，明确由行政执法机构行使的执法权，政府职能部门不再行使。政府职能部门与综合行政执法机构之间应建立健全衔接配合、信息互通、资源共享、协调联动、监督制约等运行机制。

《意见》在"推动执法力量整合和重心下移"方面指出，要整合优化执法资源，归并执法队伍。一个部门设有多支执法队伍的，业务相近的应当整合为一支队伍；不同部门下设的职责任务相近或相似的执法队伍，逐步整合为一支队伍，解决多头执法问题。在财政供养人员总量不增加的前提下，盘活存量、优化结构，推动执法力量向基层和一线倾斜。推动综合执法改革必须做到职责整合与编制划转同步实施、队伍设立与人员移交同步操作，确保行政执法人员编制重点用于执法一线，防止执法机构"机关化"。强化市、县两级政府行政执法管理职能，执法重心和力量向市、县政府下移，减少行政执法层级，消除多层执法。设区的市，市级部门承担执法职责并设立执法队伍的，区本级不设执法队伍；区级部门承担执法职责并设立执法队伍的，市本级不设执法队伍。市、区两级政府部门不宜同时承担对民商事主体的直接检查和现场执法职责。

《意见》在"分类推进综合执法"中提出：一是推行部门内部综合执法。鼓励对职能相近、执法内容相近、执法方式相同的部门，结合大部门制改革直接进行机构和职能整合，减少执法部门，从源头上解决多头执法、重复执法等问题。在市场监管领域综合执法先行先试、深化提高的基础上，选择公共卫生、安全生产、文化旅游、资源环境、农林水利、交通运输、城乡建设、海洋与渔业、商务和网络监管等领域，推进行政执法职能和机构整合，实行部门内部综合执法，整合部门执法资源，综合设置执法队伍，逐步实现一座城市、一个领域、一支队伍。二是推行跨部门跨行业综合执法。苏州工业园区和10个列入省行政审批制度改革试点的开发区及盱眙县，按照省政府关于推广中国（上海）自贸区可复制改革试点经验工作要求，积极探索试点跨部门、跨行业的综合执法。继续推进城市管理领域的综合执法工作，不断完善运行、总结经验。调整组建综合行政执法机构，或依托现有的城市管理行政执法局调整组建综合行政执法局，依法独立行使有关行政执法职权，并承担相应法律责任。三是推行区域综合执法。行政管理体制改革试点镇和经省政府批准同意开展镇域相对集中行政处罚权试点的镇，可在已有基础上根据需要继续探索区域综合执法，逐步在试点镇实现一支队伍管执法。

《意见》旨在通过综合行政执法体制改革试点，使综合执法机构和政府职能部门职责关系更加顺畅，实现一套清单管边界、一个部门管市场、一支队伍管执法、一个平台管信用、一个号码管服务、一套机制管检查，从而建立起简约高效、职责清晰、运转协调、执法有力的综合行政执法体系。试点工作围绕如何构建权责明晰、服务为先、管理优化、执法规范、安全有序的城市管理体制，探索满足城市良性运行需要的城市管理执法模式，为全面推进城市执法体制改革积累经验、提供示范。从南京市于2013年3月1日施行一部新的地方性法规《城市治理条例》，在全国首次把城市管理转变为城市治理，成立了城市治理委员会，到2015年3月江苏省住房和城乡建设厅宣布成立城市管理局（这也是全国第一个省一级的城市管理局），都标志着江苏省的城市管理与执法体制改革工作正加速推进。

4.3.2 中央首次对城市管理执法体制改革工作做出全面部署

2015年12月24日，《中共中央国务院关于深入推进城市执法体制改革改进城市管理工作的指导意见》（以下简称《指导意见》）正式发布，《指导意见》认为：改革开放以来，我国城镇化快速发展，城市规模不断扩大，建设水平逐步提高，保障城市健康运行的任务日益繁重，加强和改善城市管理的需求日益迫切，城市管理工作的地位和作用日益突出。各地区各有关方面适应社会发展形势，积极做好城市管理工作，探索提高城市管理执法和服务水平，对改善城市秩序、促进城市和谐、提升城市品质发挥了重要作用。但也要清醒看到，与新型城镇化发展要求和人民群众生产生活需要相比，我国多数地区在城市市政管理、交通运行、人居环境、应急处置、公共秩序等方面仍有较大差距，城市管理执法工作还存在管理体制不顺、职责边界不清、法律法规不健全、管理方式简单、服务意识不强、执法行为粗放等问题，社会各界反映较为强烈，在一定程度上制约了城市健康发展和新型城镇化的顺利推进。《指导意见》指出：深入推进城市管理执法体制改革，改进城市管理工作，是落实"四个全面"战略布局的内在要求，是提高政府治理能力的重要举措，是增进民生福祉的现实需要，是促进城市发展转型的必然选择。为理顺城市管理执法体制，解决城市管理面临的突出矛盾和问题，消除城市管理工作中的短板，进一步提高城市管理和公共服务水平，提出以下意见。

《指导意见》提出，要深入贯彻党的十八大和十八届二中、三中、四中、五中全会及中央城镇化工作会议、中央城市工作会议精神，以"四个全面"战略布局为引领，牢固树立创新、协调、绿色、开放、共享的发展理念，以城市管理现代化为指向，以理顺体制机制为途径，将城市管理执法体制改革作为推进城市发展方式转变的重要手段，与简政放权、放管结合、转变政府职能、规范行政权力运行等有机结合，构建权责明晰、服务为先、管理优化、执法规范、安全有序的城市管理体制，推动城市管理走向城市治理，促进城市运行高效有序，实现城市让生活更美好。要在坚持以人为本、依法治理、源头治理、权责一致和协调创新的原则推进改革，到2017年年底，实现市、县政府城市管理领域的机构综合设置，到2020年，城市管理法律法规和标准体系基本完善，执法体制基本理顺，机构和队伍建设明显加强，保障机制初步完善，服务便民高效，现代城市治理体系初步形成，城市管理效能大幅提高，人民群众满意度显著提升。

《指导意见》从理顺管理体制（框定管理职责、明确主管部门、综合设置机构、推进综合执法、下移执法重心），强化队伍建设（优化执法力量、严格队伍管理、注重人才培养、规范协管队伍），提高执法水平（制定权责清单、规范执法制度、改进执法方式、完善监督机制），完善城市管理（加强市政管理、维护公共空间、优化城市交通、改善人居环境、提高应急能力、整合信息平台、构建智慧城市），创新治理方式（引入市场机制、推进网格管理、发挥社区作用、动员公众参与、提高文明意识），完善保障机制（健全法律法规、保障经费投入、加强司法衔接），加强组织领导（明确工作责任、建立协调机制、健全考核制度、严肃工作纪律、营造舆论氛围）等七大方面、33个层面提出了明确的改革指导要求。

《指导意见》指出，城市管理的主要职责是市政管理、环境管理、交通管理、应急管理和城市规划实施管理等。具体实施范围包括：市政公用设施运行管理、市容环境卫生管理、园林绿化管理等方面的全部工作；市、县政府依法确定的，与城市管理密切相关、需要纳入统一管理的公共空间秩序管理、违法建设治理、环境保护管理、交通管理、应急管理等方面的部分工作。城市管理执法即是在上述领域根据国家法律法规规定履行行政执法权力的行为。国务院住房和城乡建设主管部门负责对全国城市管理工作的指导，研究拟定有关政策，制定基本规范，做好顶层设计，加强对省、自治区、直辖市城市管理工作的指导监督协调，积极推进地方各级政府城市管理事权法律化、规范化。各省、自治区、直辖市政府应当确立相应的城市管理主管部门，加强对辖区内城市管理工作的业务指导、组织协调、监督检查和考核评价。各地应科学划分城市管理部门与相关行政主管部门的工作职责，有关管理和执法职责划转城市管理部门后，原主管部门不再行使。按照精简统一效能的原则，住房城乡建设部会同中央编办指导地方整合归并省级执法队伍，推进市县两级政府城市管理领域大部门制改革，整合市政公用、市容环卫、园林绿化、城市管理执法等城市管理相关职能，实现管理执法机构综合设置。统筹解决好机构性质问题，具备条件的应当纳入政府机构序列。遵循城市运行规律，建立健全以城市良性运行为核心，地上地下设施建设运行统筹协调的城市管理体制机制。有条件的市和县应当建立规划、建设、管理一体化的行政管理体制，强化城市管理和执法工作。

《指导意见》强调，要推进综合执法，重点在与群众生产生活密切相关、执法频率高、多头执法扰民问题突出、专业技术要求适宜、与城市管理密切相关且需要集中行使行政处罚权的领域推行综合执法。具体范围是：住房城乡建设领域法律法规规章规定的全部行政处罚权；环境保护管理方面社会生活噪声污染、建筑施工噪声污染、建筑施工扬尘污染、餐饮服务业油烟污染、露天烧烤污染、城市焚烧沥青塑料垃圾等烟尘和恶臭污染、露天焚烧秸秆落叶等烟尘污染、燃放烟花爆竹污染等的行政处罚权；工商管理方面户外公共场所无照经营、违规设置户外广告的行政处罚权；交通管理方面侵占城市道路、违法停放车辆等的行政处罚权；水务管理方面向城市河道倾倒废弃物和垃圾及违规取土、城市河道违法建筑物拆除等的行政处罚权；食品药品监管方面户外公共场所食品销售和餐饮摊点无证经营，以及违法回收贩卖药品等的行政处罚权。城市管理部门可以实施与上述范围内法律法规规定的行政处罚权有关的行政强制措施。到2017年年底，实现住房城乡建设领域行政处罚权的集中行使。上述范围以外需要集中行使的具体行政处罚权及相应的行政强制权，由市、县政府报所在省、自治区政府审批，直辖市政府可以自行确定。

《指导意见》明确指出，要下移执法重心，按照属地管理、权责一致的原则，合理确定设区的市和市辖区城市管理部门的职责分工。市级城市管理部门主要负责城市管理和执法工作的指导、监督、考核，以及跨区域及重大复杂违法违规案件的查处。按照简政放权、放管结合、优化服务的要求，在设区的市推行市或区一级执法，市辖区能够承担的可以实行区一级执法，区级城市管理部门可以向街道派驻执法机构，推动执法事项属地化管理；市辖区不能承担的，市级城市管理部门可以向市辖区和街道派驻执法机构，开展综合执法工作。派驻机构业务工作接受市或市辖区城市管理部门的领导，日常管理以所在市辖区或街道为主，负责人的调整应当征求派驻地党（工）委的意见。逐步实现城市管理执法工作全覆盖，并向乡镇延伸，推进城乡一体化发展。

　　《指导意见》在强化队伍建设方面明确指出，一要优化执法力量，各地应当根据执法工作特点合理设置岗位，科学确定城市管理执法人员配备比例标准，统筹解决好执法人员身份编制问题，在核定的行政编制数额内，具备条件的应当使用行政编制。执法力量要向基层倾斜，适度提高一线人员的比例，通过调整结构优化执法力量，确保一线执法工作需要。区域面积大、流动人口多、管理执法任务重的地区，可以适度调高执法人员配备比例。二要严格队伍管理，要建立符合职业特点的城市管理执法人员管理制度，优化干部任用和人才选拔机制，严格按照公务员法有关规定开展执法人员录用等有关工作，加大接收安置军转干部的力度，加强领导班子和干部队伍建设。根据执法工作需要，统一制式服装和标志标识，制定执法执勤用车、装备配备标准，到2017年年底，实现执法制式服装和标志标识统一。严格执法人员素质要求，加强思想道德和素质教育，着力提升执法人员业务能力，打造政治坚定、作风优良、纪律严明、廉洁务实的执法队伍。三要注重人才培养，加强现有在编执法人员业务培训和考试，严格实行执法人员持证上岗和资格管理制度，到2017年年底，完成处级以上干部轮训和持证上岗工作。建立符合职业特点的职务晋升和交流制度，切实解决基层执法队伍基数大、职数少的问题，确保部门之间相对平衡、职业发展机会平等。完善基层执法人员工资政策。研究通过工伤保险、抚恤等政策提高风险保障水平。鼓励高等学校设置城市管理专业或开设城市管理课程，依托党校、行政学院、高等学校等开展岗位培训。四要规范协管队伍，各地可以根据实际工作需要，采取招用或劳务派遣等形式配置城市管理执法协管人员。建立健全协管人员招聘、管理、奖惩、退出等制度。协管人员数量不得超过在编人员，并应当随城市管理执法体制改革逐步减少。协管人员只能配合执法人员从事宣传教育、巡查、信息收集、违法行为劝阻等辅助性事务，不得从事具体行政执法工作。协管人员从事执法辅助事务以及超越辅助事务所形成的后续责任，由本级城市管理部门承担。

　　《指导意见》在完善保障机制方面，一要健全法律法规，加强城市管理和执法方面的立法工作，完善配套法规和规章，实现深化改革与法治保障有机统一，发挥立法对改革的引领和规范作用。有立法权的城市要根据立法法的规定，加快制定城市管理执法方面的地方性法规、规章，明晰城市管理执法范围、程序等内容，规范城市管理执法的权力和责任。全面清理现行法律法规中与推进城市管理执法体制改革不相适应的内容，定期开展规章和规范性文件清理工作，并向社会公布清理结果，加强法律法规之间的衔接。加快制定修订一批城市管理和综合执法方面的标准，形成完备的标准体系。二要保障经费投入，按照事权和支出责任相适应原则，健全责任明确、分类负担、收支脱钩、财政保障的城市管理经费保障机制，实现政府资产与预算管理有机结合，防止政府资产流失。城市政府要将城市管理经费列入同级财政预算，并与城市发展速度和规模相适应。严格执行罚缴分离、收支两条线制度，不得将城市管理经费与罚没收入挂钩。各地要因地制宜加大财政支持力度，统筹使用有关资金，增加对城市管理执法人员、装备、技术等方面的资金投入，保障执法工作需要。三要加强司法衔接，建立城市管理部门与公安机关、检察机关、审判机关信息共享、案情通报、案件移送等制度，实现行政处罚与刑事处罚无缝对接。公安机关要依法打击妨碍城市管理执法和暴力抗法行为，对涉嫌犯罪的，应当依照法定程序处理。检察机关、审判机关要加强法律指导，及时受理、审理涉及城市管理执法的案件。检察机关有权对城市管理部门在行政执法中发现涉嫌犯罪案件线索的移送情况进行监督，城市管理部门对于发现的涉嫌犯罪案件线索移送不畅的，可以向检察机关反映。加大城市管理执法行政处罚决定的行政和司法强制执行力度。

《指导意见》首次框定了城市管理的主要职责是市政管理、环境管理、交通管理、应急管理和城市规划实施管理等。首次明确了主管部门：国务院住房和城乡建设主管部门负责对全国城市管理工作的指导；首次提出归并省级执法队伍，推进市县两级政府城市管理领域大部门制改革，统筹解决好机构性质问题，具备条件的应当纳入政府机构序列；明确提出，到2017年年底，实现执法制式服装和标志标识统一；明确要求严禁随意采取强制执法措施，城市管理执法人员应严格履行执法程序；要求制定权责清单，积极推行执法办案评议考核制度和执法公示制度；要求整合信息平台，促进资源共享。这是新中国成立以来中央层面首次对城市管理执法工作做出全面部署，也是我国当前和今后一个时期城市管理工作的纲领性文件，它解决了城市管理工作中诸多久悬不决的问题，这些高层部署，对于推进我国城管执法体制改革，提高城管服务与执法水平具有重要的指导意义。

4.3.3　徐州市深化城市管理执法体制改革的思路

徐州作为综合行政执法体制改革国家级试点城市，近年来深入贯彻中共中央国务院及省委省政府的有关文件精神，高度重视城市管理及执法体制改革工作，把抓好城市管理作为改善民生福祉、推进经济社会发展的重要工作，一直摆在十分突出的重要位置。

徐州市城管部门按照国家、省、市有关要求，在全国率先全面实施环卫保洁市场化和第三方监理，推行"积尘称重"深度精细化保洁，环境卫生质量始终保持较高水平；创新探索落实"城管＋公安"巡查一体、协作联动机制，有效解决了城管"执法难、难执法"的突出问题，受到住房和城乡建设部与省住房和城乡建设厅的充分肯定。社会各界和群众对城市管理工作的满意度和获得感不断提高。

在取得一系列阶段性成效的同时，也必须清醒地认识到城市管理工作的复杂性和反复性。城市建设最根本的目的就是发展经济、改善民生、构建平台，而城管执法既涉及公民权利保障、公共秩序稳定，又关系到城市发展和政府公信力等，处理不好会在一定程度上制约城市健康发展和新型城镇化的顺利推进。因此城市执法体制改革是对城市治理体系和治理能力的严峻考验，也是完善体系、提升能力的历史性契机。徐州市应深入贯彻落实《中共中央国务院关于深入推进城市执法体制改革改进城市管理工作的指导意见》，结合江苏省城市管理执法体制改革的具体要求，深化体制机制改革，大力开展城市环境综合整治，进一步规范市容秩序，解决易反复、顽疾问题，完善基础设施，提升环境卫生管理水平，树立队伍良好形象，不断提升城市管理服务发展、服务群众的能力和水平。为此，徐州市着重从以下几个方面加强城市管理执法体制改革。

1. 理顺管理体制，推进城市管理执法体制改革

首先，推进综合执法。应按照中央、省、市部署要求，积极配合人事、编制等部门，探索整合城管＋市政公用、市容环卫、园林绿化等相关职能，研究推行机构综合设置和行政处罚权集中行使，将建设、住房、园林、风景名胜等部门、机构行使的建设领域除市容环卫以外的行政处罚权，水务、建设等部门行使的供水、排水、供热、燃气等市政公用行政处罚权，及向城市河道倾倒废弃物和垃圾及违规取土、城市河道违法建筑物拆除等行政处罚权，环保部门行使的社会生活噪声污染、建筑施工噪声污染、建筑施工扬尘污染、餐饮服务业油烟污染、露天烧烤污染、城市焚烧沥青塑料垃圾等烟尘和恶臭污染、露天焚烧秸秆落叶等烟尘污染、燃放烟花爆竹污染等行政处罚权，工商部门行使的户外公共场所无照经营、违规设置户外广告的行政处罚权，公安交通管理部门行使的侵占城市道路、违法停放车辆等行政处罚权，食药监部门行使的户外公共场所食品销售和餐饮摊点无证经营，以及违法回收贩卖药品等行政处罚权划入市城市管理局（市城市管理行政执法局）行使。制订并完善相关执法体制改革工作实施方案。

其次，下移执法重心。城市管理的事项主要集中在基层，城市管理的管理权限和执法力量都应当向基层下移。参照公安机关机构设置体制，按照"条块结合、以块为主"、"重心下移、垂直管理"的原则，实施市、区城管体制改革。即在保持现市城市管理局（市城市管理行政执法局）、区城市管理局行使的市政设施建管、市容环境卫生管理两项职能不变（同步保持现有所属职能机构、人员不变）基础上，按照《指导意见》关于"在设区的市推行市或区一级执法"的要求，结合徐州实际情况和实践经验，采取由市城市管理局（市城市管理行政执法局）向各区和街道办事处派驻执法机构的方式进行调整，实现执法力量的下沉。即市设支队、区设大队、街道设中队（在市城市管理局设市城市管理综合执法支队，各区城市管理局挂综合执法大队牌子，各街道办事处挂综合执法中队牌子），实行垂直管理；将各区、街道城市执法职能从各区城市管理局、街道办事处中剥离，变"市、区两级执法"为"市一级执法"。

2．强化队伍建设，提升执法与服务水平

城市管理执法队伍是保障城市健康运行、改善城市秩序、提升城市品质的重要力量，因此，要强化执法队伍建设。首先，要认真贯彻落实党的十八届五中全会精神和中央全面深化改革领导小组审议通过的《关于深入推进城市执法体制改革改进城市管理工作的指导意见》，按照省、市部署要求，配合市编制等部门，积极推进城市管理领域大部门制改革，实现机构综合设置，统筹解决好机构性质、执法人员身份编制等问题。其次，要全面加强"法治城管"、"文明城管"、"实战城管"建设，积极开展法律法规、执法技能和礼仪培训，提高执法人员依法行政、规范执法能力。第三，要规范执法制度。应当切实履行城市管理执法职责，完善执法程序，规范办案流程，明确办案时限，提高办案效率。积极推行执法办案评议考核制度和执法公示制度。健全行政处罚适用规则和裁量基准制度、执法全过程记录制度。严格执行重大执法决定法制审核制度。杜绝粗暴执法和选择性执法，确保执法公信力，维护公共利益、人民权益和社会秩序。加强对一线执法人员、城管岗亭履职尽责情况和文明执法、着装规范、言行举止、执法车辆使用等影响队伍形象的督查、审查，对自身建设和作风建设常抓不懈，让"打不还手、骂不还口"成为每一名城管执法人员的铁律，持续提升群众满意率和城管美誉度。第四，要改进执法方式。执法人员应当严格履行执法程序，做到着装整齐、用语规范、举止文明，依法规范行使行政检查权和行政强制权，严禁随意采取强制执法措施。坚持处罚与教育相结合的原则，根据违法行为的性质和危害后果，灵活运用不同执法方式，对情节较轻或危害后果能够及时消除的，应当多做说服沟通工作，加强教育、告诫、引导。综合运用行政指导、行政奖励、行政扶助、行政调解等非强制行政手段，引导当事人自觉遵守法律法规，及时化解矛盾纷争，促进社会和谐稳定。第五，要进一步规范协管队伍。协管员队伍是城市管理行政执法工作的补充力量和辅助队伍。招聘协管员必须经市编办等部门核批，按照公开、公平、公正原则，面向社会统一招录，新招聘的协管员必须接受统一组织的集中培训，经考核合格后方可上岗；协管员的待遇按上级有关规定和队伍实际确定，试用期满、经考核合格后，符合参保规定的，给予办理社会保险。协管服装统一配发，上岗须佩戴工作证；建立协管员工作业绩和教育培训档案，将登记表、劳动合同、考核奖惩等有关资料及时入档，并健全考勤和请销假制度等。

3. 完善"巡查一体"机制，实现市容秩序长效管理

认真梳理"城管＋公安"执法协作模式经验，进一步整合城管、巡防、交警等力量，形成了24h相互配合、相互监督、协作处置各类市容环境、治安防范、交通秩序等问题的优势互补局面。重点研究并推进实施一体化执法巡查机制，结合实际，调整优化监督考核、奖惩激励等举措，增强工作合力。深入开展马路市场、店外经营、露天烧烤、占道洗车、户外广告、违法建设、工程渣土、非机动车乱停放等专项整治，对长期占用公共资源的"钉子户"坚决依法取缔；规范设置一批便民集市、特色早夜市和节假日经营区，对具备疏导条件的困难群体，引导限时、限区域规范经营。

4. 创新治理方式，拓展市场化运作范围

全面总结分析当前环卫保洁市场化和"积尘称重、深度保洁"作业模式，按照优化提升、重质增效的思路，科学编制新一轮招投标实施方案，明确行业准入门槛，大力推行机械化为主、人工为辅作业方式，吸引实力雄厚、管理规范的优质保洁企业进驻徐州保洁市场；严格保洁质量监管考评，完善动态巡检、联合复检和奖惩激励等长效机制，有效激发各保洁公司认真履责。加强用工规范管理，努力提高环卫工人工资收入，切实保障环卫工人合法权益。在部分小区、主次道路推行生活垃圾分类、袋装和定点、定时投放、收集，逐步实现垃圾收集全流程"不落地"。按照"职能转变、管养分离、人员分流、市场运作"原则，借鉴既有经验，对市管道路养护和路灯维护管理模式进行改革创新，科学研究制定改革方案，启动市场化养护运作，不断提高市政设施养护效率和水平，增强公共设施服务能力。

5. 完善监督考核机制，保障执法为民

加强城管执法监督既是保障城管部门履行依法职责、行使职权的重要手段，也是加强城管执法队伍建设的重要措施和途径，同时也是保障执法为民的关键环节。因此，有必要完善监督考核机制。首先，要强化外部监督机制，畅通群众监督渠道、行政复议渠道，城市管理部门和执法人员应主动接受法律监督、行政监督、社会监督。其次，要强化内部监督机制，全面落实行政执法责任制，加强城市管理部门内部流程控制，健全责任追究机制、纠错问责机制。第三，要强化执法监督工作，坚决排除对执法活动的违规人为干预，防止和克服各种保护主义。

03

第 3 篇

徐州城管创新实践

5 城市管理热点难点问题的破解

5.1 居民小区整治管理

5.1.1 居民小区管理提升工程

2011年，徐州市区有居民小区1199个，物业小区340个，无物业的小区及老旧小区占小区的70%多。在徐州加快城市化进程，改善城市生态环境，创建全国文明城市、国家卫生城市、国家生态园林城市、省优秀管理城市工作中，与公共场所、道路、园林绿化等方面建设和管理水平相比，老旧小区管理和服务水平有明显的差距，部分老旧小区存在基础设施损坏严重，市容环境脏乱差、秩序维护不到位、小区绿化养护不及时、生活设施配套不全、社区矛盾多等现象。这些问题不尽快较好地解决，将影响居民生活质量和居住水平，影响政府与百姓的关系，影响和谐的社区关系。

1. 居民小区管理提升工程建设

为改善小区居民的居住环境，提高居民小区管理服务水平，尽快解决这些事关千家万户的民生热点、难点、焦点问题，市委、市政府主要抓了三大工程：幸福家园创建、老旧小区环境综合整治和社区物业服务站建设。

（1）幸福家园创建

幸福家园创建活动既是改善城市小区居住环境、提高居民小区管理服务水平的重要举措，也是提升小区居民幸福感、构建和谐社区的一项重大决策部署。市委、市政府于2013～2015年连续三年把居民小区物业管理提升列入为民办实事工程，在完善政策文件、明确职责职能及考核机制的同时，2012～2015年连续四年深入开展幸福家园创建活动。

2012年，幸福家园创建活动首先在主城区（云龙、鼓楼、泉山）999个居民小区展开。创建活动启动时，选择10个小区进行试点并总结经验，然后通过典型带动、全面推广的方式促进主城区所有小区的创建活动。2013年在总结主城区创建经验的基础上，各辖县（市）、区参加幸福家园创建活动，形成了全市全面创建的局面。非主城区的创建活动由县（市）、区按照创建标准，先行创建县（市）、区级幸福家园和文明小区，在好中选优的基础上，各县（市）、区择优推荐参加市级幸福家园的评选。

幸福家园创建活动由市委、市政府组织，市委书记任顾问，市委常委、常务副市长任组长，市级15个单位和部门共同参加，设立幸福家园创建办公室负责指导协调全市的创建工作。具体创建工作按"市级指导、区级主抓、办事处实施"的原则进行，区、县（市）先行资金投入，市财政采取以奖代补的形式给予创建资金补偿，对每个建成市级幸福家园示范小区，市财政进行奖励。

创建活动开展以来，幸福家园创建办紧紧围绕创建活动总体目标任务、创新思路、精心组织、强化措施、细化责任，扎实有效推进创建工作，坚持"五个结合"，确保创建工作全面、有序、顺利开展。

1）全面参创与重点培育相结合

一是按照"各区有典型、各类住宅有典型"的工作思路，经过自下而上推荐，选出10个基础较好，群众满意率较高的小区作为创建示范点，先行培育。二是区、县（市）先行创建区县级幸福家园小区和文明小区。2012年主城区选择176个居民小区重点参与区级幸福家园和文明小区创建，81个物业管理小区参创区级幸福家园小区，95个非物业管理小区参创区级文明小区；2013年各县（市）、区组织190个居民小区参与县区级幸福家园和文明小区创建。三是在区级幸福家园和文明小区的基础上，各区又重点推荐28个小区参与市级幸福家园的评选，最终评出20个幸福家园示范小区。

2）全面达标与突出特色相结合

按照全市幸福家园创建活动方案要求，创建工作实现"四有"，即有详细方案、有工作目标、有落实措施、有监督检查。市政府办公室下发了徐州市创建幸福家园活动具体考核标准和评分细则，各区、县（市）严格对照创建标准，切实抓好小区公共设施维修养护、秩序维护、卫生保洁、绿化养护及安保巡逻等服务事项，积极拓展公共服务、特约服务和增值服务项目，提高物业服务水平和社会文明和谐程度，全面提升小区居住环境。创建工作在整体推进基础上注重突出重点，打造彰显特色的创建亮点。根据小区具体情况分别突出军民共建、社区一站式服务、数字化管理、绿色环保、平安和谐等亮点，打造了一批绿化环保小区、垃圾分类处理小区、军民共建双拥小区、邻里和谐小区、文化特色小区、一站式服务小区等。

3）政府主导与居民参与相结合

幸福家园创建工作既是由政府主导实施的工程，更要动员群众共同参与。创建过程中，坚持广泛发动群众、依靠群众，争得群众的关心、支持和参与。全市167个小区组建了志愿者服务队伍，80%以上成员为女性业主，这些志愿组织主动征求群众对创建工作的建议和意见，着力解决小区管理和服务中急需解决的困难和问题。加大宣传力度，深入细致地做好宣传发动工作，发放业主征求意见表5万余份，发放宣传单、告业主一封信等10万余份，较好的发动了群众，获得了业主的理解和支持，形成全民动手、人人参与的良好氛围。

4）政府主抓与职能部门通力协作相结合

建立健全创建幸福家园的领导和工作机构，办事处作为创建工作主要责任主体，市城管、公安、园林、房管、文明办等15个部门为成员单位。各区、县（市）政府成立相应机构。为了把创建工作落到实处，区级政府与街道办事处、区创建成员单位签订《创建工作责任状》，明确各项工作的牵头部门和责任单位，将具体工作全面细化到项、分解到条、责任到人。市级职能部门积极开展各具特色的创建活动。市城管局开展百个老小区争创市容环境示范小区活动；市文明办开展文明社区排行榜活动，每季度排名一次；市民政局把幸福家园创建活动与和谐社区达标创建相结合，推行"一委一居一站一办"社区服务模式，推行6678服务原则，即"六必到"、"六必访"、"七不让"、"八必报"，做到百姓办事"零障碍"、社区服务"零距离"，加大和谐社区创建力度，40%创成幸福和谐社区。市相关部门及时督促区相关职能部门，较好地实现城管进小区、民警进社区、民调进社区等。全市225个社区设立城管服务站，城管队员和协管员遍布各小区；市司法局指导各区司法民调进小区，建立了12348司法调解平台，受理社会矛盾5027件，调处成功率99.51%。2013年，市房管局、市司法局联合召开了民调进社区现场会；市房管局与市公安局联合召开了民警进社区现场会。

5）综合创建与幸福家园创建相结合

将幸福家园创建与全国文明城市、国家卫生城市、国家生态园林城市、省优秀管理城市创建相融合，要求所有参创幸福家园小区按照各类创建中相关内容和标准，在各种创建活动中起带头示范作用、样板作用；将幸福家园创建与小区保洁、"九乱"治理、园林绿化、除"四害"、健康教育、志愿者队伍、社保参保、低保救助、人民调解、文明意识等内容结合起来，多次组织相关部门进行联合检查，指导参创小区的创建活动，达到互相促进、共同推进的效果。

经过4年幸福家园创建活动，市财政投入4000万元，各区、县（市）投入1.6亿元，创建成区、县（市）幸福家园和文明小区345个，市级幸福家园小区124个。居民小区管理得到全方位提升，小区各方面有了显著变化，获得居民普遍的认可和称赞。

徐州市在全国率先开展幸福家园示范小区创建活动，创建工作上级没有标准、外边也没有经验可以借鉴，在全省乃至全国都属小区管理的首例创新，创建工作经验已被省住房和城乡建设厅高度认可，并在全省予以推广。

（2）老旧小区环境综合整治

在城市化快速发展的大背景下，城市规模不断扩大，城市边界不断拓展，在新的居民小区不断建设过程中，城市老城区存在的问题越来越引起政府和社会的关注，旧城改造成为改善城市形象、促进经济社会发展、优化人民生活环境的重要内容。徐州市老旧小区较多，特别是主城区3个区，2000年以前老旧小区就有684个，小区基础设施损坏严重、公共设施不配套，环境脏、乱、差。为彻底改变老旧小区居住环境，提升管理水平，2012年初，开展了"百条背街小巷、百个老旧小区"市容环境专项整治活动；2012～2015年，按照"先整治、后管理"的思路，科学实施市区老旧小区环境综合整治。2016年，在王场新村、三角线老旧小区整治经验的基础上，结合全国文明城市创建工作，市政府决定用两年时间开展新一轮老旧小区环境综合整治。

1）2012～2015年老旧小区整治

为进一步优化城市人居环境，打造良好的市容环境秩序，切实改善背街小巷、老旧居民小区的市容环境状况，促进主城区市容环境卫生上档升级，为创建江苏省城市管理优秀城市打下坚实基础，市政府决定自2012年2月至2012年10月。市城管局2012年2月6日下发了《关于开展"百条背街小巷、百个老旧小区"市容环境专项整治活动的通知》，明确了整治目标是通过整治，集中解决背街小巷、老旧小区在垃圾清运、占道经营、马路市场、乱堆乱放、乱贴乱画等方面存在的突出问题，达到无垃圾积存、无未经批准（疏导）的摊点、无未经规范的马路市场、无店外经营、无乱堆乱放和无乱贴乱画，各类疏导点、便民服务点、规范管理的马路市场规范经营，野广告清理及时，保洁工作到位。

本次整治活动主要针对主城区100条背街小巷、100个老旧居民小区。其中100个老旧居民小区包括鼓楼区、云龙区各26个，泉山区45个，经济技术开发区3个。

专项整治活动经历了准备摸底阶段、集中整治阶段、巩固提高和验收阶段。准备摸底阶段明确了上述重点整治的100条背街小巷和100个老旧小区，排查突出问题，明确整治工作重点、任务和责任分工，并制订详细整治方案。集中整治阶段以区为单位，以街道办事处为单元组织进行整治工作，采取集中整治与日常管理相结合，机动队整治重难点问题与责任人解决一般性任务相结合的方式进行。巩固提高和验收阶段，将集中整治后的街巷、小区纳入长效管理范畴，明确具体责任人，加强日常管理，确保不反弹、确保及时解决新出现的问题。市城管局组织验收小组，分批对各区整治情况进行检查验收。通过专项整治，一大批热点难点问题得到解决，老旧小区市容环境有了显著的改观。

2）老旧小区整治"回头看"

2014年3月13日和2015年3月25日，市政府分别出台了当年市区老旧小区整治"回头看"方案，进一步明确老旧小区整治过程中的重点难点问题，要求根据"城更靓"环境综合整治工作安排，进一步提升老旧小区环境，实现小区管理规范化、科学化、精细化、长效化，提高老旧小区整治成效与管理水平，不断提升城市人居环境质量。

按照"市级指导、区级主抓、办事处实施"的工作原则，坚持市区统一标准内容、统一规划设计、统一预算、统一评审、统一招标投标、统一实施、统一验收，实施"回头看"。

市区老旧小区整治"回头看"针对突出问题，按照《江苏省城市环境综合整治技术指南（2014）》（整治老旧小区篇）的有关技术规定，确定市容环境卫生、基础设施修缮、公共服务设施、房屋修缮四大整治内容，并强调完善落实老旧小区管理的长效机制。

首先，市容环境卫生。重点整治环境卫生、小区违建、占道经营、车辆停放。老旧小区要建立垃圾清运、清扫保洁体系，配备保洁人员，及时清理垃圾杂物；坚决拆除清理规划部门界定和占用消防通道影响公共安全和占用公共设施的小区违建；保证小区内无占道经营现象；机动车、非机动车停放有序，小区内停车划线规范、清晰。

其次，基础设施修缮。重点完善小区道路、地下排水管网、照明设施、化粪池、环卫设施、绿化补植等基础设施。对缺损路面进行修缮；对需要维修的地下排水管网，使用有筋混凝土承插管道，规划布局合理，内外排水高程一致，保证正常情况下排水畅通；解决小区内主干道路灯、楼道灯问题；规范小区化粪池设置，便于抽粪车进出，化粪池与其他建筑物外墙距离不小于5m，化粪池进出口设置污水窨井，定时清掏，不外溢；设置固定垃圾收集点，配备垃圾桶和垃圾收运车辆，垃圾桶有垃圾分类投放标志，外表清洁，周围干净，垃圾不外溢；绿化补植要对照创建国家生态园林城市的标准和要求消除黄土裸露、缺株断带现象，根据小区实际进行绿化改造，保证小区绿化只增不减。

第三，公共服务设施。要求整合调剂管理用房，保证老旧小区管理基本需要，增设宣传栏，规范标识标牌，修缮大门、围墙。

第四，房屋修缮。要求修补屋面漏水点、修补破损墙面、楼道杂物清理、清洗脏污雨棚、清理消防通道。

在上述整治内容和要求的基础上，落实老旧小区管理长效机制。制定长效管理方案，按有关规定和要求建好社区物业服务站，落实管理人员，制定管理内容和标准，确保整治一个、推行长效管理一个。

2014年全市共整治小区22个，建筑面积228.71万m²，投入资金4574.11万元（市投2287.1万元、区投2287.1万元）。2015年全市共整治小区22个，建筑面积162.75万m²，投入资金3255万元（市投1627.5万元、区投1627.5万元）。通过整治，老居民小区在居住环境、区容区貌、管理服务方面都有了明显改观。

（3）物业管理和社区物业服务站建设

1）物业管理

物业管理是指业主通过选聘物业服务企业，由业主和物业服务企业按照物业服务合同约定，对房屋及配套的设施设备和相关场地进行维修、养护、管理，维护物业管理区域内的环境卫生和相关秩序的活动。

物业管理几乎涵盖了人们工作生活的方方面面，在现代化城市管理中具有十分重要的作用：首先，物业管理是城市管理的基础。物业管理的范围是一个个相对独立的社区，城市管理的范围则是由这些社区组成的整个城市。物业管理将这些社区规范地管理起来，提升了城市品位。尤其是老住宅小区通过引入物业管理，可以改善市容市貌和居民居住环境；其次，物业管理是城市管理的延伸。物业管理社区是城市经济活动、社会活动、文化活动以及各种创建活动的微观地理单元，通过物业管理模式，将城市管理中分散的管理职能集中起来，由企业实行统一有效的管理。社区内部的环境、卫生、治安、文化等工作大多由物业管理公司承担或协助政府完成，可以填补政府对公共环境和公共设施以外的社区生态环境和人文环境的空白，完善城市管理功能。某种意义上说，物业管理是衡量城市管理水平的重要标志，没有健全的物业管理就没有现代化的城市管理。

为贯彻落实党的十八大精神，加强物业管理工作，提升物业服务水平，促进物业管理行业健康、规范发展，改善人居环境、打造幸福家园、建设宜居生态徐州，2013年7月24日，中共徐州市委、徐州市人民政府发布了关于进一步加强物业管理工作的意见（试行），指出物业管理工作要以创新体制、机制为核心，以提升服务质量为目标，加大工作力度，完善工作措施，规范物业服务行为，改善小区环境，推进专业化、市场化、规范化的物业管理；经过3～5年的努力，新建小区物业管理覆盖率达到100%，市区物业管理覆盖率达到50%以上，打造一批在国内有影响力的物业服务企业，培育一批服务好、业主满意度高的全国示范、省优、市优物业管理住宅小区。明确了市场主导、政府扶持的原则，针对不同小区，提供相应的物业服务：坚持市场化主导，对新建项目物业实行公开招投标，优选资质高、服务优的物业服务企业；对社区管理的无物业小区，由社区居委会建立社区物业服务站，政府给予扶持；对经济适用房、公租房（廉租房）等保障性住房和低保、特困家庭的物业费，实行政府补贴政策；对创建成全国示范、省优、市优的物业项目，实行政府以奖代补政策。规范了物业服务和管理：要加强物业服务制度设计，衔接好物业公司进驻之前、更替期间各阶段的物业服务，做好制度模拟测试，明确工作责任，实现无缝对接、不留漏洞；物业服务企业签订《物业服务合同》后，要到辖区房管部门和街道办事处（镇）备案，主动接受监督和检查；要在小区客服中心和主要出入口公示服务合同约定的物业服务内容和标准以及收费标准，划分服务区域，细化服务事项，健全服务制度，优化服务流程，明确服务责任人，公示服务承诺和办事时限，公布24h服务电话，一年至少开展两次业主满意度测评，广泛听取业主的意见；实行包干制收费的，每半年至少公布一次物业管理费的收支明细，让业主明明白白消费；物业服务企业要按《物业服务合同》约定，履行好电梯、消防的巡查和日常保养职责，加大对违章停车、违章搭建、故意毁绿等不良行为的巡查和劝阻、教育力度。对物业服务企业建立住宅物业服务质量保证金制度：物业服务企业中标市区前期物业管理项目后，与开发企业签订物业服务合同，向市房管部门缴纳物业服务质量保证金；服务质量保证金采取阶梯式分段收取，由市房管部门统一管理；物业服务合同期满，经区级房管部门和街道办事处考核，合格的全额返还，不合格的按考核结果扣罚。建立对保障性住房等小区的物业扶持机制，按照"扶持弱者、共同负担"的原则，有针对性地对保障性住房和低保户进行物业费补贴：对市区经济适用房、公租房、廉租房小区，按照多层住宅0.30元/m^2、高层住宅1.0元/m^2的标准补贴差额部分，补贴资金在公租房、廉租房收取的租金中解决，不足部分由市财政统筹；对低保户、特困户的物业费实行减免政策，补贴实行年度申报制，市、区两级财政按1：1比例进行补贴；对新建的保障性住房项目，应按照不低于总建筑面积千分之三的标准配置物业服务经营性用房，收益用于弥补物业费不足。建立质价相符的物业收费机制：市物价部门及各县（市）、铜山区、贾汪区物价部门要建立普通住宅物业服务收费标准的动态调整机制，根据住宅小区实际，对普通住宅前期物业服务收费实行分级、分类政府指导价，并每年根据最低工资收入标准调整情况同步调整并公布。对物业服务收费实施备案管理，监督和查处物业企业价格违法行为。并制定了加强组织领导、明确工作职责、加强考核奖惩的保障措施。

2）社区物业服务站建设

物业管理一直是老旧小区的"老大难"问题。为确保居民小区管理水平全面提升，在学习哈尔滨经验基础上，徐州市对无物业小区和整治后的老旧小区，实施社区物业服务站管理。

为推进社区物业服务站组建工作，加强老旧住宅小区管理，保障人民群众正常生活，2013年8月28日，市政府下发了市区建立社区物业服务站工作方案（试行）。工作方案明确了市区建立社区物业服务站的指导思想是坚持以人为本，按照"政府扶持、依托社区、居民自治"的原则，通过建立社区物业服务站，全面加强老旧住宅小区的物业管理，基本实现物业服务全覆盖，切实改善人居环境，提升城市管理水平；指出社区物业服务站属于居民自治、非企业性质。社区物业服务站以每个社区为单元组建，原则上每3万m^2建立一个社区物业服务站。根据房屋、环境、配套设施等现实状况，社区物业服务站提供保障居民日常生活的基础性服务，主要包括：环境卫生保洁、单元门（窗）日常综合管护、公共区域照明、绿化养护、车辆停放服务、下水道疏通及化粪池清掏。具体服务内容根据居民意愿和服务需求确定；确定了社区物业服务站的筹建补贴资金按照每个社区物业服务站4万元的标准，由市、区财政按照1：1比例共同承担，业主缴纳0.2元/（月·m^2）的综合服务费；要求2013年在鼓楼区、云龙区、泉山区、开发区各设立3个社区物业服务站进行试点，取得经验后加以推广；建立了社区物业服务站工作考核制度。由市房管局组织区房产服务中心、街道办事处对社区物业服务站的服务情况进行不定期考核和年度考核。对于业主满意率80%以上、综合服务费收缴率在80%以上的社区物业服务站进行奖励，对于业主满意率、综合服务费收缴率均在60%以下的将进行处罚。

2013年9月开始，各区积极部署社区物业服务站筹备工作。11月25日，市区首家社区物业服务站——久隆物业服务站在久隆小区正式挂牌成立，当年市区如期完成了12家社区物业服务站的目标。2014年，市区共筹建社区物业服务站113个，建筑面积572.3万m^2，住户69921户，其中30个社区物业服务站通过验收。2015年，市区新筹建的71个社区物业服务站有60个通过验收；同时，县（市）、铜山区、贾汪区参照市区模式，自行筹集资金组织建设并运行社区物业服务站共90个。三年来全市共建设社区物业服务站192个，解决了无物业小区的管理问题，提升了全市小区整体管理水平。

2. 居民小区管理提升工程建设的成效

居民小区管理提升是一个复杂的系统工程，它不仅是优化人居环境、增进民生幸福的重要举措，也是完善城市管理、树立城市形象的必然要求，更是倡导文明新风、促进社区文化、邻里团结、社区和谐的有效途径。幸福家园创建项目2013年被市委、市政府评为"振兴徐州老工业基地创新实践奖"二等奖，2014年又被省评为"人居环境范例奖"，此项目在省内外也产生了较大影响，省住房和城乡建设厅在借鉴吸收徐州的经验基础上开展了江苏省城市管理示范社区的评选，一些措施和标准被省政府列入省环境综合整治的重要内容。老旧小区环境综合整治和社区物业服务站建设也有不少省内外城市来参观学习，得到了2015年全省物业工作交流大会的肯定。最主要的是，经过几年居民小区物业管理的全方位提升，小区各方面有了显著变化，获得了居民的普遍认可和称赞。

（1）小区环境变美

居民小区环境普遍较以往提高，"九乱"现象得到整治。根据小区特点，卫生保洁工作实施标准化作业，既美化了小区环境也提高了保洁工作效率；小区园林绿化推行绿地边缘整理美化的方法，增加绿化带的层次感、提高了绿化的美观效果，也减少了绿化养护工作对路面卫生的影响（见图5-1）。

（2）小区安全有保障

坚持专业巡防与义务巡防相结合，统筹安排专业巡防与义务巡防力量布局，共同构筑防范打击犯罪的铜墙铁壁，有效挤压犯罪。目前，云龙、鼓楼、泉山、开发区公安分局已普遍建立小区警务室，使小区治安力量得到进一步加强；广泛地发动和组织群众开展"红袖标"等义务巡防活动。据公安部门统计，市区居民安全知识、消防知识知晓率有较大上升，市区可防性案件下降了11.2%，小区更加安全有序（见图5-2）。

（3）业主生活得更舒适

居民小区努力践行"全天候服务、服务延伸和项目代办"承诺，认真接受业主的报修、求助、建议、问询、质疑、投诉等，迅速化解矛盾，矛盾纠纷预警排查更加前置，矛盾纠纷调处更加迅速，舆情信息掌握更加全面，纠纷调处四级联动更加快捷。加上科学的管理、优质的服务使小区公共设施完好率达到90%以上，业主报修及时率达到95%，小区业主满意率普遍达90%以上。在创建

图5-1 小区环境变美

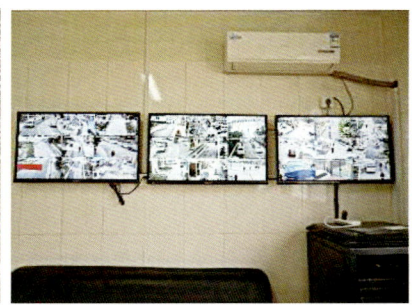

图 5-2 小区安全有序

省优秀管理城市的多次测评中，小区测评都名列前五，最后验收中居民小区业主满意率在95.74%，超过全省平均水平4.4个百分点。

（4）业主幸福感增强

居民小区通过开展各种活动，增加了业主间的交流互动，增进邻里团结，提高了业主生活品位。各小区通过举办电影纳凉晚会、科普宣传、健康保健、法制宣传展、书画笔友会、体育比赛等活动，使小区居民在紧张的工作之余享受轻松、快乐、温馨的休闲生活，业主的幸福感、自豪感增强了（见图5-3）。

图 5-3 业主幸福感增强

5.1.2 老旧小区环境深化整治及治安防范设施建设行动

1. 行动背景

徐州市的老旧小区主要有三种类型：一是开放式小区527个；二是棚户区53个；三是散居型136个。徐州市主城区总人口150.8万（其中云龙区33.7万、鼓楼区31.3万、泉山区56.5万、开发区29.3万），生活在老旧小区的人口达72.2万人，占三区总人口的60%。

从公安角度看，老旧小区治安防范薄弱，案件高发多发。2015年，云龙、鼓楼、泉山三区共发刑事案件12768起、治安案件18360起，其中老旧小区发刑事案件9384起、治安案件13329起，分别占到了刑事案件、治安案件发案总数的73.5%、72.6%。老旧小区治安问题突出，群众缺乏安全感。2015年全市安全感平均为94%，但在老旧小区，达不到80%，在一定程度上影响制约了平安徐州创建工作。老旧小区矛盾纠纷多发，易产生民转刑案件。

从城市管理的角度看，老旧小区是省政府提出的"931"城市环境综合整治的重要部位。老旧小区整治是城市文明和创建活动的需要。老旧小区外部通常与主次道路、背街小巷相连，内部和出入口往往是流动摊点、占道经营的聚集区域，如得不到有效疏导，摊贩会逐步挤占主次干道，影响到外部市容环境，与城市管理形成"拉锯战"；小区内部停车资源得不到有效挖掘，给城市主次干道停车造成巨大压力；小区内部保洁及时，垃圾日产日清，能够堵住部分"污染源"；小区内部管道淤塞、排水不畅，汛期容易造成主干道积水；小区路灯损毁，降低了城市整体照明亮灯率、完好率；老旧小区是违章建筑集中、高发区域，拆除难度大。

为此，市城管局和市公安局对开展老旧小区综合整治工作思想高度统一，并迅速达成了一致意见，全力推动老旧小区环境深化整治及治安防范设施建设行动。

2. 综合整治行动推进情况

2015年10月开始，市城管局和市公安局选择鼓楼区王场新村、三角线两个带有明显特征的老旧小区，围绕群众关心、反映强烈的平安建设、环境改善问题，开展了为期5个月的整治试点，探索出了一条可复制、可推广的老旧小区管理新模式。

（1）强化组织领导，精心组织试点

在多次深入基层调研的基础上，选定基础设施最为薄弱、治安情况最为复杂的鼓楼区王场新村和三角线作为全市老旧小区综合整治试点小区，10余次召开市公安局、城管局、房管局以及鼓楼区政府部门负责人会议，调度进展情况，推动工作有序开展。

（2）公安城管主动作为，集中开展综合整治

王场、三角线小区整治过程中，按照"五个起来"的要求，即"围起来、亮起来、看起来、管起来、巡起来"，共计投入资金275.82万元（见图5-4）。其中市公安局出资127.82万元，一是实施封闭建设，共焊制铁门12处，安装闸机9处，建立门卫岗亭4处；二是安装监控，新安装红外高清探头42个；三是聘用门卫保安，两小区共聘用人员16名，聘用有偿巡逻人员24人。市城管局出资148万元，一是道路维修和排水管网建设，维修道路1805m²，疏通下水道1860m，清挖检查井51座，清除淤泥上万方；二是照明维修，两小区新装路灯161套、改造路灯36套；三是公厕改造，共计对14座公厕内部设施、地面平整、线路和外观进行了修补完善；探索推行了定时定点上门收集、"垃圾不落地"试点。

图 5-4　围起来、亮起来、看起来、管起来、巡起来

（3）推行市场化运作，落实长效管理机制

一是成立了业主委员会；二是委托金盾物业统一进驻管理，本着"服务百姓、让利于民、不求回报"的原则，收取的所有费用全部用于小区日常管理服务；三是挖掘内部资源。在王场新村共施划停车泊位256个，按照每车每月30元的最低标准收取泊位费；规范设置便民疏导点8个，采取拍卖形式并按每月300元的标准收取管理费；并对在小区内部设置快递柜、饮水机，开展商品展销、促销活动进行收费，目前已合计收取5万余元。并对私房出租户开展收费并进一步挖掘广告资源，一年后再向业主收取物业费。经过测算，通过以上办法收取的费用基本可以满足小区物业的日常管理服务需要。

3．综合整治行动的成效

（1）案件明显下降，群众安全感明显提升

试点以来的五个月，两个小区的刑事案件大幅下降。2016年以来，三角线小区未发生一起刑事案件，王场社区只发生3起一般案件。相关调查表明，整治后，王场新村、三角线小区群众安全感分别达到98.1%和97.6%，居民的安全感明显提升。

（2）群众生活环境明显改善

整治后，垃圾能够及时清运，道路坑洼、破损、积水等问题得到了解决，路灯亮、公厕净，切实方便了群众，群众生活环境明显改善。

（3）小区秩序明显改善

整治中，通过施划停车位，解决了车辆乱停乱放问题；通过建立便民疏导点，规范了摊贩经营，小区秩序明显改善。

（4）建立常态管理机制

通过整治，实现了收费管理、市场化运作，探索出了一条可复制、可推广的老旧小区管理新模式。

5.1.3 启动新一轮老旧小区环境综合整治

随着城市化进程的加快和城市规划建设管理规模的加大，市民对改善生活质量、拥有舒适宜居安全的生活环境的要求越来越迫切，而开展综合整治是解决市民群众反映突出问题、提升城市功能品质和创造人民幸福生活的重要抓手。2016年7月，在试点成功的基础上，徐州市委、市政府启动了新一轮的市区老旧小区环境综合整治工作，决定对以前从未整治过的460个老旧小区，分两年整治完成，总体分四个阶段：一是2016年7～9月，先完成100个小区的综合整治；二是2016年10～12月，再开展100个小区的综合整治；三是2017年1～6月，续接完成150个小区的综合整治；四是2017年7～12月，整治最后的110个小区。

1. 新一轮老旧小区环境综合整治的内容

此次整治围绕群众关心、反映强烈的平安建设、环境改善问题，依据此前试点小区的整治模式，参照省城市环境综合整治技术指南和全国文明城市创建标准，将整治标准和内容细化分解为市容环境、基础设施、公共服务设施、房屋修缮、管理模式五大类25个方面。通过全方位实施综合整治，努力实现老旧小区基础设施完善、服务功能提升、市容环境整洁有序的目标。

（1）整治市容环境

一是拆除违法建设。对于占用消防通道影响公共安全、占用公共设施的违章建设，要坚决予以拆除。当前老旧小区的违建情况还是比较严重的，主要原因是长期以来老旧小区管理缺失造成的，这次整治要从根本上转变这种情况。规划部门要对小区违章建筑进行快速认定，第一时间下达拆除通知书；各区要做好违法建设的拆除工作；市治违办要做好违建拆除的监督、检查和考核工作等。二是清理垃圾杂物。对小区及楼道内长期存留的卫生死角，要进行集中清理，做到干净、整洁、无杂物；要加强日常执法监管，杜绝毁绿种菜、违规饲养家禽等违规现象。三是配置保洁人员。按照每5000～8000m²配1名保洁人员的标准要求，配齐配足保洁人员，建立落实每天两普扫、每两小时巡回清扫保洁制度，分片包干，确保垃圾日产日清。四是清理占道经营。对各类违规占道经营、流动摊点予以取缔，对具备条件的进行疏导规范管理。五是规范车辆停放。要完善车辆停放标识、标志，停车位能划尽划，划线清晰、有标向；有条件的要参照"海绵城市"建设要求，可改造小型透水停车场；同时要健全车辆停放管理制度，确保车辆停放管理有序、规范。

（2）加强基础设施建设

一是整修道路。要按照城市居住区道路建设规范标准整修，小区主路及组团路面要采用柔性路面（沥青路面），宅前路采用柔性或者刚性路面（水泥混凝土）；对于人行道可采用铺砌块路面，有条件选用透水性好的材料和结构做法，达到"质量好，路面平，无积水"目标。二是整治地下排水管网。要按照楼前排水管采用300mm波纹管，其他全部使用有筋混凝土承插管道的基本要求，对排水管网实施改造，确保布局合理、排水畅通。三是整治各类管线。要对供水、供气、供热、煤气、电讯线缆统一规划、设计、实施管线入地，对架空的交叉无序的各类电讯、电力线路，要进行归集、整理绑扎，做到有序分类，杜绝乱拉乱扯现象。相关资金由政府和相关企业共同投入。四是修缮照明设施。要按照有关标准配置主干道照明设施，确保原有路灯正常使用；要对室内楼内、室外道路实施亮化，推广使用节能能源和灯具。五是整治化粪池。要组织人员对小区化粪池进行定时清掏，确保不外溢；对破损的，要新建、改建，同时确保窨井盖无缺失。六是健全环卫设施。要按照主干道两侧30~50m放置果壳箱的标准要求，完善垃圾收集容器；同时，要在全面落实新一轮市场化保洁基础上，建立完整的垃圾收运体系，积极推行生活垃圾定时上门收集，建立清扫保洁长效管理机制。七是改造公厕。要参考三类标准实施改造，公厕为水冲式厕所的，通风采光要符合标准，夜间有照明，有基本配套设施，有专人管理，进出口有明显性别标志，有化粪池或可排入市政污水管道。八是完善绿化补植。对未硬化的地面应尽可能进行绿化，确保花坛外表完好，无瓷砖脱落、损坏，花草树木无枯死、缺株等现象；小区内的绿化要以乔木为主，灌木为辅，原则上不种植草坪。花坛、绿地不得堆放杂物，严禁种植蔬菜或粮食作物。

（3）提升公共服务功能

一是修建车棚。对未有非机动车车棚的要予以修建，尽可能满足小区内居民停车需要；对改变无法恢复用途的老旧非机动车车棚，要进行拆除。二是完善停车位。清理原有停车设施，对占用的要恢复其功能，根据各小区实际情况，在广泛征求居民意见的基础上，尽量增加停车位。三是建设休闲娱乐场所。要考虑老人和儿童公共娱乐设施需求，对具备条件的，按照每个小区185~200m²的标准进行新建或维修；同时要做好老年运动设施、残疾人无障碍通道、楼梯等配套设施建设等。四是健全安防技防设施。要按照"全覆盖、全天候、日常性"要求，小区要实行封闭全天候管理，每个小区不超过2个主入口，安装监控设备，主要出入口要设置道闸，实施门卫24h管理；要聘请专职和义务安保人员，加强小区日常巡逻，确保治安工作常态化。五是完善物管用房。要整合结合小区门卫，增加物管服务用途，各区公安分局金盾物业公司进入管理，确保用房满足需求；对原有管理用房挪作他用的，要恢复原用途，保障正常运转。六是统一设置宣传栏、公示栏。要按照卫生、健康宣传栏不少于3㎡的标准要求，独立设置，确保满足各类宣传需要。七是规范小区商业用房门头、店招，确保标准一致、整齐美观。

（4）抓好房屋修缮

一是维修屋面。对房屋漏雨的，要予以修缮；沿市区主干道的房屋，原则上采用平改坡方式进行改造。二是粉刷墙体。对小区内的建筑外墙要在保持色彩格调一致的前提下，以真石漆进行粉刷。三是维修楼道公共部位。对破损的栏杆、扶手及门窗，要进行修缮，确保完好无损；对楼道墙面破损的，要进行修补，并粉刷一新。四是更新、维修落水管，做到整齐划一、无破损。五是完善消防设施。要清理占用消防通道问题，明确消防责任，消除火灾隐患。

2.新一轮老旧小区综合整治的实施组织

老旧小区整治是一项复杂的系统工程，抓好此项工作需要各方各司其职，整体联动，创新机制，科学实施，确保实现明显成效。

（1）明确整治工作职责

为推进工作的高效、有序实施，成立综合整治工作领导小组办公室，设在市城管办，主要负责整治工作的总体指导、协调、督查，方案审批和考评、验收等工作。各区政府是整治工作的实施主体，负责前期调查、方案设计、预决算、招标投标、组织实施和制定落实长效管理机制等（水网、煤气等基础设施整治，由各区牵头组织相关部门实施）。市城管局负责对重要设施整治进行指导、验收，确保整治项目达标、质量过关。市公安局负责电子监控、停车线规范，指导各区分局对违法案件和行为的查处；指导、督促各区公安分局金盾物业管理公司实施进驻管理。市房管局做好物业管理的行业指导、"931"责任状小区具体整治、落实文明城市创建中老旧小区整治考核等。市财政局负责财政评审、市级投资资金的筹集、按计划拨付整治资金、监督资金的使用和管理。市建设局（重点办）负责招投标的监管、工程质量的监督；指导协调供气单位的管道修整。市规划局负责提供综合整治小区现状图、快速认定小区违章建筑。市水利局负责指导供水、排水、排污管道的修整。市审计局负责全程跟踪审计，审计财政资金的投入情况和工程竣工验收决算。市委宣传部负责宣传引导，强化媒体和群众监督作用。市通信行业管理办公室协同房管部门，负责协调电信、广电、移动、联通、邮政等部门，做好小区内弱电、强电线路的归整、整理、绑扎以及相关设施设备的铺设、更新、调整及维护工作，开展专项整治。市消防支队负责对具备条件的小区实施消防设施进行改造。

（2）实施差异化整治

要求各区对所辖小区进行逐个梳理，根据不同实际情况，一个小区设计一个切实符合实际的方案，切实体现个性化、差异性特点，确保各个不同小区各类问题都能整治到位，取得实实在在的成效。

（3）创新物业管理机制

因地制宜地推行市场化物业管理、社区物业服务站、业主委员会自治、社区管理与市场化保洁相结合等多元化的物业管理模式。针对当前整治老旧小区无物管、难管理等实际问题，结合治安综合治理实际，创新物业管理机制，由各区公安分局金盾物业公司入驻管理，房管部门进行行业指导。同时，要创新物管费收费机制，如对于不缴纳物管费的在职人员，可建立单位通报制度，对社会个人阻挠缴纳物管费的，公安机关要强势介入等；探索挖掘老旧小区内部资源收取费用用于物业管理补贴，以破解物管费征收难问题，努力探索、形成可复制、可借鉴、可推广的全新物业管理模式。

5.2　示范道路创建

5.2.1　背景

为深入贯彻《江苏省城市市容和环境卫生管理条例》，落实全省城乡建设工作会议精神，进一步深化城市管理创优活动，夯实城市管理基础，不断提升城市管理水平，2006年6月，省住房和城乡建设厅下发了《关于开展创建市容管理示范路活动的通知》（苏建城〔2006〕250号），决定在全省城市开展创建市容管理示范路活动，计划用3年时间，每个省辖市至少创建3条以上市容管理示范路，各县（市）城区至少创建1条以上市容管理示范路。

自2006年示范路创建活动开始，至2008年，全省有10个地级市、10个县级市共30条道路被命名为省级示范路，全省13个地级市只有徐州、连云港、泰州等市尚未创建省级市容管理示范路。到2009年，连云港的海连中路也成功建成省级市容管理示范路，仅剩徐州、泰州二市尚未创建省级市容管理示范路。

1. 正视差距、奋起直追，加速推进示范路创建

徐州市的市容管理示范路创建开始于2010年，根据市委、市政府的统一部署，于2009年10月，依据省住房和城乡建设厅《关于2009年市容管理示范路评选工作的通知》（苏建函城〔2009〕530号）

文件精神,下发了《关于开展市级市容管理示范路评选工作的通知》,在全市开展了省、市级市容管理示范路的创建活动。市委、市政府高度重视,先后将创建省级示范路的市中心商业街淮海西路、淮海东路、中山南路等道路列入市重点工程,投入数亿元资金进行重点打造。市委、市政府主要领导、分管领导经常深入现场进行视察,指导创建工作。通过全市共同努力,2010年创建的淮海西路位列省级市容管理示范路第一名;2011年创建的淮海东路、中山南路位列省级市容管理示范路第一名和第四名,2010~2015年,全市共成功创建17条省级示范路。

2. 省市"美好城乡建设行动"部署,为示范路创建提出了具体的要求

2011年,江苏省委出台《中共江苏省委江苏省人民政府关于以城乡发展一体化为引领全面提升城乡建设水平的意见》(苏发〔2011〕28号),在全省组织实施"美好城乡建设行动"。"江苏省市容管理示范路"创建活动作为"美好城乡建设行动"考核指标之一,更是改善人居环境、提升城市形象、提高城市管理科学化水平的有效载体和重要抓手。

2013年,省政府下发《省政府办公厅关于印发江苏省城市环境综合整治行动实施方案的通知》(苏政办发〔2013〕121号),这次城市环境综合整治行动,以"九整治""三规范""一提升"(简称"931"行动)为主要内容,提出,在2013年,各省辖市至少有1条道路达到"江苏省城市管理示范路";到2015年底,省辖市达到省城市管理示范路3条,县(市)分别有省示范路2条。同时,省城市环境综合整治工作推进领导小组办公室,在原省住房和城乡建设厅开展的市容管理示范路基础上,继续开展"城市管理示范路"创建活动,并制定了《江苏省城市管理示范路标准》。

徐州市积极响应省政府工作部署,于2013年8月30日下发《中共徐州市委、徐州市人民政府关于印发徐州市"城更靓"环境综合整治行动实施方案的通知》(徐委发〔2013〕46号),《徐州市"城更靓"环境综合整治行动实施方案》中对示范路、示范社区的创建提出明确目标,即2013年,主城区至少有1条道路达到"江苏省城市管理示范路"标准;到2015年底,主城区至少有5条道路达到"江苏省城市管理示范路"标准,各县(市)、贾汪区争取1条道路达到"江苏省城市管理示范路"标准。为切实抓好省级示范路的创建工作,结合徐州市"大城管"体制机制特点,制定、下发了《关于2013年创建省级城市管理示范路工作实施方案》,明确了创建工作的组织领导机构、责任分工和创建节点安排,建立健全了"一把手"负责制和责任倒查问责制等。

3. 全市"创优"活动和市民对美好生活环境要求,为示范路创建提供了持续的动力

随着城市建设的不断发展,市民对美好生活环境的要求越来越高,示范路创建前,道路建设管理及商业业态发展水平相对较低,门头设置不一、市政设施不足、绿化缺损严重、车辆停放杂乱,市区淮海西路、民主路等道路创建省级示范路之前,道路基础功能条件薄弱,道路两侧有不少棚户区、平房,淮海西路北侧的展览馆夜市,每天下午几百个摊点经常造成交通瘫痪,市民群众反映强烈,经过改造后,示范道路交通畅通,市容环境靓丽,商业档次明显提升,成为重要的交通、商业示范街。

市委、市政府大力开展"创优"活动,对城市环境卫生全面提升提出更高要求,示范道路的引领带动,全方位多波次的市容环境卫生集中整治,又促进"创优"活动有效开展,市委、市政府大力实施"天更蓝""水更清""地更绿""路更畅""城更靓"五大行动计划。2011年,徐州市成功创建"国家环保模范城市";2014年,成功创建"国家卫生城市";2015年,成功创建"国家生态园林城市"、"江苏省优秀管理城市"。

5.2.2 实践做法

近年来，徐州市城管局按照省委、省政府美好城乡建设行动要求，大力开展道路市容环境综合整治活动，创建省级示范路，市区10条道路、县（市）7条道路建成省市容（城市）管理示范路。通过示范路创建，进一步提高市区道路容貌水平和档次，彰显徐州靓丽形象。

1．领导重视，部门联动，齐抓共管促创建

（1）市领导高度重视，为示范路创建提供了有力保障

示范路创建包含城市道路空间立面、路面的综合整治和市容环境的长效管理，属城市管理工作中的重大工程项目，需各相关部门共同努力才能完成。因此，只有市委市政府高度重视，创建工作才能取得成效。

2010年、2011年，将示范路创建和道路综合整治工作列入当年度城建重点工程项目范畴，2012年列入为民办实事的民生工程，2013年列入"三重一大"工程项目，作为当年必须完成的硬性任务，写入政府工作报告，每年投入数亿元资金，用于道路的综合整治工作，实施杆线入地、建筑立面、门头字号、绿化、亮化等改造整治，提升道路市容景观。2010年淮海路道路整治和淮海西路省级市容管理示范路创建安排资金1亿元，2011年淮海东路、中山南路创建省级市容管理示范路安排资金7000余万元，2012年中山北路、民主路创建投入资金1.5亿元，全力予以保障。在创建过程中，市委、市政府主要领导、分管领导经常深入现场视察、指导，市委主要领导对道路整治改造还专门提出两点要求：一是坚持系统推进，按照"改造一条路，出新一条街"的原则，不作小修小补，实施整体改造，全面提升城市面貌；二是严格制定标准，切实提高道路改造、人行道建设和绿化提升标准，严把质量关，确保道路平整、路缝均匀，做到远看大气、近看精致，有效推动了示范路创建工作向纵深开展。

（2）部门联动保证了创建整治工作的全面落实

规划、建设、公安、园林、水利等相关部门按照职责分工，深入创建一线，现场办公、排查问题，并落实整改，较好地形成了由市政府统揽、市城管委督办、市城管局主抓，各主城区和市相关部门齐抓共管、协调联动的良好创建格局，为示范路创建工作提供了可靠的保证。

（3）严格的监督、整改推动了创建工作高效开展

为保证创建各项工作落实到位，实施了"零障碍"服务示范路，将参与创建的部门（单位）任务完成情况列入市委、市政府对各部门（单位）作风建设绩效考核内容，进行监督考核。市城管局在建立健全指导监督检查制度基础上，专门成立了由机关市容管理处、局重点办和督察大队等单位组成的综合检查考核组，抽调精干人员定期对创建道路进行全面系统检查，及时发现问题并限时督促整改，极大地促进了创建工作的高质、高效推进。

2．高标准规划，力求彰显徐州创建特色

规划是依据是模版，优质模版才可能产出精品产品。示范路的创建只有高标准、高起点的规划设计，才能打造出精品示范路。

徐州市在示范路建设中，坚持把高标准，高起点设计摆放在示范路建设工作的首位。2010年6月，通过招标形式，确定由东南大学城市规划设计研究院，对徐州市市区街景和户外广告进行了设计，编制了《徐州市户外广告设置规划》，经市政府批准正式颁布设施。规划强调商业集中地段是户

外广告设置的集中地段，应结合建筑物的特性，着重以体现建筑造型、建筑景观为目的，加强户外广告的造景功能，创造该地段的繁华商业氛围。户外广告应多采用新材料、新技术，广告设置应色彩鲜艳明快，形式多样。广告照明应采用喷图照明、灯箱、霓虹灯及其他新形式，强调闪、亮、跳的夜景效果，白天美化、夜晚亮化，尽量塑造繁华热闹的商业氛围。中山北路和民主路是徐州市主城区的老商业街，道路两侧老旧建筑物较多，大都建成于20世纪60、70年代，还有一部分清代和民国时期建筑。设计中坚持示范路建设标准与历史见证、文化传承相结合，统筹兼顾修缮保护与更新重建的基本原则，通过规划设计，从源头上保证了示范路建设高品位、上档次，充分彰显其独特的历史风韵和现代特色。

在工程设计上，选择了淮海经济区唯一的国家甲级市政设计单位——徐州市市政设计院有限公司，进行方案设计。并多次组织工程设计、建设、管理单位和有关专家对方案进行论证。最后报市规委会研究确定。为从源头上保证示范建设高水平。在分解梳理《江苏省城市管理示范路考核评分细则》的基础上，制定《徐州市城市管理示范路检查考核评分细则》，2011年4月28日，出台了《徐州市示范路建设指导意见》（徐政办发［60］号），从建筑物外立面（包括空调外机和阳台装饰）、户外广告、门头字号（含门牌号）、夜景亮化、道路路面和人行道铺装、杆线入地等16个方面，对示范路建设标准进行细化，为全市示范路建设提供依据。

3. 高质量建设，打造精品示范路

为保证示范路建设质量，在建设上始终坚持精益求精，按照精心、精致、精品的原则，严格执行建设施工高标准和管理精细化的模式。

（1）建设施工高标准

示范路建设工程是要把道路建设与整个沿街建筑外立面的整治、门头改造、公共设施、户外广告、杆线入地等综合整治有机结合起来，并达到相应标准规范的立体化综合整治工程。工程主要包括：建筑物外立面、户外广告、门头字号（含门牌号）、亮化设施、道路路面、排水设施、站棚提档升级、路灯设施、路名牌、各类控制柜（IP电话、消防栓等）、杆线入地、公交港湾及路口渠化、环卫设施、交通设施、绿化、违建拆除等共计16项工程内容。并明确了严格的道路、人行道、绿化等改造标准，通过工程的实施，使之成为一条质量过硬、畅通繁华、整洁美观的示范路（见图5-5）。

在示范路创建过程中，实施道路综合整治。工程共分道路路面改造和沿街立面整治两部分。淮海路路面改造工程包括拆除机非分隔带，将原来的四车道增为六车道，新建14个港湾式公交站台，新增欧洲商城、新一佳超市、展览馆、工人医院等4个树阵式停车场。在中山北路和民主路的建设上，坚持精益求精，按照精心、精致、精品的原则，严格执行"零缺陷"的施工标准和层层把关的验收机制。路面全面参照高速公路修建标准进行改造。两条路共拓宽路面、改造人行道15万m²，中山北路机动车道由过去四车道增加为双向6车道，局部7车道；民主南路机动车道由过去双向2车道增至双向4车道，局部6车道。两路全线更换花岗岩路牙、平石和人行道板，改造港湾式公交站台10处，更新路灯222杆套、新型双筒分类收集果皮箱600余个，拆除电力铁塔17座、线杆87根，通信、电力、燃气等管线入地14.36km。同时，统筹实施沿街立面整治。在门头店招规范、夜景灯饰安装方面，充分考虑原有建筑风格和空间形态，力求保持整体风貌和谐统一；在材质使用、颜色控制和工艺选择上，尽可能保护与延续街道的区域特色。两条道路干挂石材6807m²，张贴铝塑板幕墙、三色砖7万m²，安装空调室外机罩8876m²，整治门头6692m²，对38幢楼体实施了夜景灯饰美化亮化。

图 5-5　示范路高标准施工建设

三是突出文化品位提升实施沿街美化。为进一步挖掘和展现独具特色的文化内涵，在民主路设置了文化墙，大理石墙面采用浮雕工艺，雕刻徐州古建筑群、五省通衢、文庙，以及具有明显地域特色的饮食文化等有关图案32幅；对部分店铺实施整体迁徙、业态调整，努力将两条道路打造成为集购物餐饮、旅游观光为一体的文化街区和独具魅力的城市夜景街区。

（2）建立严格的质量管控制度

按照"政府监督、工程监理、企业自检"的三级质量管理模式，对现场施工质量、进度和工程建设投资及安全施工等，依据合同、规范、标准和设计文件进行全天候、全方位、全过程的施工质量监控管理。始终坚持"精致施工、细节取胜"的原则，严格按照项目合同的要求，通过与设计、监理、施工单位的密切互动，在安全文明施工、确保工程进度的前提下，对施工质量进行严格把关，不仅要求符合施工和验收规范，还不断强调细节控制，精益求精，力臻完美。严把材料选用关，以优质的材料为精致建设提供支撑；狠抓施工管理，通过全方位、全过程的质量监管，为精致建设提供保障，打造精品工程。

4．抓好制度建设，保证示范路管理高水平

创建一条质量优、品位高的示范路不容易，但要真正落实长效管理则更难。三分建设七分管理，示范路核心在于管理，只有实现了高水平的管理，示范路的价值才能体现。为保证示范路的长效化管理，市城管局从强化监督管理上做文章，从落实长效管理措施上找保证，取得一定成效。

一是以网格化管理为依托，建立沿街单位与路段执法管理责任人之间的互动机制。在承担示范路日常管理的城管执法大队建立了"一岗双责"为核心网格化管理。从2011年开始，市城管局在全市已命名（拟创建）的省、市级市容管理示范路两侧沿街单位中，开展了以网格化管理为依托、落实市容环卫责任区制度的"五好"（即：卫生好、容貌好、秩序好、设施好、绿化好）竞赛活动，同时建立"双向知晓率"考核机制，即队员对责任路段沿街单位情况知晓率和沿街单位对管理责任人情况的知晓率，促进沿街单位与管理责任人之间的互动，从而保证创建路段的市容环卫责任书签约率和履约率达到了100%。

二是环卫保洁市场化，全面提高道路环卫保洁水平。推行"双班作业法"、"20分钟保洁法"和"三位一体"保洁作业新机制，按照一级保洁等级，及时开展道路机械清扫、路面冲刷、洒水及垃圾收集清运作业，加大机械化清扫力度和路面冲洗频度，确保示范道路保洁质量始终维持在较高水平。

三是定期进行回头看，确保已命名的示范路不回潮。

5.2.3 成效

开展城市管理示范路创建是贯彻全省城市管理工作会议精神的要求，是打造城管精品、亮点，提升城市功能与品位，提高城市市容和环境卫生管理水平的重要举措。徐州市在开展示范路创建的过程中，做了许多积极的工作，取得了较好的成效。

1. 提升了城市形象和城市品位

通过示范路创建，城市道路通行能力明显增强，缓解了交通通行压力，同时，示范路整体面貌和沿线市容市貌有了较大改观，从而增强了徐州市作为淮海经济区区域性中心城市的综合竞争力和辐射带动能力，提升了城市形象和城市品位（见图5-6）。同时，通过创建，优化了商业发展环境，吸引了一批知名品牌企业入驻，带动了道路两侧店面经营业态的转型升级，促进了商业街区的繁荣，提高了中心商圈经营效益，尤其是淮海路、中山路和民主路三条商业、文化、休闲街"两纵一横"的大框架，已经成为徐州城市最重要的经济发展载体，对徐州市商贸流通和经济发展起到了极大的促进作用。

图 5-6　通过示范路创建，提升了城市形象和城市品位

图 5-7 示范路完善了城市功能，改善了民生

2．完善了城市综合服务功能

示范路的成功创建，完善了城市服务功能和综合承载力，极大地改善了民生。在示范道路附近设置临时停车泊位，在示范路上配置公共自行车站点，切实解决了市民出行最后一公里的问题，深得民心民意；建立健全示范路长效化管理机制，强化物业管理及服务意识。较之以往，现在的示范路色彩缤纷、灯火通明、人头攒动、车来车往。市民参与、支持城市管理意识越来越强，对城市环境的满意度有了明显的提高，居民群众的"归属感、舒适感、幸福感"得到了大幅提升（见图5-7）。

3．为"创优"活动提供了保障

通过城市管理相关单位的持续不断努力，2010～2015年，全市共成功创建17条省级示范路，其中市区10条、县（市）7条。示范路的成功创建，突出了道路综合整治效果，如淮海路、中山路、民主南路道路改造后，道路与建筑立面面貌一新，杆线全部入地，市容管理有序，有效地提升了城市整体形象。整洁优美的城市环境为徐州市成功创建"国家环保模范城市"、"国家卫生城市"、"国家生态园林城市"和"江苏省优秀管理城市"起到了促进和保障作用。

5.3 便民疏导（服务）点建设

占道经营是中国城市发展过程中普遍存在的现象。摊贩的存在有着客观的社会基础，既有民生的需求，也在一定程度上缓解和减轻了社会的就业压力。但是，占道经营的弊端也日益突出，其破坏市容环境秩序、阻塞交通出行、干扰居民生活、扰乱市场经营秩序并损害消费者利益，既是严重影响城市容貌的重点难点问题，也是广大群众反应比较强烈、投诉比较多的热点问题。如何加强对占道经营的管理，直接关系到城市的面貌和社会稳定，关系到城市对外形象和可持续发展，关系到广大市民的切身利益。

对占道经营的管理，徐州市经历了三个阶段：第一阶段，即2006年前，采取的是"全面取缔"方法，管理矛盾大，执法人员与摊主难以沟通，对立思想严重，效果不好。

第二阶段，即2006~2010年，采取的是"堵疏结合，以堵为主"的方法，按照"需要与可能"的原则，加强与业主的沟通和宣传，在部分有条件的区域设置便民疏导点，实行规范化管理，取得一定成效，少数区域和道路的占道经营状况明显好转，执法行为得到部分业主和居民的理解和支持。

第三阶段，即2011年至今，采取的是"疏堵结合，疏堵并重，全面整治，便民利民"的方法，按需设置疏导点后，对马路市场、摊点群和市区道路进行全面整治，取得良好效果。

5.3.1 背景

1. 生活服务设施不足与市民生活需求的矛盾需要过渡性的保障措施

随着城市建设和改造规模逐年扩大，各种档次的住宅小区相继建成，但未能规划建设与居住人员相对应的商业及服务设施，造成群众购物时交通不便且时间成本较高。如绿地世纪城、东方美地等十几万人的居住生活区，三环南路泉山美墅、弘润园、山水华美、森活绿郡等高密度生活区周边，均没有与聚积人口相适应的农贸市场或大型购物中心等。另外还存在已有规划但未能按期建设、已建成但改变用途、已建成但规模小，不能满足需求等现象。如云龙区主城区生活三十多万人，但农贸市场少而小，从而形成了剪子股、丰储街、袁桥、黄河东岸等大型综合性"马路市场"。因摊贩不需支付税费、房租、水电、人工、场地等费用，所售商品价格相对正规市场低廉，从而满足了不同的消费群体，流动摊贩出售的商品丰富多样，有些价值低廉的小商品和手工物品甚至在正规市场难以寻觅，却能在流动摊点上轻松购得。有需求就会有供给，由于这类马路市场的存在确实满足了周边居民的生活需要，弥补了基础设施不足带来的不便，如若强行取缔，不但效果不佳，而且不可避免地引发矛盾冲突。

2. 占道经营的弊端日益突出与屡治不愈的矛盾需要创新管理方式

占道经营带来许多问题：城市道路被侵占，阻碍城市交通；导致污水、垃圾、油烟、噪声等环境污染问题，影响周边群众的生产生活；所经营的产品卫生、质量等状况无法监管，存在导致群众身心健康问题的安全隐患；逃税避费还很有可能缺斤少两，对正常的市场经济秩序造成不良后果，影响到合法经营者的相关利益。这些看似细碎的种种不利影响，却与居民日益增长的生活质量需求、与城市形象和品位的提升密切相关。为了履行相关管理职责，美化城市市容市貌，城管部门对占道经营摊点采取突击、集中、反复的取缔措施，在政府耗费了大量人力、物力、财力、时间等资源的情况下，占道经营整治情况仍然不容乐观，城管执法人员长年陷于"整治——回潮——再整治——再回潮"的循环整治工作中，身心俱疲却收效甚微。在长期的整治过程中，城管执法人员和流动摊贩积累了大量的矛盾，且这种矛盾随着城市化的进程呈愈演愈烈之势，不稳定因素日益加剧，群体性事件、突发事件、公共管理危机一触即发，若这些矛盾得不到及时、有效的解决，将严重损害政府的形象，影响到整个社会的和谐稳定，必须引起全社会的高度重视。如何在维护社会和谐稳定的前提条件下，对流动摊贩占道经营进行科学、高效的管理，是城市管理工作亟待解决的问题。

为能取得理想的整治效果，徐州市城管部门进行了各种尝试。实践证明，凡是在具备条件的区域，允许其存在，但要求规范管理的马路市场、摊点群，只要有人管理，效果就比较好，业主配合，多数市民也比较满意，反之，就冲突不断，既取缔不了，也管理不好。

3. 弱势群体谋生手段与市容市貌的矛盾需要有兼顾"肚皮与脸皮"平衡点

随着经济改革的深入，产业结构的调整，市场化转型的加快以及全球化进程的提速，中国城镇失业人员不断增加，大量的国有企业和集体所有制企业在由计划经济向市场经济的转轨过程中不能适应市场的激烈竞争，原来的工人阶层的一部分成员下岗，加入到无稳定职业者阶层，成为城市贫困群体。另外，快速的城市化，使失地农民和农村大量的剩余劳动力涌入城市，由于他们缺乏必要的劳动技能，城市也没有很好的就业渠道供他们转移就业，整个劳动力市场就呈现出城市贫困人口、农村转移劳动力人口与摊贩从业人口同步增加的失业人口摊贩化趋势，城市贫困人口和进城务工农民成为城市占道经营的主要人员。

一方面，居于社会底层的流动摊贩，享受不到社会保障，没有固定工作和固定收入，有的甚至没有固定的住所。他们在学历、年龄、劳动技能等方面大多处于劣势，难以找到正规职业，而从事占道经营活动具有经营成本低、前期投入少、规模小、调整经营快、行政监管弱等特点，迫于较大的生存压力，他们只能选择占道经营以改善家庭生活，解决温饱问题。可以说，占道经营已经成为部分弱势群体的谋生手段。另一方面，低廉的价格、便捷的购物也吸引了部分消费者，特别是城市中低收入人群。如果这部分人没有生计出路，就有可能产生暴力抗法、上访、"与城管理人员打游击"等许多负面因素。因此，必须找到解决低收入群体的占道经营与保持整洁有序市容环境的平衡点。

4. 占道经营引发的"脏、乱、差"与各方面对良好市容环境要求的矛盾需要有效的解决办法

擅自占道经营必然带来周边市容环境"脏、乱、差"现象。一是破坏城市环境卫生，影响城市对外形象。二是挤占城市道路，阻塞城市交通，影响车辆和市民出行。三是检验检疫失缺，诱发疾病传播，给城市公共卫生、疾病防控和食品安全构成事故隐患。四是对规范市场、合法经营，营造良好的市场竞争环境产生不利影响。实践证明，按照"需要与可能"的原则，将市民生活确实需要的占道摊点，归类收编，统一管理，上述问题就能得到较好的解决。因此，在不影响交通，不严重影响市容环境的前提下，做好规范性疏导就成为有效的办法。

5.3.2 实践做法

如何设置疏导点，设置哪些疏导点，什么样的疏导点是市民能够接受和欢迎的，从2006年开始，徐州市就进行了探索实践，并逐步形成了弥补功能、改善环境、利民便民等各具特色的疏导点。

1. 设置功能性疏导点

功能性疏导点是指把广大市民切实需要，日常生活、出行不可或缺的一些摊点，按照服务类型、经营特点进行功能性疏导，规范经营场所，改善经营环境，为居民提供服务。目前，徐州市设置的功能性疏导点主要有两类：

（1）规范性便民维修服务点

2006年为解决部分市民需要、难以全面取缔而又具备疏导条件的摊点，徐州市积极探索疏导管理方法，对主城区主次道路的各类修车、配钥、修鞋等便民摊点进行规范整治，统一制作400辆便民修理车并免费发放使用。2007年，设置便民服务维修点200处，解决了部分下岗职工和弱势群体生计问题。2008年，徐州市在深入调查研究基础上，从既满足市容市貌管理要求，又满足不同群体利益需要出发，在不严重影响市容、不严重影响交通、不占用盲道、不影响居民正常生活的前提下，在全市统一规划定点设置400个便民维修服务网点，将修鞋、修车、修锁等散落在市区的各类为市民提供维修服务的摊点统一"收编"，由城管执法部门免费提供统一制作的维修车辆，在指定地点经营，并负责摊点周边5m范围内的环境卫生。27个便民疏导点80%以上基本达到了统一业态、统一设施、统一服装、统一管理、统一考核的"五统一"要求（见图5-8）。在便民疏导点聘请了义务监督员，让他们评判管理效果及服务态度，着力提升群众参与度、满意度，实现了便民与管理的"双赢"。

（2）规范性书报刊亭

将原先多种样式的书报亭，按照实际需要，统一设计制作了126个美观实用的书报亭，由规划、城管、报社等部门（单位）规划定点，经市政府批准后实施。为保持报亭经营中不影响慢车道通行，统一将书报亭门背向慢车道（见图5-9）。

2. 设置季节性与时段性疏导点，满足特定时段需求

对有明显季节性或时段性特征的占道经营活动，准许在特定季节或时段进行规范疏导。

（1）5～8月份设置的西瓜便民销售网点

5～8月份是西瓜的产销旺季，通过设置西瓜便民销售网点，供自产直销的瓜农（果农）使用，

图 5-8　便民修理车和疏导点"五统一"管理

图 5-9　规范性书报亭

同时也方便了市民。西瓜便民销售网点点位一般选择在居民小区以及有条件的背街小巷内的合适位置,同时需满足主次道路两侧及距主次道路巷深20m内禁止设置的要求。瓜农按照指定地点经营,不得擅自移位,不得叫卖,自备盛放垃圾容器,不得乱扔瓜皮,保持清洁卫生。2007年以来,市城管部门按照"疏堵结合、总量控制、提升品位、方便群众"原则,指导各区在居民小区及部分街巷不影响交通、市容的点位,设置夏季西瓜直销疏导点,2016年,设立"西瓜临时便利直销点"212个。此举深得人心,瓜农高兴,居民满意,也方便管理,受到市民的一致好评(见图5-10)。

(2)春节前后的临时年货销售网点

允许经营的时间在年前一周至元宵节,经营内容主要是对联、挂历、灯笼等烘托节日气氛的商品,但不得经营烟花爆竹等危险品,不能是店外展示经营商品。这些点位,不需要经营设施的统一,只要在规定的区域内整洁有序销售即可。

(3)临时早餐疏导点

统一设计制作早餐车,在划定的区域经营,8:30时停止经营,并将早餐车推离现场。2006年底,在市区设立苏叶便民放心早餐车110个,实行统一车体、统一配送、定点定位定时管理。2007年,扶持设置"苏叶放心早餐"经营网点140余个。

图 5-10　西瓜便民直销点

3．设置秩序性疏导点，改变环境"脏、乱、差"状况

秩序性疏导点，主要是对那些历史形成且发挥一定功能作用的马路市场，摊点群进行规范改造，统一设计制作经营设施，按照服务类型、经营特点，提档升级。

2007年，按照"服务民生、维护市容、可能必需、完善功能、规范有序、市民满意"和"主干道（广场）严禁、次干道控制、背街小巷规范"的原则，在市区街巷、居民区、公共场地等城区，改造规范摊点群3处，提供就业岗位60余个。2010年，按照市政府部署，采取政府土地入股、企业（个人）投资建设、市场化运营的方式，指导各区抓好5处大型疏导点建设工作。2011年，紧紧围绕"治违、治堵、治脏、治乱、治暗"专项治理活动，不断加大对47个马路市场和27个便民疏导点的管理力度，完成光明路、煤建路等4处便民疏导点设施更新、提档升级工作，取缔孟家沟、西苑中路等6个马路市场；督促、指导各区强力推进3个失地农民就业疏导点建设；实施市容秩序提升工程，坚持以"让市民满意"为导向，抓好3个新增定点办事处、33个马路市场市容环境综合整治和21个疏导点的规范管理工作，巩固成果，落实长效管理；组织开展夜市烧烤、占道大排档等专项整治，对市区长年留存的夜市烧烤进行全面排查、取缔，对大排档实施规范化管理，推进疏导点的市场化运作。

2012年，下发《徐州市占道经营整治方案》，完成镇河小区等6处疏导点建设，取缔纺织东路等8个马路市场，全市占道夜市烧烤数量由近200家减少到50家左右；积极探索马路市场、占道摊点市场化运作新途径，在矿西路等5个疏导点成功实施了社会化建设、管理的新模式。

2014年3月，徐州市城管局对市区占道经营情况进行了全面的排查摸底，鼓楼、云龙、泉山和开发区有各类占道经营问题近万个，其中店外经营约1100个，流动和固定摊点约1600个，10个摊位以上的摊点群、马路市场107处，规范疏导点39处（见表5-1）。

市区马路市场（摊点群）、疏导点分布　　　　　　　　表5-1

区	马路市场		摊点群		疏导点		小计	
	数量	摊位数	数量	摊位数	数量	摊位数	数量	摊位数
鼓楼	16	1265	15	515	11	338	42	2118
云龙	13	1336	8	320	10	617	31	2303
泉山	18	1264	32	739	15	354	65	2357
开发区	2	235	3	92	3	108	8	435
全市	49	4100	58	1666	39	1417	146	7213

针对现实状况及实际需求，经市政府批准，在已设置的39处疏导点基础上，按照"需要与可能"的原则，对107处马路市场、摊点群进行全面整治，除其中的29处可以提升成疏导点外，其他的全部予以取缔。达到了既治乱，又满足市民生活需要的双重目的。

2014年，疏堵结合治理占道经营、马路市场。印发了《徐州市临时便民疏导点管理暂行办法》，结合创建工作和"城更靓"综合整治规划，按照"主干道严禁、次干道严控、小街巷规范"的要求，重点对88条主干道、100条背街小巷开展占道经营、马路市场专项整治，取缔违章马路市场（摊点群）79处，规范临时便民疏导点68处。市区违规马路市场（摊点群）基本得到取缔或规范（取缔率、规范率分别较2013年提高了30个、20个百分点），占道经营较前期减少了60%。

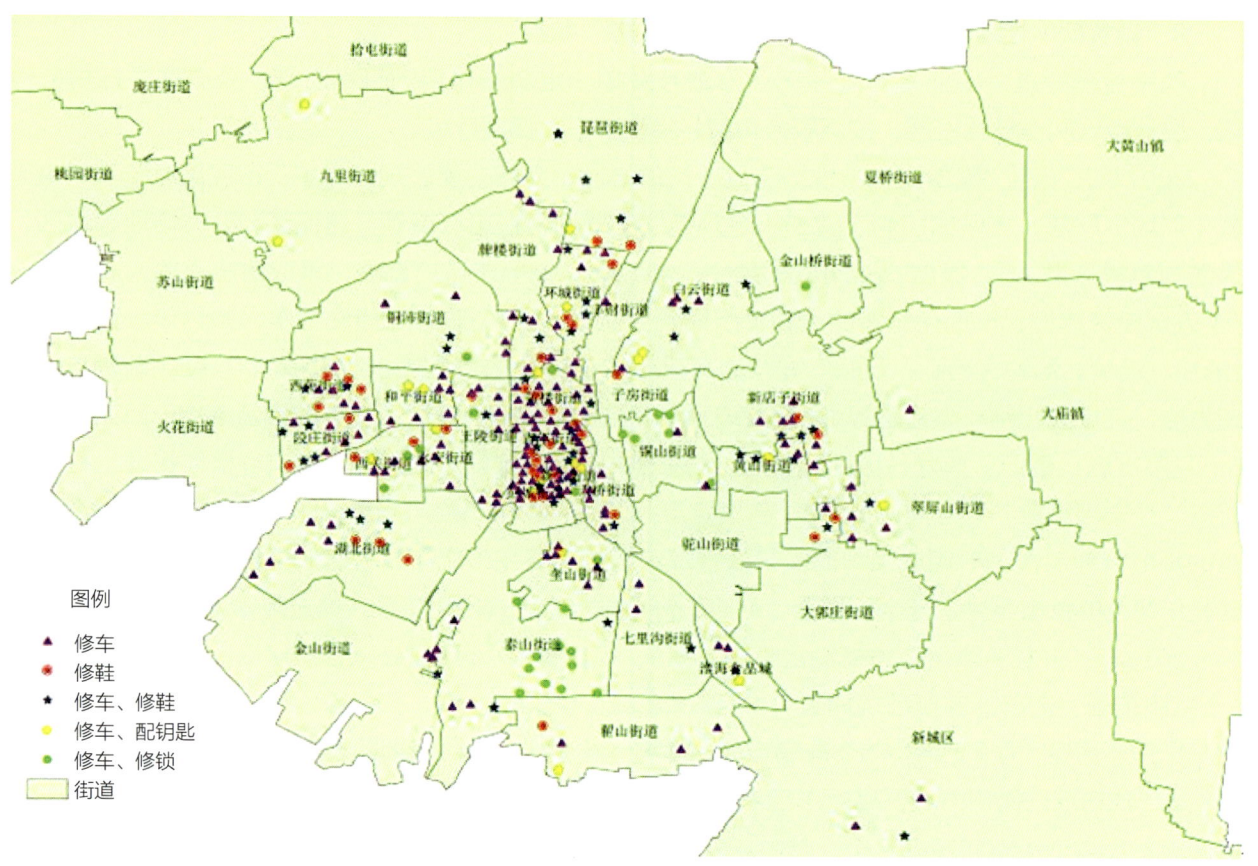

图例

▲ 修车
◉ 修鞋
★ 修车、修鞋
● 修车、配钥匙
● 修车、修锁
▢ 街道

图 5-11　全市统一规划定点设置的便民维修服务网点分布图

2015年，疏堵并举治理马路市场、占道经营。按照"主干道严禁、次干道严控、小街巷规范"要求，采取机关人员包挂路段、驻区督办和巡特警现场核实等有效措施，先后开展了56条重要道路专项整治、百条背街小巷综合整治、占道经营、夜市烧烤百日整治等活动，重点对21条难管路段、高发区域和551处"黑名单"点位逐一清理，取缔非法马路市场、摊点群近200个（次）、占道摊点1.2万余处（次），对3200余家（次）存在店外经营问题的商家予以规范。市区主次道路基本达到无占道经营现象，三环路以内占道夜市烧烤得到全面取缔。出台了《徐州市临时便民疏导点管理暂行办法》，从方便市民购物和消费角度出发，合理规划设置58处临时便民疏导点、354处"西瓜临时便利直销点"和2处市区大型集中烧烤点。

2016年，针对市区现有的449处"五小"经营场所车体老旧的问题，高标准设计了规范统一、美观实用的车体，确定292个点位（见图5-11），计划统一制作、定点投放"五小车体"395个。2016年7月，各单位已初步完成前期准备，并进入生产制造阶段。

5.3.3　成效与经验

针对占道经营，徐州市在探索中逐步形成了"疏堵结合，疏堵并重，全面整治，便民利民"的工作方法，通过设置弥补功能、改善环境、利民便民等各具特色的疏导点，既解决了一部分弱势群体的就业和生活问题，又方便了群众，同时也维护了市容秩序，美化了城市环境，提升了城市形象，积累了成熟的经验。

1. 统筹规划，是科学合理设置疏导点的前提

设置疏导点是对占道经营管理的过渡性措施，其主要目的是弥补城市基础生活服务设施不足，随着农贸市场、街坊中心等服务设施的完善，最终取消占道设置的疏导点，还道于民。在疏导点的设置管理上，通过不断总结经验教训，徐州市逐步形成了一整套较为合理的制度措施要求：一是坚持"主要道路严禁、次要道路严控、街巷小区规范"的原则；二是具备市民日常生活需要、长期存在的原有摊位、不影响周边商家店面、不扰民、有疏导场地的前提；三是按照小块临街空地、路牙石以上、不占盲道、不破坏公共设施、不影响整体市貌、不影响居民出行要求进行选点；四是疏导业态主要为市民生活必需，即便民修理、小吃早餐、水果和熟食等；五是疏导点设置与管理由各区级城管部门审核，报市城管部门备案，设置方案须经有关部门批准，疏导点所有设施的色彩、样式需统一且与周边环境相协调；六是每个疏导点必须明确经营时间，不得提前和延时经营；按照批准的业态进行经营，不得跨业经营、多业经营，经营点位不得擅自变更，不得移位、挪位经营，经营商品（物品）摆放整齐，不得乱堆乱放，保持经营设施外表整洁和周边的环境卫生，不得乱扔杂物和垃圾，做到市收场净的管理要求。

2. "需要与治乱"是设置疏导点的核心目的

目的不同，设置与管理疏导点的效果也不同。设置疏导点是一段时期内强化占道经营管理的过渡性措施，其核心目的是解决老百姓的生活需求和占道经营造成的市容混乱状况，并且是当前状态下的切实可行措施。所以，在操作层面上应结合实际情况把握三点：一是疏导点的设置选点应本着重点区域及主干道禁设、重要区域及次要干道严控、街巷和居民小区可设的原则。二是疏导点选点应结合原有摊点的分布，采取就近选点、业态相对集中的办法选择点位。实践中，徐州市城管部门主要把早点、小吃类疏导点设置在方便市民购买且不影响交通的位置；水果和熟食类疏导点主要设置在小区周边及街巷不影响交通的位置；历史形成一时难以取缔的小商品摊点群和马路市场原则上原址划定区域设置。按照"统一设施、统一经营时间、统一垃圾容器、统一业态、统一管理"标准，使设置后的疏导点达到规范、有序、美观、整洁的要求。三是当疏导点周边的农贸市场、街坊中心等生活服务设施建成或扩（改）建后且能满足疏导点全部摊位入室经营条件时，疏导点自动取缔，如只能满足部分疏导点摊位入室经营时，首先引导农副产品摊位入室经营。

3. 必须以高压态势取缔疏导点外的其他占道经营行为

占道经营行为不会因为设置了疏导点而自然消除。通常的情况是将一些摊点"收编"规范成疏导点后，又会出现新的占道摊点。为此，必须以高压态势取缔疏导点外的其他占道经营行为。一是设置疏导点不能成为"懒政"的借口。按照"需要与可能"原则规划设置好疏导点后，疏导点及疏导点内的摊位原则上只能逐步减少，不能增加。对疏导点外的其他占道经营行为必须予以坚决取缔。二是不能放松对疏导点的规范化管理。为此，应出台专门的文件，对疏导点的管理标准、疏导点经营者应遵守的规定以及违反规定后将要承担的后果均应作出明确的规定，并作为日常管理的依据，严格落实。三是保持督导查处的常态化。实践证明，放松管理，就意味着占道经营管理将要失控。唯有一以贯之的督导查处，才能取得并保持好的管理效果。

5.4 户外广告及店招管理

5.4.1 背景

户外广告是指在城镇建（构）筑物、交通工具等载体的外部空间、城市道路及各类场地以及城市（城镇）之间的交通干道边设置（安装、悬挂、张贴、绘制、放送、投映等）的各种形式的商业广告、公益广告设施以及其他用于展示、宣传的广告形式。包括建（构）筑物上的户外广告设施、公共设施上的户外广告设施、地面上的户外广告设施、移动式户外广告设施。店招标牌是指单位和个人在公共、自有或他人所有建筑物、构筑物、设施及场地设置的用于表明单位名称（标识）的招牌、标牌、灯箱、实物造型等设施。

1. 户外广告及店招的作用

户外广告和店招标牌是企业向公众展示和宣传自身形象和产品的重要宣传手段。户外广告作为空间传播的载体，是城市景观形象、街景立面的重要组成部分，与建筑、交通、绿化等城市系统并置，共同形成城市的地理空间和视觉界面，在繁荣经济、美化城市、促进就业等方面发挥着不可替代的作用。

（1）户外广告及店招美化了城市

在某种程度上户外广告和店招标牌可以说是城市的一道靓丽的风景。在白天，一幅创意设计优美的广告就像一幅优美的风景画，呈现给人们城市的美丽。夜幕降临，户外广告的照明灯光以及五彩缤纷、绚丽多姿的霓虹灯更增添了城市的繁荣和靓丽。

（2）户外广告及店招给城市注入了活力

户外广告以其直观的形态、睿智的内容、鲜艳的色彩、靓丽的画面以及动感的节奏每天都吸引着城市街道上的行人，使城市除了凝重的高楼大厦、穿梭的汽车行人之外还有一抹亮色，带给城市以活力和生气，使城市不再显得寂寞和平淡。

（3）户外广告及店招给城市带来了商机

户外广告作为流通领域在城市空间环境中无法替代的媒介物，它无时无刻不把其要诉求的产品以及流行趋势告知广大消费者，从而给城市商品流通带来了巨大的商机。

2. 徐州市户外广告和店招标牌存在的问题

近年来，随着经济社会的快速发展和城市化进程的加快，户外广告和店招标牌发展迅猛。但不可忽视的是，户外广告和店招标牌在大量涌现的同时，也衍生出一系列问题。与其他城市一样，早几年徐州市的户外广告和店招标牌产生了一些问题：

（1）设置凌乱，与城市环境不协调

一些单位为了片面追求利益，在城市的公共空间乱设置户外广告和店招标牌，见缝插针、犬牙交错、形式混乱、规格不等，视觉效果极差，给人造成紧张甚至是压抑的感觉。很多户外广告和店招标牌制作粗糙，设置不当，其结果是整体设置差，形式单一，缺乏美感。广告画面混乱不堪，文字内容污染严重，造成视觉污染，影响了城市容貌。户外广告分布类型样式丰富，但是没有与城市发展所形成的功能区间进行协调，户外广告分布的随意性过强，整体相对较为凌乱，导致城市分区与重要道路的特色得不到彰显，拉低了城市形象，破坏了城市的空间景观。

（2）制作质量低劣，安全隐患多

有些地方户外广告和店招标牌的支撑结构、板材选择、建筑施工等无专业人员的指导、无技术标准、无鉴定标准、不抗震、不抗风等，遇到自然灾害，倒塌现象时有发生；有的高空金属架构年久失修，强风一吹可能从天而降，殃及行人，甚至还有的广告堵塞消防通道等。且户外广告设施多设置在高大建筑物的顶部，繁华商业街区，主要交通干线、通道的两侧，以及临街建筑的墙体上，这些位置大多处于或邻近人口稠密的区域，受降雨、大风等天气条件的影响，存在着诸多的安全隐患。

（3）遮挡公共空间，造成人们的生活不便

广告牌遮挡或"矮化"交通标志和公共指示标志，分散和干扰司机的注意力和妨碍行人视线，影响人们的出行；人行道上广告栏泛滥，影响路人行走；巨大广告牌遮挡阳光，影响居民房间的采光和通风；广告牌的反光对居民和行人造成干扰；公共场所的广告泛滥，造成整个城市文化环境的污染，不但直接影响了市容市貌，也影响了人们的正常生活和工作，干扰路人视线，分散精力，影响了人们的出行安全。

（4）缺少定期清洁保养，影响城市形象

由于户外广告大多处于开放空间，常年经受风吹雨淋，相比其他媒体广告来说破损率大，灰尘密布、缺角穿洞的广告牌和缺笔少划的霓虹灯遍布城市大小角落。很多户外广告业主及客户只注重户外广告的位置和创意，却不愿多掏一些钱对其进行定期清洁维护。户外广告不仅是企业和产品的面子，更是体现城市形象的重要方面。缺少定期清洁保养，影响了城市的整体形象。

5.4.2 实践做法

1. 编制户外广告设置规划

按照规划编制的一般程序，徐州市于2009年3月份开始，通过面向全国公开招标的方式确定编制单位，并按规定的程序征求相关部门的修改意见、通过相关教授专家的评审、市规划委员会的评审及市政府的批准，于2010年6月30日，正式开始颁布实施《徐州市户外广告设置规划》。该规划对绕城公路内，涉及建成区的主要道路、绿地、车站、景区、广场及建（构）筑物等承载体上设置的各类户外广告和主要道路节点、城市出入口等区域进行全面规划编制，以实现城市户外广告拓展城市空间、塑造城市形象、提升城市品质、推动城市经济和促进持续发展的目的。2012年，根据徐州市城市快速发展建设的实际需要，又按规划编制的程序，通过公开招标的方式组织编制城市新城区、高铁站区、城市主要出入口道路的广告设置规划，并对原规划进行了部分修编，同时编制了《城区主要出入口道路户外广告设置规划》、《徐州市新城区户外广告和店招标牌设置规划（导则）》和《徐州市高铁站区户外广告和店招标牌设置规划（导则）》。这四部规划也按规划编制程序于2013年8月经市政府批准实施。《城区主要出入口道路户外广告设置规划》主要包括高立杆广告规划、南三环、北京路、城东大道、104国道、徐商大道、迎宾大道、徐丰大道、华润路九方面内容。《徐州市新城区户外广告和店招标牌设置规划（导则）》、《徐州市高铁站区户外广告和店招标牌设置规划（导则）》包括户外广告分级设置规划、不同类型道路户外广告设置规划、不同类型节点户外广告设置规划、不同类型建筑物户外广告设置规划、户外广告媒体设置规划、公益性户外广告设置以及临时性户外广告设置规划等内容。

2015年11月2日，省住房和城乡建设厅印发《江苏省城市户外广告设施专项规划编制纲要（试行）》（苏建城管〔2015〕528号），要求"各省辖市2016年年底前编制完成户外广告设施专项规划"。2015年12月，经市政府批准，由市城管局牵头重新编制《徐州市区户外广告设置规划》，目前招标工作已经完成，正在积极推进户外广告规划编制工作，2016年年底前将全部完成。

2．开展违规户外广告（店招）专项整治

为贯彻落实一法（中华人民共和国广告法）一条例（江苏省广告条例）一规范（江苏省城镇户外广告和店招标牌设施设置技术规范）一标准（江苏省城市容貌标准）。市城管局开展户外广告（店招）集中整治行动。

（1）户外广告整治

一是对公益广告低于30%的建筑工地围挡广告，已经批准设置，但画面陈旧、破损、与环境不协调、存在安全隐患的户外广告和临街店面设置的橱窗和窗体对外展示形象进行规范整改。二是对未经审批且不符合规范设置的户外广告设施、许可期限届满、流拍的楼顶和高立柱广告设施、经营人弃管、长期空白闲置的户外广告设施进行拆除。三是对建筑墙体的张贴和悬挂广告、各建筑物、公共设施上张贴、喷涂、刻画的"牛皮癣"小广告进行清除。共整治广告8224处，约62435m²。

（2）店招标牌整治

一是对陈旧、破损、缺损、污渍、线缆脱落、带有商业广告的店招标牌依法整改。二是对采用喷绘灯箱布或易污旧等低劣材料的牌匾标识及色彩反差大，冲击力强，与建筑物环境不协调的牌匾标识进行更换。三是对未经审批且不符合规范设置的店招标牌、一店多招、多层多招的店招标牌和悬挑灯箱、落地灯箱、旗（幌）等牌匾标识进行拆除。共整治店招11515处，约54490m²。

（3）LED显示屏整治

为了进一步规范市容秩序，规范新型户外广告媒体的设置，开展了各类不符合设置要求的字幕式LED电子显示屏的集中清理整治活动。整治的重点是长度在4m以下的小型字幕式LED显示屏，以及所有设置在二楼以上墙体、垂直于墙体设置的LED屏和LED灯箱。共拆除清理各类字幕式电子显示屏8600多块，约11000m²。

（4）市政设施上的广告整治

按照省技术规范对市政设施上的户外广告的相关规定，组织对违反各类市政设施户外广告设置规定的广告进行了清理拆除。一是市政管理处和市客运场站建设管理有限公司对设置对路名牌和公交站牌上的户外广告进行了撤换，将所有户外广告画面全部撤换成徐州地图等公用信息，恢复设施原有功能，共撤换画面近千幅，2000多m²；二是拆除交通指示牌背面的户外广告，正对市区（尤其是鼓楼区）的交通指示牌背面陆续出现的半公益半商业形式的违法户外广告，组织广告执法大队对市区交通指示牌背面的户外广告进行全面排查和集中清理，共拆除65处，500余m²。

3．坚持"请进来"与"走出去"相结合

（1）请进来

2016年3月19日、23日，邀请广电传媒、支点、融道等20多家具有代表性的广告公司负责人参加户外广告设置管理座谈会。3月31日，邀请和信广场、绿地广场、万达广场、富国大厦等具有一定影响力商业综合体、商业广场负责人参加店招设置管理座谈会。4月13日，邀请市广告协会的会长、副会长、理事、会员单位负责人参加规划编制座谈会。通过多次座谈、沟通和交流，一方面对开展户外广告（店招）整治的法律依据、标准、规范进一步进行宣讲，对《徐州市区户外广告设置规划》修编工作进行介绍；另一方面，对徐州市当前户外广告（店招）设施设置的管理现状、存在问题、解决措施进行了认真分析研究，并对广告规划点位、广告（店招）设置形式等征求意见和建议。

（2）走出去

一方面对苏宁、世茂东都等主体接近完工的新建工地进行走访，向他们宣传《江苏省城市容貌标准》、《江苏省城镇户外广告和店招标牌设施设置技术规范》等相关标准、规范要求，提醒他们在设置店招标牌时应符合规划、待主管部门批准后方可设置，避免设置不规范、造成重复投资。另一方面对整治中需要拆除的重点部位进行走访，主动与他们沟通交流，向广大经营业户宣传有关法律法规，争取他们的理解支持，对不符合规划的户外广告、店招积极主动进行整改。

4．落实户外广告（店招）长效化管理

一是深入落实省环境综合整治和省优秀管理城市等各项创建活动长效化管理工作要求，加强对各类违法户外广告（店招）设施的查处力度，及时发现并拆除各类违法新增户外广告（店招）。二是深入实施户外广告市场化运作。按照徐州市户外广告市场化的总体要求，继续深入开展广告经营权的公开拍卖，对主城区所有符合规划设置要求且具备公开拍卖条件的户外广告全部以公开拍卖的形式出让其经营权，不具备公开拍卖条件的则全部以协议出让的形式出让其经营权。三是配合相关单位发布公益广告。继续配合徐州市各类重大活动的开展和城市创建工作，设置公益广告宣传阵地，长期发布公益广告。

5.4.3 成效

1．城市面貌得到有效提升

经过整治，各种违规楼顶广告、高立柱广告、楼体广告、扎地广告、移动灯箱广告、橱窗广告、LED屏广告等户外广告设施得到规范整改，一店多招、多层多招、层叠设置、劣质材料喷绘、带有电话号码进行商业宣传等店招设置乱象逐步消除，极大地提升了城市品质、改善了人居环境（见图5-12）。

2．市民参与城市管理积极性不断提高

整治活动中，户外广告管理处通过报纸、网络、请进来、走出去等多种方式宣传《中华人民共和国广告法》、《江苏省广告条例》、《江苏省城镇户外广告和店招标牌设施设置技术规范》等相关法律、法规、规范，广大市民对户外广告的设置规模、形式、标准等有了初步了解，在生活中遇到违规户外广告时，主动通过12345、12319热线进行投诉举报。沿街业主在设置店招标牌时，能够主动到行政审批服务中心窗口进行申请，采纳主管部门提出的修改意见，有力维护了城市容貌整洁。

3．为徐州市各项创建活动提供保障

2015年以来，徐州市积极创建国家卫生城市、国家生态园林城市、国家文明城市、江苏省优秀管理城市，户外广告处全力支持各项创建活动，对创建检查中发现的问题，通过督办单的形式派遣至各责任单位限期整改，并对整改效果回头看，确保户外广告和店招检查不失分。同时，协调发布"三严三实"、"双拥"、"生态园林城市"、"社会主义核心价值观"等公益广告，营造浓厚的创建氛围，为徐州市多项创建活动发挥重要作用。

下一步，户外广告处将继续按照"规范化、精细化、市场化、长效化"的总体要求，深入抓好

图 5-12　户外广告、店招整治前后

相关工作的落实，进一步规范户外广告设置。一是进一步开展主城区户外广告规范设置工作，拆除不符合设置规定和要求的各类户外广告设施，在符合设置要求的位置上设置部分全彩LED广告，提升城市品位。二是对主城区的门头店招进行规范整治，加强对一店多招、多层多招等相关问题的整改，并进一步清除主城区门头店招中带有的广告内容。三是按照广告市场化运作的相关规定，对符合相关设置要求的现存户外广告以公开拍卖的方式进行市场化运作。四是继续配合徐州市创建及其他重大活动的开展协调发布公益广告。五是深入"请进来"和"走出去"，广泛征求群众意见，对户外广告和店招整治中的重点、难点，在符合省技术规范的要求下，进行园区、商业综合的整体规划，最大限度的保障经营业主的利益，为民办好事、办实事。见图5–12。

5.5　非法营运机（电）动三（四）轮车整治

5.5.1　背景

　　我国正处于经济转轨、社会转型的特殊历史时期，社会就业压力增大，加之社会保险体制、农村土地流转、残疾人社会保障等相关工作正在完善中，许多历史遗留问题不能在短时间内解决，使得机（电）动三（四）轮车驾驶人这个群体在城市化发展过程中不断壮大。据统计，截至2013年12月份，徐州市区登记下肢残疾"三车"车主1580人，非残疾人运营车主则是这个数字的几倍之多。

城市无业人员、农村剩余劳动力、残疾人等群体利用机（电）动三（四）轮车营运，表面上看似乎解决了"饭碗问题"、减轻了社会压力，但受此类车辆制动性能差、安全系数低、驾驶人普遍文化水平不高、交通安全意识淡薄等主客观原因的影响，机（电）动三（四）轮车就像球场上的"自由人"一样，成为城市道路上一块"流动的膏药"。不仅严重扰乱了通行秩序、损害了城市形象，而且也给广大交通参与者的生命财产安全造成了极大的潜在威胁。首先，其抢占道路资源，降低了道路通行能力。近几年，徐州正处于新旧城区交错共存的阶段，加之机动车保有量的增加，道路通行能力不足。机（电）动三（四）轮车驾驶人为争抢生意，经常聚集在学校路口、医院门口、各大商贸市场门口、公交车站等人流较为集中的场所，金鹰商城、宣武市场、老火车站、徐医附院、淮海食品城等就是机（电）动三（四）轮车聚集地，他们或三五成群扎堆乱停乱放，或一拥而上哄抢生意，给原本就拥挤的道路雪上加霜，公共道路交通资源被占用，严重干扰了正常道路通行秩序。其次，其交通违法行为多发，造成了交通安全隐患。机（电）动三（四）轮车驾驶人在行驶过程中往往是横冲直撞、肆意乱窜、乱停乱放，更有甚者，在一些主要路段、路口随意停车拉客上人，见缝插针。转弯、掉头时，需要侧出身子回头观望，且常常不顾前后方车辆行驶状态，随意改变行驶路线、骑行快车道，遇有紧急情况或危险的时候，由于根本不懂如何紧急避险，最终酿成事故恶果，轻者车辆受损，重者车毁人亡。据统计，每年发生涉及机（电）动三（四）轮车的交通事故3100余起、致死150余人、致伤1600余人，引起了社会的强烈反响和各级政府的密切关注。

徐州市区和周边县区有宗申、宝迪、伟达等机（电）动三（四）轮车生产企业几十家，其中有些还是当地的经济支柱，徐州扮演着机（电）动三（四）轮车交通违法"重灾区"及"生产地"的双重身份，整治难度较大。在整治工作中，车主及驾驶人也很抵触，认为机（电）动三（四）轮车可以营运。2013年1月30日，江苏省公安厅交通巡逻警察总队《关于封闭型三、四轮电动车车辆类型问题的答复》明确指出：根据国家及公安部相关标准对于车辆类型划分的定义，请示所指封闭三、四轮电动车应属机动车范畴，但目前市场上销售使用的一些品牌的电动车均不属国家机动车公告产品，无法登记上牌，在我省也无法投保，应依法取缔。因此，将机（电）动三（四）轮车纳入了机动车的范畴，依照《中华人民共和国道路交通安全法》、《中华人民共和国道路交通安全法实施条例》、《机动车运行安全技术条件》及《徐州市市区三轮车管理办法》等法规进行管理和整治，既呼应了人民群众的强烈诉求，也满足了城市健康发展的需要。

5.5.2 实践做法

市委、市政府在做好广大残疾人员就业安置、困难救助等多方面工作的前提下，决定对非法营运机（电）动三（四）轮车进行专项整治。2014年10月13日，市政府召开全市依法治理市区非法营运机（电）动三（四）轮车动员会，就开展整治工作进行动员部署。市公安局、市城市管理局、市交通运输局、市工商行政管理局和市质量技术监督局联合下发《关于禁止机（电）动三（四）轮车从事非法营运的通告》。10月14日，市公安局出台《市区非法营运机（电）动三（四）轮车专项整治工作方案》，交警支队严格按照市委、市政府及市局的部署，拉开了非法营运机（电）动三（四）轮车专项整治的序幕。

1. 多形式开展宣传，多维并进震慑，形成持久整治舆论压力

在整治工作初期，支队专门印制了2万余份《致车主的一封信》，在辖区农贸市场、批发市场、物流中心等机（电）动三（四）轮车聚集地周边广泛发放《政府通告》和《致车主的一封信》，号召车主主动放弃使用机（电）动三（四）轮车从事经营活动，取得了较好的成效。期间多家单位承诺放弃使用机（电）动三（四）轮车从事经营活动；路面查处过程中，向机（电）动三（四）轮车车主以及市民开展广泛宣传，耐心讲解机（电）动三（四）轮车非法营运的危害及取缔的政策依据，提高群众对整治工作的知晓率与参与率，争取广大群众的理解和支持，努力为整治工作营造良好的氛围；积极联合市文明办、市教育局等多家单位，开展了全市中小学生拒绝乘坐机（电）动三轮车上、下学"6+1"承诺等主题宣传活动，并在主要路口悬挂宣传横幅，并专门将政府通告和有关法律法规录制成光盘、U盘，利用宣传车循环播放，形成了浓厚的舆论氛围（见图5-13）。

充分发挥电视、广播、报刊、网络等宣传媒体的优势和作用，开辟机（电）动三（四）轮车整治工作专栏，采取时效新闻与深度专题相结合、现场采访与新闻记者随警作战相结合等多种形式，将整治工作情况以及查处的典型案例进行宣传、曝光，做到每天电台有声、报纸有文、电视有影。在整治过程中，支队领导先后多次现场接受媒体专访，向社会宣传整治重点、目的、措施、战果等情况；在分三批对非法拼（改）装机（电）动三（四）轮车进行了集中销毁时，支队邀请了媒体对销毁过程予以跟踪报道，形成了强大威慑力（见图5-14）。

2．难点逐个击破，形成管理合力，实现执法与社会效果统一

（1）完备执法依据，提升应对能力

针对车主及驾驶人阻碍执法、暴力抗法等行为，交警支队根据《刑法》、《道路交通安全法》、《治

图 5-13　开展专项整治工作宣传活动

图 5-14　媒体对专项整治予以跟踪报道

安管理处罚法》、《道路交通安全法实施条例》、《机动车交通事故责任强制保险条例》、《徐州市市区三轮车管理办法》等法律法规，研究出台了《关于依法治理非法营运机（电）动三（四）轮车工作法律适用问题的指导意见》，对车辆属性认定、法律规定应用、措施手段采用等方面进行逐一规范和要求，为民警用足用好法律手段、威慑违法人员、维护法律尊严、扩大执法效果提供了依据和支撑。同时，为规范执法行为，交警支队采取集中办班、随岗锻炼等形式，开展教育培训和实战训练，不断规范执法动作语言，提高自我防护、证据固定、应急处置能力，打牢了整治行动规范执法根基。

（2）阶段巩固推进，着力难点攻坚

一是在整治初期。2014年10月上旬，机（电）动三（四）轮车专项整治工作拉开帷幕。针对违法行为数量多、范围广、社会知晓率低、整治难度大的特点，交警支队按照市局统一部署和要求，充分利用广播、电视、报纸等阵地和"双微"平台，广泛开展宣传提示活动，大造舆论声势，提高群众知晓率。10月中旬，开始攻坚整治。建立以政府牵头、多部门联动、多警种联合的联勤联动制度机制，加强与城管局、残联、运管所、特警支队、公安分局等联合执法成员单位的沟通联系，抽调优势警力，组建联合执法组，形成了强大整治合力（见图5-15）。交警支队推动高警力上路，采取"外围卡、点上守、路面控"等方式，坚决做到发现一起、查处一起；组建专项整治小分队，建立"整治行动周"，在车辆经常出行、聚集的地点设卡布点，布下天罗地网；充分利用移动警务通、执法仪、录音摄像设备等，及时固定证据、依法查处。

二是整治中后期。针对机（电）动三（四）轮车车主钻空子、打游击，仍然非法上路、非法营运的实际，交警支队及时调整工作思路，创新管理手段，对农贸市场、商贸市场以及次干道和支路，安排固定警力值守，发现一辆、查扣一辆；对中午、晚间以及节假日打游击的车主，增设巡逻岗位，采取弹性工作制、错时工作制，在辖区内密集巡控，并利用监控设备进行网上巡查，及时发现、及时查处；发挥移动公安检查车精确制导、移动指挥、快速反应等功能，强化重点路口、路段管控，取得了显著成效，形成了强大声势；落实重点区域联治。对宣武、新生里、朝阳、万达广场等大型商贸市场及袁桥、段庄、西苑等农贸市场和金鹰、金地等周边机（电）动三（四）轮车较多的区域，及时调集优势警力，多点设卡，与特警、治安警等多部门联动，开展集中整治（见图5-16）。特别是针对春节、国庆、端午、中秋、清明等法定节假日期间及前后路面机（电）动三（四）

图5-15 开展联合执法

图 5-16　支队组织开展机（电）动三（四）轮车集中整治行动

轮车出现反弹的情况，支队及时组织开展了"迅雷5号"、"雷霆1号"、"雷霆2号"等多次集中行动，并采取异地用警方式，从县区抽调优势警力参与协勤，全面提升了执法力度；同时，加大执法力度，对40余名拒绝、阻碍执法、暴力抗法行为人进行了严厉打击，形成了强大震慑力。

（3）坚持人性化执法，规范处置流程

支队在整治工作中始终坚持理性、平和、文明、规范执法，依法办事，文明管理，依照规范流程，对所有查扣的车辆全部使用执法记录仪进行全程录像，并对暂扣车主的信息予以登记。对生活困难的车主予以适度补偿，减少经济损失；对生活困难、以此为生的车主进行登记并纳入救助范围，每月进行救助；对个别有就业意愿的车主，主动帮助其联系就业岗位，解决其生计问题。同时，对暂扣的车辆，由交警统一开具暂扣凭证，并实行三级登记（整治办、交警支队纪委、执勤大队）报备制度，并报请辖区政府开辟临时停车场地，统一停放暂扣车辆，严禁私自放车，对有临时标识代步的车辆，坚持规范管理，发现营运，立即查处，并通报相关部门。对整治工作取得明显成效的路段、路口，建立长效管理机制和措施，不断巩固和扩大战果，坚决防止反弹"回潮"（见图5-17）。

3．紧盯动态管理难点，推进阶段行动部署，建立长效管理机制

（1）周密组织部署，夯实工作基础

自2014年10月18日起，按照市委、市政府及市局的相关部署要求，交警支队围绕市区非法营运

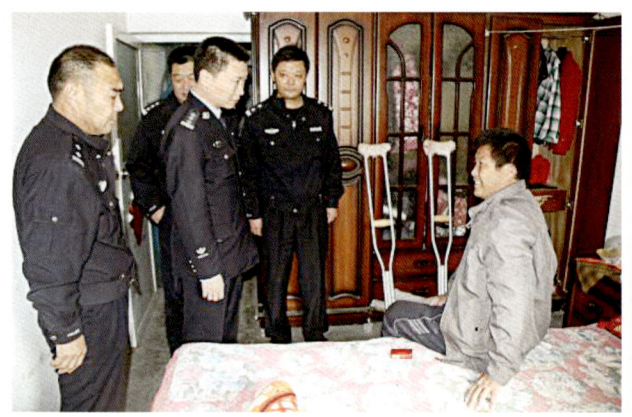

图 5-17　支队积极开展对生活困难车主的走访扶贫工作

图5-18　市局、支队就机（电）动三（四）轮车专项整治工作多次召开相关会议

机（电）动三（四）轮车专项整治行动，开展了包括联合执法行动、"迅雷4号"集中夜查、市区机（电）动三（四）轮车集中整治、"雷霆2号"集中行动、"利剑1–4号"全市道路交通重点违法行为综合整治行动。为确保每场行动组织到位、开展有序，交警支队成立专项整治工作领导小组，各执勤大队相应成立专门机构，构建了由支队到大队、中队，层层领导、环环相扣的工作组织结构。行动前，召开动员部署会，强化责任意识教育，明确专项整治目标，下发行动工作方案；行动过程中，召开调度会、推进会，分析客观问题，直面管理瓶颈，及时转变战略，提升整治效率；阶段行动结束后，召开总结会，总结经验不足，共商解决对策，完善行动方案，建立长效机制（见图5-18）。保证不论是日常执法，还是统一行动，始终做到整治人员不散、标准不降、力度不减，继续保持路面严查严控的高压态势，确保整治工作不反弹。

（2）加强动态分析，因时因地制宜

整治过程中，市区机（电）动三（四）轮车违法上路的数量、重点管控的时间与空间范围、交通违法行为的特点规律等诸多因素，随着整治行动的开展时刻发生着变化。因此，紧跟违法行为发展趋势，明确阶段性管理重点难点，保证行动方案有的放矢，逐个击破管理瓶颈，全面提升整治针对性与有效性。

图5-19　市局及支队领导指挥、督导检查专项整治工作

机（电）动三（四）轮车专项整治战果统计表

2016.5.15

单位	三车	酒驾	醉驾	毒驾	无牌无证摩托车	无证驾驶	超载	无交强险	其他
云龙	4	11			11	9	6	12	
鼓楼									
泉山	21	5			2	1		3	
九里									
机动						2			
卡口		2			1	1	7	5	2
开发区									
高架		3				3	4	4	1
当日累计	25	21			14	14	19	24	3
昨日累计	1043	449	17	2	394	232	248	310	252
合计	1068	470	17	2	408	246	267	334	255

图 5-20　支队主页开辟机（电）动三（四）轮车整治专栏，每日通报整治

（3）层层落实责任，严格督导问责

每次专项整治行动，支队以明文规定及会议强调的形式，制定任务和责任清单，要求保质保量完成整治任务。并于2015年年初及2016年4月分别与各大队签订了整治工作责任状，明确各单位目标任务，各大队与每位民警签订责任状，切实保证责任到人。整治行动中，支队领导班子成员分工负责，全部上路进点开展检查督导，重点加强对农贸、商贸市场周边道路及次干道的明察暗访，发现问题现场办公，及时召开点评会、推进会予以讲评，下发督办通知书，对整治工作不力的单位要求限期整改；对完不成整治目标的单位，按照政府制定的问责办法予以倒查追责，确保整治工作始终有人抓、有人管、见成效。在整治行动期间，支队主要领导、分管领导分赴一线、全程参与，与民警一起同执法、同检查，鼓舞了战斗士气（见图5-19）。同时，按照《徐州市依法治理市区非法营运机（电）动三（四）轮车工作问责暂行规定》等相关文件，以及市委、市政府、市局相关工作要求，支队建立督导考核机制，实行日调度、周通报、月考评，有力有序推进整治工作（见图5-20）。

5.5.3　成效

1．初步建立了多部门齐抓共管的整治格局

按照2014年10月市委、市政府出台的《关于开展机（电）动三（四）轮车专项整治工作意见》、《关于印发〈徐州市依法治理市区非法营运机（电）动三（四）轮车工作问责暂行规定〉的通知》，及市局下发的《市区非法营运机（电）动三（四）轮车专项整治工作方案》等文件精神，在近两年的整治中，逐步形成了由政府牵头、多部门联动、多警种联合执法的共管格局。

2．涉及机（电）动三（四）轮车的道路交通事故明显减少

据统计，徐州市因机（电）动三（四）轮车引发交通事故3175起、死亡152人、受伤1634人，2014年始交警部门开展整治，全年共发生交通事故2359起、死亡132人、受伤1476人，同比分别下降25.7%、13.16%、9.67%；2015年发生交通事故1957起、死亡117人、受伤1365人，同比分别下降17.04%、11.36%、7.52%，呈逐年明显下降趋势。

3．整治工作赢得了广大市民的满意

自公安交警部门开展整治以来，不仅取得了专项整治行动的目标要求，更对全市道路交通缓堵保畅、规范运营秩序、整治堵点乱点等起到了推动作用，全面净化了市区道路秩序环境。整治期

间，交警支队多次收到市民赠送的锦旗50余面、群众寄来的表扬信若干，从网络媒体等平台反馈的信息来看，徐州市民对整治工作予以了充分的肯定及支持。

但是由于主客观方面的原因，机（电）动三（四）轮车整治工作仍面临着仍存在以下问题：一方面，仍是路面接送学生、老年代步车、运输货物以及运送快递机（电）动三（四）轮车较多，驾驶人以年老有病、接送孩子、自己代步、运输货物和快递为由，对整治工作存在抵触情绪，不理解、不支持、不配合，有的车主还暴力抗法，存在较大安全隐患。另一方面，由于对市区一些销售网点仍违规销售电动四轮车、改装的小型电动三轮车的现象，而购置车辆的成本较低，机（电）动三（四）轮车"死灰复燃"的现象仍时有出现，并且车主与交警部门打起了"游击战"，增大了整治攻坚难度。因此，下一步还需进一步加强"三车"整治力度。一是健全长效机制。建议专项整治办班子不撤、人员不散、标准不降、力度不减，继续保留联合执法小组，确保机（电）动三（四）轮车"两非"现象不反弹、不回潮。二是加强源头监管。市区一些销售网点违规销售电动四轮车、改装的小型电动三轮车，建议工商、质检部门加大查处力度，把住源头关口；一些车主将机（电）动三（四）轮作为流动摊点，建议城管部门加大查处力度。三是加大宣传力度。对仍有部分家长利用机（电）动三（四）轮车接送学生，建议教育部门加大宣传力度，并将此纳入学生德育考试进行记分管理；对老年代步车，建议由老龄委牵头做好宣传引导工作。四是后续措施跟进。针对货运车辆及快递车辆仍然较多且查处难的问题，建议政府加快发展城市货的配送、规范快递，满足短途运输及快递发送的需求。

5.6 停车秩序管理

5.6.1 背景

在城市经济社会发展进程中，随着城市空间的拓展、城市化进程的加快，加之城市居民生活水平的提高，城市机动车保有量出现了井喷式增长，停车难问题是所有城市在经济发展到一定程度后城市管理者必将面临和必须解决的难题。停车场是支撑现代城市发展的重要基础设施。加快停车场建设，增加有效供给，补强城市发展短板，解决居民停车难问题，是惠民便民的重大工程，也是当前改革创新、稳定经济增长的重要举措。

2015年5月8日，国家发改委等七部委联合下发了《关于加强城市停车设施建设的指导意见》，明确了规划先行、扩大供应，加快推进停车设施建设，有效缓解停车供给不足的总体思路；要求各地充分调动社会资本积极性，放宽市场准入，盘活土地资源，努力提高管理水平，着力解决各地普遍存在的停车设施匮乏、挤占公共资源、影响道路通行等问题。2016年1月25日《国家发展改革委关于印发〈加快城市停车场建设近期工作要点与任务分工〉的通知》（发改基础［2016］159号）再次强调停车设施建设管理工作的重要性，并对工作要点、责任分工及完成时限做出了详细规定。2016年2月6日，《中共中央、国务院关于进一步加强城市规划建设管理工作的若干意见》提出了合理配置停车设施、鼓励社会参与、放宽市场准入、逐步缓解停车难问题的要求。

近年来，与其他城市相似，徐州市随着机动车保有量的迅速增长，停车难问题也越来越突出，由此也导致了停车秩序的混乱。

徐州市从2012年2月开始启动政府性投资公共停车泊位管理工作，截至2015年12月，市区（不含铜山、贾汪区）公共停车设施总供应量达到53575个，较2012年增长323%，平均每年增量约9260个。其中，路外机动车公共停车场245处、泊位37954个，较2012年增长244%；政府性投资公共停车泊位15621个，较2012年增长1562%。但根据市交警支队提供的数据显示，徐州市市区现有小汽车41万辆，在停车设施增加的同时，汽车保有量同期增加了近19万辆，且每天仍以近300辆的速度持续增加，市区停车设施供需矛盾日益突出。

造成市区停车设施供需矛盾突出的原因，一方面是公共停车场布局不合理。公共停车设施集中分布于核心区、商业区，主要服务商业、餐饮、办公、旅游类设施的停车需求。公共停车设施过于集中，对大型商住区、外围商业区的停车需求较少顾及。另一方面是停车管理水平落后。徐州市停车管理现状以人工为主，缺乏停车诱导、信息发布、咪表收费等技术手段。技术手段的缺乏是停车设施利用率难以提高、公共停车设施的需求调节作用难以发挥的重要原因。在停车设施使用管理上也存在一些问题。如华联商厦将地下配建停车场改为商业设施，亚东商场将半地下职工自行车库改为营业场所；在某些拥堵路段，非法停车问题比较严重，许多车辆置禁停标志于不顾，随意在路边违章停放。

市区停车设施供需矛盾突出造成了大量车辆占用道路等候或停放，这不仅影响了道路正常通行、增加了交通安全隐患，而且也严重影响了城市的形象。从城市发展的角度上看，作为公共设施的一部分，是否有足够的停车资源以及前沿性的空间设计规划，在某种程度上代表了该城市的经济建设和城市发展水平。由于车辆乱停乱放等不文明行为，容易造成道路、景观等社会公共设施受损，导致城市形象受损。因此，有必要加强对停车秩序的管理。

5.6.2 实践做法

停车难、停车秩序乱等问题客观存在，摆在城市管理者面前的问题是如何有效地破解。徐州市根据全市经济社会发展的指导思想、发展战略和目标任务，制定了改善城市环境，引导停车服务行业健康发展，加强停车秩序管理，缓解城市停车难和交通拥堵，促进城市全面协调发展的工作部署。

2008年9月，徐州市政府发布了《徐州市城市道路临时停车管理办法》（市政府第117号令），明确了停车泊位由市公安机关交通管理部门会同市规划、市政、市容、交通等部门提出施划方案，并充分听取社会公众意见后划定。划定的停车泊位应当按规定设置相应的标志、标线，并向社会公示。非机动车的停放界线，由市市容管理部门会同市公安交通、市政、规划等部门划定。2012年2月，市政府下发了《市政府关于加强政府性投资公共停车泊位管理的意见》（徐政发［2012］17号），明确了职能划分，提出成立市公共停车泊位管理工作领导小组，由市城管局成立政府性投资公共停车泊位监管中心（以下简称市监管中心），负责政府性投资公共停车泊位的管理考核等具体日常工作。监管中心设在市城管局停（洗）车场管理处。区级政府相应成立停车泊位管理分设机构；制定实施步骤，明确监督检查。2012年8月，市城管局下发《关于在市区道路实行机动车占道停车泊位收费管理的通告》，指出：为规范市区道路机动车停放管理，合理利用道路资源，提高道路停车泊位周转率，缓解市区"停车难"矛盾，自2012年8月23日起在市区部分道路范围内实行占道停车计时收费管理。2016年7月，市城管局下发《关于加强市区公共停车泊位管理的实施意见》（徐城管发［2016］74号），市城管局成立公共停车泊位管理工作领导小组，城管局党委书记、局长任组长，局党委委员、市交警大队支队长任副组长，市交警支队、各区城管局分管负责人为成员，各区成立相应的机构。领导小组下设办公室，办公室设在市城管局停车场管理机构，每个办事处成立停车管理工作站，专人负责做好辖区停车管理。

1．机动车停车秩序管理

（1）努力增加停车设施供应

1）科学编制规划

市城管局会同规划部门积极开展研究调查，编制《公共停车设施专项规划（2015～2020）》，根据基本车位、出行车位、公共设施等不同地域、不同性质停车需求，分别制定发展规划。力争在2020年之前实现停车供需基本平衡。规划中根据交通服务水平、用地开发强度等因素，个性化制定停车发展规划，划分"三区一廊"的停车供应分区，即一类区——限制供应区，该区域严格控制路内停车，并通过计时收费来调控路内停车需求；二类区——平衡供应区，实行相对适中的停车配建标准，并加强公共停车供给，以满足该区域基本的停车需求；三类区——扩大供应区，以配建停车设施为主，适度提高建筑物的配建标准，与用地开发紧密结合，增加停车泊位的供应量，采用较低的费率，鼓励停车换乘公交；城市公交走廊——公交走廊沿线站点300米范围内，提倡复合开发，形成停车共享区，促进公交发展。同时对不同区域采取不同的停车供应政策，并拉开停车收费级差，计划至2020年增加6万个以上泊位（见图5-21）。

2）加大建设力度

徐州市近年在各类市政重点工程、重大建设项目、园林建设工程中有选择的建设了一批配套停车场，有单体在2000个以上的大型停车场、分布在城市绿地周边的林荫停车场、因地制宜的机械停车场等。这样一方面增加停车泊位供应，另一方面保证建设项目的实用性，同时在一定程度上还可以增加城市绿化率。

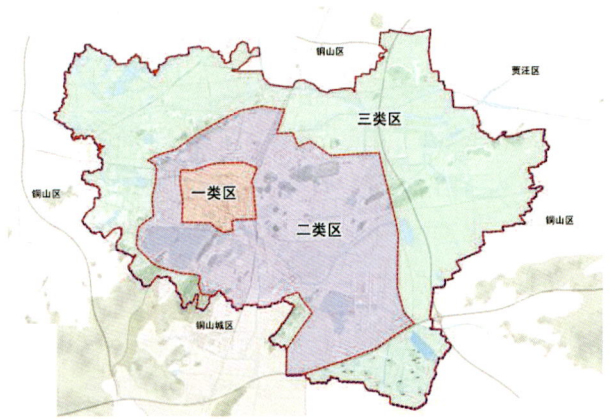

图5-21 徐州市主城区停车分区图

结合江苏省城市环境综合整治方案，徐州市制定了"路更畅"行动计划，计划2015～2018年每年增加6000个路外公共停车泊位，其后陆续在城建重点工程、园林景点服务水平提升、重点景观带改造、城中村改造、安居房建设、文化体育场馆建设等一系列工程中配套建设了停车场，这些停车场大部分以植草砖作为车位铺装，透水沥青作为通道铺装，间植重阳木、榉树、香樟、银杏等高大乔木，确保遮阴效果（见图5-22）。如湖南路南湖生态停车场，原20个泊位的老旧停车场改建成为林荫覆盖率超过60%的生态停车场，在不减少绿化面积的前提下增加泊位312个，林荫停车场推进工作中规划、园林、建设、城管等相关部门单位做到积极参与，相互协调沟通，确保改造工程全面有序推进。

启动了智能停车库建设。按照市政府停车设施建设工作部署，市城管局对市区智慧停车场建设进行了调研，经过与规划、国土等部门的多次专题研究，提出了2016～2017年度智慧停车设施建设项目，共建设智慧停车场8处，泊位2148个，总投入资金4.2亿元，目前部分项目已开工建设。联合

图 5-22　分布在城市绿地周边的林荫停车场

公安交管部门制定了停车诱导系统建设计划，同时开始实施道路停车泊位信息化管理设施的升级改造。市区范围内计划建设一级屏8块、二级屏100块、三级屏264块，完成投资后可以实现停车数据自采集端到应用端的全覆盖，在发布停车拥堵预警、疏导停放需求、增强巡查布控应用、打击套牌车、追逃车等方面发挥作用。智慧停车系统升级后，采取地磁感应、摄像头与手持收费终端相结合的方式，车辆进入泊位后，车辆检测传感器检测到泊位来车，将检测到的信息发送到后台系统，并短信提示车主。管理人员将对车牌进行扫描，并对停车的事件进行拍照记录，车主还可以通过诱导屏及手机APP诱导，快速找到空闲车位。

　　3）多途径缓解停车难问题

　　多措施增加供给，制定符合徐州市实际的建筑物停车设施配建标准。通过改造闲置土地（见图5-23）、提高错时停车、夜间包月停车场等方式增加停车泊位供应。通过这些途径，徐州市2015年核心区停车泊位利用率增加了22个百分点，等于在不增加投资的基础上增加泊位供应2600个。联合交警部门通过加强停车秩序管理、在三环路以内因地制宜规划道路停车泊位、鼓励待建工地提供停车服务、33条道路实行单循环、优化小区内交通组织等措施疏导停放需求，道路停车秩序整治推进成效明显，停车难、停车乱现象已有改观，2016年增设免费道路临时停车泊位6000个，投放停车

图 5-23　改造前与改造后

引导标志383块。滨湖花园小区交警与城管部门通过实施小区内单循环等措施增加地面停车泊位192个。2016～2017年市城建重点工程计划建设智慧停车场8处，泊位2148个，总投入资金4.2亿元，其中三所学校利用操场地下空间新增公共停车泊位900个。

徐州市城管局制定的《关于加强市区公共停车泊位管理的实施意见》，对于停车泊位管理做出明确要求。一是定人定责，确定专门部门与专人负责各区、各办事处停车管理工作，积极筹措资金，加强组织协调和调度指挥。二是以办事处为单位广泛开展停车需求调研，以大多数居民满意为导向，密切结合实际，对老旧小区周边的支路边路具备改造条件的进行勘察，通过拓宽道路、拆除违建、改造林荫停车场、启用闲置土地等方式"一路一品"个性化设计停车泊位。三是加强管理，包括收费管理与停车秩序管理，普及信息化收费管理设备，加大对C类道路的停车管控，现已通过充分挖掘"边、角、残"地块增加公共停车泊位3917个。

4）科学制定收费标准

为充分利用价格杠杆高效配置泊位资源，又兼顾社会各方承受能力，合理疏导停放需求。徐州市制定了"核心区高、非核心区低，白天高、夜间低，地面高、地下低，大车高、小车低"等五高五低的原则，在按照一定比例设置免费停车泊位的同时，对公共停车泊位实行政府定价，综合考虑社会停车的供需矛盾和社会承受能力分别实行"计时、计次、包月收费"。出台的收费标准还规定了10min免费、医疗机构30min免费、24h内设定上限等惠民政策。同时将收费停车场分为市场调节价、政府指导价和政府定价三类，放开社会资金投资建设的停车场收费标准，由市场供需与服务质量决定停车服务收费的水平，鼓励社会资金积极参与停车场建设。

（2）城管公安协作联动

2015年10月8日，为进一步规范停车秩序，改善道路通行环境，提升城市管理水平和城市文明形象，下发了《市公安局市城市管理局关于印发<加强市区机动车停车管理工作实施方案>的通知》（徐公通［2015］111号），创新性地将市区300条道路分为A、B、C三类，A类9条道路由交警部门严管，B类64条道路由交警与巡防协同管理，C类227条支路边路由城管部门管理，以50个城管岗亭和各区应急执法队伍为依托，承担C类道路24h的停车管理任务。城管岗亭巡区范围内的道路，由岗亭执法人员负责管理；城管岗亭巡区范围外的道路，由各区城管局（大队）应急执法人员负责管理；对违停车辆，张贴违法停车告知单，做好取证、上传工作，由交警予以审核、处罚（见图5-24）。其中，公安交警、巡防除在本责任区完成违章车辆的查处外，对其工作辖区范围（含C类道路）内的违章车辆均可进行处罚，有效整合了路面执法力量。

1）完善交通安全设施

2016年上半年，新增停车场19家，新增泊位3983个；设置道路停车泊位2960个，更新停车泊位1535个；指导各办事处成立道路停车泊位管理机构，印制《徐州市公共停车泊位设置与管理实用手册》2000本，并对办事处的管理人员进行了专业培训；对市区112条主干道进行摸排，设置、更新停车引导标志36处。各区城管部门、公安交警配合，在辖区内组织开展地毯式排查，对道路标志标线不清、停车泊位缺失的，迅速组织专人进行修复、更新和调整；对擅自设置临时停车泊位或将停车泊位挪作他用的，坚决予以取缔。

2）明确职责划分

各区城管部门将C类道路按片划区推行实名制管理，将整治工作定人、定岗、定责，具体到每一

图 5-24 交警与巡防协同管理

名责任领导、每一名执勤队员，做到整治工作层层有人抓，事事有人管；配发"城管通"180部、"交警警务通"38部，其他各类交通执法装备372件，满足执勤执法需要；工作中依托50个城管执法岗亭和机动执法力量，全天候在辖区路段密集巡控，对机动车乱停乱放行为及时予以纠正，对违停车辆张贴违法停车告知单，做好依法取证上传工作。

3）加强督导检查

徐州市城管局专门制定了考核奖惩办法和措施，加大对整治工作的督导检查，每天安排人员在路面巡查，及时发现和纠正存在问题；交警部门及时反馈路面整治情况，通报工作数据、提出推进意见，为考核奖惩提供依据。

（3）多部门联动管理停车设施

停车设施管理是一项涉及民生、多行业、多管理部门的工作，除了高位协调机制与巡查一体机制外，徐州市组织城管、交警、工商、地税、财政、物价等部门建立了互通机制，各局抽调专门人员定期对全市的公共停车设施进行全面检查，发现问题及时移交相关职能部门处理，有效提高了行政管理工作的效率，规范了公共停车场的秩序与经营行为（见图5-25）。

图 5-25 对公共停车泊位实行政府定价

（4）拓展停车服务，强化洗车场管理

洗车场作为汽车服务行业的重要组成部分，与停车服务息息相关，市城管局将洗车场管理与停车管理有机结合，形成了互联互补的管理模式。目前市区在册洗车场139家，市城管局联合工商局、税务局、财政局、物价局等部门建立了联合执法机制，由各局抽专门人员定期对全市的停（洗）车场进行全面检查，发现问题及时移交相关职能部门处理，有效提高了行政管理工作的效率。

2015年，市城管局组织编制了《徐州市机动车清洗站设置与管理技术规范（试行）》已经市局审核通过并向社会发布，是省内第一个制定洗车场管理技术规范的城市。2016年，在洗车行业中建立"文明诚信管理档案"，与全市139家在册洗车场签订文明诚信经营承诺书，洗车场城市市容和环境卫生管理计入文明诚信管理档案，一场一档。洗车场在城市管理领域出现的违章行为一年内受到警告、责令整改、罚款等行政处罚三次以上的，列入文明诚信经营黑名单。

2. 非机动车停放秩序管理

徐州是非机动车拥有大市，各类自行车仍是市民出行的主要交通工具。非机动车停放管理也是停车管理的重要组成部分。徐州市建立了"两级政府、三级管理、条块结合"的管理模式，市局负责非机动车停放管理工作的监督、指导与考核；各区负责辖区内非机动车停放秩序的日常管理；各沿街单位负责本单位市容环卫责任区内非机动车停放秩序的维护。市局每年定期开展"非机动车停放秩序整治月"、"示范路非机动车停放秩序样板活动"等一系列活动，推行了看管员、摆放员、监督员"三员"结合的停放管理模式。结合数字化城管、信息采集员形成覆盖全市主次干道的监督、考核、管理一体化模式，逐步建立了日考核、周汇总、月通报、年终评的制度，年底进行总评比，奖优罚劣，有效调动各级管理部门的积极性（见图5-26）。

（1）增加管理力量，完善管理设施

近两年来徐州市在主要道路上增加非机动车专职摆放员163名；调整主次干道非机动车停放设施，每年四次施划非机动车停放线，更新停放线75360m；增加非机动车集中停放区33处，停放线6000m；更换国标制式非机动车停放公示牌79块，设置非机动车停放架18处；安装非机动停放护栏1788m（见图5-27）。2016年1月至7月，各区又完成了112个点位、约11557m道路非机动车护栏安装。

图5-26 非机动车停放管理

（2）划分停放区域，实行分类管理

1）有明确责任单位的集中停放区：根据市容环卫责任区制度由责任单位安排专人进行管理，辖区管理部门进行监督与指导（见图5-28）。

2）没有明确责任单位的集中停放区：此类区域安排收费员进行收费管理，一方面维护了市容市貌、一方面也解决了部分困难人员就业的问题（见图5-29）。

3）没有明确责任单位的分散停放区：此类区域由政府出资安排摆放员进行摆放管理，同时不定期开展志愿宣传活动，组织志愿者上街摆放非机动车（见图5-30）。

图 5-27　非机动车停放护栏

图 5-28　有明确责任单位的非机动车集中停放区　　　　图 5-29　没有明确责任单位的非机动车集中停放区

图 5-30　没有明确责任单位的非机动车分散停放区

5.6.3　成效

一是初步建立了各部门间的协同工作机制。按照《徐州市城市管理行政执法协作规定》要求，市城管局、市公安局先后联合下发了《〈徐州市城市管理行政执法协作规定〉实施方案》(一)、(二)(三)，各部门协同工作与监督考核体系运转顺利；二是停车泊位供应总量较快增加，近两年市区公共停车泊位总供应量增长了243%；三是公共停车泊位周转率明显增加，鼓励短时停车，提高泊位利用率的效果已经显现；四是抓好《加强市区机动车停车管理工作实施方案》落实，督促50个城管岗亭值岗人员和各区城管应急执法队伍重点抓好C类道路、227条城市支路的停车管理，累计张贴有效违停告知单38943份，市区主次干道机动车停车秩序大为改观。

但由于诸多客观因素的存在，当前机动车与非机动车停放管理还存在着以下问题：一是停车设施供需矛盾仍然较大，"还旧账、不欠新账"的目标实现还有难度；二是土地资源供应、建设资金保障、创新管理体系等问题还需要解决；三是乱停乱放、侵占人行道现象仍然存在，尤其是街巷停车难、停车乱问题凸显；四是因违法成本较低，违章停放造成早晚高峰"卡脖子"拥堵等问题比较明显。因此，下一步还需进一步加强停车秩序管理工作。首先，继续完善市中心城区公共停车设施近期与远期规划，依托市区两级停车管理机构，依据市区公共停车设施建设规划与相关法规要求，配合整体规划制定市区年度建设计划。其次，加强用地保障工作。参照预留城市绿地的做法，国土部门每年在城市组团功能区、老旧小区附近预留停车设施建设用地，主城区5000m²以下的地块优先用于公共停车设施建设。第三，加大基本车位建设力度。进一步提高新建小区停车设施配建标准；幸福家园建设与老旧小区改造项目将停车设施改造作为重要考核指标；创新利用新建学校操场地下空间开发建设公共停车设施；创新利用新建、改扩建绿地地下空间建设公共停车设施。第四，适度加大出行车位建设力度。增加停车设施不足区域的住宅、商业、办公、酒店等经营性土地配建标准；配建不足的经营者采取补建、购买或长期租赁等方式补足停车位；公共建筑配建不足的列入年度城建重点工程建设计划。第五，深度挖掘现有停车潜力。提倡机关、事业单位内部公共停车设施实行错时有偿开放；按年度制定待建工地提供临时停车服务的实施计划；提升停车设施信息化水平，用两年的时间建设公共停车诱导系统，实现停车拥堵警情发布，合理引导停车需求，减少无效交通流量。经营性机动车停车设施必须建设信息管理系统，并预留公共接口。第六，继续加大以管促建力度。进一步完善停车管理组织体系，积极推动民警、城管进社区；调整市区公共停车设施半径200m范围内的路内停车泊位，并实施物理隔离措施；加大对违章停车管理的处罚力度，推动停放需求由路内转向公共停车设施有序停放。

5.7　工程渣土管理

工程渣土是指施工单位或者个人对各类建筑物、构筑物、管网等进行建设、铺设或者修缮过程中所产生的余泥、余渣及其他废弃物。工程渣土处置是指建筑垃圾、工程渣土排放、运输、中转、回填、消纳、管理的各个环节。工程渣土是城市现代化建设的衍生品，由于其产量巨大且消纳困难，细微的管理疏漏都可能给城市生态环境带来巨大的破坏，给城市形象造成恶劣影响。徐州市委、市政府高度重视工程渣土管理工作，多次出台文件对工程渣土处置、运输、管理进行规范。自

2013年，全省环境综合整治工作和徐州市城区环境空气质量提升工作开展以来，对渣土运输的规范管理开展了广泛的研究探索和综合实践，核心内容是通过对工程渣土管理采取理顺机制、严控源头、强化整治、长效管理等措施，探索建立以"公安、城管联动执法"为基础，以"市、区、办事处三级管理"为模式的管理途径。通过规范渣土运输企业，推进渣土前置管理，加强执法部门联动，强化监督考核等办法，促提升、抓长效、立常态，徐州市渣土管理工作步入了良性发展轨道。

5.7.1 背景

随着徐州市城市发展力度的不断加大，现代化商业建筑和住宅小区不断兴建，与传统建筑不同，现代建筑的典型特点就是"高"、"大"。"高"是指建筑楼层高，25层以上的建筑比比皆是；"大"是指占地面积广，占地几十、上百亩不足为奇。因此，工程建设期间，渣土产生量数以万方计，甚至一个项目一次出土十几万方，而市区范围内的可供弃置的场地却愈来愈少。面对渣土运距不断增加，运输时间不断拉长的新特点，落实好渣土运输全过程管理，既不能因噎废食，影响城建项目建设，制约城市快速发展，又要防止因管理松懈给城市环境带来的负面影响。新时期的工程渣土管理给城市管理工作者提出了新的课题。

徐州市工程渣土管理初期，主要面对着渣土运输违规较多、管理职能交叉，监管与执法不到位等问题，具体情况如下：

1．准入门槛低廉，渣土运输违规频发

随着城市化进程的加快，城市建设不断升级，建筑垃圾、工程渣土作为城市建设与发展的必然产物，增长迅速。与此不相适应的是中心城区可用于处置渣土的空闲地块几近为零，往往需要将建筑垃圾和工程渣土运往远郊回填，因此建筑垃圾及工程渣土的运输处置企业就有了存在的必然性。《徐州市城市建筑垃圾和工程渣土管理办法》出台于2003年。由于受到当时社会、经济发展条件制约，相关准入门槛设置较低，尤其是对渣土运输企业的管理标准不甚健全，加上渣土运输行业从业人员良莠不齐，各种违规现象频发：一是一些运输企业和个人从自身经济效益出发，会在城市郊区或管理薄弱的区域之内乱到、偷倒渣土；二是有些运输企业和个人为了减少运输车次，降低成本，超载建筑垃圾、工程渣土，容易形成滴漏撒扬，污染道路环境；三是由于交通法令的限制，城市有些道路白天不能走大型工程运输车辆，运输渣土的车辆一般作业是在深夜，马路上行人相对较少，有些运输企业和个人为了在一个时间段内，多运建筑垃圾、工程渣土，超速行驶，极易引发交通安全事故；四是有些运输车辆车体老化，破旧，车厢未加盖，或者有盖，或因超载或其他因素，盖不密封，常常半敞开或者完全敞开就行驶出工地，加上高速行驶，非常容易造成沿途车内的建筑垃圾、工程渣土洒落在道路上。这些都使城市环境卫生和城市形象受到了极大影响（见图5-31）。

2．管理职能交叉，管理瓶颈凸现

渣土运输过程中的违规主要表现在两个方面，一方面是超载、超速、闯红灯、违规遮挡号牌等行为；另外一方面是运输过程中带泥上路、抛洒滴漏污染市容环境等行为。违法行为的监管涉及公安、城管、交通等多个部门，由于缺乏综合协调部门，单一执法部门往往只能针对各自的执法权限进行处理，导致了执法手段的单一、违规成本的低廉，由此造成渣土车辆运输期间的违规成为"家常便饭"。即便多次组织联合执法、综合执法，但往往治标不治本，联合期间，违规运输有所收敛，联合结束，运输违规依旧"疯狂"。

图 5-31 渣土运输中的违规现象

3. 考核机制磨合，监管举措待调

2007年，徐州市对机构进行调整，将渣土管理权限收归市一级职能部门。目的是进一步强化运输审批、严格全程执法。但是，随着城市化进程的加快，徐州市新开工工地逐年递增，渣土运输管理范围随之扩大，原有人员受制于人数，往往疲于奔命。为此，徐州市提出"千人进工地、服务一对一"的要求，通过借助各区、办事处的力量，加强属地部门对各类工地施工全过程的管理。由于相关绩效考核机制未能有效落实到位，工地扬尘防治措施落实还存在时松时紧问题，绩效工作有待进一步巩固提升。

5.7.2 实践做法

针对工程渣土管理中存在的问题，徐州市主要从理顺机制、严控源头、强化整治、长效管理等四个方面狠下功夫，着力提高渣土运输的管理水平，切实提升整体管理效果。

1. 理顺机制

（1）建立健全渣土管理高位机制

2015年之前，由于徐州市渣土运输管理职能存在交叉，管理部门众多，导致渣土运输监管工作"各自为战"，渣土运输违规成本低廉，抛洒滴漏屡禁不止，暴力抗法现象也时有发生。自2015年起，在省、市政府的领导和部署下，徐州市开始探索"城管、公安联动执法"，弥补执法短板。市城管局、公安局连续出台了《〈徐州市城市管理行政执法协作规定〉实施方案（一）、（二）、（三）、（四）》，从创新城市管理行政执法机制入手，确立了"理顺城管执法体制，加强城市管理综合执法机构建设，提高执法和服务水平"总体要求，为公安、城管协同执法，齐抓共管提供了政策支持。在此基础上，研究、起草了《徐州市区城管、公安渣土运输联动执法工作机制方案》，明确了渣土运输联动执法的工作机制。出台了《徐州市建筑垃圾运输企业计分考核办法（试行）》、《关于进一步规范房屋建筑工地扬尘防治工作的意见》、《关于成立渣土运输管理工作协调推进小组的通知》和《关于进一步规范渣土运输管理工作的意见》等一系列规章制度，协同抓好工地扬尘和渣土运输监管。同时，市公安局交警支队支队长兼任市城管局党委委员，分管渣土执法大队。为徐州市的渣土运输管理统一了基本政策，理顺了管理体制。

（2）合理划分渣土管理工作职责

在明确依托"公安、城管联动执法"为基础，加强渣土运输管理的同时，徐州市继续在扩大渣土运输监管范围，落实监管职责上做文章，积极落实"属地管理要求"；组织各区渣土科前往市级渣土管理部门，实施"合署办公"，增强其对渣土运输管理政策、方法、流程的熟悉程度，方便其第一时间发现问题、及时介入、实施管理；同时，市级渣土管理部门要求运输企业在申报运输路线时，必须取得倾倒点所在区、办事处的同意，杜绝随意倾倒，从而积极搭建"市、区、办事处"三级管理模式。

2．严控源头

（1）严抓渣土处置的源头管理

市城管局积极推进建筑渣土运输招投标管理，联合市建设局和市公安局下发了《徐州市建筑垃圾运输招投标管理办法》，凡2万m³以上的渣土外运工程，一律由渣土处组织招标投标；2万m³以下的渣土外运工程直接发包备案。徐州市城管局对渣土运输资质进行严格审核，对未经核准的运输企业，严禁参与渣土运输的投标。

（2）严抓运输污染的源头管理

市城管局坚持从源头治理，提出了渣土运输"七不开工"的标准和渣土弃置点"三个必须"的要求，并将其列入到了办理渣土处置核准的前提条件。"七不开工"即：未使用核准的运输单位及车辆不得开工；围墙围挡不符合要求的不得开工；硬化条件不达标的不得开工；自动洗轮机未到位的不得开工；未签订建筑渣土规范处置承诺书的不得开工；现场保洁人员不到位的不得开工；现场监控安装不到位不得开工（见图5-32）。"三个必须"，即弃置点必须硬化出入口、必须设置洗轮机、必须安排保洁人员，工地土方运输开始前，必须向徐州市渣土运输主管部门报备，由渣土运输主管部门对照上述标准进行前期勘查，凡是不符合标准的，由工作人员现场进行业务指导，经整改合格后才予办理相关手续。工地土方运输过程中，需要向徐州市渣土运输主管部门申报运输线路，徐州市渣土运输主管部门联合公安交巡警部门对申报线路进行审查，符合标准的，给予《渣土运输通行证》。运输单位需严格按照《建筑垃圾运输通行证》上指定的线路，在规定时间，使用经徐州市城

围墙围挡不符合要求的不得开工　　硬化条件不达标的不得开工　　自动洗轮机未到位的不得开工　　未签订建筑渣土规范处置
　　承诺书的不得开工

现场保洁人员不到位的不得开工　　　现场监控安装不到位不得开工　　　未使用核准的运输单位及车辆不得开工

图5-32　渣土运输"七不开工"的标准

管局核准的运输公司和登记备案车辆向经过勘察的弃置点进行运输。从而形成了源头控制的多重保险，将工程渣土运输过程中可能出现的抛洒污染控制在萌芽状态。

（3）严抓渣土运输企业的源头管理

近年来，徐州市城管局联合多部门先后出台了《徐州市建筑垃圾、工程渣土运输单位及车辆核准办法》、《徐州市建筑垃圾运输企业信用考核办法》和《关于规范建筑垃圾运输管理的通告》，促进了渣土运输公司化运营方式的实施，形成了企业资质核查和车辆登记备案机制。通过推行渣土运输企业的公司化运营，联合交警部门对渣土运输企业及其所属车辆实行一年一核，凡是未经核准的企业和车辆，一律不得在市区从事渣土运输。2016年，徐州市城管局进一步严格审批流程，引入第三方律师事务所对渣土承运企业供应商资格进行登记及考核。目前，市区范围内共有23家运输单位通过资格考核，符合参与渣土承运企业招投标工作的条件。徐州市城管局通过市区主流媒体对登记结果进行了公示。2016年上半年，共查处一般程序违法案件390起、收取渣土处置费440万元、核准渣土运输企业23家。下一步，结合市城管局、市公安局联合印发的《徐州市建筑垃圾运输企业管理考核实施细则（试行）》，市城管局将对运输企业及其所属车辆实施考核，对排名靠后的企业实施暂停当年招标投标及发包业务直至不允许参加当年建筑垃圾运输资格核准的处罚，逐步健全运输企业的准入、退出机制。

3. 强化整治

（1）注重日常管理

经过近些年不断地研究，归纳，总结，实践，徐州市从渣土运输车辆入手，不断进行规范。明确了渣土运输"六个统一"标准，即：车牌号为苏CS专用号段、车体有放大车号、安装GPS、具有密闭盖、具有夜间顶灯、具有渣土运输通行证（见图5-33）。徐州市渣土运输主管部门每日对照标准，加强对渣土车辆的规范力度。白天重点检查车体颜色、放大字号以及车体清洁情况；夜间重点

苏CS号段

放大字号

GPS系统

加装密闭盖

车顶灯

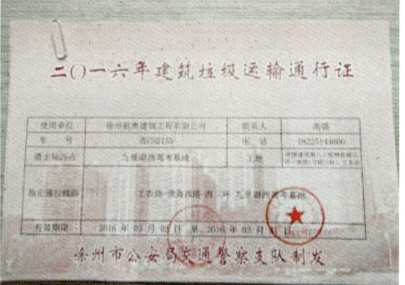
渣土运输通行证

图5-33 渣土运输的"六个统一"标准

检查车辆"平斗运输"、按指定运输线路行驶、使用夜间车顶灯、车辆进出冲洗车轮以及可能出现的车辆带泥上路和抛撒滴漏污染路面情况。2015年至今，已累计查处各类违规运输386起。

（2）开展专项整治

为了加强对渣土运输的管控力度，徐州市从2015年起，开展了大规模的综合整治行动。按照"分类推进、各司其职"的原则，由徐州市渣土运输主管部门和公安交警部门、巡特警部门共同组成了城管、公安渣土运输联动执法工作小组，分别负责渣土运输的源头监管、过程监管和协助渣土执法部门发现夜间出土违规行为，对渣土运输违规行为实施联合查处和车辆查扣、移交，联合会办制度。工作小组除开展常态化的联合执法外，还依托市数字化监督指挥中心及时发现、下派、查处各类渣土运输违规行为。2015年当年共计发现、查处渣土违法运输行为142起，查扣车辆59辆。

2016年6月，针对市民反映渣土运输违规多发的问题，徐州市城管局渣土管理部门联合市公安局交警部门开始实施为期一年的常态化集中整治活动。为增加整治成效，两部门各抽调16名执法人员组成联合整治行动组，实施集中办公。行动组将全市划分成四个片区，每天夜间上路开展联合检查（见图5-34）。6月份，两部门已联合查扣各类违规车辆33台，至此，全市渣土运输违规行为的高压态势初步建立。

4. 长效管理

（1）强化巡查，严控违规运输

一方面、市区两级城管执法每天严格落实市容巡查监管机制，突出对各主要路段和重点地区的巡回检查和监控，力求在第一时间发现问题、解决问题。另一方面，属地管理部门与项目建设单位、施工单位和渣土运输企业实行协同监管，签订《徐州市市区建筑工地施工扬尘防治责任书》（见图5-35），对不符合要求的运输行为，及时发现，现场制止。

（2）应用科技，落实一体管理

随着徐州市"数字城管"体系不断建立和完善。徐州市的渣土运输科技监管水平得到了显著提升。2014年，徐州市渣土运输数字化监控中心正式运行，通过547套车载GPS设备、15个重点工地出入口摄像头和2000余个道路监控，实现了对渣土车辆、重点工地和市区道路的实时监控；对渣土车GPS实行4h失联扣分制管理，提高了日常管理和执法效能。同时，利用数字化城管系统终端，扩

图5-34　城管、公安夜间联合检查

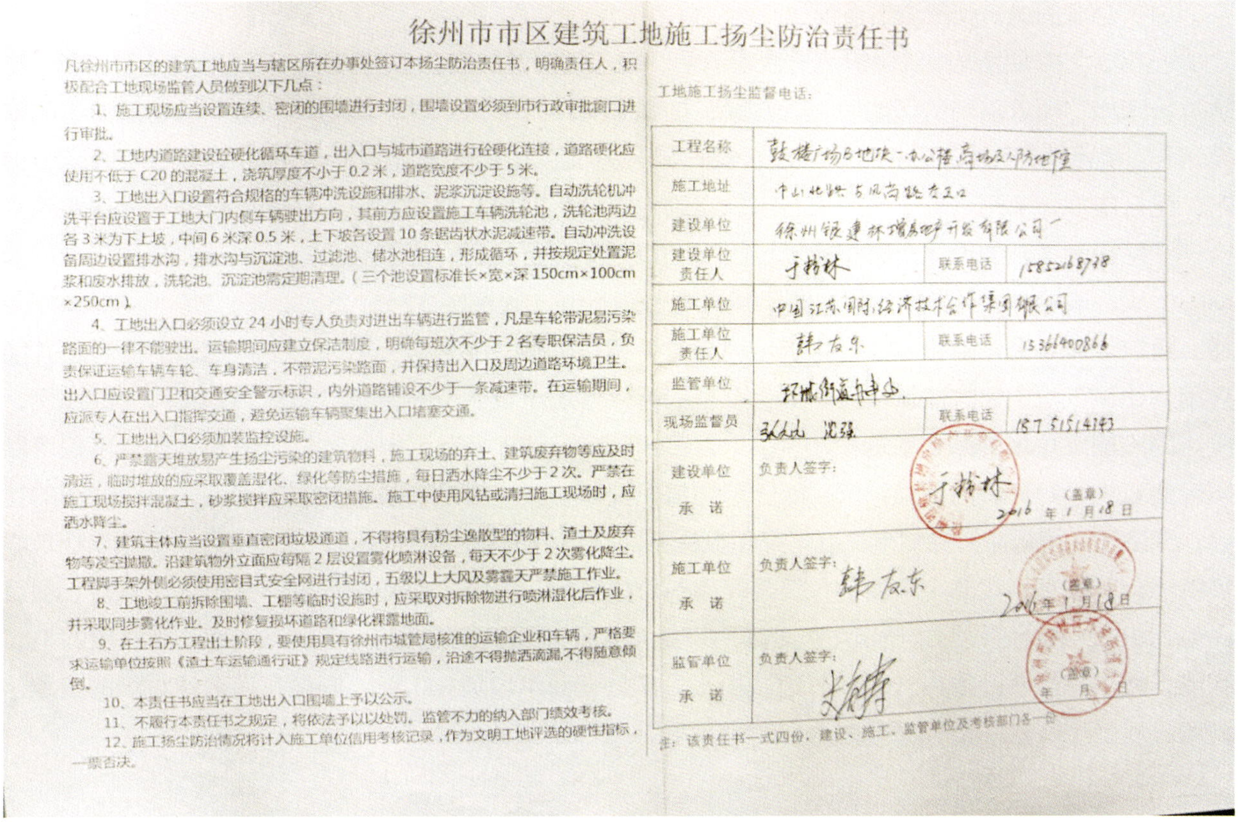

图 5-35　徐州市市区建筑工地施工扬尘防治责任书

大了监管信息的来源方式。在原有的信息采集员上报基础上，增加了交警支队、巡特警支队、各公安局巡防大队、派出所巡防中队及12345转办和12319投诉的上报渠道。为渣土运输监管的精细化、常态化管理提供了便利条件。为渣土运输实现动态监管、提高违规现象的及时处置增加了渠道。

（3）强化考核，狠抓工作落实

按照徐州市环卫保洁"积尘称重、量化考核、精细管理"的要求。徐州市渣土运输主管部门积极按照"以克论净"要求，强化考核结果落实。通过分析环卫部门通报的出土工地周边道路积灰测量结果，并严格实施管理，倒逼工地建设、施工单位和渣土运输企业加强对出土阶段、渣土运输防尘工作的重视。同时，市城管委将工地管理、扬尘治理（含渣土管理）等工作列入对各区科学发展考评体系和对各办事处综合排名考核。各区政府为强化对街道办事处、区级部门的目标考核，进一步完善对各工地（含出土工地）的监管考核制度。徐州市还聘请人大代表、政协委员、群众代表作为政风、行风监督员，每季度召开一次监督评议会议，定期深入工地现场和服务单位发放监督意见表等，主动倾听意见，认真改进工作，使得渣土管理的辐射面进一步加大（见图5-36）。

图 5-36　鼓楼区人大代表检查建筑工地扬尘治理情况

（4）合理消纳，规范渣土弃置

近几年，市城管局围绕建筑渣土合理消纳、规范处置做文章，多措并举合理处置渣土，降低"建筑垃圾围城"现象出现的可能性。一方面，加强了对传统绿化回填，塌陷地回填消纳建筑渣土的审批工作，确保新增建筑渣土消纳合理合规；另一方面，积极探索建筑渣土消纳的其他渠道。2014年，配合市规划部门论证了使用采石宕口实施建筑垃圾回填及地质修复工作的可行性，为建筑渣土合理消纳探索了新的渠道；同年建筑垃圾网上调剂平台上线，为建筑渣土产、销双方搭建了合规消纳的桥梁，该平台运行当年，即实现了调剂渣土50万m³（见图5-37）。

建筑垃圾具有资源化属性，建筑垃圾经过资源化处置，95%以上可成为工程建设的原材料并能应用到建设工程中去。建筑垃圾资源化率是指拆除建筑垃圾制成再生建材再应用到工程上的比例，发达国家建筑垃圾资源化率均在70%以上，不少国家已达90%以上。建筑垃圾资源化处置不仅可以减轻建筑垃圾对环境的污染，而且能够节约自然资源，减少自然资源和能源的消耗，具有显著的社会、经济和环境效益。徐州市在近年来积极探索建筑垃圾资源化的途径，2015年9月，徐州市建筑垃圾资源化利用项目江苏宇鑫建材有限公司建筑垃圾资源化处置中心建设完工，并投入试运行。项目占地140亩，共计建设两条建筑垃圾处理生产线（包括装载机、挖掘机、颚式破碎机、振动喂料机、智能运输车等生产设备126台套），建成投产后年处理建筑垃圾200万t。为徐州市建筑垃圾的资源化利用、规范化处置开辟了新的途径（见图5-38）。

5.7.3　成效

1.规范了运输秩序

近年来，徐州市逐年加强对渣土运输的管控力度，通过推行渣土运输企业公司化运营，渣土运输前置管理，多部门联合的高压监管态势，不断规范徐州市渣土运输市场，扶植正规渣土运输企业的做大做强，并将一部分违规渣土运输企业淘汰出徐州市运输市场，从而带动整个运输行业向良性

图5-37　建筑垃圾网上调剂平台

活生碳，是由煤矸石、建筑垃圾、黄色垃圾等循环制作而成

民用清洁能源，是由建筑垃圾和黄色垃圾等混合调配压制而成

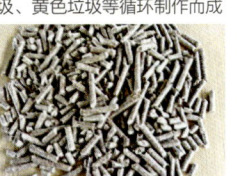
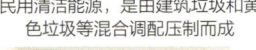

工业用清洁能源，是由建筑垃圾和黄色垃圾等混合调配压制而成

固废骨料15-31.5mm主要用于混凝土中，该产品符合国标的规定要求。

图 5-38　江苏宇鑫建材有限公司建筑垃圾资源化处置中心及其产品

竞争方向发展，同时也有效遏制了渣土违规运输现象。

2. 推进了为民服务

为了方便办理手续的群众和企业，徐州市城管局编印、下发了《徐州市市区施工扬尘防治工作手册》和《徐州市建筑工地扬尘污染防治指导画册》等资料，方便管理相对人更为直观的了解相关要求（见图5-39）。同时，本着优化市容环境、真情服务为民的宗旨，在日常管理过程，徐州市城管局执法人员创新开展提前介入式的管理模式。通过"走出去、请进来"等方式，及时将有关法律、法规、条例宣传到位，对渣土运输管理易于疏忽的薄弱环节开展行政指导，使管理相对人及时了解相关法规、政策，力避违章遭受处罚而产生不必要损失。通过温馨的服务，使管理者与被管理者之间的关系更加和谐。大大提升了群众满意度，最终实现了城市管理方、项目建设方、渣土运输方及城市市容环境的多方共赢。

3. 提高了管理水平

徐州市建立完善了渣土运输规范管理的现场标准、设计导引和监管措施等配套制度，通过"一对一服务卡"、"提前介入"、"预知服务"等有效措施在工地建设单位、施工单位和渣土运输企业申报手续过程中将设置标准提前告知，协助企业办理有关手续，主动告知项目负责人渣土运输"六不开工"的要求，使其少走弯路；也为一线执法、包挂人员提供操作性更强的工作范本，有效地引导和规范渣土管理工作。通过事前介入，事中参与，事后监管的举措，将渣土违规控制在萌芽状态，大大降低事后整治和查处的行政成本，大幅度提高工作效率。

2013年至今，徐州市区渣土运输管理水平显著提升，相关管理要求得到了有效落实，其中围挡设置率由82%提升至100%，出入口硬化率由55%提升至100%，冲洗设施设置率由51%提升至100%，工地内、外道路清扫率由48%提升至100%，工地内部

图 5-39　《徐州市市区施工扬尘防治工作手册》和《徐州市建筑工地扬尘污染防治指导画册》

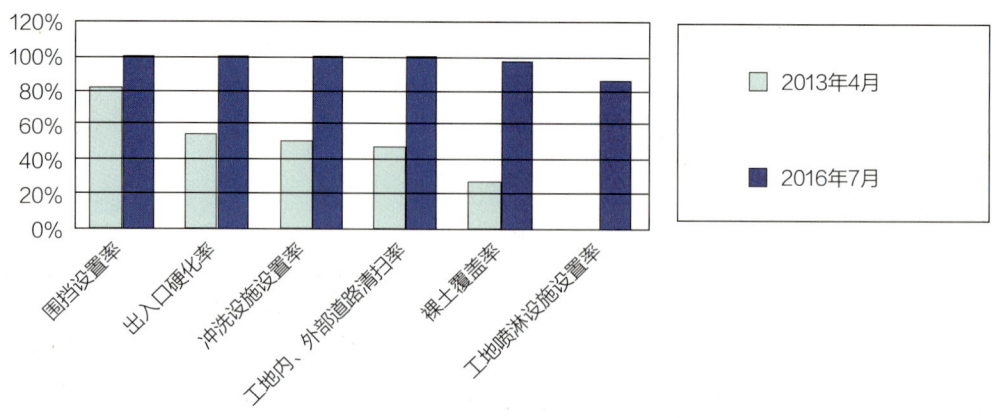

图 5-40　徐州市房屋建筑工地"六率"提升情况图

裸土覆盖率由27%提升至97%，工地喷淋设施设置率由0提升至85%。有效改变了渣土运输长期以来"重进度、轻管理"的现状，开创了工程渣土管理的新局面。2014年，徐州市被省综治办授予"江苏省建筑扬尘集中整治先进城市"称号（见图5-40）。

5.8　违法建设治理

5.8.1　背景

　　违法建设，是指在规划控制区范围内，未经建设、规划行政主管部门批准或违反建设审批规定的建设项目，未按规定取得有关建设许可证的建设行为。改革开放以来，我国经济社会快速发展，城市化进程不断加快，伴随而来的违法建设规模和数量也在逐步攀升。这种现象既破坏城市规划和城市景观，又影响城市形象和居民生活，严重制约城市规划建设的正常发展。已成为城市建设发展普遍存在的顽疾，如何治理这一问题已经成为近年来全国各地、各级政府城市管理工作的重要任务。

　　1．违法建设的形成原因

　　违法建设的形成原因较为复杂：一是经济利益驱使。随着城市建设步伐的加快和城市范围的扩大，部分单位、市民，特别是村集体和一部分失地村民，为了在有限的土地上获取较多的利益，或在征地拆迁、城中村改建过程中获得更多的赔偿，便千方百计逃避政府监管，脱离城市规划的控制，违法建设现象不断发生，屡禁不止，给城市管理工作带来了很大难度；二是法律意识淡薄。部分单位、村民不了解国家关于城市规划管理的有关法律、法规，认为在自己使用的土地上、旧房地基上、院内建设并不违法，因而我行我素，随心所欲，私自建设；三是管理手段滞后。现有的一些法律法规，规定规划管理部门仅有责令停工建设权，而无制约停工建设的具体措施，这使得管理权缺乏应有的强制手段，加之法院强制执行周期长等原因，致使经常出现"人在停建、人走又建"和"白天停建、夜晚施工"的现象，最终导致"生米煮成熟饭"的违法建筑事实。

　　2．违法建设的危害

　　违法建设不仅本身具有不合法性，而且已经成为城市发展的巨大阻力，严重影响了城市管理工作的权威性。

首先，违法建设严重侵蚀了城市公共资源，损害了广大市民的根本利益和长远利益。随着国家实行最严格的土地政策，城市发展的土地资源十分珍贵，为数不多的宝贵土地资源、发展空间受到违法建设蚕食侵占，制约了建设项目的顺利实施。少数人的违法建设，侵害了绝大多数市民的切身利益。

其次，违法建设影响城市景观，损坏城市形象。盲目、无序的违法建设，无论平面布局，还是竖向布置都不符合规划，也达不到有关规范要求。乱搭乱建杂乱无章，造成小区、社区布局混乱，影响城市观瞻，破坏居住环境，进而影响到地区的投资环境，降低了城市的品位和档次，给城市形象造成了不利影响。

第三，违法建设严重危害了社会公平和市场秩序。违法建设者无视党纪国法和政策法规，用不正当手段和不公平方式，强占大量非法财富，严重破坏了社会的公平公正，扰乱了正常的经济社会秩序。聚众闹事、集体上访、公开暴力阻挠拆违事件时有发生，增加了社会不稳定因素。

第四，违法建设严重制约了城市建设与发展。从城市建设来看，一处违法建设就是一处很大的障碍，它不仅会增加工程拆迁量、贻误工期，而且会大大增加城市建设的拆迁成本，从而进一步加大城市建设的资金压力，影响了城市规模的扩张。

第五，违法建设严重危害了公共安全。在违法建设的过程中，建设者往往因为节约资金而一味压低建筑造价，有的工程甚至没有经过必要的地质勘探及图纸设计，致使工程质量存在严重的安全隐患。另外，许多违法建设占用消防通道、挤压道路管线等，给公共生命财产安全埋下了"定时炸弹"。

3. 违法建设的管理困境

（1）执法体制不顺

违法建设治理工作一直是各地政府管理部门的中心工作之一，但屡次治理却没有取得良好的效果，很重要的原因是相关执法部门职能分散。违法建设治理和监管涉及国土、规划、公安、城建、城管等多个部门，权力过于分散，一个违法建筑，需要多个部门处理，多个部门管理，多个部门执法，这就非常容易在治理违法建设的过程中出现各部门协调不到位，相互推诿扯皮这一情况。导致执法滞后于违法，治理模式停留在先建后拆的思路上，没有从源头上形成一套行之有效的治理模式。

（2）治理方式单一

由于相关立法不健全以及缺乏成熟治理模式，治理违法建设大都靠各地政府所主导的"运动式"治理模式，一方面给执法人员较大压力，迫使其高效执法，对违法建设全部进行拆除，容易激发被执法人员的抵抗情绪，造成暴力冲突事件的发生。另外一方面，"运动式"的治理模式只能对违法建设行为产生一定的震慑作用，没有形成一套对违法建设进行持续查处打击的长效机制，效果不明显。

总之，违法建设是伴随着城市化和城市现代化进程快速发展而衍生的城市管理"毒瘤"问题，其不仅严重侵蚀城市公共资源、影响城市环境形象，更严重危害社会公平正义、制约城市健康发展。违法建设治理工作，对改善人居环境、维护市容秩序、提升城市功能品质具有重要意义。在城市转型发展的关键阶段，徐州市高度重视违法建设治理工作，面对违法建设治理中存在的问题和困境，积极探索有效的治理办法，始终把"拆场"当"考场"，加强地面巡控和空中无人机立体巡查，全力打好环境综合治理"组合拳"，拆除了空间，改出了环境，推动了发展。

5.8.2 实践做法

1. 理顺机制

（1）建立违建治理协调机制

为了加强城乡规划管理，及时制止和查处违法建设，依据《中华人民共和国城乡规划法》、《中华人民共和国行政强制法》等法律法规，结合徐州市的实际，徐州市委、市政府于2015年6月26日下发了《中共徐州市委徐州市人民政府关于进一步加强市区违法建设治理工作的实施意见》（徐委发[2015]38号），明确了违法建设治理工作的指导思想是以十八届四中全会精神为指导，全面落实行政执法责任制，健全市、区、街道办事处违法建设治理三级工作体系，切实加强组织领导和责任落实；整合执法主体，优化查处流程，完善拆除机制，按照"新账不再欠、老账逐年还"的原则，对新增违法建设"零容忍"，做到及时发现、即时拆除，对存量违法建设，采取综合治理，依法有序拆除，确保城乡规划有效实施；界定了违法建设；合理划分了管理职责，理顺了各级、各部门在违法建设治理工作中的职责关系；明确了工作机制；建立了长效管理机制，并对违法建设治理工作提出了具体要求。为进一步加强徐州市违法建设治理工作的组织领导，严厉查处违法建设行为，建设生态、宜居、和谐的城市环境，8月11日，市委办公室市政府办公室又下发了成立市违法建设治理工作领导小组的通知，决定成立市违法建设治理工作领导小组，领导小组下设办公室（以下简称市治违办），负责全市违法建设治理工作。

（2）合理划分违建治理工作职责

市治违办负责协调、督察、考核、指导违法建设治理日常工作，组织重大违法建设治理工作。市规划、国土、房管等部门选派精干力量进驻市治违办工作。

区级政府（管委会）对本辖区内的违法建设治理负总责，整合相关部门、机构执法力量，组织本辖区管理范围内的违法建设治理工作。

另外，区政府（管委会）参照市违法建设治理工作模式成立了领导亲自挂帅、分管领导具体负责的治违领导小组，下设区治违办，建立健全综合考评办法，形成了属地管理、区总负责的管理网络。

街道办事负责处违法建设日常巡查和快速处置，按照属地管理的要求，加大力量统筹，建立网格化管理机制，加强治理拆除力度，组织拆除现场清理和拆除后的管理。

2. 建立全方位巡防巡控体系

为从源头上制止违法建设，杜绝新增，徐州市创新机制，建立巡查档案，并充分利用人员地面巡查和无人机空中巡查，搭建由平面向立体、由单一向多维互动的全方位巡防巡控体系。

（1）网络化巡查

2015年以来，市治违办充分发挥协调调度作用，坚持"部门联动、属地管理、条块结合、以块为主"的原则，在全市范围内建立了"城管巡查人员"、"公安巡防人员"、"数字化城管信息采集员"联动的网络化巡查制度，督促各区、街道办事处执法队员对市区范围内9条A类道路，64条B类道路，227条C类道路每天巡查一次，确保新增违法建设及时发现及时查处。各区认真落实巡查日报制度，各办事处建立巡查队伍，划定巡查区域，实行分片包干动态巡查，建立每日巡查台账（见图5-41）。

图 5-41 网络化巡查

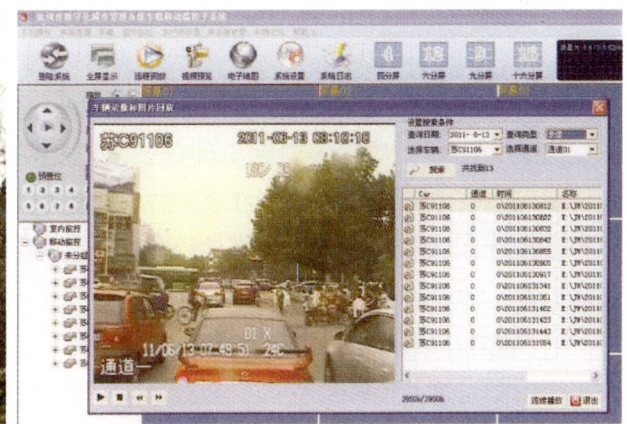

图 5-42 数字化监控

（2）数字化监控

为进一步加强违法建设、市容市貌等方面的实时动态监管，真正实现城市管理全覆盖、无盲点，徐州市充分利用数字化城市管理系统建设的1908个固定视频监控点，14套车载移动监控，整合公安、市政、水利、园林等部门的监控资源近20000路，形成了全方位、立体化的监控体系（见图5-42）。

同时，学习借鉴深圳、珠海等城市的先进经验，购置无人机进行城市巡查、监管。2016年1月，由市城管局和市公安局抽调专业人员共同组建了彭鹰空中巡查大队，购置了2套4架六旋翼无人机，对徐州市违法建设进行动态监管。无人机飞行高度可达1000m，在配有高清运动摄像头的情况下，可在空中对重点监控区域进行定点监控、拍摄，可实现远距离无线实时影像回传数字化监控中心，便于迅速发现特定监控区域的违法建设及市容环境卫生问题，必要时还可以进行交通堵塞原因排查、应急处置等工作使用。目前利用无人机已完成对徐州主城区976个小区的空中违法建设图像采集，采集面积约300km^2，发现楼顶在建违法建设30余处。无人机的使用提高了信息采集覆盖面和精细化水平，标志着徐州市违法建设治理在科技、高效的道路上向前迈进了一大步（见图5-43）。

（3）社会化举报

违法建设治理不仅涉及公共部门也涉及私人部门、民间组织和广大人民群众。群众作为城市的一分子，有义务也有责任参与到违法建设的治理当中，群众的参与举报有助于解决当前违法建设治理上政府部门人力不足、治理方式单一、公众对违法建设治理工作不理解等问题，徐州市通过电

图 5-43　无人机空中立体巡查

台、报纸、横幅、登门入户等多种方式，鼓励媒体监督和群众举报，任何单位和个人发现违法建设，都可向查处部门报告或拨打政府12345服务热线、数字城管12319服务热线投诉举报，将违法建设扼杀在萌芽状态。群众化举报使徐州市违法建设治理工作取得了"笔杆头胜过铁榔头，摄影机强过推土机"的显著效果。

3．着力开展违法建设拆除工作

徐州市从群众反映最强烈、社会最关注的重点问题入手，着力开展面积大、难度大、影响大、利益大的违法建设拆除工作，营造违法建设治理的强大声势。通过各拆违行动，促进违法建设治理工作向纵深推进，不仅浓厚了违法建设治理的氛围，也彰显了市委、市政府整治城市顽疾的决心和信心，使得城市面貌发生了巨大的转变。

（1）机关单位自拆

拆除街道违建是城市发展的需要，是服务于民、让利于民的利民之举。为了更好地整治违法建设，徐州市泉山区城管局先从街道办事处违建整治入手，展开违法建设的大整治活动。泉山区湖滨、和平、永安等五个街道办事处率先拆除了辖区内自有经营性违建近百间，还街道以干净整洁的环境。2015年，泉山区城管局共拆除自家违建14800m²，2016年预计拆除近2万m²，拆除违建后，泉山区没有重建开发创收，而是为群众提供方便，如在湖滨社区望湖路，政府拆掉40多间门面房，并利用拆除后空出的数千m²的空地，经过路面硬化处理，成为附近居民免费停车的场所，真正做到还公共空间于民，收到良好的社会反响（见图5-44）。

（2）攻坚拆违

违法建设治理工作，是一项民生工程，更是城市发展道路上必须面对难题。面对拆违工作危险、复杂、工作量大的难点，徐州市委、市政府重拳出击整治环境。对在巡查过程中发现的违法占地和违法建设行为，及时采取强有力措施进行制止；针对违法建设行为，以及在治理违法建设过程中发生的违法行为，构成违法事实，符合立案条件的，公安、国土资源及规划主管部门及时依法立案查处；对于严重影响居民环境和城市规划的新增违法建设和存量违法建设，坚决依照法律法规进行拆除（见图5-45）。

图 5-44　湖滨办事处拆除望湖路自有门面房 46 间整治前、整治中、整治后

图 5-45　攻坚拆违

（3）和谐拆违

依法依规、依靠群众，是做好违法建设治理工作的基石，取得群众的理解和支持，是顺利推进违法建设治理的前提。一方面，提升队伍素质，组织开展违法建设治理法律法规的学习培训，执法人员严格遵守法律规定，按章操作，依法办事，确保城市违法建设治理的顺利实施；另一方面，加强法律法规的宣传引导，在群众中营造知法、守法的良好氛围。懂法必先知法，群众不懂法，不了解法，很重要的原因是政府宣传力度不够，要想让群众守法，首先必须做好宣传工作，通过运用多种形式的宣传方式，提高公众对违法建设法定程序的认知度，提高公众的法治意识，减少公众对部分违法建设者罔顾法律、无视法定程序的暴力抗法行为的盲目支持。同时，通过邀请市民、媒体等参与违法建设的专项治理活动，加深他们的切身感受，争取广大市民对违法建设治理的理解和支持。定期向市民发布违法建设治理工作信息、治理成果，及时曝光违法建设治理的典型案例，把违法建设治理的重点和难点转化为市民关注城市建设的热点，为治理违法建设营造良好的舆论环境和社会氛围，使依法依规建设的观念深入人心，促使违法建设者自觉拆除违法建设，形成全社会共同抵制违法建设的良好风气（见图 5-46）。

4. 强化监督考核

为加强城乡规划管理，有效控制和及时查处违法建设，根据《中共徐州市委徐州市人民政府关

图5-46 违建拆除现场

于进一步加强市区违法建设治理工作的实施意见》的有关要求，结合实际，徐州市先后印发了《徐州市市区治理违法建设考核办法》、《关于组织开展市区违法建设治理考核工作的通知》、《徐州市市区违法建设治理考核办法》等文件，成立考核小组，具体负责违法建设考核工作的组织协调，其他负有违法建设查处职能的部门、管理机构对发现的违法建设进行及时的制止并依法查处，积极履行和配合对违法建设治理工作职责。同时，明确了考核内容和细则，指出治理违法建设考核每季度组织一次，第四季度为年度考核，每季度编发考核通报。通报内容包括每季度督查的总体情况以及出现的问题，并提出下一步的工作要求，同时附有《主城区违法建设拆除进度统计表》，对主城区违法建设拆除任务、已拆除核实情况以及拆除率做出详细的统计（见图5-47）。

（1）考核对象及内容

考核对象分为两类，考核按类别进行评比，第一类为鼓楼区、云龙区、泉山区政府和徐州经济技术开发区、新城区管理委员会及鼓楼区、云龙区、泉山区政府和徐州经济技术开发区所属的街道办事处，对其的考核内容是新增违法建设治理情况和存量违法建设治理情况以及重点违法建设案件办结情况。第二类为规划、国土、城管等执法查处、协作部门。首先明确每个部门的职责分工，考核内容包括共性考核和个性考核，共性考核是对相关部门在违法建设治理中制定的统一的考核标准，而个性考核是针对每个部门单独制定的考核内容。

值得注意的是，拆除的违法建设考核不包括拆除市重点工程、城中村改造、街头绿地、土地收储范围内的违法建设，但在拆迁公告之前拆除的存量违法建设列入考核；凡是区、管委会及其所属单位自建或授意违法建设的，经查实，必须拆除，并通报处理，取消年终参评资格。

（2）考核方式

成立由市城管局局长、市公安局党委副书

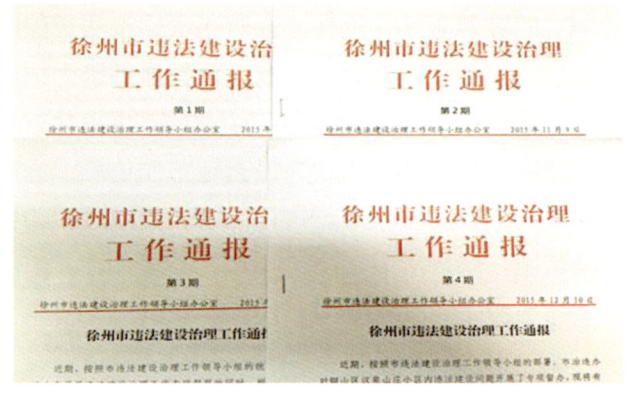

图5-47 徐州市违法建设工作通报

记负责的市违法建设治理考核工作领导小组，考核领导小组下设办公室，办公室设在市治违办，负责考核工作的组织协调。

考核领导小组听取各区治违办违法建设治理工作汇报；查阅有关台账资料，对各区的存量违法建设拆除任务进行逐点核实（见图5-48）。

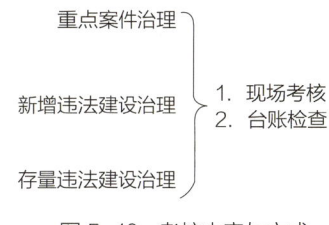

图 5-48 考核内容与方式

5.8.3 成效

违法建设治理既是城市管理工作中的重点，也是难点。徐州市坚持将违法建设治理与国家生态园林城市、江苏省优秀管理城市等创建工作紧密结合，打好环境综合整治"组合拳"，拆出城市新面貌。

徐州市紧扣"违法建设治理"工作，大力开展违法建设治理。2015年，全市共拆除各类违法建设2217处，拆除面积63.2374万m²，全面完成全市下达指标。其中鼓楼区826处，拆除面积20.4025万m²，云龙区537处，拆除面积20.8517万m²，泉山区854处，拆除面积21.9832万m²。科学有效的违法建设治理徐州模式得到了其他省市的高度肯定，吸引了其他省市前来学习交流经验。

1. 由被动处置转变为源头治理

多方联动，形成了执法队员日常巡查、无人机空中巡查、数字化信息采集员采集、群众举报、媒体监督为一体的全方位、多渠道巡查机制，注重源头治理，做到及时发现、及时拆除，将新增违法建设扼杀在萌芽阶段。

2. 由专项监管转变为全员防范

徐州市建立了统一开放的违法建设案件受理系统和信息平台，一方面依托数字化现有平台系统及业务人员，增设专门治违信息采集坐席，抽调数字化专业专席人员对治违投诉举报信息进行梳理汇总并上报徐州市治违办，另一方面利用市城管局现有网站，增设链接，建设网页，对各类新增违法建设做到及时发现、及时公布。另外，徐州主流媒体多次报道关于违法建设拆除的新闻，累计报道40余次，得到了社会的一致认可。

3. 由单项工作转变为联合管理

一是联席会议制度。原则上每月召开1次市违法建设治理工作联席会议，必要时也可临时召开，重点研究解决信访案件及工作中的突出问题（见图5-49）。

图 5-49 违法建设治理工作联席会议制度

二是信息通报制度。利用QQ群、微信群等多种方式搭建全市信息互通工作平台。市规划局和市治违办应指派专人负责信息联络，实行情况抄报，实现信息共享。

三是会商会办制度。对影响恶劣、查处困难的违法建设，由市违法建设治理工作领导小组牵头，召集相关单位进行专题研究，会商会办，采取针对性措施，积极稳妥处置到位。

5.9　城市建筑外立面管理

建筑外立面是指建筑和建筑的外部空间直接接触的界面，以及其展现出来的形象和构成的方式，或是建筑内外空间界面处的构件及其组合方式的统称。一般情况下，建筑外立面包括除屋顶外建筑的所有外部围护部分。建筑是影响城市形象品位提升的主要因素之一，而建筑的品位主要在造型上有重要体现。整洁、美观、完好的建筑外立面，能提高建筑文化品位，张扬建筑的活力，从而提升城市形象的品位。近年来，随着城市建设和经济建设的迅猛发展、人民生活水平的提高，人们对人居环境的要求越来越高，建筑物外立面管理显得越来越重要。

5.9.1　背景

徐州市委、市政府一直高度重视城市规划、建设和管理工作，尤其是2010年以后，在打造生态宜人、幸福乐居的美丽徐州方面，重视程度、投入之多、力度之大，都达到了前所未有的程度，市容市貌焕然一新，城市形象得到了很大的提升。但是由于各级监管部门的监督管理工作没有及时跟上，沿街建筑所有权人或使用人对相关管理规定不了解、不熟悉，导致徐州市建筑外立面存在许多经常性的问题，如相关部门、建筑物所有权人或使用人滥用权利，擅自改变建筑色彩、造型和改变原设计功能；建筑物所有权人或使用人使用建筑物不规范，疏于建筑外立面清洁管理，乱搭乱建，随意安装壁挂、防盗设施，影响建筑造型、整洁；随意设置户外广告、电子显示屏、霓虹灯、楼顶标识，擅自改变许可内容设置户外广告、标识等。直接破坏了建筑原有轮廓线和整体风格，影响了道路景观和市容秩序。

对建筑外立面相关违法活动的查处工作，按照法律法规的规定，分别由不同的管理部门实施：规划部门主要查处未取得建设工程规划许可证或者未按照建设工程规划许可要求进行建设的行为；建设部门主要查处未经许可擅自对外立面进行装修的行为；城管部门主要查处违法设置户外广告及装饰装修时违法占用城市道路的行为；房管部门负责查处未经许可擅自拆改房屋、改变房屋设计用途和结构、在墙体上增开或者扩大门、窗等行为。正是由于多个部门"齐抓共管"、职责交叉、各自为政、分头管理，又受到监管执法力量不足的限制，致使建筑外立面成为日常管理工作的一个盲区。

为改善城乡环境，省委省政府将建筑外立面管理纳入江苏省城市管理优秀城市、省级市容示范路等评比的重要内容，在全省开展了包括建筑外立面管理内容的"美好城乡建设行动"和环境综合整治。按照省委省政府部署，徐州市加强了建筑物外立面管理，并将其作为改善民生的重点工程，开展了包括建筑外立面管理为重要内容的"城更靓"环境综合整治。

5.9.2 实践做法

1．开展专项整治活动

针对外立面管理工作中存在的问题，市委市政府确定了"整治——规范——长效"的工作思路。在多次召集相关单位和部门的专题研究会后，于2013年6月7日下发了《市政府办公室关于开展市区主次道路沿街建筑外立面整治工作的通知》（徐政发［2013］109号），决定从6月份开始，由市城管办牵头开展既有建筑外立面专项整治活动。

此次专项整治活动的范围包括主城区内所有主次道路（街道），其中以49条主次道路为重点范围。整治内容包括三项：一是规范各类沿街建筑外立面的审批。涉及沿街新建（扩建、改建）建筑外立面的色彩、结构、装修，沿街既有建筑外立面装修，沿街建筑外立面设置户外广告、霓虹灯、招牌设施和空调设备等附属设施，沿街建筑外立面施工占用公共道路、设置围挡设施。二是查处各类擅自破坏沿街建筑外立面的行为。涉及擅自改变沿街建筑外立面结构、外观设计及色彩、擅自改变沿街建筑房屋用途的行为，擅自破坏沿街建筑外立面、设置门窗开店的行为，擅自在沿街建筑外立面刻画、涂写、喷涂或悬挂张贴宣传品和标语的行为，擅自在沿街建筑外立面设置标牌、店招、霓虹灯等户外广告设施的行为等。三是加强沿街建筑外立面容貌的管理。要求对设置于沿街建筑外立面的空调外机、霓虹灯、标牌、店招等各类设施支架锈蚀或破损的，以及沿街建筑外立面存在污秽、龟裂、墙皮（玻璃）破损或脱落等影响外立面容貌的现象，由辖区城管部门督促产权人（使用人）进行整改。

在宣传发动和全面排查过程中，通过向所有沿街建筑所有者或使用者发放"致沿街单位的一封信"，利用网络及各类新闻媒体的广泛宣传介绍等一系列的方法，取得了广大市民和相关人员的支持配合，保证了整治工作的顺利开展；为便于执法人员在执法工作中学习和查阅职责分工、管理标准、处罚依据及标准等内容，依据《江苏省城市市容和环境卫生管理条例》、《徐州市城乡规划条例》等法律法规及规定，编写了《徐州市市区主次道路沿街建筑外立面整治工作手册》（见图5-50），规范了各类建筑外立面的行政许可程序，使得执法人员做到有法可依，有章可循。同时，对责任范围内的沿街建筑外立面进行拉网式排查，切实掌握各种违反建筑外立面设置管理规定的情况。

在全面实施过程中，各单位各部门按照职责分工有效落实整治工作，对所有涉及违规改造沿街建筑外立面、违规设置各种附属设施的行为进行了查处；对存在影响市容美观问题的外立面，督促相关责任人限期整改，否则依据相关规定进行了处罚。

为科学评价专项整治工作成效，进一步落实监管责任，保证整治工作能够落到实处，市城管办于2013年6月25日下发了《市城管办关于开展市区主次道路沿街建筑外立面整治考核工作的通知》（徐城管办发［2013］11号），明确了考核内容，主要为沿街建筑外立面审批、违

图 5-50　致沿街单位的一封信和外立面整治工作手册

章查处、问题整改和落实长效管理情况等。确定了考核工作由市城管办组织实施，各责任单位建立自查、"零报告"制度，每日巡查外立面整治工作进展情况，同时按道路名称汇总，每周上报考核领导小组办公室。市城管办进行抽查、复核，每月组织市数字化城市管理监督指挥中心及相关责任单位，共同对各单位沿街建筑外立面整治活动的落实情况进行综合考核。考核结果向社会公布，接受社会监督，并计入各区科学发展目标综合考核和市绩效考核成绩。

2．建立城市既有建筑外立面装饰装修联审机制

既有建筑外立面装饰装修审批按照性质和内容的不同涉及多个部门：规划部门主要负责沿街新建（扩建、改建）建筑外立面的色彩、造型、材质及亮化提出审查意见；建设部门主要负责沿街既有建筑外立面装修的审批；城管部门负责在沿街建筑外立面上设置户外广告、霓虹灯等招牌广告的审批以及对沿街建筑外立面装修、改造过程中在公共道路上设置围挡等占道的审批。多部门的审批、复杂程序，给打算进行建筑外立面装饰装修的申请人造成不必要的麻烦，耗费大量的时间和精力，使本想按正常程序办理审批手续的申请人望而却步，导致绝大多数的申请者不愿再进行申请。

为提高行政效能，方便申请办理外立面装饰装修手续，积极推进行政审批体制改革，落实"百姓办事零障碍"工程，市委市政府首先调整了建筑外立面管理体制，于2013年7月24日，下发了《关于调整下放既有建筑装饰装修管理工作权限的意见》（徐委发〔2013〕37号），将审批管理权限下放至各辖区政府，由辖区实施审批管理。其次，市政府在多次召集相关部门共同研究之后，确定了建筑外立面审批的联审机制，于2013年9月24日市政府办公室印发了《市政府办公室关于印发市区既有建筑物外立面装饰装修设计方案联审机制与实施流程细则的通知》（徐政办发〔2013〕192文件），对外立面审批工作中各部门的工作职责、联审责任、联审流程、申请材料、办理时限等事项进行了明文规定，有效规范了市区既有建筑物外立面装饰装修设计方案联审和管理工作。

在实施既有建筑物外立面装修装饰工程前，按属地管理的原则，申请人只需向辖区所在市（区）城管部门提出申请，市（区）城管局再会同规划、房管等相关部门，按照工作职责和审批的流程，提出各自的审核准予意见，再由城管部门汇总各部门的意见作出联合审批意见，并承诺在15天内办结。这样，申请人就不必再分别到各审批单位进行申请，真正做到"一家受理、同步审批、限时办结"，极大地方便了建筑所有权人或使用人的申请，缩短了办结时限，有效提高了行政效能。

3．落实长效化精细化管理

既有建筑外立面的管理工作，一直是各地各市日常城市管理工作的一个盲点和弱点，基本上各市都存在一种重沿街路面轻上空立面的现象。另一方面，由于建筑外立面的日常监管及执法涉及规划、建设、城管、房管等多个部门，各部门之间没有建立形成有效的共同监管机制，对相关工作的落实和查处还达不到联动，也是监管工作在客观存在的一个问题。

为了抓好建筑外立面的长效化规范化管理工作，徐州市政府从本市的实际情况出发，多次专项会议研究之后，明确规划、建设、城管、房管等监管部门的职能分工与管理查处权限，建立了各部门之间的联动、共同监管机制，实现部门之间信息互通、齐抓共管、形成合力。同时，为了保证外立面的管理工作能够得到有效落实，不但建立了工作目标责任制和追责制度，还建立了外立面日常管理的监督考核制度，将考核成绩纳入各单位年度科学发展目标考核和市绩效考核成绩之中，使建筑外立面日常管理工作逐步走上正轨。

为了使建筑外立面管理工作更加规范，根据《中华人民共和国城乡规划法》、《江苏省城市市容

和环境卫生管理条例》等法律、法规，按照立法的程序，徐州市专门对相关工作进行了立法，完成了《徐州市城市建筑外立面管理条例》，该条例于2014年11月27日经江苏省人大常委会正式批准，并于2015年5月1日起施行。《条例》规定对建筑外立面实行从设计到施工的全程监管：一是建设单位编制建设工程设计方案，应当体现路段特色和城市品位，符合国家和地方城市容貌标准；二是规划部门应当将建筑色彩、造型、退让道路红线、建筑间距、景观照明和建筑外立面附着物作为建设工程设计方案的重要内容进行审查；三是依法应当审查的施工图设计文件，建设单位应当报建设行政主管部门或者其他有关部门审查；四是施工图设计文件未经审查或者经审查不合格的，建设单位不得组织施工。

《徐州市城市建筑外立面管理条例》将建筑外立面日常管理、联合审批制度等内容以法律条文的形式进行了规定，有效保证了外立面管理工作走向规范化、长效化、精细化的正常轨道。

5.9.3　成效

徐州市城管部门通过一系列的举措强化建筑外立面管理，取得了显著的成效。一方面，通过集中整治，不仅各类破坏改变建筑外立面的违法行为被有效制止并责令限期恢复原状，符合相关规定的装饰装修办理了审批手续，规划、城管、房管等相关单位建立了日常巡查监管制度并有效落实，而且，2013年10月后，整治工作开始向市区其他道路和街巷延伸，按照前期整治的方法，将主城区范围内所有道路两侧的既有建筑都纳入到了规范整治之列，并且达到了预期的成效；另一方面，通过建立城市既有建筑外立面装饰装修联审机制，推进了行政审批体制改革，提高了行政效能；再有，通过建立部门联动、共同监管机制，实现了建筑外立面长效化、精细化管理。

6 环境卫生管理的优化与提升

6.1 环卫保洁市场化、一体化运作

6.1.1 环卫保洁市场化改革的背景

传统福利经济学认为，包括环卫保洁在内的许多公共服务具有公益性特征，每一个社会成员都能从中获益且不能排除其他人，属于公共物品，必须由政府来提供和安排。正因为此，包括西方资本主义国家在内，许多国家不仅是公共服务的提供者和安排者，而且还是公共服务的生产者。20世纪70年代末，实施凯恩斯主义的西方各国政府都面临着现实的困境：一方面，由于政府的全面干预市场和社会，包揽了很多不属于政府的经济职能和社会职能，政府的财政压力越来越大；另一方面，由于路径依赖，人们也希望政府能够继续提供已有的公共服务。面对政府垄断所造成的公共服务质量低下、效率不高和资源浪费等问题，人们要求变革的呼声越来越高。现实的压力迫使政府探寻公共服务供给的多种渠道，以满足公众日益增长的公共需求。在这种背景下，自20世纪80年代开始，以美国、英国为代表的西方国家逐步推行了公共服务的市场化改革，其核心内容是引入竞争机制，以降低运营成本和提高服务质量。

传统体制下，我国政府也是集公共服务的提供者、安排者和生产者于一身，采取包揽包办的方式，也面临着财政入不敷出、服务质量低下、效率不高等问题，改革开放后，这些问题更为突出。因此，从20世纪90年代开始，我国也开始了包括环卫保洁在内的公共服务市场化改革。1992年，国务院发布了《城市市容和环境卫生条例》，明确规定"对企事业单位按量收取城镇生活垃圾清扫、收集、运输和处理费，并逐步向居民征收城镇生活垃圾处理处置费"，各地也相继出台了符合当地实际的环卫有偿服务价格体系，这标志着环卫社会化服务的开始。1998年，旨在转变政府职能、实现政企分离、提高政府效率为目的的政府改革的力度开始加大，中央政府率先完成政府重组的任务，地方上也开始进行改革。在这种背景下，许多城市开始深化以"政企分开、管干分离、企业经营、市场竞争、政府考核"为主要内容的环卫管理体制改革，各地分别建立了以国资投入为主体的环卫作业公司，环卫保洁作业作为试点开始实行社会公开招标。到20世纪初，我国许多城市已初步建立起

产业化发展、市场化运作、企业化经营、法制化管理的新型环卫管理体制。

6.1.2 徐州市环卫保洁市场化改革

1. 改革进程

为破解环卫保洁服务质量不高、效率低下等问题，徐州市从1998年起，在市区环卫保洁领域逐步推行了市场化改革。

1998年12月29日上午，市城管委举行了市区公厕保洁使用管理权拍卖会，此次拍卖标的共9座公厕，原定底价总额4.32万元，实际成交价总额7.97万元，超出底价84.44%，拍卖所得资金，由各区环卫处全部用于公厕的建设维护补助，市区公厕保洁使用管理权的拍卖，成为环卫保洁市场化萌芽阶段的有益尝试，也拉开了徐州市环卫保洁作业市场化改革的序幕。

2000年6月24日，泉山区环卫处委托徐州市中桥拍卖公司，对该辖区内的16座公厕进行现场拍卖，拍卖所得资金主要用于市区公厕的改（扩）建。至此，全市已有25座公厕的使用权被拍卖，这标志着全市公厕管理向市场化迈出了一大步。

2002年起在市区环卫保洁领域逐步推行市场化改革。10月，徐州市在淮海路、中山路两条主干道试点市场化保洁，以委托的方式交由2家民营物业公司，保洁面积62万 m^2。

2004年1月，将淮海路、中山路、建国路、解放路、复兴路以公开拍卖的形式实施保洁，保洁面积约126万 m^2，成交价格73.9万元。

2006年6月，市政府继续稳步推进环卫保洁作业市场化改革，首次采用政府采购的方式，将市区15条道路保洁划分为9个标段向社会公开招标，各区对部分道路也进行了市场化运作，保洁面积达到231万 m^2，合同期限2年，共有三家公司中标，成交价格1050万，有效提升了保洁作业水平。

2007年，城管部门加强对15条市场化保洁道路的监管，强化检查、考核，要求保洁公司严格落实经费、配备人员，推行每天两普扫、16h巡回保洁制；各区（保洁公司）改道路白天洒水为夜间冲刷，加强垃圾清运和机械化作业（垃圾清运率达到了98%，主要道路机械化清扫率达到40%），保洁质量得到提高。9月1日起铜山区对城区道路分区域、分路段逐步推行了市场化保洁，对北京北路、学苑路、共建路等45条道路实施市场化保洁，保洁面积182.2万 m^2，年保洁经费123.87万元；2008年5月进行再次招标，合同期限为半年，保洁面积296.71万 m^2，半年期保洁经费82.08万元。

2008年6月，市政府下发了《关于全面推进城区道路街巷清扫保洁市场化的实施方案》，将公开招标范围扩展到城区220条道路970万 m^2 [不含三环路和国（省）道穿城公路]、街巷485条147万 m^2，划分为11个标段，全部实行了市场化保洁，共有10家保洁公司中标，投入经费3950万元，其中市投2645万元、区投1304万元，合同期限2年。加上公园、广场、贾汪区、铜山新区的市场化道路，全年全市市场化保洁面积约1500多万 m^2，是2006年市场化保洁面积的6.56倍。徐州市成为江苏省第一个全面实行道路、街巷保洁市场化的城市，市场化率位居全省第一。

2010年，鼓楼区、云龙区、泉山区727条主次干道和小街巷、原由交通部门管理的三环路及城市出入口道路、交巡警部门管理的6.3万m交通护栏、园林部门管理的256.75万 m^2 道路绿化分隔带纳入了城区环卫保洁管理范围，共计1533万 m^2，分为21个标段，统一由政府采购中心向社会公开招标，有10家保洁公司中标，合同期限为5年（2015年11月合同到期），市、区两级共投入约8800万元/年（环卫工人工资执行2013年最低工资上浮10%的标准），实现了保洁市场化、一体化全覆盖。

2012年，鼓楼区、云龙区、泉山区共计190座公厕实施市场化保洁，分为6个标段，合同期限3年（2015年11月合同到期），市、区两级共投入约900万元/年。

由各区自投自主招标的环卫项目有自管小区、无物业小区、城中村和零散片区、自管公厕，目前也实现了市场化保洁全覆盖，其中云龙区投入894万元/年，鼓楼区投入2220万元/年、泉山区投入1960万元/年。

2. 徐州市环卫保洁市场化的实践做法

（1）坚持市场化改革导向

徐州市始终坚持环卫保洁作业市场化改革环卫保洁作业市场化的导向，探寻有效途径，把政府统管的公益性事业行为转变成政府引导与监督、非政府组织参与和企业运营的企业行为，从而提高城市环境卫生作业服务和管理水平，促进环卫行业健康发展。首先，实行"管干分离"。"管干分离"可以使政府部门从原来既要组织实施环卫作业，又要实施监督管理的全能模式，转变为主要从事监督管理的模式，实现从"花钱养人"向"花钱办事"的转变，真正从繁杂的环卫工作具体事务中置换出来，更好地发挥政府在环境卫生管理和公共服务中的主体作用，提高工作效率；其次，引入市场竞争机制。通过引入市场竞争机制，能够有效解决长期以来环卫行业由政府统包统揽、难以激发内部活力、作业服务效益低等问题。实现运动员、裁判员分离，有监管、有考核，激发了环卫作业企业的内在动力，增强了企业职工的质量意识和责任意识，提高了工作积极性。市场的竞争也促使环卫企业更加注重作业质量，加强内部制度建设和管理，从服务质量中赢得信誉、挖掘效益；最后，激励市场要素投入。市场力量的引入，使一个积极性变为多个积极性，可以尽快改变环卫设施、装备的落后状态。

（2）建立规范有力的领导保障机制

徐州市委、市政府主要领导及分管领导对推进环卫保洁市场化非常支持，经常亲临环卫作业一线检查指导、调查研究，强调在推进城市现代化的过程中，要善于应用市场机制来解决城市建设和管理中存在的问题。为加强对城市管理工作的高位指导、协调，市政府成立了市城市管理委员会，下设办公室，定期研究、解决市容环卫工作问题；明确了各成员单位的工作职责，实现了部门之间的责权明晰化，避免了工作推诿扯皮。为了全面推进环卫保洁市场化工作，市政府专门下发《市区环卫保洁市场化全覆盖实施方案》，对保洁范围、经费标准、筹集方式、保障措施等都做出了明确规定。同时，将市容环卫工作纳入全市经济社会发展综合考核和绩效考核分值。为加快推进城乡统筹垃圾处理工作，市委、市政府还将环卫保洁市场化纳入市对镇域科学发展综合目标考核和中心镇建制内容，进一步强化了对城乡统筹工作的落实力度，为保洁市场化全面推进提供了强有力的领导保障。

（3）建立精细高效的保洁作业机制

按照国家和江苏省环卫保洁作业标准要求，制定了《徐州市环境卫生作业规范》，细化了清扫保洁、冲洒水等基本要求，在作业时间、次数、流程和管理机制等层面实施标准化、规范化、精细化管理，抓好保洁作业的每个环节、细节。针对不同道路实际，制定不同的作业标准，合理调整人员、机械配备和作业时间，确保环卫作业质量稳定高效。市区重要干道作业时间从早晨4点到晚上10点，每天机械普扫两次，冲水一次；其他城市干道（一级路）按2班安排；小巷按1班安排，推行快速巡回机制，建立专门队伍及时捡拾快车道漂浮物。

图6-1　徐州市环卫工人节

（4）设立环卫工人节，建立环卫工作激励机制

环境卫生是社会进步、城市文明的重要标志，环卫工作是美化环境、造福人民的崇高事业。长期以来，徐州市广大环卫职工大力弘扬"宁愿一人苦、换来万家乐"的可贵精神，斗暑战寒，任劳任怨，用辛勤劳动和无私奉献创造了干净整洁、优美靓丽的城市环境。特别是涌现出了"王洪娟班组"等环卫系统先进典型，形成了徐州市环卫战线特别能吃苦、特别能战斗、特别能奉献的优良作风。为着力改善徐州市环卫工人工作条件，切实保障环卫工人权益，不断推动徐州市环卫事业科学发展，进一步形成全社会都尊重环卫工人劳动、关心爱护环卫工人、理解支持环卫工作的浓厚氛围，徐州市政府于2013年10月26日，设立了环卫工人节，并每年都评选出10名"最美环卫工人"和200名优秀环卫工人进行表彰和奖励。以此进一步激发广大环卫工人的工作热情，为徐州环卫事业发展做出新的更大的贡献（见图6-1）。

（5）健全严谨规范的市场准入机制

按照住房和城乡建设部《城市生活垃圾管理办法》与江苏省住房和城乡建设厅有关规范、文件要求，制定了《徐州市〈城市生活垃圾经营性服务许可证〉发放管理办法》，对从事生活垃圾经营性清扫服务市场作业主体许可的条件、申领、合法程序、监督和管理等给予了明确规定，如要求注册资产达到200万元以上，机械清扫能力达到总清扫能力的20%以上，主要负责人要具有2年以上的环卫从业经验等；严格市场准入，确保环卫作业市场规范有序。所有道路、街巷、公厕保洁权一律由市政府采购中心向社会公开发布采购信息，按照公平、公正、公开的原则和《政府采购法》等有关法律法规规定，由市政府采购中心组织有关专家，根据投标文件和评分标准严格打分、评定，确定中标作业企业。按属地原则，由辖区市容环卫主管部门与中标企业签订相关服务合同。

（6）建立科学稳定的投入保障机制

为确保市场化作业经费的有效落实，徐州市主要采取了以下做法：一是实行政府分级承担。市政府在有关文件中明确了市、区保洁作业经费比例，根据道路不同分为市财政全拨、市和区财政1：1分担和区财政全额承担三种。总体讲市、区财政分担比例为7：3。二是设立财政专户。所有市场化道路、街巷作业经费在招标完成后，由市、区及相关职能部门在每月25日前将核定的经费足额拨入专户，从而保证经费及时到位和拨付。三是引导环卫保洁企业加大投入。在政府采购招标文件中明确了中标环卫保洁企业应该配备的工具和机械，引导促进中标企业自己加大投入。

（7）制定严格公正的考核奖惩机制

一是强化市级日常检查。保洁市场化后，市环卫部门按照《徐州市环境卫生检查标准》，组织专门队伍，对市区道路、小街巷环卫保洁状况进行检查考核，落实日检查、周通报、月点评制度，对发现问题除严格扣分外，还督促责任单位及时整改。二是强化区级和部门考核。徐州市保洁市场化涉及的管理主体除各区政府外，还有园林、水利、公安等部门，为此，市政府有关文件明确，各区和各有关部门考核分值占50%，市城管局考核占50%，从而强化了各区和有关部门的责任，形成比较全面的考核网络。三是完善奖惩激励。对中标作业企业综合考核连续五年平均得分在90分以上的，给予延长合同期限2年的奖励，并在以后的道路保洁招标中优先考虑。对当年度考核综合得分低于80分的中标单位，实行淘汰机制，在以后3年内不得参与本市环卫作业市场化招标，通过奖勤罚懒、优胜劣汰，培育优化市场，提高保洁作业质量。

3. 徐州市环卫保洁市场化的成效及存在的问题

（1）成效

在市委市政府高度重视下，徐州市环卫保洁市场化取得显著成绩，环卫保洁质量明显提高，得到社会各界广泛认可，环卫监管考评机制不断健全，国内创新推行环卫第三方监理机制，率先在全省实施"积尘称重"深度精细保洁模式。主城区环卫市场化保洁覆盖率100%，生活垃圾清运率100%，生活垃圾无害化处理率100%，为成功创建"国家环保模范城市"、"国家卫生城市"、"国家生态园林城市"、"江苏省城市管理优秀城市"等提供了有力的载体支撑。

（2）存在的问题

根据《江苏省"十三五"环卫事业发展规划》和2016年度《政府工作报告》等工作要求，目前在环卫保洁市场化工作方面仍然存在一些不足，制约了徐州市环境卫生工作的进一步提升和发展：

1）作业企业规模偏小

部分作业企业规模偏小，应急能力较弱，现代化管理水平不高，资金投入不足，缺乏必要的现代化大型机械设备，环卫工人年龄偏大，劳动效率低，意外伤害事故频发，不能适应日益提高的环卫作业要求。

2）作业模式粗放

机械化作业模式相对粗放，原有机械化洗扫一体率较低，作业范围仅局限于快车道，作业车辆陈旧化，尚不能达到江苏省道路环卫机械化作业质量标准要求；作业标段划分过于分散，不利于实现作业的规模效应，近年来城市新增道路未纳入市场化范围。

3）作业内容单一

原有作业内容较为单一，城市野广告清理、桥梁清洗、非机动车摆放、人行道护栏清洗等尚未纳入市场化作业内容，无法充分发挥综合作业效能。

4）作业经费偏低

由于作业经费投入偏低，环卫工人工资待遇标准不高，合法权益保障也有待进一步加强，目前市区环卫工人工资仍执行2013年1408元/月的标准，这也是造成环卫作业人员大多文化程度低、年龄偏大的重要原因。

5）市场化范围待拓展

市区环卫新增道路222万m²、公厕64座，尚未纳入市场化范围，导致保洁质量较差，甚至出现无人保洁现象，如三环西路高架。因此，有必要进一步深化改革。

6.1.3 徐州市环卫保洁市场化改革的新征程

徐州市主城区于2010年实施的政府购买环卫保洁服务的市场化合同已于2015年11月到期，根据《中共中央国务院关于深入推进城市执法体制改革改进城市理工作的指导意见》、中央城市工作会议精神，按照《江苏省环卫事业"十三五"发展规划》和徐州市2016年《政府工作报告》等有关要求，为进一步推进环卫作业市场化改革，建立环境卫生精细化管理新模式，提升市区环境卫生水平，徐州市城管局在学习外地城市先进做法的基础上，制定了新一轮《徐州市主城区环卫保洁市场化全覆盖实施方案》（以下简称新方案）。2016年7月12日，市政府下发了《市政府办公室批转市城市管理局〈主城区环卫保洁市场化全覆盖实施方案〉的通知》（徐政办发［2016］118号）。

1．新方案的内容

为全面提升城市道路保洁水平，美化城市环境，根据国家、省有关环卫作业标准，现制定徐州市主城区环卫保洁市场化全覆盖实施方案如下：

（1）指导思想

深入推进环卫保洁市场化，建立以"机械为主、人工为辅"的环卫保洁模式，将道路街巷、免费公厕、非机动车摆放、桥梁保洁、野广告清理、绿化带捡拾等项目纳入主城区环卫一体化保洁，实现环境卫生管理规范化、精细化、长效化，提升主城区环境卫生整体水平。

（2）实施范围

鼓楼区、云龙区、泉山区、三环路及城市出入口、高铁站区。

（3）实施内容

一是930条（段）道路，共计554.29km，1796.07万m²（含203.48万m²绿化带），具体包括：15条主干道共计314.31万m²，其中绿化带18.41万m²；区管道路共计641.24万m²，其中绿化带51.26万m²；街巷共计236.24万m²，其中绿化带9.22万m²；三环路及城市出入口道路共计523.05万m²，其中绿化带104.95万m²；高铁站区道路共计81.24万m²，其中绿化带19.65万m²。

二是256座公厕，其中鼓楼区77座、云龙区92座、泉山区85座、高铁站区2座。

三是78.02km交通护栏。

四是8座立交桥。

五是35条（段）道路的非机动车摆放。

六是930条（段）道路的立面（1.8m以下）小张贴、野广告。

（4）作业模式

1）主次干道保洁作业模式

机动车道：高压冲洗+洗扫一体+机扫保洁。

非机动车道：洗扫一体+机扫保洁+人工快速巡回保洁。

人行道：高压冲洗车配合人工作业+人工快速巡回保洁。

2）街巷保洁作业模式

机扫保洁+人工快速巡回保洁。

人工保洁+人工快速巡回保洁。

3）公厕作业模式

一掸、二抹、三冲、四拖、五扫、六理、七查、八喷。

（5）作业质量标准

作业质量符合：

1）《江苏省城市环境卫生作业服务质量标准》DGJ321C01-2004。

2）《城市道路环卫机械化作业质量标准》DGJ32/TJ172-2014。

（6）作业经费标准

按照《江苏省城市环境卫生劳动定额》标准，经测算保洁项目作业单价为：

1）道路人工保洁：9.18元/（m²·年）；

2）公厕保洁管理：5.17万元/（座·年）；

3）高压冲洗：29.28元/km；

4）洗扫一体：22.48元/km；

5）机扫保洁：11.28元/km。

（7）经费标准与来源

经测算，总保洁经费约为17864.54万元/年。其中市财政承担11425.67万元/年，各区财政承担6438.87万元/年。经费支付方式沿用当前模式，市级财政设立经费专户，区级保洁经费按月足额缴入专户，确保资金保障、使用到位。

1）15条主干道保洁经费为4298.76万元/年，由市财政承担；

2）区管道路保洁经费为7043.94万元/年，由市、区财政共同承担，其中市财政3521.97万元/年，鼓楼区1314.30万元/年，云龙区843.87万元/年，泉山区1363.80万元/年；

3）街巷保洁经费为2260.31万元/年，由区财政承担，其中鼓楼区461.92万元/年，云龙区622.13万元/年，泉山区1176.26万元/年；

4）三环路及城市出入口道路保洁经费为2406.65万元/年，根据《市政府批转市城市管理局〈市区环卫保洁市场化全覆盖实施方案〉的通知》文件要求，三环路及城市出入口道路由市财政局与市交通局共同承担；

5）高铁站区保洁经费为492.70万元/年（道路保洁482.36万元/年，公厕保洁10.34万元/年），高铁站区保洁事权属徐州经济技术开发区，保洁经费由徐州经济技术开发区负担，市财政先行垫付再与其结算；

6）公厕保洁经费为1323.52万元/年，由市、区财政共同承担，其中市财政666.93万元/年（高铁站区10.34万元/年），鼓楼区199.05万元/年，云龙区237.82万元/年，泉山区219.72万元/年；

7）桥梁保洁经费为49万元/年，由市财政承担。

（8）标段划分

标段划分按照"片区"为单位，共划分为15个标段，其中1～4标段为市管，包含中山路、淮海路、三环路及城市出入口、高铁站区及市中心区域部分道路及街巷，5～15标段为区管，以办事处为单位进行划分。

（9）监督考核

按照《徐州市环卫作业管理考核标准》，实行专业考核与社会监管相结合的考核方式，形成以市、区两级环卫主管部门考核为主，环卫第三方监理及社会监督为辅的综合评价机制。

1~4标段：市、第三方监理考核得分比例按6：4确定（1~4标段涉及区管道路和街巷的考核权重在招投标文件中进一步明确）。

5~15标段：市、区、第三方监理考核得分比例按4：4：2确定。

实行有奖举报制度，对于社会监督反映的环境卫生问题，经核实后扣罚保洁公司相应的保洁经费并奖励第一举报人，具体监督考核实施办法由市级环卫主管部门另行制定。

（10）市场准入条件

按照《城市生活垃圾管理办法》（建设部令第157号）要求，从事城市生活垃圾经营性清扫、收集、运输服务的企业，应当具备以下条件：

1）具备企业法人资格，注册资本不少于人民币300万元；

2）具有合法的道路运输经营许可证、车辆行驶证；

3）具有固定的办公及机械、设备、车辆、船只停放场所；

4）具有健全的技术、质量、安全和监测管理制度并得到有效执行；

5）具备国家法律、法规规定的其他条件。

（11）实施步骤

2016年8月招标，在市级采购平台统一发布招标投标信息，市城管局，鼓楼区、云龙区、泉山区城管局分别负责管辖标段内环卫保洁项目的招标投标工作，中标企业与各发包单位签订合同。2016年9月正式运行，合同期限为3年。

（12）保障措施

1）环卫工人的社保基金按年度据实支付。用工企业按照国家规定按时足额缴纳各种税费和所有职工的社会保险金（具体包括：养老保险金、医疗保险金、工伤保险金、生育保险金、失业保险金）。社保支出中的集体支付部分由作业单位先行缴纳支付，经逐级审核后，市、区财政按1：1的比例补贴。

2）建立绩效评价机制，定期会同财政部门对市区环卫保洁运行经费进行绩效评价。加强长效管理，全面推行第三方监理机制，年度监理经费为总保洁经费的2%，通过政府招标采购方式确定第三方监理主体。

3）考核结余经费作为专项经费，用于支付社会监督考核人员的奖励、环卫宣教基地建设运行费用等，由市环卫主管部门申请，市财政审核拨付。

4）完善奖励和淘汰机制。对中标作业企业综合考核连续三年平均得分在90分以上者，在以后的道路保洁招标中优先考虑；年度综合考核得分低于85分的中标单位，实行淘汰，取消中标资格，并在今后3年内不得参与本市环卫作业市场化投标。建立环卫信用评价制度，将失信企业拉入"黑名单"，解除作业合同。

5）今后新增道路保洁一律实行市场化运作，保洁经费标准由市城管局与财政局共同测定，经费投入渠道按"市区30m（含）以上道路保洁经费由市、区两级财政按照1：1的比例承担，30m以下道路由区财政全额承担"的意见落实。

6）市级环卫部门统一制定作业标准、考核标准并监督实施。

2．新方案的特征

改革中出现的问题必须通过进一步深化改革来破解。徐州市原来的环卫保洁作业市场化改革虽然取得了一定的成效，但从促进环卫事业健康持久发展，不断满足人民群众对环卫保洁服务需求上看，还存在着作业企业规模偏小、作业模式粗放、作业内容单一、作业经费偏低和市场化范围待拓展等一系列问题。对此，新方案有针对性地对改革进行了深化。

（1）推进规模化、集约化，提高市场准入门槛

新方案将原来27个标段调整为15个标段，并建议各区将自主招标的无物业管理小区、城中村、自管公厕纳入作业范围；提高市场准入门槛，通过引进实力雄厚、管理规范的作业企业，进一步提升环卫作业效能和水平，逐步培育专业化、集团化、规模化的环卫作业龙头企业。

（2）提高机械化作业水平

按照《江苏省环卫事业"十三五"发展规划》中城市道路机械清扫保洁作业率≥75%，其中主次干路的机械清扫保洁作业率≥90%，保洁质量达标率≥95%的要求，变单一、粗放作业模式为"三位一体"精细化作业模式（即高压垂直冲洗、水平冲洗、洗扫一体化作业）。新方案通过提高机械化作业水平，扩展机械化作业覆盖范围，对人行道及慢车道实行人工与机械化配合的精细化冲洗作业，可以减少作业扬尘，提高路面洁净度。

（3）增加资金投入，改善用工结构

随着环卫保洁体制改革的逐渐深入，环卫保洁企业的规模逐步扩大，机械化程度不断提高，设备也越来越先进，其对管理的科学化和作业的精细化要求也越来越高，这种情况下，员工偏低的文化程度、偏大的年龄结构已愈来愈不适应新形势的要求。因此，新方案通过增加资金投入，切实提高环卫工人的待遇，充分保障环卫工人的合法权益；通过招录年轻的环卫工人，建立环卫从业人员信息库，可以有效改善环卫用工结构，提升城市整体形象。

（4）进一步拓展环卫市场化保洁作业的范围

新方案将立面野广告清理、桥梁立面清洗、部分道路的非机动车摆放等纳入环卫一体化保洁，可以进一步提升环境卫生的总体水平。

（5）强化监督考核

新方案全面推行"积尘称重"精细化考核，完善第三方监理范围和内容，畅通了社会各界及广大群众参与环卫保洁监督的渠道，形成了环卫保洁市场化的长效监管机制。

6.2 第三方社会化监理

环卫保洁作业市场化改革以前，政府环卫管理部门既是环卫保洁服务的提供与安排者，也是环卫保洁服务的生产者。改革后，环卫管理部门将保洁作业服务外包给专业化的保洁公司，其职能主要是制定环卫作业的规范与标准、监管环卫保洁市场的有序运行。职能的转换也对环卫管理部门的监管提出了更高的要求，如何进一步提高环卫部门的监管水平，直接关系到市场化改革的成败。徐州市城管局通过引入第三方社会化监理，很好地破解了这一难题。

6.2.1 第三方社会化监理的背景

徐州市环卫保洁工作从2010年起已经在全市基本推行了市场化保洁的全覆盖，在运作过程中由政府将保洁权推向市场，秉承"谁受益、谁负担"的原则，采取政府向社会公开招标，中标者根据

保洁合同，按照四个到位的要求，即"人员到位、时间到位、质量到位、管理到位"分标段从事环卫保洁工作。自市场化保洁实行以来，总体上改变了以往保洁工作职责不清、管干不分的局面。但是由于中标者受利益的驱使，不可避免地出现了只顾经济效益、忽视保洁质量和社会效益的问题，在责权利三者关系的处理上往往只重视利益而看轻责任，而政府在对合同的执行上又缺乏有效地监督和管理。

为进一步加快城市管理机制创新，加强市场化保洁监管机制建设，提高市区环境卫生作业质量，提升监督考核的科学性、公正性和时效性，市城管部门进行了深入调研、多方借鉴、认真论证，经市政府研究同意，决定引入第三方对环卫保洁单位日常保洁绩效进行考核、监督。结合市区环境卫生作业和管理考核现状，2012年9月，市政府于出台了《徐州市市区环境卫生保洁、园林绿化第三方监理实施方案》（徐政办发〔2012〕155号），在全国率先对市场化保洁的考核检查中引入了第三方监理机制。

监理最早应用在工程建设项目管理领域，是指独立于项目双方的第三方，作为监管专业化机构，受项目法人委托，依据有关法律、法规、文件、规范和监理合同、项目合同，对项目实施全方位监督管理。随着项目管理理念的扩大，监理的范围外延也突破了工程建设领域，往其他领域蔓延。徐州市在环卫保洁领域应用监理制度，是一种制度创新。

徐州市市区环境卫生保洁、园林绿化第三方监理实施方案明确了监理职责：监理单位受市城市管理局委托，按照相关管理标准和保洁合同约定的作业内容和质量要求，对监理范围内的保洁作业和园林绿化养护进行质量监理，发现问题及时告知作业单位，并按照相关考核办法要求进行考核打分，按月出具监理报告；协助各级管理部门对热线投诉、领导交办的环境卫生问题进行调查取证和督促整改。确定了监理形式：结合市区环卫管理现状，采取社会化监理和行业监理两种形式：一是通过招标采购的方式选择具有城市建设管理资质（物业管理企业二级资质或绿化园林二级企业资质），对云龙湖风景区、云龙公园实施社会监理；二是通过环卫协会成立环境卫生监理中心，组建监理考核队伍，对市15条道路、高铁站区、免费开放公厕实施行业第三方监理。

按照徐州市市区环境卫生保洁、园林绿化第三方监理实施方案的要求，市环卫协会于2012年10月成立了环卫监理中心，开展了对市区市场化保洁的道路和公厕的监理检查工作。同时，还通过社会公开招标，选定了东盛物业公司代表第三方社会监理单位，开展了对园林和云龙湖管委会系统的公厕和道路进行监理工作。按照相关管理标准和保洁合同约定的作业内容和质量要求，从2013年1月起市环卫监理中心对全市165所免费开放公厕实行了第三方质量监理，同时还受市环卫处委托承担对园林系统、云龙湖管委会所属的45所免费开放公厕的检查考核工作。东盛物业公司代表第三方社会监理单位，开展对园林系统、云龙湖管委会所属45所免费开放公厕进行第三方质量监理。随着环卫事业的发展，目前各项监理任务更加繁重，监理公厕已由初期的165所增加到了250所，监理道路保洁达到了15条全市主干道，同时还对徐州市大小道路近3000个点位进行了"积尘称重"的检查考核。通过3年多的不断总结和创新，监理工作取得了明显的成效，为提升城市环卫工作科学化管理水平，巩固和发展城市环境卫生保洁作业市场化成果迈出了坚实的一步。

6.2.2　第三方社会化监理的实践做法

1．建设高质量的监理队伍

在社会上公开招聘监理人员，经过严格培训，对符合条件者聘任上岗，目前环卫监理中心由20名人员组成、第三方监理单位由6名人员组成。在监理工作中制定了一套严格的岗位责任制度和工作考核方法，对不称职的监理人员给予及时辞退，始终保持一支高质量的监理队伍。为了不断提高监理人员的业务工作能力和政治素质，第三方监理坚持定期组织他们进行思想道德、专业知识、业务技能等方面的学习培训，不断提高他们的思想、文化、业务能力，使之成为一名合格过硬的监理人员。

2．配备相关设施设备

为了搞好监理工作，提高监理工作效率和质量，规范监理人员的风纪风貌，第三方监理统一配备了必要的汽车、电动车和通信器材等。目前环卫监理中心有3辆汽车、10辆电动车，第三方监理有6辆电动车用于监理工作，在这些车辆上统一印制"环卫监理"字样和标识，并严格落实车辆使用制度。监理人员一律着制服外出监理检查，体现监理工作的严肃性。

3．完善监理考核评价体系和考核方法

按照相关管理考核标准和保洁合同约定的作业内容和质量要求，建立了一套完整的监理考核指标，根据监理考核对象的责任目标制定出一个科学的监理考核评价体系和考核方法，考核内容主要有四大项，即管理制度、作业规范、保洁质量和设施状况，并对每一项的内容进行逐条细化，比如在对公厕的监理考核中，对人员配备、洁具卫生、各项设施的使用状况、规范操作情况等详细的给予细化评分，制定出较详细的考核评分标准。同时还建立了一套与之相配套的监理数据采集登录系统，高效、便捷的将考核数据登统保存，使之作为出具监理报告的依据。

4．坚持常态化考核与动态考核相结合

在监理考核中实行常态化考核与动态考核相结合的办法进行。根据监理工作所配备的人员、车辆和需要监理考核的道路、公厕的分布情况，认真制定出了常态化考核线路，每天分成若干个监理考核小组实行不间断地巡查考核。同时，根据监理考核要求，每月还进行不定期、不定时的动态监理考核，主要是对一些公厕、道路的保洁作业时间（比如早晚间的保洁状况、公厕开放状况）、人员在岗情况、规范作业情况、道路机扫洒水作业、日常考核中发现的突出问题整改落实情况等进行跟踪考核检查，使考核评价更加完整、公平。

5．强化考核手段

在巡查考核中，对发现的一些脏、乱、差等突出问题，如果仅凭考核记录，有时对问题部门很难有说服力或处罚依据，为此，第三方监理在监理中不断完善考核手段，一方面采取科学方法（如拍照、笔录等）进行现场取证，另一方面完善考核登录系统，指定专人负责及时登录每次的考核结果，并对问题单位、问题道路和公厕及时下达整改通知书等，做好及时的信息反馈，使考核结果准确、公正、客观地反映出各标段、各公厕卫生保洁的实际状况，也使考核工作有力地促进了卫生保洁质量的提升。

6．实行监理考核结果与保洁公司绩效考核有机结合

监理中心和第三方监理根据日常监理考核中做出的考核记录，及时汇总梳理，每月得出对各公

厕和道路考核的综合分析数据，统计出各区、各物业保洁公司的分数排名，并结合当月动态考核中检查的结果，向主管部门提出详细的监理考核报告，为了详实反映监理考核情况，协会监理中心还把每月考核中在现场拍的图片配上详实的文字以幻灯片的形式，组织相关单位领导和项目主管观看，从中看到在卫生保洁各方面存在的问题和差距，督促进行整改落实。政府主管部门将监理考核报告作为对各物业保洁公司绩效考核的重要依据实行经济奖惩，有效地促使了环卫保洁作业质量的稳步提高。

6.2.3 第三方社会化监理的成效

市场化保洁引入第三方监理机制，改变了城市卫生保洁以往存在的政府职责不清、管干不分、监管缺失的被动管理局面，促进了市场化保洁中标者严格履行环卫保洁合同，进一步摆正了市场化保洁中的责权利三者关系的认识，也充分体现了奖勤罚懒、奖优罚劣的绩效管理原则，并通过第三方监理机制的实行得到有效的落实。

2013年初开始实行监理工作时发现不少免费开放公厕存在着"制度落实差、规范操作差、公厕设施差、卫生质量差"的现象。为了及时解决这些问题，第三方监理积极配合市环卫处首先从提高保洁员素质方面入手，围绕着遵章守纪、规范保洁等方面开展了对全市免费开放公厕的保洁员业务培训工作。为了积极促进公厕保洁质量的提高，第三方监理每月定期召集各区环卫负责人和保洁公司主管开会，将每月的监理考核情况以PPT形式进行通报，使他们通过数据对比和图片反映看到存在的问题和差距，促进整改工作的落实。

在监理考核的初期几个月，发现市区免费开放公厕普遍存在设施陈旧残缺、无水无电等问题，其中无障碍设施使用率仅18.67%，多数公厕的残疾人坐便器损坏或关闭；公厕其他设施比如洗手盆残缺不全，完好率也仅有20.24%，厕位隔断门基本上都不完整，有的甚至全部拆除；公厕无水状况堪忧，正常用水率仅有一半，直接导致了部分公厕卫生保洁难以进行；无电公厕达到24%，使这些公厕晚间不能正常开放。为了从根本上解决这些问题，第三方监理经过认真的调研，提出了专题材料并制作了一部反映市区公厕设施问题的PPT专辑向上级反映并得到了高度重视，市城管局为此专门召集了各区城管主要领导和保洁公司经理开会，听取了第三方监理的专题汇报，观看了相关的幻灯片介绍，市局主要领导就彻底改善公厕设施状况作了专题部署，提出了明确的整改要求。会后，各区局领导高度重视，对存在的问题进行了认真的整改，有力地促进了公厕设施的改善，同时也增强了第三方监理做好环卫监理工作的信心，在以后的工作中密切了与各区环卫部门和保洁公司的沟通，做到了发现问题早沟通、早解决，从而使徐州市免费开放公厕的设施状况在2014年以后有了明显的改善，目前市区加上新增免费开放公厕共计190座，水电使用率基本上达到了100%、无障碍设施使用率100%、洗手盆和隔断门等设施完好率100%，公厕各种标示齐全，使群众的需求得到了较好地满足，同时在创建全国环保模范城市的检查考评中也受到了国家检查组的好评。

由于第三方监理坚持日常考核与动态考核相结合，使公厕开放制度得到了很好的遵守执行，开放率由2014年初的87.64%、保洁员夜间在岗率48.20%，分别提高到目前的99.34%和90.04%。

在监理工作中第三方监理坚持做到了评分考核标准不走样、数据统计不失真、发现问题不遮掩，从而有力维护了公平、公正的监理考核原则，每月的监理报告体现出了真实性、有效性，为市财政部门和保洁责任部门提供了可靠的考评依据,有力地推动了环卫工作上新水平。目前徐州市的免费开放公厕的综合考核得分已由2014年初的80.75分提高到96.16分,同时还涌现出了一大批优秀保洁员和管理优秀、保洁优良的公厕。公厕管理水平的提高和设施的改善也为徐州市创建国家环保模范城市和生态园林城市的成功增添了一份满意的答卷。

第三方监理在工作中,还坚持创新发展的原则,及时适应城市道路考核由量变到质变新任务的转变,很快摸索出了对道路卫生考核进行"积尘称重"的做法与经验,受到了上级领导的肯定,从而推动了道路环卫保洁工作上升到新的台阶。通过和全市环卫工人和各级环卫部门的努力,目前"积尘称重"合格率已经达到了93.50%,徐州市的道路卫生变得更整洁干净、卫生环境更舒适美观,成为徐州市天更蓝、水更清、山更绿其中的一道亮丽的风景线。

6.3 "积尘称重"精细保洁模式

6.3.1 "积尘称重"精细保洁模式的背景

自全面实行市场化道路保洁工作以来,有力地促进了城市环卫管理水平的提高,环卫作业水平和道路保洁质量有了很大的改善,为徐州市创建全国环保模范城市和生态园林城市做出了应有的贡献。为更进一步贯彻落实住房和城乡建设部"城市洁净工程"工作部署,从2015年7月起,徐州市在全省率先开展了清洁城市环境活动。为巩固各项创建工作的成果,深入开展城市管理创优工作,逐步实现徐州市环境卫生管理的规范化、精细化和长效化,进一步提升全市环卫保洁水平,市城管局于8月19日下发了《关于印发〈徐州市环卫保洁精细管理考核实施方案〉的通知》(徐城管发〔2015〕81号),提出了"积尘称重、量化考核"的思路,分类细化具体作业和考核标准,调整道路保洁作业流程,建立动态巡检、联合复检和奖惩激励等长效机制。

6.3.2 "积尘称重"精细保洁模式的实践做法

1. 实行"积尘称重",量化考核指标

按照《江苏省城市环境卫生作业服务质量标准》道路清洁划分等级,分别建立一级道路、二级道路、三级道路积尘量化考核指标。然后依据这些指标,在考核中采用"一点三计量"的考核方法,随机采取道路上的一点,分别对其断面上快、慢车道和人行道各1m²的尘土、污物进行定量测量。

一级道路快车道积尘克数不超过5g/m²、慢车道不超过8g/m²、人行道不超过8g/m²;淮海路、中山路的快车道、慢车道、人行道积尘克数均不超过5g;

二级道路快车道积尘克数不超过8g/m²、慢车道不超过15g/m²、人行道不超过8g/m²;

三级道路路面硬化部分不超过20g/m²;

建设工地出入口半径10m范围内积尘不超过30g/m²。建设工地出入口及周边规定的范围内出现车辆撒漏、车轮带泥的状况,由保洁公司负责举报,举报后污染状况不计入保洁公司考核结果,否则,污染责任由保洁公司承担。

为此,城管部门专门定制并使用了一套专用的测量尺锯、计量工具等分别对其断面上快、慢车

道和人行道各1m²的积灰、污物进行定量测量（见图6-2）。

2．完善考核方法，实行常态化考核机制

按照《徐州市数字化城市管理考核办法》（徐政办发[2013]74号）、《2015年徐州市城市管理工作考核意见》（徐城管发[2015]24号）等文件要求，结合"巡查一体"执法机制的特点，建立公开、公正、科学、透明的日常考核机制，实行保洁员、监测员和复检员"三员一体"的责任区制度。同时，建立日信息、周简报、月通报、年考核的常态化考核机制。考核结果纳入市城管局对各区城市管理工作环卫项目考核，涉及环卫市场化项目的问题作为核拨环卫保洁市场化经费依据。

图6-2 "积尘称重"作业图

（1）考核程序

将市区环境卫生保洁区域划分为28个片区，由环卫协会监理中心、社区大队、城管及公安巡查岗亭工作人员对片区内的道路保洁、设施管理等环卫项目实施精细化考核。其中，道路积尘项目的监测数据进行复检，由市环卫处考核科、城管局监察室、巡特警支队组成三支复检队伍进行复核，保证考核结果的客观、无误。

1）道路积尘监测办法

监测员取样时须在保洁作业时间内。双班路段取样时间：7:00～21:00；单班路段取样时间：9:00～11:30、14:00～17:30。

监测取证时须有路段保洁班长或主管签字确认；物业公司不配合时，采用取证设备（执法记录仪）或由第三人见证，并在填表时注明取证方式。

监测人员由环卫协会监理和社区大队组成，分为12个组，每组设2名监测员，分别负责2～3个片区，每天每组至少检测60个点，每5天覆盖一遍。城管及公安巡查岗亭人员负责各自管辖片区内道路的积尘计量考核，每天检测不少于10个点。

重点监测路段：城市主干道、出入口、广场及周边；环卫设施周边（公厕、垃圾箱、拉臂罐、果皮箱、中转站）及附近道路；各类工地周边及附近道路（工地附近取样以工地大门两侧为基准点，左右各10m，前方到建筑物）。

监测员在测量时，不合格点位要注明不合格原因。

2）道路积尘复检办法

复检可采取询问路段保洁班长或主管、现场实地监测、调取取证资料等方法。

复检员由市环卫处考核科、市局监察室、巡特警支队组成，负责对监测组的检查结果进行复核。市局督查室、市环卫处监督考核科各组成一个复检组，对鼓楼、云龙、泉山区积尘监测点复核，每天每区不少于10个点。巡特警支队组成三个复检组，分别对鼓楼、云龙、泉山区的积尘监测点进行复检，每天每区不少于15个点。

各类工地积尘监测数据由市环卫处汇总后通报至市城市管理行政执法六大队（渣土执法大队），由六大队复核并对超标责任单位进行处罚。

（2）考核信息报送

市环卫处将道路积尘检查结果建立日信息、周简报、月通报的常态化考核评价机制。日信息：监测人员和复检人员将检查结果按照要求填写积尘测量表格，当日16：00前报送至市环卫处邮箱。周简报：将每周的监测和复检数据汇总以周通报的形式送至各区政府分管领导。月通报：将监测和复检汇总以月通报形式送至各区党政主要领导。

（3）建立道路积尘监测数据库

建立完善的道路积尘监测数据库，做到监测表记录认真、字迹干净，数据资料完整、准确，数据统计及时、全面。通过一套合理科学的电子统计分析系统能够实时、完整的反映出每天、每月的测量结果，并通过汇总后出具整个考核结果作为核拨给各物业保洁公司保洁经费的依据。

3．制定奖惩措施，完善激励机制

（1）奖励

1）对城管和公安巡查岗亭监测人员：监测员依据考核标准检测，发现积尘克数超标的，按照要求记录上报，复检人员确认属实的，奖励监测员10元/点。奖励费用由市城管局承担，按月奖励。

2）对保洁公司人员：保洁公司人员举报因工地出土造成积尘超标的（建设工地出入口半径10m范围内），以公司为单位上报，复检人员确认属实的，奖励第一举报人10元/点，同一工地每天限奖励一次。奖励费用由市城管局承担，按月奖励。

（2）处罚

1）对监测员：复检员对监测员报送的检查结果进行复检，对于监测员未按要求点数检查，1个月累计3次的，或检测结果不属实超过5次的，监测人员须书面向复检组说明情况，并扣除当月工资的10%。保洁人员举报不属实的，每月超过3次的扣罚物业公司1000元。

2）对各区城管局、街道办事处：道路积尘检查结果，将根据《2015年徐州市城市管理工作考核意见》（徐城管发〔2015〕24号）要求，纳入市城管局对各区城市管理考核成绩，其中，道路积尘合格率对应"保洁质量"和"扬尘治理"项目分值。

3）对各物业公司：首先，属于市场化管理的环境卫生问题，按照合同规定扣除相应分值，以截面单点计算，达标率95%以上不扣分，90%～95%之间的每降低1%扣1分，低于90%的每降低1%扣2分。或每个不合格点扣30～50元（合格率95%以上不扣款，95%～80%之间，30元/点，80%～70%之间，40元/点；70%以下50元/点，不含上限）。其次，对于不配合监测的行为（如路段班长或主管拒绝不到场或拒绝签字确认的、阻碍或辱骂监测人员的），监测员可用取证设备记录，一经核实，每次扣罚物业公司1000元并计入环卫信用考核，三次以上的或情节严重的将列入黑名单，取消下一轮市场化环卫项目投标资格。

6.3.3 "积尘称重"精细保洁模式的成效

精细化保洁模式的推广和考核指标的细化，有力地促进了徐州市各级道路卫生质量的提升，推动了道路保洁管理水平的提高。特别是参与保洁的各物业公司和部分保洁员，由开始时的消极对待甚至牢骚满腹，认为"积尘称重"是吹毛求疵，转变为主动积极参与到精细化保洁中，变"要我做"为"我要做"，不断加强保洁管理和规范化作业水平，使全市"积尘称重"合格率由开始的70.97%提高到了93.50%。不仅如此，通过精细化保洁模式的推广，也使得道路考核其他各项指标有了较大的改善，路面的漂浮物、纸屑和绿化隔离带、行道树穴内的烟头杂物明显减少，果皮箱、保洁车清洁干净，过去那种风来尘土飞、漂浮物满处挂的现象已经从根本上杜绝，城市道路变得更加干净整洁。2015年9月28日，省住房和城乡建设厅在徐州召开了全省贯彻落实住房和城乡建设部"学习中卫经验"现场会；人民网等媒体以"江苏徐州积尘称重，道路焕然一新"为题进行了专题报道。

6.4 徐州市区和城乡垃圾收运体系建设

近年来，随着徐州市经济的不断发展，城乡生活垃圾的产生量快速增长。而城乡生活垃圾收运能力相对不足的问题也日趋严重。因此，加强对城乡生活垃圾收运体系建设尤为重要。徐州市城管局通过完善市区垃圾收运设施和转运设施建设，来提高市区垃圾收集效率和转运效率；同时结合徐州市县（市）区经济发展情况，徐州市提出了镇村自治与市场化运作并行的城乡垃圾收运基本形式，全力推进"组保洁、村收集、镇转运、县（市）集中"的城乡统筹生活垃圾收运体系建设。

6.4.1 徐州市区生活垃圾收运处理体系建设

1. 市区生活垃圾收运体系建设背景

十一五时期，徐州市区生活垃圾收运体系是以垃圾房、垃圾桶、垃圾池、拉臂箱为收集设施，用相应的收集车辆运至小型转运站，在小型转运站压缩后运输至垃圾末端处理处置设施的模式。还有部分区域以垃圾小车为收集设施，居民直接投放垃圾至小车内，由保洁员收运至小型转运站。居民区、道路保洁和沿街店铺的垃圾由环卫部门负责清运，行政办公、商业和工业企业的垃圾由所属物业公司负责清运，部分用人力车运至最近的小型转运站，部分采用后装式压缩车等自备车直运至处置设施。一般前端收运距离（从收集设施到小型转运站）小于1.5km的区域收运设备采用人力车，超过1.5km采用机械车，小型转运站后端采用5t自卸车。具体的收运流程见图6-3。

新城区由于居民较少，小区内设置100L垃圾桶和废物箱收集垃圾，收集后的垃圾集中至小区收集点，存放于240L垃圾桶中，由环卫部门用运输车（后装式压缩车）运至垃圾处理厂。贾汪区城区垃圾实行两次转运作业，收集后用板车运至小型转运站，再统一运至工业园区压缩转运站，经压缩

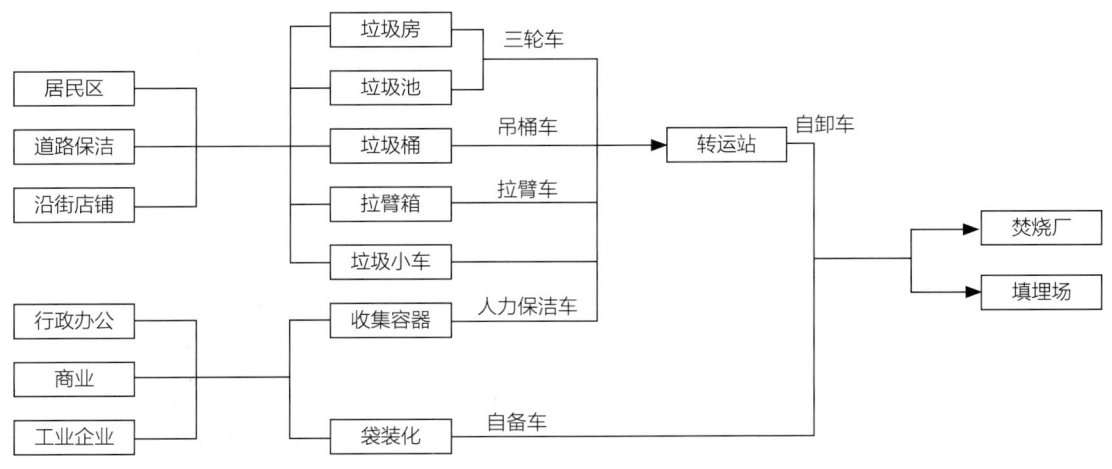

图6-3 徐州市区生活垃圾收运流程

后由15t拉臂车运往徐州市垃圾焚烧发电厂处理。铜山区城区生活垃圾收集设施以垃圾桶、废物箱、拉臂箱为主，用相应的收集车辆运至小型转运站，经中转站压缩或集中后运至徐州市生活垃圾焚烧发电厂处置。

十二五初期，根据市委、市政府关于进一步提升城区环境卫生工作水平的工作要求，借鉴先进城市经验，结合未来5~10年徐州市区发展需要，在省、市发改部门大力支持下，争取国家专项资金，规划并组织实施了徐州市市区生活垃圾收运体系建设工程，项目定位为：完善市区垃圾收运体系，提高垃圾收集率，统筹主城区临近的铜山区、贾汪区生活垃圾的无害化处理，进一步提高市区垃圾转运效率，全面提升区域生活垃圾卫生处理质量水平，实现城区生活垃圾收运体系建设、运行区域领先。

2．市区生活垃圾收运体系建设

市区生活垃圾收运体系建设主要包括转运设施建设和收运设施建设两大部分内容。

（1）市区生活垃圾转运站建设

转运设施建设主要通过建设鼓楼、云龙、泉山、贾汪四座中型转运站，实现市区生活垃圾的区域统筹转运。采用预压工艺，对生活垃圾进行二次压缩减容减重后，采用大吨位转运车送往垃圾处理厂进行处理，可以大大减少了直接送往垃圾处理厂车辆的数量。根据2010年4月徐州市发改委《关于重新审批徐州市生活垃圾收运系统可行性研究报告的批复》（徐发改行政许可服务审字〔2010〕46号），同意实施徐州市生活垃圾收运体系建设，主要建设泉山区、九里区、云龙区和贾汪区4座垃圾转运站及垃圾收集桶、垃圾收集箱、垃圾收集车辆、垃圾收集站（点）和相关附属建、构筑物等，项目总投资为10817万元，工程所需资金通过申请中央、省补助核市财政资金安排等多渠道筹措解决。2010年贾汪日转运200吨垃圾的中型转运站投入使用，2012~2014年云龙、泉山区各建设一座日处理600吨的大型转运站投入使用，九里转运站区划调整为鼓楼转运站，后因征地原因迁址铜山区拾屯街道办事处境内重建。

（2）市区生活垃圾前端收集体系建设

市区大中型垃圾转运站建成后，为进一步完善生活垃圾前端收集体系，根据《江苏省人民政府关于进一步加强城乡生活垃圾处理工作的实施意见》（苏政发〔2011〕185号）关于"健全垃圾收运体系。全面推行密闭、环保、高效的生活垃圾收运方式，逐步淘汰敞开式收运设施，推广机械化、压缩式收运设备，解决垃圾收运过程中的脏、臭、漏、洒等问题。"的要求，徐州市2013~2015年利用三年时间，实施了前端收集体系建设，逐步建立完善与大中型转运站配套的生活垃圾直运体系，逐步减少生活垃圾的二次转运和污染。3年来，共投入资金10200万元，购置后装式垃圾压缩车115台，侧装式垃圾压缩车30台，小型拉臂式垃圾车60套（配套箱体600个），小型垃圾收运车75台；配套建设垃圾收集点6040处，购置塑料垃圾桶41080个，垃圾桶清洗车3台，建设垃圾桶清洗站1座。

3．市区生活垃圾收运体系建设成效

通过十二五期间市区生活垃圾收运体系建设，市区生活垃圾收运体系建立健全了以压缩车直接收集为主、小型中转站为补充的收集体系；以远距离区域转运站二次压缩转运为主，近距离直运输为主的转运体系；以焚烧为主、卫生填埋为辅的终端无害化处理，生活垃圾收运处全流程实现了密闭化、压缩化、无害化。目前市区生活垃圾收集、运输、处理各环节实现了全流程封闭运行，并形成了三种收运模式。

（1）垃圾桶+集中点+压缩收集车模式

作业流程：居住区设置标准化垃圾桶，指定集中上车点，作业人员采用后装式压缩车收集，运输至生活垃圾转运站。根据居住区实际情况确定集中上车点（见图6-4）。

（2）垃圾桶+小型电动车+小型垃圾转运站方式

作业流程：居住区设置标准化垃圾桶，作业人员采用小型电动车至每个容器点收集垃圾，运至小型转运站集中压缩，再由专用车运至市级大型垃圾转运站或处置厂（场）（见图6-5）。

（3）可卸式拉臂箱+小型垃圾转运站/大型转运站方式

生活垃圾分类操作间

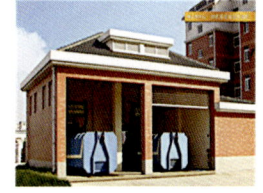

小型垃圾压缩转运站

标准化垃圾桶

垃圾集中点

垃圾压缩收集车

大中型垃圾转运站

图6-4　"垃圾桶+集中点+压缩收集车方式"作业流程图

标准化垃圾桶

电动桶装车

小型移动式垃圾压缩转运站

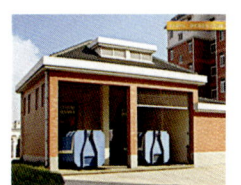

小型卧式垃圾压缩转运站

大型垃圾转运站

生活垃圾焚烧厂

图6-5　"垃圾桶+小型电动车+小型垃圾转运站"方式作业流程图

居民将袋装垃
圾自行投放

物业将垃圾
集中投入

可卸式垃臂箱

配套拉臂车

小型卧式垃圾压缩转运站

大中型垃圾转运站

图6-6　"可卸式拉臂箱+小型垃圾转运站/大型转运站方式"方式作业流程图

作业流程：居民将袋装垃圾自行投放于可卸式拉臂箱（装载量1000kg，6～8栋三个单元六层楼的住宅设置1个），或者由物业将垃圾投放点的垃圾集中投入拉臂箱，区环卫配套1吨拉臂车收运至小型垃圾转运站，再进入生活垃圾转运站（见图6-6）。

铜山区转运站因为征地原因，进度迟缓，该项目自从2014年移交铜山区实施，至今未有实质性进展，导致北区部分生活垃圾仍沿用小型运输车辆直接送往垃圾处理厂，运行效率较低。

十三五期间，将推进铜山区大型转运站建设，进一步完善市区垃圾收运体系，加强前端收集体系的管理，推行生活垃圾强制分类，逐步撤减小型垃圾中转站，实现垃圾直运大型转运站。

4．城市生活垃圾处理费征收

为破解城市生活垃圾处理费征缴率不高的问题，切实为生活垃圾处理工作提供有力经费保障，2011年3月4日市政府印发了《徐州市城市生活垃圾处理费征收和管理暂行办法》，6月30日市政府办公室下发了《徐州市城市生活垃圾处理费征收和管理暂行办法实施细则》。该办法改变了原由市容环卫部门单一上门征收方式为委托具有社会管理服务职能的部门和单位代征的方式，减少征收成本和环节，在实践中收到很好的成效。一是实现了生活垃圾处理费征缴率的逐步提升。改革征收方式后的五年来，较改革前的征收数额相比提高了4.37倍（2010年市区共征收生活垃圾处理费不足800万元），真正地实现了历史性的突破，为提高城市生活垃圾无害化处理水平，改善城区环境质量提供了有力的保障。二是体现了确保不增加群众负担的惠民政策。为贯彻国家节约能源的相关精神，大力提倡环保节约意识，《暂行办法》第八条规定：对总工会、民政部门认定的特困户、低保对象等社会贫困人群，采取"先征后返"的方式，免征城市生活垃圾处理费。对用水量累计未达到5t的住户，免征城市生活垃圾处理费。在鼓励老百姓树立节约意识的同时，充分体现了政府的惠民政策。三是落实了"政府花钱买垃圾"的激励政策。改革后收取的生活垃圾处理费采取垃圾运输实施按量补偿的办法，体现了花钱买垃圾的理念，有效地调动了环卫部门和物业管理企业的积极性，此项做法杜绝了垃圾清运车辆少拉、乱倒的行为，确保了生活垃圾应运尽运，避免了垃圾的"二次污染"现象，使城市街道和居民小区环境卫生状况得到了明显改观，提升了城市环境卫生水平。

6.4.2 徐州城乡垃圾收运体系建设

1. 城乡垃圾收运体系建设背景

城乡环境卫生状况事关人民群众身体健康，是反映社会文明进步程度的重要标志。随着社会经济的快速发展和农村城镇化水平的逐步提高，农村生活水平及生产生活方式发生了重大变化，一些地方影响群众健康的城乡环境卫生问题还比较突出，农村生活垃圾随意堆放污染河道、沟渠以及"脏乱差"的现象依然存在；城市还有不少卫生死角，城乡接合部、城中村、农贸市场和外来务工人员聚居地环境卫生条件还比较差；部分地区环境卫生基础设施建设滞后，生活污水和生活垃圾得不到及时合理处置；农村环境卫生管理比较薄弱，制度不够健全，保洁人员不足，一些农民群众还没有养成良好的卫生习惯。这些问题直接威胁广大人民群众身体健康，制约经济社会可持续发展。开展城乡垃圾收运体系建设，大力改善城乡卫生条件和卫生面貌，为城乡居民创造清洁健康的生产生活环境，是深入贯彻科学发展观、建设社会主义和谐社会的必然要求，是统筹城乡发展、加快推进"两个率先"的迫切需要。必须把城乡垃圾收运体系建设摆上重要位置来抓，采取有力措施推进，确保取得实效。

2. 城乡垃圾收运体系建设

2006年，省建设厅在张家港召开"全省城乡统筹处理垃圾工作现场会"，会后，徐州市城管局起草了《关于建设社会主义新农村，加强农村环境卫生管理的实施意见》，农村环境卫生管理工作初步展开。2007年省政府"大丰会议"后，徐州市政府与各县（市、区）签订了责任状，要求各县（市、区）要从惠及民生民计、推进社会发展的高度，加快城乡生活垃圾收运体系建设进程。2009年，徐州市提出完善生活垃圾收运体系，并委托天津华北市政设计院设计，构建覆盖铜山区、贾汪区、九里区广大农村地区的生活垃圾收运体系。2010年6月7日，市政府办公室印发《徐州市城市管理局（徐州市城市管理行政执法局）主要职责内设机构和人员编制规定》（徐政办发〔2010〕113号），徐州市市容管理局更名为徐州市城市管理局，为市政府工作部门。机构内设环境卫生管理处，承担指导全市乡镇环境卫生管理工作。

近年来，国家、省、市先后出台了《国务院办公厅关于改善农村人居环境的指导意见》（国办发〔2014〕25号）、住房和城乡建设部等部门《关于全面推进农村垃圾治理的指导意见》、《省政府办公厅关于建立村庄环境长效管护机制的意见》（苏政办发〔2014〕115号）等多个文件，全面推进村庄环境整治。徐州市积极贯彻上级文件按精神，结合徐州平原地区多，人口密度大，居住相对集中的地域特点，全力推进"组保洁、村收集、镇转运、县（市）集中处理"的城乡统筹生活垃圾收运处置体系建设。

（1）及时出台文件，认真编制规划

为认真贯彻江苏省人民政府《关于进一步加强城乡生活垃圾处理工作的实施意见》（苏政发〔2011〕185号）文件精神，2012年4月，徐州市政府办公室下发了《关于加强城乡生活垃圾处理工作的通知》（徐政办发〔2012〕65号）、徐州市城市管理局印发了《徐州市"十二五"期间环境卫生工作指导意见》（徐城管环卫〔2012〕32号）文件，对城乡统筹生活垃圾收运处置体系建设目标、任务提出了明确要求；2015年8月，市政府下发了《关于加强全市村庄环境整治长效管理工作的意见》决定，将农村生活垃圾治理工作作为一项日常工作常抓不懈，明确由市城管局牵头负责农村生活垃圾治理工作。

环卫规划是环卫事业发展的一项基础性工作，环卫事业发展滞后，建设难、不持续的问题突出，一个重要的原因就是缺乏规划的指导。要使徐州环卫工作走上正规化、科学化、经常化的轨道，必须认真组织环卫规划的编制工作，统筹安排城乡生活垃圾收集、处置设施的布局、用地和规模，并纳入土地利用总体规划，做到设施布局、规模与城乡发展规模相匹配，严格控制和预留生活垃圾处理设施建设用地。徐州市城管局按照省住房和城乡建设厅的要求，依据徐州市委、市政府有关文件精神，督促各县（市）区进行了县域生活垃圾治理规划编制工作，要求客观分析评价垃圾处理工作现状和存在的问题，科学预测生活垃圾产量和结构成分，因地制宜选择垃圾清运、集中处理方式，综合布局垃圾处理设施，提出建立长效机制的对策措施。及时调整对县（市）区体系建设考核评价办法，通过将规划编制工作纳入考核指标，定期检查通报等手段，规划编制工作在县（市）区得到了较好的推进，目前，铜山区、贾汪区、沛县、邳州市、新沂市已完成了环卫规划工作，丰县、睢宁县已经委托相关设计单位进行设计。

（2）多措并举，全力推进体系建设

1）依托江苏省村庄环境整治五年治理工作，推进体系建设

根据省委、省政府总体安排及省住房和城乡建设厅的具体要求，徐州市几年来积极开展村庄环境整治工作，市级财政累计已投入资金1.1亿元对全市10375个自然村进行环境整治，已成功创建"三星级康居乡村"59个、省级村庄建设与环境整治试点村30个，79个村达到"三星级康居乡村"的整治标准；徐州市城市管理局主动协同徐州市建设局抓好农村生活垃圾整治工作，环卫基础设施建设取得了快速覆盖，极大地促进了城乡统筹生活垃圾收运处理体系建设。

2）依托乡镇科学发展分类考核，推进体系建设

市委、市政府于2010年出台了《关于全市乡镇科学发展分类考核的意见》，在全国率先开展对乡镇进行科学发展分类考核。将全市102个建制镇、12个办事处分成"城市综合发展、优化工业发展、鼓励工业发展、限制工业发展、禁止工业发展"五类，根据特色发展，实施分类指导。徐州市城市管理局积极建议，"城乡统筹生活垃圾收运处理体系建设"被纳入对全市乡镇科学发展分类考核内容，占总分值8分，为推进城乡统筹生活垃圾收运处置体系建设提供了持久动力。

3）依托中心镇和管理示范镇创建活动，推进体系建设

2010年在全市开展了30个中心镇创建活动，2013年在全市对65个乡镇开展管理示范镇创建活动，创建活动都将环境卫生工作列入了考核内容，有力地促进了农村环境卫生治理工作的开展。经过5年的中心镇创建的活动，30个中心镇建设成效显著，环境更加优美、城镇功能更加完善、城镇产业更加发达、城镇人气更加兴旺，为全市城镇化建设发挥了较好的示范带头作用；65个管理示范镇经过2年的创建，2013年达标验收13个，2014年达标验收18个，形成了一批镇容整洁、生态宜居的乡镇。

4）依托市对县（市）、区科学发展目标考核，推进体系建设

2014年，《中共徐州市委、徐州市人民政府关于2014年县（市）区科学发展重点工作目标考核评价的意见》（徐目标办〔2014〕1号）对"城乡保洁体系建设"的考核提出了明确要求，市城管局负责提供指标考核结果。市城管局依据上级文件及时制定下发了《徐州市五县（市）、铜山区、贾汪区保洁体系建设考核办法》，为科学评价县（市）区保洁体系建设提供了依据，有效激发了县（市）、

区抓好环境卫生工作的动力，较好地促进了农村环境卫生工作的持续开展。

5）依托上级扶持政策，推进体系建设

2010～2013年，体系建设的主要任务是环卫基础设施建设，要做到"县有处理场、镇村有中转站、有保洁队伍、有运输车辆、有转运车辆、有收集点、有收集容器"的标准，需要较大的资金保障。徐州市城市管理局抓住省住房和城乡建设厅环卫基础设施建设补助和市生态建设补助的有利时机，积极争取上级资金，2011～2013年争取省住房和城乡建设厅对中转站补助88座，每座中转站18万，共计1584万元；2012～2013年争取市生态补助94座，每座中转站15万，共计1410万元；有力地支持了县（市）区设施建设，2013年底全市实现了无害化处理设施全覆盖。

6）依托现代传媒，加大宣传培训，推进体系建设

徐州市组织各县（市）区开展多种形式的农村生活垃圾治理主题宣传和教育实践活动，充分利用墙报、媒体、发放宣传材料等形式，召开各级动员工作会，以会代训，刷贴各类标语，张贴各类宣传海报，走访村民，广泛深入地开展宣传，使农村生活垃圾治理工作家喻户晓，人人皆知，推动全民参与，引导村民树立垃圾减量、人人有责的观念。充分发挥村民自治作用，丰富和完善村规民约，使村民逐步养成讲究卫生、爱护环境的良好习惯，增强环保意识。通过多种形式的宣传教育，提升了村民整体素质，形成了有利推进农村生活垃圾治理工作的舆论氛围。

（3）突出体制机制建设，促进长效管理的落实

1）经费投入

徐州市在充分调研的基础上，结合上级文件精神，对县（市）区经费投入进行了界定：经费投入以常住人口为基础，结合本地财政情况，核定村庄环境长效管护工作经费并纳入财政预算。通过财政投入、村级公益事业"一事一议"奖补、村集体收入、社会各界捐资捐助等多种方式，筹措村庄环境长效管护经费，原则上每人每月不低于3元，主要用于农村收运体系的运行、设施维护和管理。从运行的实际效果看，能基本满足农村生活垃圾的处理需求。

2）运行模式

结合徐州市县（市）区经济发展情况，徐州市提出了镇村自治与市场化运作并行的农村垃圾收运基本形式，鼓励通过委托、承包、采购等方式，引入市场机制，探索社会化运作模式，向社会购买村庄垃圾收运处理等公共服务。各地可根据自身实际选择适合自己的方式。垃圾前端收集主要由镇环卫所负责监管，末端的处理主要由县（市）区城管局负责进行无害化处理。县（市）区城管局或城市管理委员会是收运体系组织实施的牵头部门，负责制定保洁标准和考核，保证收运体系的正常运转。目前贾汪区、睢宁县、丰县农村全部实行市场化收运，新沂市、铜山区部分镇村实行了市场化收运，邳州市、沛县主要形式是村委会自治。

丰县县财政出资3650万元，将全县12个镇，3个办事处的村庄及村庄道路保洁垃圾收集、清运、中转站管理、填埋场管理等作业服务，交由保洁公司实施，县城管局和乡镇负责日常的监管和考核；沛县目标办将县对镇科学发展考核环卫管理工作的分值提高到30分；县政府投入1000万元，专项用于奖补城乡垃圾收运处置体系建设和运行，根据各镇垃圾进场量，按照1.4元/（t·km）（单程补助）进行补助；铜山区按照各镇人口计算生活垃圾量，分解落实工作任务，并将其纳入年度考核内容；根据各中转站计量的垃圾收运数据进行分析，每月向全区发布《生活垃圾收运通报》，促进各镇积极收运生活垃圾；区政府拿出专项资金按照农村人口每人每月1元进行补助，对垃圾运输实行

1元/（t·km）（双程）的补助；贾汪区每年拿出1800万元，测算保洁成本后，将全区分4片承包给保洁公司，由保洁公司全程负责保洁，根据垃圾进场量核拨运行经费；中转站运行费用及垃圾外运至协鑫发电厂的运输费用由区政府全额承担，区城管办扎口管理；村（居）市场化保洁、转运设施设备运转费用由区财政和镇各承担50%；区财政设立专户，专门用于乡镇垃圾收运体系核算，根据考核结果，每月15日前，各地将上月相关费用打入专户，经区政府同意后，由区财政直接拨付。不汇款的由区财政从各地往来款中划拨；邳州市对生活垃圾前端收集、压缩按40元/t进行补助，后期运输由市城管局统一转运，经费由市财政列支；睢宁县政府出资6250万元（县财政70%，镇30%）将农村保洁全部托管给山东昌邑环卫保洁有限公司，中转站估价后交由保洁公司使用管理；新沂市政府每年拿出1000万元，专项用于城乡统筹生活垃圾收运处置体系建设奖补资金，按照进场的垃圾量给各镇补贴。

3）队伍建设。结合上级文件精神和实践，徐州市提出了队伍建设的基本标准：按照镇区按8000～10000m²1人，村庄按常住人口的1‰～3‰配置保洁员，每个自然组一般有1名保洁员。村庄垃圾清理及时，做到无暴露垃圾和积存垃圾。

2015年，城乡统筹生活垃圾收运处置体系建设全面建成，各县（市）、区共建设生活垃圾无害化填埋场5座（其中垃圾焚烧发电厂1座）（丰县、沛县新建生活垃圾焚烧厂正在建设中）；102个建制镇、12个办事处，建设压缩式垃圾中转站105个，资源共享9个，中转站建设率、运转率为100%；全市农村聘用保洁员15439名，占农村总人口的2‰以上；全市10354个自然村，已建立生活垃圾集中收运体系的自然村9836个，镇村生活垃圾集中收运率约为95%。县城、城乡生活垃圾无害化处理率分别达到100%和95%以上，城镇功能品质、农村生活环境水平不断提升。

3. 城乡垃圾收运体系建设的成效

国内的垃圾处理观念往往"重末端处理、轻前端控制"，主要采用"管末式"处理方式，通过不断兴建焚烧厂和填埋场来解决垃圾问题。面对不断增加的垃圾，这种处理方式既无法从源头减少垃圾产量，也占用了大量的土地空间，还产生了新的二次污染，遭到周边群众的强烈抵制，陷入恶性循环。国内外许多先进地区一般都是采取"先分类、后焚烧"的处理方式，实践证明这是破解垃圾围城、实现垃圾减量化的根本出路。

（1）加强垃圾管理和处理的基础设施建设

在欧盟国家，居民在家里就将垃圾进行了分类整理，国家环卫基础设施建设比较周全与系统化，有不同类型的垃圾箱、有先进的垃圾清运车、功能齐全的垃圾中转站、有先进的垃圾处理设施。这些基础设施的建设不但方便了垃圾收运，也相应促进了垃圾作为资源的有效利用。因此，要实现农村生活垃圾的减量化、资源化和无害化，有赖于上级政府的财政支持，加大环境基础设施建设。在农村地区，尤其需要加强垃圾箱、垃圾清运车和中转站的建设。同时，也可以借鉴德国绿点公司的经验，引导并鼓励各类社会资金参与农村生活垃圾处理设施的建设和运营，逐步实现投资主体多元化，运营主体企业化，运行管理市场化。

（2）大力宣传引导垃圾分类回收并督促规范

把垃圾处理的重点放在垃圾分类减量工作上，通过持之以恒的不懈努力，来实现垃圾减量，最大限度节约土地资源，为徐州可持续发展创造良好的环境。欧盟国家实施生活垃圾管理与处理已有几十年的历史，关于垃圾处理的法律法规众多，居民也已养成按规定办事的习惯，这些是和国家的广泛宣传分不开的。而在徐州农村，居民大多按照传统的生活习惯生活，生活垃圾随意堆放，环境意识比较淡薄。但随着农村经济发展所带来生活条件的改变，广播电视、报纸杂志、甚至互联网都成为广大农民了解外界信息的工具。农民也对周边环境的污染产生担忧，环境保护意识逐渐增强。据调查，在农村绝大多数农民赞成垃圾分类收集，表示愿意主动配合将垃圾分类进行处理。因此，尽管有关农村生活垃圾管理与处理的法律法规还不完善，执法部门也不健全，但可以一方面通过媒介大力宣传，让村民人人知晓、个个参与，另一方面，村干部可以上门宣传、检查、督促、修订和完善村规民约，明确村民在环境保护和垃圾收集方面的责任和义务，让广大农户养成自觉分类收集垃圾的良好卫生习惯。另外，建立一定的鼓励措施也使得广大农民增强了垃圾分类收集的积极性。比如，将除泥土垃圾以外的垃圾都作价收集，将事后花大钱治理污染变为事先花小钱购买垃圾。

（3）选择适宜的垃圾处置技术

垃圾处置技术主要有三种：堆肥、焚烧、填埋。在我国，这三种垃圾处置方式也得到了广泛的应用。农村垃圾处理技术的选择应具备如下条件：一是技术成熟可靠；二是处理设施简单；三是投资省；四是运行维护方便；五是运行费用低。徐州市各县（市）区的经济状况相差很大，由于对垃圾的处理需要有一定的人力、物力和财力的支持，各地对垃圾的处理程度就有很大不同，因此各地区要根据自身的情况量力而行，选择合适的垃圾处理方法，减少农村垃圾对农村生态环境的进一步破坏。有条件的地区要先建大型垃圾处理设施或循环经济产业园，县（市）区实施跨地区的合作，经济利益共享，促进大型垃圾的回收利用，促进垃圾产业系统化发展。针对当前垃圾处理技术与徐州市农村经济发展状况，当前徐州对农村垃圾处理的最佳方式应该为垃圾综合处理方式。

（4）积极推进区域共享

各地的经济发展水平不一，有条件的地区要先建大型垃圾处理设施或循环经济产业园，县（市）区实施跨地区的合作，经济利益共享，促进大型垃圾的回收利用，促进垃圾产业系统化发展。

6.5 循环经济产业园建设

随着城市化、工业化进程的推进和人民生活水平的逐步提高，生产和生活中各类固体废物的产生量越来越大，其对环境所造成的破坏也越来越严重。静脉产业即资源再生利用循环经济产业，是以保障环境安全为前提，以节约资源、保护环境为目的，运用先进的技术，将生产和消费过程中产生的废物转化为可重新利用的资源和产品，实现各类废物的再利用和资源化的产业。

循环经济产业园是以从事静脉产业生产的企业为主体建设的生态工业园区，它将从事静脉产业生产的企业聚集在一起，可以实现污染治理设施的共享。建设循环经济产业园，引导各种废弃物集聚化、规模化和资源化利用，将传统的"资源—产品—废弃物"的线性经济模式改造为"资源—产品—再生资源"循环经济模式，有利于实现变废为宝，减少原生矿产开采，缓解资源约束矛盾；有利于促进废弃物协同处理，减少土地资源占用，降低污染物排放；有利于发展循环经济，培育壮大节能环保产业，提升城市生态文明水平。因此，循环经济产业园也被称为工业园区和高新技术园区之后的第三代园区，已成为垃圾处理行业的发展方向。

6.5.1 徐州市循环经济产业园建设背景

随着徐州市城镇化水平的提高，城市人口的持续增长，市民生活水平逐年提高，城市固体废物呈现产量大、种类多的趋势，主要包括生活垃圾、餐厨垃圾、建筑垃圾、市政污泥、大件垃圾、厨余垃圾、工业垃圾等。大量可再生的废弃物被填埋、焚烧或者遗弃在社会上，未能得到资源化回收利用，严重影响整个徐州市的循环经济发展和市容市貌，并且目前徐州市的静脉产业不仅落后于全国经济发达地区的城市，而且在相同地位、相同规模的城市中也相对发展滞后。因此，对徐州市固体废物进行整体筹划，把垃圾作为城市矿山，在徐州市开展建设循环经济产业园实践就变得极为迫切。

1. 全球视角：低碳经济、循环经济的全新理念

全球气候变暖问题使得绿色发展的要求日益突出，绿色复苏的呼声日益高涨，低碳化成为继全球化和信息化之后全球经济发展的新潮流；循环经济已经开始从以废弃物回收利用为特征的低层次单一循环，逐步向建立整个区域自循环体系的多层次系统化循环演变，呈现出高端化的新趋势；全球城市纷纷依托生态环境与文化创造力等手段，生态文化成为全球城市塑造竞争优势的重要手段；加大环保、节能减排、循环利用基础设施建设投入成为推动经济复苏的重要举措。

2. 国内环境：生态文明建设与实践科学发展观的全新要求

生态文明建设重大战略思想赋予了固废处理行业以新的发展内涵，从单方面追求数量增长或规模扩张向在新的战略高度上实现统筹发展；深入学习实践科学发展观对固废行业提出了更高的目标指向，更加充分尊重和满足人的需求，体现对人的关怀；和谐社会建设为固废行业发展进一步指明了实践和前进的方向，需要在固废处理技术选择和设施选址等积极探索"构建和谐社会"的新举措、新思路。

3. 徐州自身：城市品质提升的全新示范

（1）徐州市是典型的资源型地区，《全国资源型城市可持续发展规划（2013~2020年）》确定徐州为资源再生型城市，贾汪为资源衰退型城市。该《规划》对资源再生型城市创新发展中指出，资源再生型城市基本摆脱了资源依赖，经济社会开始步入良性发展轨道，是资源型城市转变经济发展方式的先行区。应进一步优化经济结构，提高经济发展的质量和效益，深化对外开放和科技创新水平，改造提升传统产业，培育发展战略性新兴产业，加快发展现代服务业。加大民生投入，推进基本公共服务均等化。完善城市功能，提高城市品位，形成区域中心城市、生态宜居城市、著名旅游城市。资源衰退型城市，应着力破除城市内部二元结构，化解历史遗留问题，千方百计促进失业矿工再就业，积极推进棚户区改造，加快废弃矿坑、沉陷区等地质灾害隐患综合治理。加大政策支持力度，大力扶持接续替代产业发展，逐步增强可持续发展能力。因此，大力发展循环经济，转变发展模式，建立资源节约型和环境友好型社会，已经成为全市上下的迫切要求。

（2）随着经济的发展和人口的急剧增加，徐州市生产和生活中废弃再生资源的产生量也随之增加。但与之相对应的是城市对废弃可再生资源的处理能力严重不足。2015年为例，徐州市生活垃圾日均产量约2185.7t，年产生活垃圾产量约为79.78万t，主要运往雁群生活垃圾卫生填埋场和协鑫垃圾焚烧发电厂处理，造成上述两厂的超负荷运转；报废汽车、废弃电子产品等可回收物回收处理率明显不足，大量可再生的废旧物资散落积存在社会上，未能得到专业化的回收处理，徐州市为第三批再生资源回收体系建设试点城市，正开展回收体系试点，急需建设后端再生资源回收处理设施。

（3）国家环境保护总局于2006年发布的《静脉产业类生态工业园区标准（试行）》，江苏省住房和城乡建设厅2010年发布了《关于进一步加强我省城乡生活垃圾处理设施建设和运行管理的意见》，鼓励以建设"固废处理产业园"的模式，将城乡各类固废垃圾统筹布局、集中处理。目前，国内很多城市都已建成或开始规划建设固废处理、资源化利用产业园区，以实现可再生资源的集约化处理、产业化发展。因此，徐州市从固废处理及资源化利用长远发展角度考虑，建设固体废弃物循环经济产业园区，既可以提升固体废物的处置水平和资源化能力，减少排放，提高环保产业的科技含量，也有利于环保产业的污染防治和环境管理。

6.5.2 国内外循环经济产业园区典型案例

循环经济产业园在国外的发展已有几十年的历史，并积累了成熟的经验，国内静脉产业园尽管起步较晚，但也不乏成功的启示。

1. 日本北九州生态工业园

北九州工业区是日本的重化工业基地，也是世界著名的老工业基地。二战后，九州工业区主导产业逐步衰退，区域环境污染严重。政府将"产业振兴"和"环境保护"两大政策有机结合在一起，通过建设生态工业园区实现了成功转型。北九州生态园于1997年由当时的日本经济产业省和环境省共同创建，总占地面积为31hm²，是日本国第一个、也是最典型的静脉产业园。北九州生态工业园由中心区、环保企业聚集区、响滩再生利用区和环保研发中心4个功能区组成。目前已入驻40多家企业，16家研究机构及大学。

（1）投资运营模式

北九州生态园总投资额730亿日元，其中国家投资250亿日元，市级投资60亿日元，民间投资420亿日元。在北九州生态园建设的过程中，日本国政府对生态园区内企业的废物循环利用设施给予补助。补助金额为设施建设总费用的25%～50%，市政府设立促进静脉产业设施建设补助金，补助率为2.5%～10%，补助经费主要用于新建工厂的土地占用、厂方建设及主要设备购置。政府部门还将环境未来税用于静脉产业技术的研究和开发。九州市政府将土地长期租给企业，有效保证了中小企业在环境领域的顺利发展。

（2）主要措施

1）产业链构建

北九州生态工业园汇集了众多废旧工业产品再循环处理厂，如：塑料饮料瓶再循环厂、办公机器再循环厂、建筑混合废物再循环厂、汽车再循环厂、家电再循环厂、荧光灯管再循环厂、医疗器具再循环厂、老虎机台再循环厂、打印机颜料墨盒再使用厂、饮料容器再循环厂、废木材与废塑料再循环厂等。各个企业相互协作，开展环保产业企业化项目，从而使该园区成为资源循环基地。园区通过复合核心设施，对企业排出的以残渣、汽车的碎片为主的工业废料进行合理处理。处理过程中将熔融物质再资源化（如制成混凝土再生砖、建筑用平衡锤等），同时利用焚烧产生的热能进行发电，并提供给生态工业园区的企业。

2）污染控制措施

保障环境安全是北九州生态园生产全过程的重点，也是其与传统的资源再生产业的根本区别。

为保证废物拆解利用过程中的环境安全，日本规定，进行废物收集、运输、处理的企业均需获得所属管辖都道府县知事的批准，未经批准的企业不得从事该行业，从而保证了静脉产业类企业的规模和技术，先进的生产工艺可以减少拆解利用过程中的环境污染。此外，园区还建立环境监管制度，配备相应的污染控制设施，建立在线监测等监控手段，避免园区生产企业在生产过程中产生二次污染。

3）信息中心与科研平台

在生态工业园的实证研究区内，政府、企业和多所大学联合起来建立了多个试验基地，吸收了大量高科技人才进行科学研究，形成了政、产、学、研相结合的技术研发体系。雄厚的研发能力和技术力量为园区的发展提供了充分的技术支持。同时，政府向社会和市民公开信息，加强与市民之间有关风险方面的信息交流。企业也做到信息、设施公开，与市民共享信息，并制定风险管理与风险评价的方法，以加深相互的理解，力争避开或降低风险，最终消除市民的不安感与不信任感。

（3）初步效益

首先，环境效益显著。北九州市发展重工业时造成的严重环境污染被彻底改变，目前每年减少碳排放18万t，居民生活品质得以明显提高。其次，经济效益可观。园区通过发展资源循环再利用项目，提高了资源回收和再利用率。目前每年回收废弃物77000t，再利用70000t。最后，教育效益明显。园区已成为日本环境学习基地之一，对日本公众开放并接受参观，园区的建设实现了政府、企业、研究机构和市民的有效协作，增强了市民的生态环境保护意识。

2. 天津子牙循环经济产业园

始建于2001年的天津子牙循环经济产业园，是目前中国最大的循环经济园区。园区现有企业231家，每年可向市场提供原材料铜45万t、铝25万t、铁30万t、橡塑材料30万t、其他材料20万t，形成了覆盖全国各地的较大的有色金属原材料市场。实现了国际国内合作，一二三产交融，产业产品对接，资源优势互补的经济社会大循环。

（1）投资运营模式

2009年，静海县组建天津子牙循环经济产业园区管理委员会，管委会是静海县政府的派出机构，全权负责园区管理的政府职能，依法统一规划、管理、指挥园区的建设。结合项目公司，实行"政府主导、市场运作"的政企分离管理模式。同时，设立海关、检验检疫、环保等联合监管体系，严格控制各个环节的环境危害，实现全过程、封闭式管理。同年，天津子牙环保产业园有限公司与天津城投集团共同组建的天津子牙循环经济产业投资发展有限公司已投入运营，公司注册资本20亿元，主要负责天津子牙循环经济产业园区内土地整理；园区内基础设施、公用设施及配套设施的投资建设；综合办公楼及标准厂房建设；小城镇建设；林下经济带开发；房地产、国内外贸易、制造业和餐饮业的投资经营；相关物业管理和房屋租赁等业务。

（2）主要措施

1）产业链构建

由废弃电器电子产品、废旧机电产品、报废汽车等的拆解加工业、废旧橡塑再生利用业、精深加工与再制造业构成的再生资源产业，结合节能环保新能源产业等重点发展产业，组建园区产业链，构建大中小三级循环模式。形成了"静脉串联"、"动脉衔接"、产业间"动态循环"的循环经济发展"子牙模式"。

2）污染控制措施

园区在产业功能区的西北角统一设立污染防治区，形成集园区污水处理、中水回用、废弃物处理以及雨水收集利用等设施的大型公用工程岛，确保了污水处理率、废弃物无害化处理率、水资源循环利用率等达到100%。同时，按照"高利用、低排放、高产出、低污染"的原则，园区实行封闭式管理，实现园区污染物排放的总量控制。主要措施包括：对入园企业严格实行环保"三同时"，不符合环保要求的一律不准投产；对进入园区的各类废弃物从拆解到加工再到销售实行全过程监督管理；对不能够再利用的残余物统一交由天津市危废处理中心进行无害化处理。严格的环保措施，保证了园区及周边地区的空气、水质、土壤等达到国家标准。

3）信息中心与科研平台

园区设立了"中国子牙北方循环经济网"作为现代化信息平台，便于园区内企业信息的汇总与共享。同时，成立再生资源科技研发中心，引进多家高校、科研院所的科研力量，初步实现产学研结合。科研平台主要围绕着资源精深加工、无害化处理等的关键技术和设备开展科研工作和技术攻关，以促进园区的集约化、高效化、安全化的可持续发展。

（3）初步效益

园区初步形成了经济、社会和环保效益。经济效益方面，园区生产的铜米、铜锭、铝材、橡塑材料等为天津市和山东、河北、江苏及东北地区等省市的近200家有色金属加工企业提供了原材料，缓解区域资源压力的同时实现了经济效益；社会效益方面，解决了静海县2万多农村剩余劳动力的就业问题；环保效益方面，大型公用工程岛设施齐全，运行稳定，保障了园区及周边地区的环境质量。总体而言，循环经济示范效益逐步显现。

6.5.3 徐州市循环经济产业园的规划建设

为尽快落实徐州市循环经济产业园区的开发建设要求，力求彻底解决固体废物处理产生的污染问题，实现打造"通畅的城市出口"的目标，并带动相关产业的和大彭静脉小镇的发展，徐州市从2015年开始规划建设循环经济产业园。

徐州市循环经济产业园园区选址在徐州市铜山区大彭镇西侧，北至大寨河，南至胡集水库，东临G3京台高速，西至雁群垃圾填埋场边界线，总占地面积545.38hm²，建设用地为542.44hm²。

徐州市循环经济产业园的产业定位是以固体废弃物处理及循环利用为主导，固体废弃物衍生产业协调发展的综合性园区。要努力建设成为以废物处理、循环经济、设备研发制造、科研教育培训、环保文化创意、再生资源信息交易服务为核心的综合性示范园区。

1. 徐州市循环经济产业园发展思路

园区通过强化资源和能源的有效利用，突出区域生态环境改善效果，力求彻底解决固体废物处理产生的污染问题，实现打造"通畅的城市出口"的目标。确定了"一个目标、三步走、四大功能、五大产业、百年基地"的战略发展思路：

一个目标：国内领先、国际一流的固体废弃物循环经济产业园区和静脉产业类生态工业示范园区。

三步走：近期引入项目、中期稳步发展、远期优化成熟。

四大功能：在功能上实现垃圾处置、资源再生利用、综合管理服务、科研宣教等四大功能。

五大产业：在产业上重点发展固废处理处置产业、资源化利用产业、环保设备产品研发与制造产业、环保科研教育培训产业、新能源产业等五大产业。

百年基地：打造成为破解"邻避效应"，实现厌恶性设施转化为绿色融合发展的特别典范，世界上最美的城市"出口"。

2. 徐州市循环经济产业园建设思路、功能结构及分区

（1）建设思路

以循环经济理论为指导，对徐州市固体废物处理设施及用地情况进行了梳理和分析，将淮海经济区资源再生利用类废弃物回收利用的迫切需求紧密结合起来，通过强化资源和能源的有效利用，突出区域生态环境改善效果，力求彻底解决固体废物处理产生的污染问题，实现打造"通畅的城市出口"的目标，以国内外循环经济产业园区、静脉产业园区建设经验为基础，打造徐州市大彭静脉小镇，改变传统的"资源—产品—废弃物"的经济增长方式，培育"资源—产品—废弃物—再生资源"的循环经济发展的"绿色产业"。

（2）功能结构

徐州市循环经济产业园规划功能结构为"一核、三轴、五区"，规划以环保科研教育基地为创新驱动核；以郝全路、环镇西路、疏港公路为主轴，两侧分别规划五大片区，包括固废处理处置区、资源化利用区、环保产业集聚制造区、综合服务区、新能源产业区（见图6-7）。

（3）功能分区

1）固废处理处置区

本功能区位于园区东侧，占地面积约121.3hm^2，主要任务是让徐州市急需的垃圾处理设施尽快落地，近期建设内容主要包括生活垃圾焚烧厂、餐厨垃圾处理厂、市政污泥处理厂、厨余垃圾处理厂、分类收集中心、环保停车场、动物蛋白提取中心等，以焚烧为主导、以循环利用为方向、以城市环境服务为中心，拓展固废处理处置产业链条。

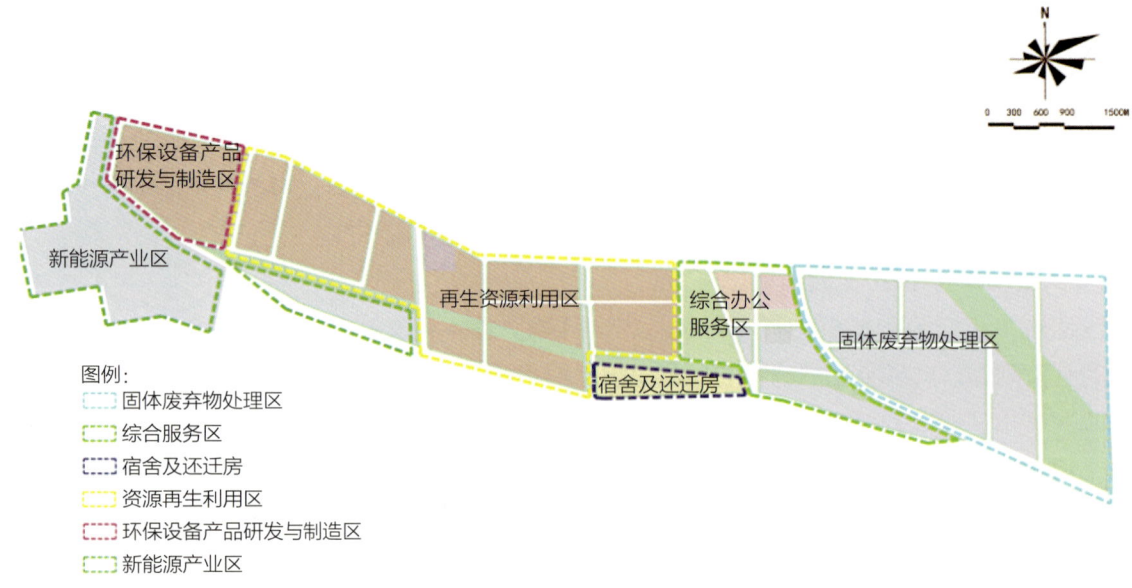

图6-7 徐州市循环经济产业园功能结构图

2）资源再生利用区

本功能区位于园区中西侧，占地面积约116.0hm²，主要任务是辐射徐州市周边淮海经济区邻近城市，形成再生资源产业集聚，近期建设内容主要包括废旧橡塑加工、废旧机电产品拆解处理、物流中心、电子垃圾处理中心、报废汽车拆解中心、废旧纸张再生等，利用徐州的区位优势，推动园区跨越式发展。

3）环保设备产品研发与制造区

本功能区位于园区西侧，占地面积约38.6hm²，借助目前国内巨大的环保设备市场需求，建设一个大型的、现代化的、有经济规模的固废设备研发中心和制造基地，吸引国内固废设备生产企业利用园区固废源进行科技创新研发，以及国外先进固废设备本土化验证、研究、集成、制造，提升我国固体废物处理工艺和固体废物处理设备等环境技术领域的研发能力和设计水平。

4）综合服务区

综合服务区功能主要功能包括：环保科研教育培训及办公生活及市政服务，占地面积约7.65hm²，首先，综合服务区立足产业园区的办公及生活需求及市政配套建设需求，建设足够园区建设的基础设施；其次，依托强有力的技术实力和运营经验，开展工程设计、监测检测、规划等开放式服务；大力发展环保教育培训产业，开办固废相关技术、标准法规的讲座和培训班，邀请固废行业资深专家讲解行业最新技术发展情况，实现对固废从业者的再教育；建立固废博物馆，展示固废处置先进技术和废旧物品再生利用产品，通过影像和实物展示加深公众对固废处理和资源化的认识；举办青少年环保主题实践及其他拓展项目，使之掌握保护环境的方式方法，推动低碳城市建设。

5）新能源利用区

规划填埋场及其发展用地共计79.48hm²，利用雁群垃圾填埋场封场后的空地，设置光伏发电站，可供园区内部使用。

6）还迁居住区

本功能区位于园区东大彭镇区，主要用于安置园区规划用地受影响范围内的部分居民，同时用作园区员工的住宿，园区内员工人数约9400人，还迁人员约13800人，按照40%的还迁人员进入园区内还迁居住区，并预测有70%的居民成为园区工作人员计算，该还迁居住区需解决11056人的住宿问题，按照人均建筑面积30m²计算，还迁区建筑面积约为33.17万m²，占地面积约11.25hm²。

3. 徐州市循环经济产业园产业分析

（1）主导产业确定的依据

1）淮海经济区及徐州市特种固废处理设施缺乏

随着人口数量的增加、人民生活水平的提高，各种固体废物呈现出处理量增大、处理种类多样化的趋势，固废处理设施数量和规模不足的问题随之凸现。

一方面，徐州市目前的特种垃圾如废旧轮胎、大件垃圾等回收处理作业主要由没有资质的"地下作坊"完成，所采用的手段往往是简单的物理（如砸、剪、水洗等）和化学方法（如焚烧、酸解处理等），技术水平普遍较低，并且没有实现机械化和规模化，在回收处理过程中缺乏配套的环保设备，对终端固废不做任何预处理，直接进行投弃、填埋或者焚烧，对周边环境影响严重。并且随着废旧轮胎、大件垃圾等其他固体废物的产生量的逐年增加，现有规范化的处理设施能力也不能满足增长需求。另一方面，淮海经济区20个城市，仅有8个建设静脉产业园，且大多以垃圾处理为主，缺少规模化综合性静脉产业园区，以解决淮海经济区内今后废弃物的资源化利用，徐州市作为淮海经济区的核心城市，有能力也有义务承担起此重担，建设综合性静脉产业园，实现产业集聚，带动区域发展。

2）环保科研、教育培训产业发展落后

环保行业有其特殊性，通常需要给单个客户提供个性化的服务。在中国，尽管环保行业具有公益性强和发展空间较大的优势，但存在着诸多不利于发展的因素，如：受政府和政策的影响大；区域性和行业性过强；技术门槛较低；壁垒多而利润率低；低价竞争激烈；研发技术和产品极易被模仿。这也导致环保企业没有动力也无实力去进行基础性的科学研究，对研发投入也明显不足。徐州市也存在着在环保科研方面偏重基础研究和工程机械开发，缺乏环卫、废物资源利用技术实证研究等问题；在科普教育培训方面，现有科普教育点设施规模小，环保自发教育未能形成系统、可持续的保障等问题。

3）环保设备研发制造产业发展滞后

徐州是"中国工程机械之都"，装备制造业优势明显，形成了从关键零部件到整机制造、从科技研发到自主生产的一套完整的装备制造产业体系，徐工集团跻身世界工程机械行业领军企业前5强，但在环保设备研发制造领域，起步较晚，徐州市尚未形成强有力的竞争力，环保产业作为朝阳产业，是国家支持发展的新兴产业，具有巨大的市场前景。

4）新能源产业发展势头强劲

徐州已集聚中能硅业、协鑫硅材料等一批光伏生产企业，形成上下游一体化的光伏光电产业链，其中徐州经济技术开发区成为国家级新能源特色产业基地。同时，以风电用回转支承产品及配件制造为重点，形成以徐州罗特艾德、维斯塔斯等为龙头的风电产业集群。另外，徐州积极开发利用生物质能，推广秸秆固化成型点和秸秆收储中心建设，加快秸秆发电，加强污泥、垃圾利用。

（2）主导产业确定的发展思路

1）以国家和江苏省产业政策为指导，以现状产业为基础

园区产业定位，应以国家及江苏省的产业政策为指导，发展具有科技含量高、市场前景广阔、能与国际接轨的产业门类。以江苏省引导发展的环卫主导产业为指导，结合徐州市、铜山区及周边区域的再生资源条件，现状基础等因素进行分析、论证，确定为发展以废弃物无害化、减量化、资源化为主导，其衍生产业为辅的多元化资源再生产业。

2）立足优势产业，发展衍生产业链

一方面，园区在产业发展过程中，积极发展现有优势产业、主导产业的同时，要在市域范围内科学进行生产力综合布局，做到产业园区化，抑制类似产业在其他地域零散布点建设。另一方面，注重发展和关联相关产业，延伸产业链。任何产业，尤其是技术含量较高的产业，都有一系列能增加价值的相互作用，逐次完善各类产业产的联系，从而形成产业链。同时，在强化优势资源综合开发的基础上，进行优势组合，积极培植产业集群，充分发挥产业的集聚效应和互动效应。

3）着力发展高新技术产业

作为新建设的静脉产业园区，其产业定位一定要符合国家乃至世界的产业发展潮流。要着力发展高新技术产业，着眼于培育未来竞争优势，保证园区产业发展的高定位，保证园区的可持续发展。园区发展过程中，应注重高新技术产业的培育、引进，提高产业的科技含量，营造区域性的工业项目的创新环境，促进科技的产业化，引导和培育企业的创新发展机制。

4）打造循环经济模式

循环经济作为一种科学发展观，一种全新的现代经济发展模式。在新成立的现代化园区建设中，应是首先强调的发展选择。要树立循环经济的发展观，把循环经济作为园区经济构成中的重要组成部分。

4. 徐州市循环经济产业园主导产业选择

徐州市急需建设高标准、高水平、综合性的固废综合处理处置基地，以满足环境保护、固废处理处置以及城市发展的需要，以大幅度提高固体废物综合处置率、实现固体废物处置无害化、减量化和资源化为核心，有效整合、集成科技资源，通过对急需的关键、共性技术进行攻关、开发以及推广应用先进高效的固体废物综合处置技术，用高新技术和先进适用技术装备新时代的固体废物处置产业，积极推动徐州市的固废综合处置技术的提升，向产业化、集成化、规模化和生态化的方向发展。本规划结合江苏省、淮海经济区及徐州市实际情况，在产业园区重点发展五大产业：固废处理处置产业、废弃物资源再生利用产业、环保设备产品研发与制造产业、环保科研教育培训产业、新能源产业。

（1）固体废物处理处置产业

针对固体废物行业内的不同细分领域，以生活垃圾焚烧、餐厨垃圾、市政污泥和建筑垃圾无害化处理、资源化利用等为主导、以循环利用为方向、以城市环境服务为中心，拓展固废处理处置产业链条。

（2）废弃物资源再生利用产业

针对废弃物资源再生行业内的不同细分领域，以电子垃圾、报废汽车拆解、废旧橡胶、废旧塑料、废旧纸张和废旧机电等六大类废弃物资源再生利用为主导，利用徐州市的区位及交通优势，形成产业集聚，促进区域经济发展。

（3）环保设备产品研发与制造产业

借助目前国内巨大的环保设备市场需求，建设一个大型的、现代化的、有经济规模的固废设备研发中心和制造基地，吸引国内固废设备生产企业利用园区固废源进行科技创新研发，以及国外先进固废设备本土化验证、研究、集成、制造，提升我国固体废物处理工艺和固体废物处理设备等环境技术领域的研发能力和设计水平。

（4）环保科研、教育培训产业

政府给予优惠政策，吸引知名高校、科研机构及环保企业入驻，形成强有力的创新机制，依托强有力的技术实力和运营经验，开展环保科技研发、工程设计、监测检测、规划等开放式服务；大力发展环保教育培训产业，开办固废相关技术、标准法规的讲座和培训班，邀请固废行业资深专家讲解行业最新技术发展情况，实现对固废从业者的再教育；建立环保主题公园，展示固废处置先进技术和废旧物品再生利用产品，通过影像和实物展示加深公众对固废处理和资源化的认识；举办青少年环保主题实践及其他拓展项目，使之掌握保护环境的方式方法，推动低碳城市建设。

（5）新能源产业

徐州已集聚一批光伏、风电、生物质能产业集群，各自初步形成上下游一体化的产业链，具备良好的产业发展基础，而雁群生活垃圾填埋场封场提供了有利的场地条件，园区具备发展新能源产业的有利条件，通过光伏、风电、生物质能等项目的建设，为外界提供徐州新能源产业发展的展示平台，提升徐州城市形象。

5．徐州市循环经济产业园效益

循环经济的推广与应用，可以使得资源综合利用率大幅提高，生态环境得到明显改善，从而实现经济效益、生态效益、社会效益的共同提高。徐州市循环经济产业园区的建设将会产生环境、社会、经济三大方面的综合效益：

（1）环境效益

1）可以解决固废处置出路。园区每年能够消纳生活垃圾146万t左右、餐厨垃圾13.36万t左右、建筑垃圾98.55万t左右、市政污泥29.2万t左右、大件垃圾3.65万t左右、病死禽畜1万t左右。

2）可以减少主要污染物排放。有机垃圾厌氧发酵产沼类项目减少温室气体排放量，控制温室效应。污水处理工程可以减少渗沥液对土壤、地表水、地下水的污染影响。

3）可以回收能源与物质。大件垃圾、废塑料等资源再生利用可减少生活垃圾处理量、提高资源化利用率。垃圾焚烧发电可实现发电上网，厨余（餐厨）垃圾可以产生沼气、肥料等。

（2）社会效益

1）能够提高公众环保意识。通过大力开展环境教育，普及和传播环境保护的科学知识，提高公众对环境问题重要性的认识，提高他们的环境保护能力，树立符合生态规律的正确的价值观，促使公众对环保产业和环境保护有更深的认识和了解，最终体现为全社会愿意为环境保护、建设生态文明采取实际行动。建立公众绿色消费和循环经济的生产、生活方式，促进资源节约型、环境友好型社会的构建。

2）能够提升城市知名度和美誉度。新理念、新思路建设后的徐州市循环经济环卫产业园区，可为徐州市增添一个向全国展示城市品牌的新平台和新窗口，使徐州市城市品牌在全国乃至世界范围内获得更广泛、更深入的认同。

3）能够促进低碳城市建设。在资源日益短缺、生态环境受到挑战的今天，通过资源再利用、固体废物消纳、节能减排、生态恢复等措施，有力地推进了徐州市发展低碳经济、倡导低碳生活、建设低碳城市的目标。

4）能够增加就业岗位。通过园区建设，扩大规模的同时可为社会提供更多就业岗位，促进劳动力转移。

（3）经济效益

1）徐州市循环经济产业园的建设目的是要实现环境效益、社会效益和经济效益的有机统一。财政投入的公益性项目如污水处理厂、变电站、环卫车辆停保场等项目等不产生直接经济效益，主要采用政府购买服务的方式开展。其他资源化项目，通过企业自筹或者资本运作等方式在获得社会、环境效益的基础上，通过为废旧物资赋予新的价值、重新投放市场，实现盈利、获得直接经济效益。

2）固体废物产业集约化发展，可节约固体废物处理设施土地二次开发利用投资、整合资源、降低成本，实现利润最大化。城区内分散布局的固体废物处置和资源化设施集中在园区后，腾出的用地可实现其本身的土地价值。走资本市场的道路，实现企业自身管理和效益的进一步提高。

7 市政设施建设与管养

城市基础设施是城市正常运行和健康发展的物质基础，一方面对于改善人居环境、增强城市综合承载能力、提高城市运行效率、稳步推进新型城镇化、确保2020年全面建成小康社会发挥重要作用；另一方面对于提升城市品位，提供良好投资环境及地方经济发展起着至关重要的作用。随着徐州市经济社会的发展和城市规模的不断扩大，城市基础设施量的需求量迅速增长，市政设施的建设与管养任务也越来越繁重。但以原来所具备的管养手段和能力，已无法满足城市不断发展的需要。徐州市城管局坚持"建管合一"模式，积极探索道路建设与管养新机制、创新照明及亮化设施管养制度，使市政工程建设与管养达到相互促进、协调发展，实现了城市基础设施效益的最大化，更好地满足了城市发展和市民安居乐业的需要。

7.1 市政重点基础设施建设

为充分发挥大城管体制下市城管办综合指挥、协调、监督作用，解决一些区域之间、部门之间职责不清、归属不明、推诿扯皮等问题。2010年，按照徐州市政府机构改革部署，建立了"建管合一"体制，将原徐州市市政公用事业管理局道路、桥梁、路灯、公交场站等市政设施建设、维护职能划入徐州市城管局，原市市政公用事业管理局直属的市政工程养护管理处（不含排水管网维护公司）、照明管理处、市政公用监察大队、市政拆迁处、12319城建便民服务中心、工人医院、经纬监理有限公司和客运场站建设管理有限公司8个基层单位划归市城市管理局。这样，市城管局履行着市政基础设施建管、市容市貌管理、行政执法三块职责，实现了建设、管理、执法三大工作层面的充分衔接。

城市道路作为城市基础设施的重要组织部分，是城市的动脉，代表着城市建设和城市发展的水平，是社会、经济发展的平台，事关群众安居乐业和幸福指数。加强城市道路建设、管养及质量监管对于完善城市功能、敞开城市空间、提升城市品位、加快城市发展都有着重要的意义和作用。近年来，徐州城管局认真贯彻落实全市城市建设与管理工作会议精神，坚持"以建促管，建管并重"，围绕"精致、细腻、整洁、有序"的理念，加快了市政基础设施提档升级和综合改造步伐。通过实施道路综合整治，推进城市管理方式从简单粗放向精细化转变，做到以"建"提升城市形象，以"管"提升现代化水平。在城市建设与管理中坚持高起点规划、高质量建设、高水平管理，形成了"功能互补、有机衔接、优势整合、协调推进"的良好局面。

7.1.1　推进城建重点工程建设，提升城市综合服务功能

2010年以来，市城管局认真贯彻市委、市政府"路更畅"、"城更靓"等行动计划，先后实施了道路畅通、环境整治、公共设施提升等三大类56项城建重点工程，累计投资额约40.88亿元。结合省级示范路创建，先后实施了淮海路、中山路、民主路、二环北路、铜山路、大庆路、响山路、矿山路、煤建路、苏堤南路、湖东路等48条道路改建、扩建工程；完成了沈场、坝子街、白云山、七里沟等7座铁路立交桥道路改造、亮化以及外立面综合整治工程。建成了城市管理数字化系统，公共自行车服务系统全面运行，牵头实施了中转站建设、公厕改造、垃圾收运体系等公共设施建设。

通过这些重点工程的实施，道路变得更加畅通，城市更具有魅力。在道路改造过程中，始终坚持城市所有道路改造坚持一个重要标准，就是做一条路出新一条街。道路改造坚持整体实施，遵循先地下，后地面，先立面，后平面的原则逐步实施。即先进行违建拆除、立面整治、广告、门头字号、立面亮化等整治，再进行排水、杆线入地等地下工程的建设，然后进行绿化、道路及其他附属设施的建设。原则上不搞修修补补，要改造就彻底改造，全面提升道路沿线城市面貌。

近年来，先后实施了淮海东路、中山路、民主路、解放路等道路江苏省市容管理示范路创建，配合创建，实施道路综合整治工作，完成道路改造 199.58万m^2，沿线建筑外立面整治259.54万m^2，各类杆线、管线改造、入地 222.99km。

通过一批省级示范路的创建，提高了道路通行能力，完善了城市综合服务功能，城市面貌焕然一新，城市功能和品位得到进一步提升，初步实现了"让道路更加畅通、城市更具魅力"的目标。

7.1.2　落实工程质量进度双优，完善工程质量管理制度

市城管局坚持从大局出发，对事关全市人民利益的建设任务，提高思想认识，以建成优质精品工程，回报市民的期望。为此，各级领导高度重视，实施（责任）单位要对应成立相应的工作机构，细化分解各项目标任务，进一步排出"任务书"、"路线图"和"时间表"，明确责任领导、责任单位和责任人，切实形成一级抓一级、层层抓落实的工作格局。局重点办加大对各项目的监督指导检查力度，确保按时序进度完成建设任务，绝不能因重点工程建设拖全局的后腿。各责任单位、实施单位强化大局意识、密切条块联动、形成推进合力，推动各项工作得到从早、从紧、从快安排，按序时进度扎实推进。

为确保工程顺利实施，徐州市城管局狠抓工程进度、质量、安全管理。落实建设单位、勘查单位、设计单位、施工单位、工程监理单位等五方面主体责任，周密组织实施，确保工程质量。

1. 严格队伍选拔

严格执行招投标有关规定，切实选好施工、监理队伍，择优选取工程业绩好、工程质量高、施工管理严、综合效能高的队伍，做到优中选优。在招标时，实施约谈机制，明确建立相应的退出与惩戒机制。

2．严把工程进度

各实施单位要按项目详细制订周计划、月计划，各项目工序要有明确的时间安排表。工程甲方代表每日组织工程例会，施工、监理每周实施工程进展周报制，局重点办每月对全局工程实施月报制，科学倒排工期，全力推进工程进度。

3．严控质量管理

重点工程建设事关人民群众切身利益和政府自身形象，工程质量更是项目建设的生命线。为进一步加强对工程质量的管理，进一步规范建设程序，有效发挥建设、质量监督和跟踪审计各方作用，建立联动互动机制，形成整体合力。市城管局认真履责，建立健全了《徐州市城市管理局重点工程建设、质量监督和财务审计联动机制》。在把好设计、招标投标、施工、用料、验收"五个关口"的基础上，进一步深化、拓展揭露性检测范围、频度，一经发现以次充好、以劣充优、以低充高的行为，一律按上限实施处罚并限期整改，将施工单位、监理单位一并列入"黑名单"，确保把每个项目建成放心工程、优质工程，少留遗憾，不留败笔。

"十二五"期间，市管道路由2011年的84条、总面积529.96万m^{2}增加到2015年的91条、总面积564.8万m^2。5年间共维修车行道（含沟槽）42万余m^2，维修人行道6.64万m^2，道路完好率稳步提升。至2015年底，市区市管桥梁52座、立交通道10座，东、西三环高架快速路建成、通车，北三环高架快速路项目建设正稳步推进，市区立体快速交通环线雏形初显；实施了淮海路、中山路、湖东路、下淀路、和平路等50余条道路拓宽改造、8座桥梁维修改造和30余条主次干道大中修工程；新建候车亭505座、站名牌708座、座椅417座，新建公交首末站2座，对1168座候车亭、站名牌进行迁移、喷漆、港湾式改造，安装杆式站名牌241根。进一步完善了基础设施建设，城市公共服务承载力显著增强。

7.2 道路管养及质量监管机制创新

7.2.1 道路管养机制创新

近年来，随着经济社会的发展，市民对出行条件的要求日渐增高，并通过新闻媒体、政府热线等各个途径表达对出行环境的诉求。为使管养工作发展水平跟得上社会发展的脚步，2013年4月起，市城管局通过道路管养机制创新，取得了良好的效果。

1．道路管理机制创新

城市道路在人们工作、生活和社会各方面发挥着越来越重要的作用，但乱占、乱挖道路现象、损坏城市道路设施的案例也逐年增多。市城管局始终以"道路完好、科学管理、规范执法、服务于民"为宗旨，创新管理机制，做好城市道路管理工作。

（1）强化道路挖掘管理

为规范城市道路挖掘行为，保证城市道路完好率，减少城市道路挖掘对环境的影响，市政府办公室先后下发了关于进一步规范城市道路挖掘审批工作的通知和关于加强城市道路挖掘管理的通知。明确了市城管局负责市管城市道路的挖掘行政许可、挖掘管理等工作。严格了行政审批：确需挖掘城市道路的，挖掘人应当持规划部门批准文件、设计文件和施工方案等相关资料，向相关行政审批机构办理挖掘、占用许可手续。经各相关行政审批机构和公安交通管理部门批准，方可按规定开挖；新建、扩建、改建道路交付使用后5年内，大修的城市道路竣工后3年内不得挖掘。确需挖掘的，应上报市政府批准后，方可办理挖掘行政许可手续；管线单位因管网建设需挖掘城市道路的，每年1月31日前向各级城市道路管理部门申报本年度挖掘指导计划。未报计划或未在计划之列的，需上报市政府批准后，方可办理挖掘许可手续。每年每条道路挖掘许可只受理1次；申请挖掘主干道、快速路、商业中心和居民集中居住区的车行道等，原则上采取非开挖技术作业，不允许开挖路面，不具备非开挖条件而需开挖的，需上报市政府批准。规范了现场施工。加强了监督管理：经批准的城市道路挖掘，各级道路管理部门应建立监管制度，对挖掘现场实施全程监管，并将监管资料整理归档备查；挖掘申请经各级城市道路管理部门批准后，监管单位应及时召集挖掘人明确施工方案、质量控制措施和扬尘污染防治和安全文明施工措施；挖掘工程施工前，监管单位应检查围挡、警示牌、警示灯、告示牌等设施、标牌的设置情况，还要检查防滑钢板、回填材料、切割设备、压实设备等施工机具与材料的到位情况和安全、环保等保护措施的落实情况；违反相关规定，由市城市道路管理部门委托的执法机构依据相关规定予以处罚，造成损失的，应当依法承担赔偿责任；各级道路管理部门及其委托的执法机构应加大巡查力度，严厉打击私挖、盗挖行为，一经发现，先行责令当事人停止施工，恢复原貌，按规定赔偿损失，再依据《城市道路管理条例》最高上限予以处罚，拒不履行赔偿义务的，由属地法院履行简易审判程序，严肃追究相关单位主要负责人、相关人员责任。

（2）创新道路管理模式

通过建立"区域模块，程控执法"的网格化管理模式，力争做到无缝隙对接执法，覆盖管理盲区，切实保障城市道路的完好。在工作中按照以人为本、统筹考量的原则，以设施管理的任务量和实际执法难度为衡量标准，将城区主干道分成了若干个任务量相对均衡的责任段，每个责任段相对应明确一名执法人员具体负责，形成了由一个个责任段构成的范围清晰、责任明确的网格化执法责任体系。将管理责任细化到人，对各种道路巡查不到位、设施损坏信息回馈不及时等责任事件，按照"谁的路段、谁的责任"的原则，严格追究责任，使管理工作更加高效有序，避免了管理盲区，有力地保证了城市道路的完好和安全畅通。

以数字化平台为依托，依靠各巡区的一线城管巡查人员以及数字城管信息采集员及监巡队伍，整合市政设施"巡查一体制"，建立问题快速反应、快速处置，及时督办机制，强化道路管理功能和力度。通过建立《市管道路桥梁巡查办法》、《市管道路桥梁巡查工作责任追究制度》等落实具体措施和监督考核机制，充分调动了工作积极性，建立了问题主动发现、主动处置机制。同时，聘请部分环卫保洁工人作为信息联络员，多渠道收集道路上的信息，接到信息，及时处置，完善网格化管理模式。

（3）规范道路管理行为

一方面，市城管局在道路管理过程中，总结出先教育规范、再限期整改，拒不改正者再依法处罚的"层次递进式"执法模式：初罚从轻、下限量罚；累犯从重、严管重罚。既体现人性化执法，又有效地维护了执法的严肃性。另一方面，根据有关法律、法规的规定，市城管局制定了查处分离制度。以案件调查权与案件处理权相分离、相制约为主旨，承担调查取证、案件审核处理的部门相互配合、相互制约、相互监督，有效理顺办案流程，并在案件限时移交登记、过错责任追究等配套制度合力推进下，查处分离工作机制运行良好，效果明显。近年来，无因执法错误而引起的投诉或举报，无败诉、败议案件发生，执法文书、案卷也更加规范。

2．道路养护机制创新

（1）道路养护机制创新的实践做法

1）开展"无痕"养护

2013年下半年，在苏北地区率先推出道路"无痕"养护，2016年，"无痕"养护覆盖了93条市管道路。"无痕"养护改原来的日间养护施工为夜间，施工时间在晚10点到凌晨5点之间，一夜睡醒，市民就会发现道路不知不觉已修复；在道路修补施工中，采用综合养护车，可以最大限度地做到新修复的路面和原有路面无缝衔接，达到施工"无痕"的效果，保证路面平整度；此外，还保证了施工现场高度整洁，施工垃圾了无痕迹。

2）实行巡养一体化

2013年秋季以来，对人行道板的修复开始实施"巡养一体化"养护模式。所谓的"巡养一体化"就是巡查人员同时是道路的巡查责任人和维修责任人。对巡查中发现的市管道路人行道板破损、缺失、碎裂及路牙石损毁等病害，第一时间上传到道路巡查外勤助手平台，然后直接组织施工人员对损毁的人行道进行修复。"巡养一体化"极大地缩短了从巡查到养护的工作流程，便于第一时间处理病害，提高了人行道维修的及时率。

3）推行病害清零活动

由于93条市管道路绝大部分路面是沥青路面，大气温度低于10℃，铺筑沥青混合料的施工质量就很难保证。2013年秋季开始，每年在冬季来临之前都要对市区主要干道逐条进行病害清零，以便安全过冬，为市民出行提供保障。

4）使用新型材料，不再看天干活

2013年10月起，在江苏省率先引进了用于快速修补的新型沥青材料。这种"高科技新型快速修补材料"最大特点就是，适用于任何天气和环境，携带方便，随用随取。在道路破损处直接放入快速修复料，用汽车车轮碾压几遍或者用冲击夯压实就可立即通车。

5）采用小修机制

2013年8月，在市财政局的大力支持下，首次建立市管道路小修机制。小修机制采用由市市政管理处组织技术人员、材料、机械设备直接实施，财政局评审中心从方案设计、组织施工到竣工验收，全过程跟踪监督的模式，大大提高了道路维修效率和养护质量。

自2013年推行新工艺及建立小修机制起，市管道路维修效率及质量大幅提高。2014年共计修复沥青路面13.3万m^2，较2013年同期提高1.55倍；维修人行道3.6万m^2，较2013年同期提高2.41倍。2015年全年共计修复沥青路面12.7万m^2、人行道4.4万m^2，实现"国家生态园林城市"道路完好率98%的创建目标。

（2）进一步完善道路养护机制的思考

随着经济和社会的发展，对市政道路的要求也越来越高。为更好地提高市管道路养护水平，更好地为城市发展服务，拟从以下几个方面进一步改进市政道路管养水平。

1）推行预防性养护

所谓预防性养护，指在合理的时间内，对道路进行维护，在道路尚未出现病害或刚出现迹象时采取强制性保养措施。大力推广预防性养护，有助于提高养护工作的主动性，降低养护成本，延长道路使用年限。

2）提高养护作业的机械化水平

在目前的养护施工中，还有很多环节需要人工劳动，这样不仅影响工作效率，也增加了养护工的劳动强度。提高机械化水平，可以提高施工效率，减少人工劳动，从而更好地保证养护质量。

3）探索道路养护工作市场化机制

近年来，我国一些大中型城市逐步认识到城市道路养护走市场化道路的重要性，道路养护市场化推进力度不断加大。社会上的养护企业具有负担小、技术更先进、经营方式更灵活等优势，可以在一定程度上减少道路养护费用，节约资金，有效缓解现阶段道路养护资金投入不足的问题，促进道路养护事业健康发展。

7.2.2 道路质量监管机制创新

市政道路作为城市的基础设施建设，其工程的质量必须要符合城市整体的发展需求。作为市政工程的管理部门，不仅要参与到市政建设工作中，还要做好质量监管的工作。2015年，徐州市城管局建立了重点工程建设、质量监督和跟踪审计联动机制，成立了质量监督站，采取现场"钻芯取样"方式开展道路项目竣工验收，确保工程建设进度、质量"双过硬"。

1. 建立道路质量监管机制的背景

市政质监站成立之前，市政重点工程质量管控工作一直由市城管局重点工程办公室的工程技术人员以及委托的第三方监理机构把关。这种监管模式有诸多不足之处：建设项目过多，人员配备较少，管理任务比较繁重，导致质量管控工作力不从心；第三方监理机构受聘于建设方，当工期与质量产生冲突，建设方受制于工期压力无法兼顾质量时，第三方监理机构没有足够的自主权去管理；养护接收单位只参与最终竣工验收的环节，无法涉足过程监控，从而无法弥补过程监管中的漏洞。上述原因导致徐州市市政重点工程建设的质量监管一直处于一种不完善的状态，导致建设完成的市政工程容易出现质量问题。这种情况下，不仅影响市民的出行便利和安全，也使宝贵的财政资金无法充分发挥社会效益。在这种背景下，2015年5月，徐州市市政管理处质监站正式成立。市政质监站的成立，使得对市政重点工程建设过程中监管不再存在漏洞，可以站在第三方的角度，专注于质量监管工作。

2. 道路质量监管机制创新的实践做法

市市政管理处质监站成立伊始，努力克服质监管理制度、流程、人员、设备一片空白等困难，全体工作人员详细研究工程图纸、施工规范，跑现场、找施工单位，联系权威的质检部门制定检测方案，逐渐摸索出一套切实可行、严密的检测流程。

质监站成立至今，质监工作局面有较大改变。大部分施工单位的思想逐渐得到扭转，从一开始想着如何钻营关系、偷工减料获取利润，到如今的一心想着如何提高工程质量，通过质检。质监站同事内外统一标准，严把质量关。先后对西苑中路、煤港路、金山东路等10条道路小修工程，对欣欣路桥、中兴桥、体育场桥、青年路桥等10座桥梁除锈刷漆工程进行监管验收；对金山东路、风华南路等9项在建重点工程进行持续性的工程质量跟踪检查，对矿山路、苏堤南路、煤建路等8条临近质保期的2013年城建重点工程道路进行专项普查。

为确保道路工程质量，杜绝施工单位进行偷工减料，也使道路能达到规范的使用寿命，确保竣工后道路质量检测更精确，市政质监站对道路施工全过程实施"钻芯取样"。即在不影响道路结构和行车道路安全的前提下，对所有道路工程项目采取这种"钻芯取样"揭露性检测方式实施过程监督和竣工验收。并于2015年8月31日首次对市城管局负责承建的黄河南路、黄河西路、黄河东路、凤华南路和泉新路等5条道路进行"钻芯取样"综合竣工验收。通过"钻芯"提取样本，现场测量沥青混凝土结构层厚度、弯沉值等是否符合要求，封存样本并送至专业质检部门进行其他质量综合检测，以得到更为精确的结论；"取样"的具体点位现场随机选取，每条道路一般不少于3处，纪检部门全程参与，并邀请媒体记者监督。对于检测项目不合格的道路点位，将按程序进行复工维修，直至合格为止。此外，为杜绝此次取样给市民出行带来不便，取样完毕后，由工程人员现场修复，不留痕迹。"钻芯取样"改变了过去徐州市对道路质量的检测只限于外观检测与工程资料审查的传统做法，提高了检测精度和标准，实现了工程质量、进度"双过硬"（见图7-1）。

图7-1　钻芯取样

2015年，市政质监站共计对17条道路维修、改造、建设工程，实施了9轮、63次质量监测，发现问题152项，处罚相关单位11家。截至2016年4月，共计现场检查314次，监管道路27条，质量抽检10轮，组织质量检测83次，发现问题162项，针对质量问题督促整改函告8份。2016年，共组织抽检12轮，质量检测119次，发现问题198项，下发督促整改函告9份，在建重点工程质量较往年有了较大提高，得到了领导和市民的广泛认可。

3. 进一步完善道路质量监管机制的思考

通过一年多来的工作实践，道路质量监督工作在取得成绩的同时，也发现了一些问题，这些问题阻碍了质监工作质量和效率的进一步提高。为此，有以下几点需在今后工作中加以完善和提高。

（1）有必要建立实验室

市政质监站成立至今，因为没有单独的实验室，对于质量管控中的实验抽检工作，均采取外包作业。因为检测频率较高，抽检任务量较重，导致检测单位无法完全满足抽检要求，有时会影响到检测准确度。由于检测项目巨大，检测费用也是一笔不菲的开支，如有单独的实验室，由自有人员进行质量检测，可以规避检测风险，降低检测支出，更好地服务于市政重点工程质量监控。

（2）增加人员配备

2016年5月，市领导对《关于报送审批市城建重点工程（道路部分）质量抽检实施方案的请示》批示，下一步徐州市城管局将承担所有市级财政投资的市城建道路重点工程（含桥梁、排水）建设质量检测职责，市政质监站的质量监督工作任务将更加繁重。目前，市政质监站只有4名工作人员，需进一步加大专业技术人员配备，确保完成各项质量监督任务。

（3）以人为本，增强质量意识

道路建设质量涉及方方面面，质量监督只是一个管控措施。要从根本上提高建设质量，需要做到以人为本，需要施工、监理等各方面的积极参与，只有大家的质量意识都得以切实提高，把质量作为工作准绳，那么质量监督工作就只是锦上添花之作，市民对城市建设也将会更加的满意。

7.3　市政照明及亮化设施建设与管养

城市道路照明及亮化是一个城市展现其个性化历史文化和城市风貌的重要方式，是城市现代化的一个重要标志，也是城市管理工作的一项重要内容。随着徐州城市照明及亮化范围的日益扩大，城市照明及亮化设施的管理、养护问题变得越来越突出，徐州市城管局创新照明及亮化管养机制，通过探索新技术、试用新能源，引入市场化机制，构建智慧照明理念，逐步提高了城市照明及亮化设施的养护质量和管理水平，保持了城市照明及亮化设施的完好，使之安全可靠运行，充分发挥其功能，为城市经济和社会发展服务。

7.3.1　城市照明及亮化设施建设

为适应城市经济社会快速发展的需求，市城管局坚持以建促管，强化城市照明及亮化设施建设，城区照明体系趋于完善，进一步增强了城市公共服务能力。

1．照明设施数量大幅增加

"十二五"期间，先后完成65条道路路灯新建工程，新装灯2840余盏，更新改造路灯4766盏，确保了路通灯明。至2015年底，城区路灯总量达 43630余盏，专用线路1227.89km，总容量10628.02kW，与"十一五"末相比，分别增长2.42%、57.42%、73.49%。市区快速路、主干路、次干路路灯覆盖率达100%，支路和街巷道路覆盖率达95%，比"十一五"末提高了2个百分点。

主要完成的重点工程：机场路、徐丰路、中山南路延长段等出入口道路路灯改造工程，汉源大道路灯完善，解放南路等6条道路路灯变压器增容，奎河西岸等6条道路安装路灯，共建路等4条道路路灯改造，夹河街等5条道路更换灯具。徐商路二期路灯安装工程，全市改色的灯具5150余盏。凤台路、明珠路、下淀南路等10条道路路灯的更新改造，广山路、城东大道、津浦东路、嘉美社区等4条道路的灯具更新，湖西雅苑周边道路路灯安装工程。2015年市城建重点工程市区21条道路新建路灯、20条道路路灯改造工程及出入口道路徐萧公路路灯新建工程。先后实施149条小街巷路灯更新改造工程，安装高压钠灯2953套。

2．绿色照明技术应用水平显著提高

"十二五"期间，更加注重新技术、新材料的应用与试点，绿色照明的实践力度显著增大。在新安装和改造路灯中，安装补偿电容、变功率镇流器，提高负荷功率因数，定时降低功率运行。选择新型节能产品和材料，使用高效灯具，共使用LED路灯2584盏，相比"十一五"增加43.55%；采用新型路灯控制技术，试点安装单灯控制点165套，合理控制路灯启闭时间。经过规模化的技术实践应用和系统的台账的整理工作，顺利通过了2013年绿色照明考核验收工作。

3．景观照明设施进一步完善

"十二五"期间，对市区标志性建筑、公园、广场、主干道楼宇和其他重要场所景点进行了景观照明的规划、设计和建设，主要完成了云龙湖北岸71栋楼亮化工程，涉及淮海路34栋楼、中山路19栋楼、民主路沿街建筑物亮化32栋楼的共计85栋楼的城区主干道亮化工程，彭城路等7条道路景观灯改造，和平路沿线建筑物亮化工程，市区主要干道沿线企事业单位亮化完善工程，云龙山隧道灯改造工程。解放路16座建筑物和建国路13座建筑物的亮化工作。截至2015年底，市区景观照明设施达到139023盏，总功率达到2671.43kW，设施量相比"十一五"末期有了很大的提高，为提升徐州城市的环境魅力和提高市民群众的生活质量方面，发挥着越来越重要的作用（见图7-2）。

4.城市照明智能化监控水平进一步提高

"十二五"期间，监控中心和控制柜全面提档升级，共有远程控制终端678台，其中路灯终端513台，景观灯终端165台，比"十一五"增长69.5%；"三遥"技术的自动化控制柜达到648台，自动化控制达到95%以上，监控覆盖率从31%提升到95.6%，确保了路灯远程控制的基本覆盖。通过合理的技术应用和管理，使用电量大幅下降，节能减排效果显著（见图7-3）。

图7-2　景观亮化

图7-3　城市照明智能化监控系统

7.3.2　城市照明及亮化设施管养创新措施

市城管局严格执行城市照明设施维护制度，划片管理，明确责任人，制定设施维护考核细则，实行奖惩办法，建立健全照明设施巡查与维修服务快速反应处理机制。注重社会服务功能，先后推行了"社会服务承诺"、"12319便民服务热线二级平台"、"路灯报修专线电话83668222"等，将提高服务水平和提高市民满意率作为管理工作的重中之重。通过这些便民利民措施，促进了服务水平、管理水平的提高，提高了市民满意率。在日常管理工作中，不断加强对新技术、新观念的接受能力，科学的尝试新的科技成果，将新的科技成果与城市照明行业做到了有机的结合，取得了良好的效果。

1．科学规划设计城市照明（景观）

随着城市化进程的加快，徐州市城市空间结构发生了很大的变化，照明设施的数量迅速增加，城市照明工作迫切需要一个系统的专项规划来指导。2009年，徐州市委托北京清华城市规划设计研究院编制了《徐州城市照明专项规划》，针对市区道路照明灯具光效低，逸散光严重，光污染和能源浪费的现象比较多见；景观照明体系初步建立，但景点之间缺乏有机组织与联系，没有形成完整的景观架构；徐州特色不够突出，历史文化资源及山水园林城市风貌有待进一步凸显等问题，《徐州城市照明专项规划》依据徐州市道路空间特点、道路重要性和道路等级，结合城市景观框架，同时兼顾照明设施的视觉品质，对道路照明水平、照度均匀度、亮度、灯具布置、功率密度、光色、灯具设施风格、模式控制等方面进行了规划。同时，《徐州城市照明专项规划》区分了普通城区和重点景观区域，对前者以解决功能要求为主，适当考虑景观照明，按地块功能属性、空间形态和环境关系提出相应量化照明标准；对后者应发掘景观价值，提出照明控制要点，为下一步详细规划或建设提供依据。另外，《徐州城市照明专项规划》充分利用徐州主城区的优美自然环境，突出以两汉文化为主体的丰富的文化内涵，对划定的各种类型的特色景观区、控制景观区、城市轴线夜景照明进行有机整合，通过对不同层次景观照明对象的筛选与表现，创造富有活力、魅力的生态园林化历史文化名城夜间形象。

2．积极推进城市照明节能工作

按照国家绿色照明规范和江苏省城市绿色照明评价标准，做好城市照明节能工作。积极推广应用城市照明智能控制系统，至2014年底安装路灯控制柜461台，景观照明控制柜165台。2015年新安装远程控制终端52台，使徐州市路灯远程控制柜总数达到678台，确保了路灯远程控制的基本覆盖。在郭庄路165套路灯上安装单灯控制点，试用路灯单灯控制技术系统，检测其技术的可靠性，取得第一手资料，为今后的大面积使用做好技术储备。

3．逐步推广应用路灯单灯控制技术

智慧城市是今后国家城市建设的重要方向，智慧照明是其不可或缺的环节，单灯控制技术，作为智慧照明的重要组成部分。通过现场智能化监控设备，构建覆盖全市区的路灯物联网，对路灯进行集中化、智能化运行监控管理，提高城市照明指挥调度和应急处置能力；在保证照明质量的前提下，根据时间、路段、天气、特殊场合等条件进行单灯节能控制，实现按需照明，深化节能减排。单灯控制平均节电率超过30%，初步估算，每年可节约照明用电超过900万kW·h，产生直接经济效益约800万元，通过单灯建立实用的城市位置系统，为公安110报警、城市应急指挥等提供城市定位信息，实现集约建设、资源共享。

4．采用新型技术，清除路灯灯杆上的野广告

路灯灯杆上的野广告是影响灯杆整洁的主要因素，即使被清除了，可还是会留下痕迹，也成了

灯杆上挥之不去的疤痕，成了影响城市市容面貌整洁的因素之一。2014年，市照明管理处首次采用了最新的防粘贴纳米涂料，这种防粘贴、易清除字迹涂料的使用，发挥了超常的功力，已涂刷过的灯杆，基本上制止了野广告的痕迹，同时在全市613台控制柜上使用此涂料，为做好国家卫生城市、生态园林城市、文明城市、省示范路创建等各项工作，确保在路灯方面不失分，打下了坚实的基础。

5. 完成全市主要道路路灯灯杆标识工作

2014年年底完成了全市主干道道路路灯标识工作，完成路灯标识25000个，现正对全市支路及小街巷进行标识，计划2016年全部完成。灯杆标识工作是提升照明管理处基础设施管理的又一有效举措。

7.3.3 城市照明及亮化设施维护市场化改革

徐州照明处目前职工平均年龄44岁，其中具有外线电工资格证书人员及特种作业资格证书人员平均年龄53岁，现有人员老龄化严重，已不适宜从事高空作业。现有职工人数无法满足徐州市日益发展的城市照明管理需要，路灯维护一直存在人员不足、经费不足的问题。为加强城市楼宇亮化及道路照明设施的长效管理，保证楼宇亮化设施和道路照明设施的正常运行，根据政府工作报告及徐州市十三五规划要求，对照明设施逐步推行市场化，向市场购买服务。2015年底已完成全市153处亮化设施的市场化招标工作，现各中标单位对所辖范围内的亮化设施已进行正常养护。

1. 创新管理体制机制，加快实施管养分离

以花钱买服务的方式，将景观亮化设施维护等具体作业任务推向市场，实行公开招标，合同管理。实行管养分离，使政府部门从原来既要组织实施作业，又要实施监督管理的全能模式，转变为主要从事监督管理，改变了原有管养一体的机制，实现从"花钱养人"向"花钱办事"的转变，真正从繁杂的具体事务中置换出来，更好地发挥政府在市政设施管理和公共服务中的主体作用，提高了工作效率。

2. 加强监管，充分发挥市场化运作的效益

在推进市场化运作过程中，严格按照《政府采购法》等法规和标准规范，结合实际，逐步建立和完善招标投标、监督考核等一整套规范的运作机制。通过建立检查考核、监管例会、质量奖惩等制度，逐步规范管理机制，提高从业部门的服务水平，调动了从业部门的积极性，保障了景观亮化设施的后期维护质量。

3. 坚持政府主导，强化配套服务

充分利用数字城管平台，提高管理维护工作效率。通过派遣、处置、协调、督促督办的工作流程，确保了维护任务落到实处。通过景观照明设施市场化运作机制，楼体亮化设施得到了及时维修，亮灯率和设施完好率高于考核标准要求。

城市亮化设施维护市场化改革经过一阶段的运行，已经取得了良好的效果。下一步，市城管局将在总结经验的基础上，逐步推进城市照明设施的市场化改革，以进一步提升路灯设施的亮灯率和设施完好率。

8 城市环境整治

城市环境面貌是人居环境质量和现代文明程度的重要标志，也是城市基础设施承载能力的重要体现，也正是因为此，环境整治一直是城市管理工作的重要内容，但随着经济社会的快速发展和城市化水平的不断提高，新的环境问题不断涌现，城市环境整治任重而道远。2013年7月，省政府部署：在开展"美好城乡建设行动"之后，继续深入城市环境综合整治行动。徐州市积极响应省政府号召，计划从2013年起，利用3年左右时间，开展城市环境综合整治；徐州市在省"931"行动基础上，新增"深化幸福家园创建，提升小区物业化管理水平"、"深化示范路创建，提升道路容貌景观水平"的两个提升和创建"国家卫生城市"、"国家生态园林城市"两个创建，决策实施"9332"整治。2015年底首轮城市环境综合整治行动完美收官。2016年，省政府部署为期两年的城市环境综合整治接续方案。结合省工作部署，为巩固和提升城市环境综合整治成果，徐州市又实施了城市环境专项整治。

8.1 "931"城市环境综合整治

8.1.1 "931"城市环境综合整治背景

城乡环境面貌是人居环境质量和现代文明程度的重要标志，是率先全面建成小康社会、率先基本实现现代化的重要内容。省委、省政府对此高度重视，2011年，制定下发《关于以城乡发展一体化为引领全面提升城乡建设水平的意见》，在全省启动实施"美好城乡建设行动"，村庄环境整治作为重点之一得到有力有效推进。到2013年年初，已完成全省1/3的自然村整治任务，直接改善了村庄面貌和人居环境，有效促进了农民增收和农村发展，经济效益、社会效益和环境效益日益显现，受到广大农民群众的普遍欢迎。

2013年全国"两会"期间，习近平总书记在参加江苏代表团审议时，对江苏工作提出了"深化产业结构调整、积极稳妥推进城镇化、扎实推进生态文明建设"的新要求。2013年7月19日，省政府下发了《省政府办公厅关于印发江苏省城市环境综合整治行动实施方案的通知》（苏政办发〔2013〕

121号）文件（简称："931"行动），要求从2013年起，利用3年左右时间，在全省县以上城市建成区开展城市环境综合整治行动，使全省城市环境薄弱地段脏乱差问题得到有效解决，市容面貌明显改善，城市基础设施承载能力进一步提升，城市管理体制机制逐步健全，优秀管理城市创建扎实推进，长效管理水平不断提高，实现城市环境整洁有序、生态宜居和人民群众满意度显著增强。实施方案明确对城郊接合部、城中村、棚户区、老旧小区、背街小巷、城市河道环境、低洼易淹易涝片区、建设工地、农贸市场实施"九整治"，提高城市人居环境质量；对占道经营、车辆停放和户外广告设置推行"三规范"；强化"一提升"，建立城市管理长效机制。

徐州市委、市政府对城市环境综合整治工作高度重视，8月5日，市委十一届四次全会明确提出要大力实施"天更蓝"、"水更清"、"地更绿"、"路更畅"、"城更靓"五大行动计划。市城管委办公室根据省有关文件精神，结合徐州实际，组织起草了《徐州市"城更靓"环境综合整治行动实施方案》。8月30日，《中共徐州市委、徐州市人民政府关于印发徐州市"城更靓"环境综合整治行动实施方案的通知》（徐委发〔2013〕46号）下发，提出将创建国家卫生城市和国家生态园林城市列入"城更靓"行动，将省"931"行动提升为具有徐州特色的"城更靓"环境综合整治"9332"行动。

8.1.2 "9332"城市环境综合整治主要做法

1. 实施"九整治"，提升城市人居环境质量

（1）整治城郊接合部

坚持规划引导，科学推进建设与整治。对已纳入近期改造计划的，加快推进；对规划为绿地的，加快绿化建设；对未纳入近期建设计划的，重点开展城市出入口及交通干线沿线环境综合整治，全面清理垃圾渣土、露天粪坑、黑臭沟塘、残墙断壁和乱搭乱建、乱堆乱放、乱拉乱挂、乱涂乱画，整治乱设废品收购、加工维修等经营站点，规范广告设置，增添必要的公厕等基础设施，实施绿化美化，做到干净整洁、规范有序。鼓励有条件的地区塑造富有城市地域特色的出入口景观。市城管局制定并下发了城乡接合部保洁方案，明确保洁监督考核制度等。全市51个城中村（城乡接合部）已全部实行市场化保洁，及时开展清理乱张贴活动，道路清理整改率达98%以上。同时，将三环路及城市出入口道路纳入市场化保洁范围，实行长效管理。还对城市出入口道路的进行市容环境整治。另外，将野广告清理工作引入市场化运作并已达到市区全覆盖。同时，加大对城乡接合部的执法管理情况巡查，发现各类问题并及时整改。在基础配套设施建设方面，城市道路亮灯率达到98%以上，道路管理养护工作逐年提升，垃圾收运体系建设已逐步形成并完善，累计新建公厕127座，基础设施配套满足了居民的生活需要。

市委、市政府还决定市区规划面积10亩以下的土地不再出让开发，全部用于公园绿地建设。针对城市绿地"南多北少、四周多中心区少、普通绿化多精品绿地少"的问题，结合棚户区、城中村改造，对城市空间进行梳理。按照市民出行500m（步行10min）就有一块5000m²以上的公园绿地的要求，在绿化薄弱地带相继建成植物园、楚园、建国西路游园、子房山公园、下淀路街头游园等公园绿地87个，使公园绿地500m服务半径覆盖率达到了90.8%。

（2）整治城中村

根据土地权属、基础条件、环境影响程度，系统研究制定城中村改造规划和土地支持等公共政策，分类整治，加快推进。对未列入近期改造计划的，集中清理暴露垃圾、影响市容的乱搭乱建和

乱堆乱放，消除消防安全隐患，增添路灯、公厕、垃圾箱（房）等基本设施，采取联合行动规范流动人口管理，整治违法违规加工作坊。创建期间，市城管局对城中村、集中成片棚户区、老旧小区的环境进行全面整治。出台了《关于加强城中村、自管小区环境卫生长效管理工作的通知》，明确了环卫保洁标准和考核细则。制定并下发了老旧小区、城中村市场化保洁方案，2014年将999个小区、51个城中村等全部实行市场化保洁。同时，以完善基础设施、解决重点管理问题、提升区域综合环境为目标，完成对市区14个街道办事处的市容环境综合整治。结合幸福家园创建，在参创居民小区中开展市容管理示范小区创建活动。另外，加大对基础设施的投入，照明、道路、公交站台、公厕、垃圾手机放等各项基础设施充分设置、合理布局，满足住区居民的生活需要。

一系列措施实行之后，老旧小区、城中村的住区环境已变化明显，市容环境整洁有序，设施配套功能完好。

（3）整治棚户区

按国家要求加快推进集中成片棚户区改造，对安全隐患多、房屋质量差、老旧危、建筑密度高的棚户区优先实施整治，对有历史文化资源的地区妥善处理好保护和改善更新的关系。积极推进非成片棚户区整治改造，对未纳入近期改造计划的，集中清理垃圾和脏乱死角，消除消防、危房等安全隐患，配备必要基础设施，满足居民基本生活需求。借助新一轮振兴徐州老工业基地的机遇，在已完成408万m²棚户区改造任务的基础上，加快推进2200多万m²棚户区改造，同步进行环卫设施完善、道路硬化、绿化等改造，力争2017年彻底消除城中村。

（4）整治老旧小区

针对社区群众反映的突出问题，有序整治违章搭建，改造老旧管线，修整破损道路，补建绿化植被，增添必要的停车、路灯、社区管理等设施；加强环卫保洁，及时清运垃圾杂物和建筑装潢垃圾；加快实施老旧小区房屋修缮，有条件的结合房屋出新同步推进屋顶门窗等节能改造；推行专业化物业服务，落实长效管理机制。结合"幸福家园、示范社区"创建，投入6.6亿元，按照《江苏省城市环境综合整治技术指南》[2014]（整治老旧小区篇）整治内容及标准，对999个老旧小区全面开展环境整治和规范化管理；推行居委会、业主委员会和物业公司"三位一体"管理模式，引入市场化运作机制，建立健全老旧小区物业服务机构，成立125个物业服务站，实行政府托管；强化重心下移，着力推进城管进社区工作。三年来，共建成省级城市管理示范社区3个，市级市容管理示范小区71个。

（5）整治背街小巷

落实市容环卫责任区制度，重点改善环境卫生状况，增加环卫设施，加大保洁力度，做到无积存垃圾；整治乱贴乱画、乱拉乱挂、乱搭乱建、乱设广告，增设路灯，改变黑灯瞎火状况。改善道路排水设施，消除道路坑洼不平、污水横流现象；整治乱停车辆、乱设摊点、占道经营，科学设置停车泊位和经营疏导点，做到街巷整洁、管理有序；鼓励有条件的街巷通过整治展示浓郁的市井文化、民俗风情和地方特色。市城管局充分发挥示范道路创建引领作用，投入9.5亿元开展道路改造、杆线入地、立面整治、美化亮化等，对86条道路、400多条背街小巷实施了综合整治；重视挖掘文化内涵，打造楚风汉韵特色，建设户部山、回龙窝、老东门、老街坊等历史文化街区，以及解放路、民主路等示范路创建中建设文化墙，彰显了徐州的厚重历史和民俗风情特色。2011年，环卫保洁工作已全部市场化运作，其中包括了对背街小巷的保洁。2014年3月，市城管局又购置了24台小型冲洗车，用于背街小巷的冲洗作业，确保背街小巷整洁卫生。此外，创建期间，市城管局先后完成了一百多条背街小巷的路灯安装工作，提高背街小巷的亮灯率；对乱张贴及野广告进行了专项清理，2011年以来，共对6572个野广告通信号码予以停机，处罚当事处78人；加大了对背街小巷道路的巡查和管养工作，确保居民安全出行；按照统一规范，开展店招店牌的改造工作，2012年底，三环路以内的所有背街小巷的店招已整治完毕，确保背街小巷整齐美观。

（6）整治城市河道环境

重点整治城市黑臭河道。清理河道与河岸垃圾杂物，加强日常保洁，做到垃圾不入河、河岸无暴露垃圾。推进河道清淤疏浚，加快水系沟通和调水引流。完善雨污分流规划，加快建设污水收集管网，纳入整治的河道沿岸污水全收集，消除河道黑臭异味，提高水环境质量。改善河岸环境，重视驳岸生态化建设，建设滨水步道，塑造亲水空间，努力实现河道清洁、河水清澈、河岸美丽。2013年启动实施"水更清"行动计划，大力推进控源截污、水质提升等五大工程。对全市丁万河（劳武港）、三八河等市区10条黑臭河道进行整治，实施城市河道清淤疏浚、调水补水、景观建设等47个项目，打造优美整洁的水、岸环境。出台《市政府关于进一步加强市区主要河道管理的意见》和《徐州市城市河道保洁质量标准（试行）》。2013以来，改造、新建65座涵闸；提升改造中山立交等11座立交泵站；对市区79条主要河道全部实行市场化保洁；市区主要河道故黄河、奎河、丁万河、三八河、房亭河等实行24h不间断翻水补水，实现水体常流。对市区丁万河、故黄河、八里大沟、襄王路边沟等39条河道开展黑臭河道专项治理工程，累计消除黑臭河道99.28km。2015年底，实现单位GDP工业固体废物零排放，城市再生水利用率、污水集中处理率、水环境质量达标率均达到有关要求。

（7）整治低洼易淹易涝片区

优先改造有历史记录的淹水片区，加强城市易淹易涝片区排查和成因分析，制定整治计划，有序推进改造，截至2015年，已全面消除城市严重积淹水地段。落实城市汛期应急排水防涝措施，确保汛期安全。加大城市排水规划实施力度，着力完善城市排涝体系，提高城市排水防涝能力。制定《徐州市区排水防涝设施建设管理实施方案》，分批更换球墨铸铁窨井盖16639座，安装防坠网13166个，清挖窨井2万余座，疏浚管道400余km，改造农工商片、金地金鹰段等48个易淹易涝片区，累计消除受淹面积505.61hm²。梳理全市低洼易淹易涝片区，排出逐年整治、消除计划，2013年以来，投资1.5亿元完成了中山路立交、二中片等49个易淹易涝片区的改造。

（8）整治建设工地

提高文明施工和规范化管理水平，减少施工扰民。所有工地实行封闭围挡施工，采用临时绿化或利用网、膜覆盖裸露土方和易扬尘材料，落实施工防尘降尘措施，减少施工扬尘污染。硬化场内道路，出入口配备车辆高压冲洗设施，设置排水沟、沉淀池，做到施工泥浆、砂浆不进管网。规范场内施工物料堆放，保证场内整洁有序。建立健全渣土运输处置管理机构，规划建设渣土处置场所，实行密闭化运输，实现渣土运输处置和管理规范化。严格加强对建筑工地的管理。规范封闭围挡的设置，严查建筑工地场内外环境脏乱现象，确保建筑工地环境整洁有序，场内道路硬化无破损。

市城管局强化扬尘治理，对市区220家房屋建筑工地开展"双百日"整治行动，实行夜间建筑施工作业审批制度，落实"千人进工地、服务一对一"，建立裸露工地播撒草种、配置喷淋设施，实施车载式喷雾和简易高压车冲洗等降尘机制，工地"围挡率、硬化率、冲洗率、清扫率"均达100%，

"覆盖率"达97%以上；采取"源头严防、过程严管、限时整改"的管理措施，编印了《徐州市市区施工扬尘防治工作手册》和《徐州市房屋建筑工地扬尘防治标准画册》，落实"六个起来"、"六不开工"要求，建立工地管理、扬尘污染"黑名单"制度，组织市区153家房屋建筑工地围挡实施"穿衣戴帽"、提档升级工作，工地"围挡率、硬化率、冲洗率、清扫率、责任书签订率"均达100%，"工地内部裸土覆绿及覆盖率"达到97%，2014年，徐州市被评为"省建筑扬尘集中整治优秀城市"。强力推进渣土运输企业公司化、管理规范化，印发了《徐州市城管公安渣土运输联动执法工作机制方案》、《关于规范建筑垃圾运输管理的通告》，健全城管、公安联动机制，定期组织城管、公安对渣土运输撒漏扬尘、违规运输开展联合执法行动，2015年已联合会办违规车辆33台；完成549辆渣土运输车辆密闭加盖改装和GPS安装工作；建筑垃圾资源化处置中心投入试运行，两条生产线年处理建筑垃圾约200万t。

（9）整治农贸市场

改善农贸市场内部环境，重点整治农贸市场周边环境，落实市容环卫责任区制度；加强日常保洁，清除垃圾乱堆、污水漫溢等现象，配套完善公厕、垃圾收运等设施；取缔市场周边占道经营、倚门出摊等行为；整治市场周边乱拉篷布、乱搭乱盖等影响市容行为；规范市场周边店招标牌设置，清理占道灯箱；规范机动车、非机动车停放秩序；合理规划建设、改造农贸市场，方便市民生活。

按照《徐州市市区农贸市场（街坊中心）布局规划》，市、区两级财政累计投资1.58亿元，按照《徐州市市区农贸市场建设标准》，改造提升老旧农贸市场28个，新建街坊中心（农贸市场）32个；修订《徐州市主城区农贸市场（街坊中心）布局规划》，按照每个农贸市场（街坊中心）服务半径1km、每千人100m²的标准，至2020年，市区规划设立农贸市场（街坊中心）138处。2009年以来新建的农贸市场均按照街坊中心模式建设，室内农贸市场停车场面积均占商业用房面积的20%以上。制定《市区农贸市场长效管理机制工作方案》，建立了由市商务局指导、区政府监管、街道办事处负责的管理体系，集中开展了农贸市场及周边"四治"专项整治，落实市容环卫责任区制度，强化场内及周边环境卫生整治工作。2009年以来新建的农贸市场均按照街坊中心模式建设，室内农贸市场停车场面积均占商业用房面积的20%以上。

2．推行"三规范"，改善城市市容环境面貌

（1）规范占道经营

按照"主干道严禁、次干道严控、小街巷规范"要求，重点加强主要道路、背街小巷、窗口地区、校园周边等占道经营集中区域和高发时段的整治、巡查与管理。合理设置便民早餐点、摊贩中心等经营疏导点，划定经营区域，明确经营时间，控制经营内容，规范经营行为，倡导入室经营。加强摊点保洁管理，确保摊收场清，做到规范有序、不影响车辆和行人通行。出台《徐州市临时便民疏导点管理暂行办法》，坚持疏堵并举，按照"主干道严禁、次干道严控、小街巷规范"的要求，深入开展占道经营、马路市场专项整治，从方便市民购物和消费角度出发，合理规划设置58处临时便民疏导点、354处"西瓜临时便利直销点"和3处市区大型集中烧烤点。采取机关人员包挂路段、驻区督办和巡特警现场核实等有效措施，先后开展了56条重要道路专项整治、112条背街小巷综合整治、占道经营、夜市烧烤百日整治等活动，重点对21处难管区域和551处"黑名单"点位逐一重拳出击，取缔非法马路市场、摊点群近200个、占道摊点1.2万余处，对3200余家存在店外经营问题的业户予以规范。目前，徐州市市区主次道路基本消除占道经营现象，三环路以内占道夜市烧烤得到全面取缔。

（2）规范车辆停放

规范交通秩序，重点整治机动车乱停乱放。在规范道口秩序和设置完善交通标志、指路标志、诱导标志等基础上，合理划定路内停车区域及泊位标线，实行专人管理，保障道路通行顺畅；严厉查处违规占道、逆向停车、占用盲道等突出问题，加大管控力度，提高管理水平；整治非机动车乱停乱放，实现非机动车辆停放秩序明显改善；合理规划建设公共停车设施，缓解停车供需矛盾。健全公共停车场设置管理制度，按照《关于加强政府投资性公共停车泊位管理工作实施意见》，新增道路停车泊位1.43万个（其中免费泊位8000个）、公共停车场泊位1.29万个；制定了《关于加强政府投资性公共停车泊位管理工作实施意见》，加大机动车公共停车场、林荫停车场建设力度；出台了《徐州市非机动车停放管理办法》，推广收费员、摆放员、监督员"三员结合"制度，通过市场化运作，配备专职摆放员，提高非机动车管理质量。开展洗车场专项整治，查处违规洗车场149家（取缔98家）。

（3）规范户外广告设置

重点整治未经审批、长期空白闲置、设施陈旧破损、严重影响市容和安全的广告设施，清除沿街及小区楼顶、墙体、桥体、交通护栏、灯杆、树木等部位的非法广告。按照《江苏省城市户外广告和店招标牌设施设置技术规范》，结合城市特色文化塑造，编制户外广告规划，合理利用城市空间资源，加强设置管理，做到布局合理、设计精美、美观靓丽、特色彰显。编制了主城区、新城区、高铁站区、城市主要出入口道路四个户外广告专项规划；对64块大型户外广告牌、54条道路公交站台广告设施经营权实施市场化拍卖；强力开展户外广告、门头店招、标识标牌专项整治工作，共拆除各类广告、标识标牌、路灯杆道旗、LED字幕条屏2万余处，18.7万m^2，设置公益广告2114处、75819m^2。规范店招18705个、22.97万m^2，主城区三环路内道路、背街小巷店招得到较好规范。

3．强化"三提升"，建立城市管理长效机制

（1）强化幸福家园创建，提升小区物业化管理水平

按照"管理有序、环境优美、治安良好、生活便利、文明祥和"的目标要求，依据"市级指导、县（区）主抓、街道办事处（镇）实施"的原则，分别在物业管理小区、非物业管理小区中，深入开展争创幸福家园、文明小区活动。采取上下联动、典型培育、全面实施、综合评定的方式，每年在各县（市）、区（开发区）中创建成一批幸福家园示范小区、文明小区。贯彻落实《关于进一步加强物业管理工作的意见》，在创建中，大力推进居民小区的专业化、市场化、规范化物业管理；对市区无物业管理的居住小区，按照"政府扶持、依托社区、居民自治"的原则，每3万m^2左右由社区居委会建立一个物业服务站，对小区内的环境卫生、绿化养护、化粪池清掏及公共设施日常维护等提供基本服务；鼓楼区、云龙区、泉山区、开发区各设立3个社区物业服务站进行试点，取得经验后加以推广；通过3年的时间，使新建小区物业管理覆盖率达到100%，市区物业管理覆盖率达到50%以上。2012年起，在全国率先开展"幸福家园"创建活动，推行居委会、业主委员会和物业公司"三位一体"管理模式，引入市场化运作机制，建立健全老旧小区物业服务机构，成立125个物业服务站，实行政府托管，提升了小区物业化管理水平。三年来，共建成县（市）、区级幸福家园和文明小区483个，市级幸福家园小区124个。

（2）强化示范路创建，提升道路容貌景观水平

把省、市级示范路创建作为提升城市容貌和管理水平的有力抓手，不断深入推进。按照省确定的建（构）筑物立面整洁、户外广告设置规范、卫生整洁责任落实、夜景照明亮化美化、公共设施完好洁净、市政设施配套秩序良好、建筑工地管理规范、执法管理严格到位等八个层面的创建标准，坚持立面与平面相结合和全方位、立体化整治的原则，立足长远，高起点规划，高标准实施，高质量建设，高水平管理，每个县（市、区）争取1条道路达到"江苏省城市管理示范路"标准。通过示范路创建，带动城市环境提档升级，充分发挥示范道路创建引领作用，投入9.5亿元开展道路改造、杆线入地、立面整治、美化亮化等，对86条道路、400多条背街小巷实施了综合整治，淮海东路等10条道路被命名为省级示范路，44条道路被命名为市级示范路。

（3）强化大城管体制，提升城市长效化管理水平

建立健全由城市政府主要领导负责，城管、宣传、公安、监察、国土资源、规划、住房城乡建设、房管、环保、交通运输、水利、卫生、工商等有关部门负责同志参加的城市管理综合协调机构，形成"部门联动、分工协作、责任明确、考核科学"的综合管理机制。推进管理力量向社区、薄弱地段延伸，落实城中村、城郊接合部管理责任部门单位，实现城市管理全覆盖、常态化。结合智慧城市建设，加快构建数字化城管平台，提高城市管理科学化、标准化水平。加强城管执法队伍规范化建设，全面提升执法队伍素质和依法行政能力。适应城市管理范围和内容扩大，加强机构建设，增加执法人员配备，提高执法效能。加大城市管理宣传力度，提高人民群众对城市管理工作的参与度和认同度，努力改善城管执法环境。建立完善城市管理综合考评体系，推动城市管理长效化水平不断提升。根据依法治国和深化行政执法体制改革的总体要求，通过城管委高位协调平台，逐渐理顺了机制体制，努力从全局上、系统性地综合解决问题。出台了对办事处科学发展实施重点考核的意见，在保障办事处运行经费的前提下，重点在社会稳定、社会服务、城市动迁、城市管理等方面进行考核，这项根本性的变革大大增强了最基层城市管理工作者的积极性、主动性，将革命性地促进城市管理水平的大提升。

4. 开展"两创建"，打造生态宜居美丽新徐州

依据《国家卫生城市标准》、《国家卫生城市考核命名和监督管理办法（2011版）》和住房和城乡建设部新修订的《生态园林城市申报与定级评审办法和分级考核标准》（建城〔2012〕170号）等要求，制定出台徐州市创建实施方案，细化创建措施，明确目标任务和工作职责，确保2014年底建成国家卫生城市，2015年通过国家生态园林城市考核验收。将城市建成区爱国卫生和生态园林城市创建工作纳入政府目标管理，列入社会经济发展规划。加强群众卫生和园林绿化问题投诉平台管理，畅通群众投诉渠道；广泛开展多种形式的宣传教育活动，提高居民健康和生态园林城市创建基本知识知晓率和健康生活方式、文明行为形成率；进一步加强环境和城市绿地建设保护工作，城市绿地率、绿化覆盖率、林荫路推广率、公园服务半径覆盖率、城市污水处理率、生活垃圾无害化处理率、空气与水环境质量指数、集中式饮用水源地水质、区域环境噪声等指标符合相关标准。贯彻落实相关法律法规，公共场所、生活饮用水卫生、食品安全工作深入开展；认真执行《中华人民共和国传染病防治法》，加强传染病防治工作，各项传染病防控措施得到有效落实；做好病媒生物的预防控制工作，鼠、蚊、蝇、蟑螂等病媒生物得到有效控制。加强市容和环境卫生综合整治，确保老城区等城市绿湖薄弱地区、城中村及城乡接合部卫生、社区和单位卫生同步符合国家卫生城市和国

家生态园林城市验收标准。

至2015年底，徐州市区列入省目标责任书的"九整治、三规范"任务共计12类1487个具体项目，其中"九整治"项目450个，具体为：整治城郊接合部27片，城中村改造21个、棚户区32个、老旧小区63个、背街小巷84条、城市河道26条、低洼易淹易涝地段42片、建设工地132个、农贸市场23个；"三规范"项目1037个，具体为：建设经营疏导点22处，新建改造公共停车设施19处，整治户外广告996处，已全部完成任务。

2016年上半年，根据省政府统一安排，结合"城更靓"行动计划，市城管部门按照"力度不减、投入不降、机构不撤"的要求，督促各区、各单位继续深入开展为期两年的城市环境综合整治接续行动，指导各区下大力气解决存在的热点难点问题，进一步优化城市人居环境。

8.2 创建国家卫生城市

自2004年国家卫生城市创建工作启动以来，历届市委市政府始终高度重视，坚持将其作为民生幸福工程的重要内容，不断加大投入力度，创新管理体制。在实际工作中，坚持以提升城市形象、打造宜居环境、增进民生福祉为主线，以解决群众反映强烈的突出卫生环境问题为抓手，动员全市上下发扬新时期"淮海战役精神"，凝心聚力、攻坚克难、决战决胜，扎实走出了"五年打基础、三年攻坚战、两年大提升"的创建之路。

8.2.1 全面落实目标任务，扎实推进创卫工作开展

2010年版国家创卫指标体系出台后，全市上下认真对照标准找差距，在国家和省爱卫办的指导帮助下，以硬件达标和软件提升为抓手，全面落实各项目标任务，较好保障了全市创卫工作扎实高效推进。

1. 爱国卫生运动活跃深入

充分发挥具有地方立法权的优势，1996年8月在江苏省率先颁布实施了《徐州市爱国卫生管理条例》，并在此基础上于2011年根据创卫发展需要进行修订完善。坚持将爱国卫生工作纳入政府目标管理、列入经济社会发展规划，每年都组织开展丰富多彩、形式各样的爱国卫生活动，及时解决群众反映的各类问题，强化工作检查，有计划、有部署、有总结，有力推动了爱国卫生运动的深入开展。

2. 健康教育扎实有力

建立健全了市、区二级健康教育机构，各街道、社区和单位都设有专（兼）职人员负责健康教育工作，各窗口单位、公共场所、小区均开办了健康教育宣传栏。认真开展控烟履约工作，城市建成区无烟草广告。今年以来，累计开办防病知识讲座120多次，发放各类宣传品300多万份；组建了市级健康素养巡讲员队伍，深入企事业单位和社区开展宣讲活动。市区中小学生健康知识知晓率、健康行为形成率分别达100%和93.5%。

3. 市容环境面貌一新

环卫基础设施不断完善，改造20座小型垃圾中转站，建设2座大型生活垃圾转运站，建成区生活垃圾无害化处理率92%以上。主、次干道实行16h双班保洁制度，机械化作业率达到60%以上，生活垃圾密闭收集运输，实现了日产日清。市区629条、1500万m²道路实行市场化保洁，市场化覆盖率

100%。绿化美化工程成效明显，市区建成区绿化覆盖率达到42.87%，人均公园绿地16.3m²；市区道路绿化普及率达到90%以上，建成区路灯亮化率达98%以上。河道治理工作全面开展，水面清洁，无漂浮垃圾；岸坡整洁，无垃圾杂物。市场管理不断规范，达标的农副产品市场占比90%以上。建筑工地围挡率、硬化率、冲洗率、覆盖率均在95%以上。

4. 环保工作成效突出

坚持预防为主、防治结合，加大环境保护和污染治理力度，近几年全市未发生重特大以上环境污染和生态破坏事件。全市共建成污染源自动监控中心1个、地表水自动监测站8个、环境空气自动监测站14个。2013年市区空气API指数≤100的天数占比73.7%；3个城市饮用水源地水质达标率100%；建成区投运城市生活污水集中处理厂7家，日处理城市生活污水49.5万t，集中处理率91.5%。严厉查处环境违法行为，2013年现场环境监察2280余厂次，对15家企业下达了责令整改通知，对29家企业的环境违法行为立案处罚，移送环境违法犯罪案件9起。2016年，徐州市顺利通过国家节能减排财政政策示范城市评审。

5. 公共场所、生活饮用水管理更加规范

公共场所的消毒设施和卫生管理制度不断完善，实现消毒工作规范化、制度化，"六小"公共场所持证、亮证经营率和卫生管理水平全面提高。强化窗口单位卫生管理，严格督导各类宾馆、饭店、商场、车站、学校、医院，按照行业规范建立健全卫生管理制度和专职保洁队伍，大力开展除"四害"、健康教育和卫生整治活动，收到了明显成效。不断加大市区自备水、二次供水的卫生监督监测力度，出台《城市二次供水管理办法》，完善了各项卫生管理制度，对二次供水单位进行拉网式检查，设立监测点，每季度采样监测，保障市民饮用水卫生安全。

6. 食品安全保障水平稳步提升

今年以来整治提升餐饮单位6491家，取缔无证小餐饮1582家，餐饮单位量化分级管理率100%，学校食堂监管覆盖率100%。创新小餐饮监管方式，采取集中售票、集中供餐、集中消毒、集中管理等"四集中"的经营模式，建设了13个小餐饮集中经营场所。全年共抽检熟肉制品、蔬菜等26个重点抽检品种2605件检品，合格率96%以上。实施"放心肉工程"，加强对定点屠宰厂的日常监管，加大了肉品质量专项检查工作力度，确保定点厂出产的肉品不注水，质量安全放心。

7. 传染病防治全面强化

建立健全了市、区、街道、社区四级疾病控制网络。全市二级以上综合医院全部设立了感染科，专科医院和社区卫生服务中心都设立了专兼职传染病防治工作人员，乡镇卫生院以上医疗机构全部实行了疫情网络直报。提升免疫规划工作服务质量，建成信息数字化预防接种门诊12家。免疫规划疫苗接种率连续多年保持在95%以上，卡介苗、乙肝、乙脑等接种率均在97%以上，14岁以下儿童蛔虫感染率0.3%。全市临床用血100%来自自愿无偿献血。各级各类医疗机构的医疗废物管理和处置工作符合规范，实现了集中处置全覆盖。

8. 病媒生物防制落到实处

以环境综合整治为主，物理、化学防治为辅，开展病媒生物防治工作。加强垃圾中转站及垃圾箱、池的管理，开展河道和小型水塘专项整治，清除蚊蝇孳生地。建立830人除四害专业消杀队伍，组成7个专业消杀队，除四害工作基本达到了人员、器械、药物、任务、责任五落实。今年以来发放消杀药物近30t，粘鼠板两万余张，灭鼠药物49余t，喷雾器近600个。在市区范围内建立了多个四害

密度监测点，常年监测。"灭鼠灭蟑灭蝇"各项指标达到了国家标准要求，"灭鼠灭蟑灭蝇先进城市"成果进一步巩固。

9. 社区和单位卫生工作有序开展

市区两级投入2.4亿元，对建成区26家社区卫生服务中心进行提档升级，为社区居民提供了安全、有效、方便、经济的公共卫生和基本医疗服务。投入5亿多元，对246个老旧小区进行综合整治。在此基础上建立老旧小区长效管理机制，对于暂无物业管理的老旧小区，按照"政府扶持、依托社区、居民自治"的原则，建立3125个社区物业服务站，开展环境卫生、绿化养护及公共设施日常维护等服务。坚持外创示范路、内创幸福家园，近两年全市创成全国物业管理示范小区和大厦2个、省物业管理优秀小区8个、省城市管理示范社区3个、市幸福家园示范小区54个。单位卫生工作按照属地管理纳入社区统一管理，环卫设施完善，垃圾日产日清，无违章建筑。

10. 城中村和城乡接合部卫生管理效果凸显

实施"城更靓"环境综合整治行动，落实城市环境卫生一体化管理工作，推行城中村创卫网格化管理，落实专职保洁人员，生活垃圾清运率100%；突出道路硬化、旱厕改造、散养家禽清理、污水沟河治理、村容秩序整治五项重点，"五乱"现象及时清理。开辟健康教育宣传专栏、宣传橱窗等阵地，促进城中村环境卫生规范化、制度化，群众自觉维护环境卫生的意识明显提高。2013年5所乡镇创建成为省级卫生镇。

8.2.2 加大标本兼治力度，提升软件硬件水平

徐州持续创卫的十年，是基础设施大投入、管理水平大提升的十年。实践中我们始终坚持思路项目化、项目具体化，始终坚持管理制度化、制度科学化，以项目建设强化创卫基础，以精细管理推进标本兼治。在财力有限、任务艰巨的情况下，重点突出地加大了三个方面工作力度。

1. 着力推进八项工程，确保创卫硬件过硬

一是棚户区改造工程。从2009年开始，抢抓省委省政府振兴徐州老工业基地的重大机遇，全力以赴推进棚户区改造，两年改造完成408万m^2。从2011年起把城中村、城乡接合部纳入棚改范围，实施了二期、三期工程，目前累计完成约13万户、1328万m^2改造任务。对暂未列入改造计划的，先期进行了硬化、绿化、亮化工作，建立健全卫生环境管理制度。徐州市棚改经验得到了国家和省有关领导的充分肯定，李克强总理来徐州视察并作出重要批示。二是采煤塌陷地治理工程。从2009年开始实施塌陷地治理工程，对九里湖、南湖、潘安湖等市区6432hm^2采煤塌陷地实施生态修复，生态恢复率达到82.44%，走出了一条煤矿塌陷地治理的有效路径。九里湖湿地公园获得了2010年江苏省"人居环境范例奖"，"东珠山宕口遗址公园"被国土资源部誉为国内城市废弃矿山治理的典范。三是铁路沿线治理工程。市委市政府多次与上海铁路局联系对接，对市区约75.4km的铁路沿线进行联合整治。从2012年8月开始，集中整治了京沪高铁沿线84个村庄，投入3亿元完成了沿线绿化工程。按照"路地负责、分段实施、资金共担"的原则，对京沪铁路、陇海铁路沿线进行综合治理，全面拆除违章建筑，完善市政设施，形成了市场化、网络化的管理机制。四是食品安全保障工程。深化餐饮服务食品安全专项整治，深入开展多个重点品种、重点单位的食品安全专项整治，打击各类违法违规行为。从2011年起开展食品安全强基工程，风险监测以街道为单位、安全协管以社区为单位实现了全覆盖。五是"百条小巷"整治工程。区级主推、街道主抓、社区主干，重点改造

道路和环卫设施，规范架空管线、门头牌匾，清理垃圾和小广告；实行路段承包责任制，全面推行"片长、街长"制度，确保整治一条、巩固一条，打造了一批精品背街小巷。六是占道经营整治工程。重点对市区56条问题突出的道路进行了规范，集中整治占道作业、占道加工、占道洗车、占道修理、占道摊点等，取缔了103家露天烧烤和大排档，淮海路、中山路、民主路等8条道路被命名为"省市容管理示范路"。七是交通秩序治理工程。按照"无情取缔、有情操作，刚柔并济、疏堵结合"的原则，对群众反映强烈、严重影响交通秩序的非法营运三轮车进行了整治，同时对市区1580个下肢残疾的车主全部给予就业安置，对非残疾车主加大就业培训，推荐就业岗位。八是"六小"行业治理工程。对市区"六小"行业进行分段拉网式整顿，完成了6179家小餐饮的亮证经营检查；规范整顿了2972家小浴室、小歌舞厅、小旅馆和小理发店，集中治理了205家小网吧。

2. 着力构建四大体系，确保创卫责任落实

一是高效的组织体系。始终把创建作为"一把手"工程，成立了创卫指挥部，市委市政府主要负责同志亲自挂帅。同时设立了11个专业组、7个区创卫小组。市创卫办每周至少召开一次例会，市委常委会、市政府常务会定期通报和研究创卫工作；全市每个季度召开一次创卫推进会或观摩会，市委市政府主要领导亲自部署调度。二是健全的责任体系。属地政府承担兜底责任，在创卫的巩固提升期，各区和街道办事处明确一位党政主要负责同志集中精力，专门负责创卫工作。市行业部门发挥指导督查责任，市级管理权限尽量放到底、放到边，直接把力量下沉到社区。帮扶单位实行连带责任，明确了118家市级单位对口帮扶社区，结对共建、责任共担，社区第一责任、帮扶单位第二责任。三是有效的保障体系。把城市建设、卫生管理、河流治理、农贸市场等方面的专项资金进行了全面整合，统筹安排，提前使用，年度安排了30.8亿元，其中预算安排项目投入29亿元、以奖代补专项经费7300万元，集中加大卫生环境整治力度。四是严格的督导体系。把创卫工作纳入全市科学发展考核评价体系和部门绩效考核，对于严重影响创建大局的单位，实行一票否决。市委市政府赋予市创卫办临机处置权，成立效能督查组，深入基层开展效能监察。今年以来下发交办单、督办单1288份，对履职和监管不力的73家单位、98名责任人实施问责，有效促进了创卫开展。

3. 着力完善长效机制，确保创卫成果永续

一是日常管理制度化。市委市政府制定了《创卫长效管理机制》，明确了定人、定岗、定责、定标准、定奖惩的"五定"要求，同时在7个具体领域细化了长效管理方案。如《老旧小区长效管理方案》、《农贸市场长效管理方案》等，城区每一个责任单位都根据方案要求，制定具体的管理制度，上墙公示、接受监督；制定了《便民疏导点管理暂行办法》，成立业主委员会实行自治，互相帮助、互相监督。在完善管理制度的基础上，充分利用数字城管资源，进一步细化管理网格，加强日常监管，提升精细化管理水平。二是便民服务功能化。把便民和利民更好地结合起来，对于部分功能性项目，着眼长远、科学规划、加快建设、逐年解决。如在农贸市场方面，按照"合理规划布局、科学增减取舍、扩大单体规模"的原则，编制了市区农贸市场规划布局，逐年配建，力争到2020年市区农贸市场达到138个，市民出行1km就能到达一个农贸市场。在棚户区改造方面，制定了新一轮棚改计划，分四年逐步实施，力争到2017年底彻底消除棚户区和城中村，实现城市面貌的彻底改善。三是人文建设常态化。坚持把创建国家卫生城市与全国文明城市结合起来，把广大市民卫生素养与道德养成结合起来，全媒体联动，全社会发动，充分发挥市民守则、文明公约、行业规范的卫生行

为自律作用，发挥市民讲坛、道德论坛、社区文化、科普读物等方面卫生文明的教化作用，发挥群团组织、志愿组织、自治组织广泛参与的推动作用，广泛深入地开展卫生主题实践活动，全市上下讲卫生、讲文明的氛围日趋浓厚，为创卫工作的持续深入开展奠定了良好基础。

8.2.3　总结经验，探索积累了创卫工作的有效做法

创卫对于徐州来讲，既有优势也有劣势，既是大事更是难事。如何扬长避短、确保创建成功，是一项艰巨繁重的任务。工作中，全市上下因地制宜，开拓创新，综合施策，探索积累了创卫工作的有效做法。

1．坚持以人为本、全民参与

牢固树立"创卫为了群众，创卫依靠群众"的理念，把创卫作为改善民生、惠及百姓的重要抓手，集全民之智，聚全民之力，着力解决城市卫生的薄弱环节和市民关心的重点难点问题，使创卫成为全市动员、全民参与、共建共享的民心工程。在群众路线教育实践活动中，创卫成为市民对市委、市政府最满意的工作之一。

2．坚持强化领导、协作配合

徐州创卫十年，历届市委、市政府都高度重视，一届接着一届抓、年年都有新进展。去年创卫进入关键阶段，市委、市政府将其摆在了更加突出的位置，切实加强领导、指挥和调度，50多家职能部门及各部省属单位各司其职、密切配合，各区实行一把手负责制，市创卫办和11个专业组高效工作，为创卫工作提供了强有力的保障。

3．坚持改革创新、攻坚克难

徐州作为典型的资源型城市和老工业基地，创卫不仅基础工作面广量大，而且还面临棚户区多、城中村多、塌陷地多等特殊难题。我们坚持标本兼治、重点突破、统筹推进的原则，将创卫与城市建设、生态建设和民生改善等有机结合，以"五大行动计划"和"三重一大"支撑创卫，狠抓专项整治突破创卫，依靠财政投入和市场化运作等多渠道投入保障创卫，有效解决了制约创卫的突出矛盾和问题，同时创造了棚户区改造、塌陷地治理、占道经营治理等方面的"徐州模式"，有力助推了资源型城市向生态宜居城市加速转型。

4．坚持担当负责、真抓实干

在创卫冲刺阶段，市委、市政府及时将创卫纳入地方科学发展综合评价考核和机关绩效考核，进一步落实工作责任，严肃考核奖惩，在全市上下形成了动真碰硬抓创卫、尽责尽力抓创卫的浓厚氛围。全市各级各部门坚决贯彻落实市委、市政府部署，建立分工负责、守土有责的责任体系，以勇于担当的态度、扎实有效的工作、苦干实干的作风，克服了重重困难、通过了多次明察暗访，向全市人民交上了一份满意的答卷。

8.2.4　提高标准，持续做好创卫和爱国卫生工作

创卫不是为了一块牌子，也不是阶段性的工作任务，为的是从根本上提升城市管理水平、提升城市品位，营造良好的发展环境，让广大市民长期受益。徐州市在总结成绩、排查不足的基础上，以创卫成功为新起点，树立了长期作战的思想，全面巩固提升创卫成果、拓展创建内涵，健全完善长效管理机制，推动创卫向常态模式转变。

1. 以新的指标体系引领创卫工作

从2016年1月1日起，国家开始实行新版卫生城市标准。各区各部门对照新标准，提前做好2018年的复审工作，着力通过3年时间的努力，确保全面提升、顺利通过。要求新沂、邳州两市对标找差、加大力度，力争早日建成国家卫生城市。对照新的指标体系，注重在三个方面下功夫：一是补缺。新的标准在全民健身活动、垃圾分类收集处理、蚊密度等方面增加了许多内容，特别是在空气质量方面，要求环境空气质量指数或空气污染指数不超过100的天数≥300天，环境空气主要污染物年均值达到国家二级标准，秸秆综合利用率100%，杜绝秸秆焚烧。二是补短。对城中村、城乡接合部、背街小巷、铁路沿线、拆迁工地、"六小行业"等重点地区和重点行业，仔细排查梳理，逐一过堂，限时整改，保证管理不留盲点、创卫不留"短板"。三是补软。对占道经营、乱停乱放、三轮车违法营运等行为，进一步加大治理力度，以硬措施、硬制度防止反弹回潮。

2. 进一步健全长效工作机制

印发了《关于进一步加强国家卫生城市长效管理的实施意见》，要求各地各部门按照《意见》，坚持属地管理、条块结合、社会参与的原则，形成治标、治本、治长远的管理机制。一是完善日常管理制度。明确各区为长效管理的主体单位，既负责做好辖区管理工作，更要细化基层管理责任。各牵头部门按照定人、定岗、定责、定标准、定奖惩的"五定"要求，在老旧小区、农贸市场、建筑工地、园林、河道、交通秩序、背街小巷等方面，制定长效管理方案，完善行业管理规范，做到工作有标准、执法有规范、管理有依据。二是完善城市管理网络。充分发挥数字化管理系统作用，推进城市管理、监督指挥、执法处置、督查评价数字化，提高快速反应能力。充分发挥基层单位的管理职能作用，采取分片巡视、动态巡查等形式，实现对公共设施、市容环境、公共卫生的全方位监管。三是完善市场运作机制。将市场机制纳入长效管理，积极推进政府购买服务，通过招标投标引进专业化公司或社会组织参与管理服务。四是完善投入机制。市、区财政将长效管理经费、爱国卫生工作经费纳入年度预算管理，同时创新手段吸引社会资本进入城市管理领域，形成长期、稳定的投入机制，为长效管理提供财力支撑。

3. 努力实现监管全覆盖

着力从制度上解决职责交叉问题，强化三个方面工作，建立横向到边、纵向到底、条块清晰的监管体系。一是抓好联合执法。总结市城管局、公安局联合执法成功做法，要求食药监、工商、质监、农委、商务、卫生、环保等部门，围绕创卫工作职责，采取联合行动，高效运用行政执法权，加大执法力度和处罚强度，有效利用各种惩戒手段制止破坏市容市貌的行为。二是坚持重心下沉。城市管理重点在基层、薄弱点也在基层。把"强基"作为当前的重点工作，结合行政管理体制改革，按照市级管总、区级实施、监管分离的原则，推进管理权限重心下移，落实分级管理制度，以街道和社区为基本单位开展工作。要求市各职能部门推动管理责任、监测网络、检验资源向基层延伸，加大对基层执法队伍的支持和保障力度。三是深化全民共建。进一步加大创卫宣传力度，通过前后对比和真实事例宣传创卫带来的明显变化，增强群众创卫意识、养成文明习惯，同时发挥群团组织、志愿组织、自治组织的推动作用，形成全民参与、群防群治的良好格局。

4. 扎实开展爱国卫生运动

2015年1月份国务院召开了全国爱国卫生工作电视电话会议，李克强总理针对爱国卫生运动专门作出批示，刘延东副总理出席会议并部署了新时期的重点工作任务。要求各县（市）区和市有关部门以爱国卫生运动为抓手，不断提升城市卫生环境管理水平。一是不断提升爱国卫生运动的社会影响力，利用各种有效的传播方法、动员手段和协调机制，重点解决当前突出的环境和卫生问题，将有效的预防干预措施转化为提高公共卫生水平的具体成果。二是进一步丰富爱国卫生工作内涵，树立大卫生理念，把爱国卫生运动与创卫工作、生态文明建设、新农村建设等工作有机结合起来，推动群众性卫生运动有序开展。三是深入推进新一轮城乡环境卫生整洁行动，从治脏、治乱、治差入手，以农村垃圾污水处理、农村改厕和城市卫生死角清理为重点，扎实开展系列主题活动，实现环境卫生基础设施水平全面提升，大气污染、地表水环境污染、噪声污染综合治理取得明显成效。

8.2.5 积极探索，努力打造徐州创卫特色

徐州是典型的资源型城市和老工业基地，历史遗留问题多、城市转型包袱重；是四省接壤的全国综合交通枢纽城市和区域性中心城市，流动人口多、卫生治理难。这样的城市创建国家卫生城，是一项牵一发而动全身的庞大社会系统工程。经过十年努力和探索，徐州市打造出自己的创卫特色。

1. 顺应群众期盼，凝聚共创、共建、共参与的创建合力

徐州作为"百年煤都"，广大市民长期而迫切地求富、求绿、求变，渴望拥有整洁卫生的环境、健康幸福的家园。人民对美好生活的向往，就是各级政府部门的奋斗目标。2004年"四城同创"启动以来，各级政府部门积极回应群众期盼，把创卫作为改善民生、惠及百姓的实事，通过一件一件抓落实，使创卫成为群众关心关注、主动参与、共建共享的民心工程。实践证明，只有为了百姓、依靠百姓，才能汇聚起同心同德搞创卫的强大合力与不竭动力。

2. 坚持改革创新，激发破坚、破难、破瓶颈的发展活力

徐州棚户区多、城中村多、塌陷地多、创卫难题多。坚持以改革创新的精神，把创卫的标准要求贯穿到"三重一大"（重大基础设施和产业项目、重大城建项目、重点民生实事项目和事关全市改革发展的大事）建设中，统筹整合各类优质资源和产业资本，有效解决制约创卫的各种矛盾和问题，探索出棚户区改造的"徐州模式"、塌陷地治理的"徐州样板"，实现了资源型城市向生态宜居城市的华丽转身，进一步彰显了徐州南秀北雄的城市风格。实践证明，只有把创卫融入发展、纳入改革，创卫工作才有可靠的物质基础，才能赢得更加充分的制度和政策资源。

3. 突出责任落实，强化会干、能干、重实干的执行能力

长期创卫容易产生厌战情绪、观望心理。把创卫纳入地方科学发展综合评价考核体系和机关绩效考核体系，严格兑现奖惩，加大问责力度，促进创卫工作一以贯之、常抓不懈，不仅保证了创卫的任务落实、措施落实、责任落实，而且锻造了一支"善操作、会落实、能创新、敢担当"的干部队伍。实践证明，工作力度决定达标程度，只要建立严格的责任体系，创卫的软指标就能变成各级干部的硬任务，目标的导向力就会变成创卫的执行力。

4. 不断巩固成果，形成治标、治本、治长远的管理机制

大城市创卫头绪多、难题多、易反复、易回潮。具体实践中，坚持把整改突出问题和提升市民素质有机结合起来，一方面落实精细化的管理制度、建立网格化的责任体系、实施常态化的专项整治，努力以建章立制促进强行入轨；另一方面加强教育引导，推进移风易俗，提倡卫生文明，努力以文明养成促进卫生自觉。实践证明，标本兼治搞创卫的过程，就是城市治理体系和治理能力现代化的过程，是优化城市品质、提升城市价值的过程，是市民与城市共成长、文明与时代同进步的过程。

回顾徐州市五年打基础、三年攻坚战、两年大提升的创卫历程，可以深切感到：创卫的成功，主要得益于始终坚持推动城市发展、造福人民群众的根本出发点，找准一条统筹兼顾、共建共享的创建路径，建立一套科学高效、狠抓落实的领导机制和工作推进机制，发扬一种敢于担当、锲而不舍的工作作风。这些经验值得在以后的工作中加以借鉴运用。

8.3 创建江苏省优秀管理城市

开展城市管理创优是贯彻落实科学发展观的具体体现，是全面加强城市管理工作的重要载体，是不断完善城市人居环境质量、提升长效管理水平的有效手段。为全面加强全省城市管理工作，2009年8月14日，江苏省住房和城乡建设厅发布《关于印发〈江苏省优秀管理城市考核命名和监督管理办法（试行）〉的通知》（苏建城〔2009〕267号）和《江苏省优秀管理城市考核标准（试行）》，将原省级"城管创优"活动由普查评比制调整为"江苏省优秀管理城市"申报考核制。在对照《江苏省优秀管理城市考核标准（试行）》进行自评自测达标的基础上，由城市人民政府进行申报。

2010年，徐州市全面启动省住房和城乡建设厅组织开展的"江苏省优秀管理城市"创建工作，2011年底正式申报。2012年5月，市政府下发了《市政府关于印发徐州市创建江苏省优秀管理城市实施方案的通知》（徐政发〔2012〕73号），《徐州市创建江苏省城市管理优秀城市实施方案》明确了指导思想和创建目标，细化了创建指标，将创建指标分为6大类34项指标分解到各区、市各有关职能部门，落实了创建工作重点，部署了创建实施步骤。2010～2012年，累计安排580多个城建重点工程项目、总投资881亿元，城建重点工程数量和投入资金不断创历史新高，城市管理基础设施更新全面提速，为提升城市管理水平打下良好基础。为治堵保畅，大力实施"市区道路三年畅通计划"，完成34条道路新建改造、54条主次干道大修，对29个交叉路口实施了渠化改造，路网结构逐步优化，畅通能力大幅提高；出台了《关于加强政府投资性公共停车泊位管理工作实施意见》，规划设置1.4万个停车泊位，其中免费泊位8000个。完成公共自行车服务系统一期建设，逐步建立城市"交通微循环"。一大批利民、惠民工程建成使用，合理、便捷、有序的城市基础设施与运行服务体系得到逐步完善，全面提升了城市功能，实现了政府关心民生、市民自觉主动维护城市环境的和谐统一。2013年3月，省住房和城乡建设厅授予徐州市"江苏省优秀管理城市"，徐州市率先建成为苏北首家省住房和城乡建设厅命名的优秀管理城市。

2013年7月1日，江苏省人民政府下发了《江苏省城市环境综合整治行动实施方案》，10月24日，省城市环境综合整治工作推进小组发布了《江苏省优秀管理城市标准》，"江苏省优秀管理城市"命名表彰由原来的省住房和城乡建设厅提升为省政府。

徐州市委市政府高度重视创建省优秀管理城市工作，纳入《政府工作报告》和"三重一大"项目，着力在组织领导、资金投入、宣传引导、督查考核等方面加强保障，举全市之力推进创建工作。

8.3.1 加强组织领导，扎实推进创优工作

1. 健全组织，落实工作责任

市政府及制定了《徐州市创建"江苏省优秀管理城市"实施方案》，将4大类28项创建指标

进行责任分解，细化了实施步骤、明确了问责机制。市城管委出台了《2015年度城市管理科学发展考核分值分配及创建江苏省优秀管理城市考核工作方案》，在2015年科学发展城市管理考核的15分值中，明确8.75分用于创优专项考核，大大提高了创优工作的权重比例。

2. 精心组织，加强督查调度

制定下发《关于开展创建江苏省优秀管理城市专项考核工作的通知》，明确考核依据、计分方法和问责办法。2015年5月份起，从市城管、公安、房管、水利等部门抽调18名专业人员，集中脱产办公，组成5个专项督查组（市容秩序组、环境卫生组、工地住区组、水务河道组和交通秩序组），分专业开展全面问题排查。当年共开展专项督查8次，印发《创优工作通报》《工作通报》7期，问题整改通报4批，下达整改问题5190个，编发城管委督办单72期。8月上旬，邀请外地专家对创优工作进行模拟检查考核，发现共性问题18个，个性问题76个。市政府督查室开展创优专项督查发现问题782处。围绕省整治办暗访时指出的6大类25个具体问题，在完成点位问题整改的同时，举一反三，查找类似问题2822个。至年底，上述督办问题的综合整改率98.78%。还实行了发现问题和核查问题"双监督"机制，对于各种途径发现问题的整改情况，抽调25名巡特警人员对问题进行复查。在媒体上公示项目整改情况，接受社会监督、鼓励市民举报，经举报为实际未整改完成或是整改后又出现回潮等弄虚作假的，将对该项目实行5倍扣分，奖励举报人200元。

3. 广泛宣传，动员全民参与

印发了《创建江苏省优秀管理城市宣传工作方案》和《社会宣传方案》；在主流媒体《徐州日报》、《都市晨报》、《彭城晚报》开辟《城市管理》宣传专版，宣传创建优秀管理城市的意义和做法，曝光突出问题。2015年，共刊登城市管理宣传稿件473篇（其中专版刊登112篇）；电视新闻报道121次，广播电台播送新闻86篇，发布政务微博200余条。利用广播电台，分两个广播波段，连续15天宣传了创建工作的重要意义、目标要求和创建成果，提高市民的知晓率。8月中旬，在市中心古彭广场开展了创优大型集中宣传活动，累计发放宣传资料2.2万册，接受咨询2700人次。印发了《创优一起来，生活更精彩》宣传册13万册，《创优倡议书》9万份，实现创优宣传进单位、进社区、进街巷、进家庭，提高市民参与率和支持率，使广大市民成为创建活动的参与主体和受益主体。国家统计局徐州调查队9月底参照去年省调查队的问卷调查模式，开展了群众满意度知晓率调查工作，经过对25个点位随机调查855份有效问卷的分析，群众满意度为90.68%，比往年有大幅度提高；同时，在媒体上也刊登了调查问卷，得到群众的普遍参与和支持。

8.3.2 分类实施整治，大力提升城市环境卫生面貌

坚持日常管理和专项整治并重，针对城市脏乱差较为严重的薄弱环节和地区，在调查摸底和征求意见的基础上，排出细化方案，集中开展城市环境综合整治工作，着力解决卫生环境差、市容秩序乱等问题。一是通过创建示范道路和示范社区典型引路，大力实施背街小巷、道路和居住小区整治；二是整治城郊接合部、城中村；三是整治城市河道、水塘和低洼易淹易涝片区；四是整治各类建设工地、强化扬尘噪声治理；五是整治占道经营和农贸市场；六是整治停（洗）车场、户外广告，加强对窗口地区的管理。

8.3.3　加强常态养护，努力实现各项管理的长效化

1．全面推行环卫市场化一体化保洁

制定《市区环卫保洁市场化全覆盖实施方案》，实行"政企分开、政事分开、管养分开"，政府花钱购买物业保洁服务，2010年实现了市场化全覆盖，市区3286万m²市区道路、428万m²道路绿化带、6.3万m²交通护栏全部纳入市场化一体化保洁范围，成为全省乃至全国环卫保洁市场化率最高的城市。徐州市列入全国第三批餐厨废弃物无害化处理和资源化利用试点城市并获4300万资金支持，出台了《徐州市餐厨废弃物管理办法》，餐厨废弃物处理厂已开工建设。出台《徐州市市区部分道路实行生活垃圾分类袋装实施意见》，在新城区和市区主要道路推行垃圾分类和上门收集试点。严格执行市容环卫责任区管理制度，《市容环卫责任书》签约率100%。

2．加强对道路、桥梁等设施长效养护、管理

印发了《市管道路、桥梁巡查管理办法》、《市管道路、桥梁巡查工作责任追究制度》，实施了淮海路、中山路、湖东路等64条道路和8座桥梁的新建改造、38条主次干道大修工程，推行市管道路夜间"无痕服务"、逐条"清零"、"巡养一体"等养护模式，安排专职巡查人员，组建坑穴抢修和应急处置快速反应队伍，完成道路日常养护21.5万m²，人行道3.78万m²；新装路铭牌240块，更换路铭牌地图800幅；市区4.36万盏路灯亮灯率维持在98%以上，高效节能产品应用率达97.5%以上，自动化控制率达到96%以上；落实盲道建设规范，现有道路无障碍设施畅通连贯。出台《关于加强城市道路挖掘管理的通知》，对于新建、扩建、改建的城市道路交付使用后5年内，大修的城市道路竣工后3年内明确规定不得挖掘。

3．强化排水管理

制定《徐州市区排水防涝设施建设管理实施方案》，分批更换球墨铸铁窨井盖16639座，安装防坠网13166个，清挖窨井2万余座，疏浚管道400余km；通过GPS定位巡查损毁设施，做到即查即改；取缔徐洪河流域270余家塑料加工厂，将重点河流沿岸500m范围划定为严禁畜禽、鱼类等养殖区。投资2亿元完成了52家规模化畜禽养殖的废水治理。

4．加强交通秩序整治

成立交通发展决策委员会，实施"路更畅"行动计划，推进公交优先发展。编制实施《市区大公交建设方案》，加快大公交建设工程，积极推进科技公交、智能公交建设，鼓励出租汽车升级改造，大力发展新能源车型。建设、改造公交首末站11座、候车亭1273座，改造港湾式公交站台313座，添置更换绿色环保公交车700台。

8.3.4　加大投入，不断强化公共基础设施等硬件建设

针对百姓关注的热点难点，每年排定一批民生实事工程予以重点推进，实施道路畅通、环境整治、公共设施提升等400多项城建重点工程（5年累计投资722.12亿元），城市综合服务功能及城市承载力显著提升。

1．城乡生活垃圾收运处体系建设基本完善

编制完成《徐州市环境卫生专业规划（2011~2020）》；按照《城镇环境卫生设施设置标准》，投入约2.61亿元，市区现有压缩式中型转运站3座、小型转运站47座；拥有各类环卫作业车辆657台；

合理布局、统一规划建设生活垃圾收集点7600个，投放密闭式垃圾桶4.28万个，购置"无缝对接"垃圾收运车辆115台，建成"桶装车载、全程密闭"的垃圾收运体系。投入5.6亿元，建设国家Ⅰ级无害化填埋场、Ⅰ级焚烧发电厂各1座，日处理能力2700t，城市生活垃圾无害化处理率100%；投入900万元建设运行粪便处理厂1座。

2．污水处理水平快速提升

实施了龙亭污水、荆马河污水处理厂，丁楼、南望净水厂等水质净化工程，市区7座污水处理厂出水水质全部达标；充分发挥自然山水优势，精心营建"海绵城市"，推进雨污分流进程，建设和完善各项配套管网，大大提高市区污水收集率，努力实现市区污水应收尽收。

3．公共服务配套设施建设力度进一步强化

破解市民出行"最后一公里"难题，强化公共自行车服务系统运行管理，投放公共自行车19380辆、设置停放站点603个，办理自行车卡近60万张，累计使用超过1亿人次。连续两年被评为全市群众最受欢迎、最为满意的为民办实事项目，被省住房和城乡建设厅评为"城市步行和自行车交通系统示范项目"，荣获"江苏人居环境范例奖"。投入4140万元新建、改造公厕157座，市区公厕总量达到770座并实现免费开放，二类以上公厕327座、占比42.5%。

4．公园绿地等开放空间建设逐步完善

突破薄弱区域，构建均衡公园绿地系统。结合棚户区、城中村改造，对城市空间进行了梳理，按照市民出行500m（步行10min）就有一块5000m²以上公园绿地的要求，市委、市政府决定市区规划面积10亩以下的土地不再出让开发，全部用于公园绿地建设。目前，城市建成区绿地率42.87%，公园绿地服务半径覆盖率90.8%，基本做到了广大市民走出小区就能进入公园绿地。《人民日报》刊登了题为《建成"十分钟绿地圈"，徐州：500m内有公园》的文章对此进行了报道。2014年11月29日《人民日报》头版头条以"一城青山半城湖"为题，全面报道了徐州市生态修复工作的成功经验。

8.3.5 强化保障，推进创建工作有序推进

1．突出资金保障机制

2011年以来市本级城市管理经费投入20.49亿元，占本级一般财政预算投入6.26%；市政府每年财政列支3000万元作为城市管理应急处理保障经费。出台《关于进一步保障全市环卫行业职工合法权益的实施意见》，切实维护环卫工人合法权益，确保工资不低于最低工资标准的110%，每年10月26日定为"环卫工人节"。

2．突出规划先导

科学编制《徐州市城市环境综合整治三年整治规划》和《徐州市农贸市场（街坊中心）布局规划》、《徐州市中心区公共厕所建设和管理专项规划》、《徐州市中心区公共停车场建设和管理专项规划》、《徐州市再生资源利用废品收购点布局规划》、《徐州市中心区便民疏导点及夜市烧烤点布局规划》等五大规划，编制（修编）了环境卫生、餐厨废弃物处理、排水和污水处理、绿地系统、综合交通、环境保护、户外广告等专项规划，这些规划的实施将有效解决相应的城市管理问题。

3．加强队伍和装备建设

大力弘扬特别能吃苦、特别能战斗、特别能奉献、特别能忍耐的徐州城管"四特"精神，将依

法执法、文明执法、规范执法纳入行政执法责任体系。开展"城管执法规范年"等活动,强化职业道德专项教育和专业化、技能化培训,进一步健全了城管执法日常督察、行为管理、执法人员管理、协管员管理、装备管理、应急处置和协作管理等7项管理规范,促进依法行政,文明、规范执法。全市所有城管执法队伍完成了省规范化建设达标和星级队伍创建考核。目前,市区城管执法人员1122人、城管协管员1774、执法车辆209辆、配置执法防护等装备670套,满足日常执法管理需求和省规范要求。参照首都北京城管服装样式,于9月16日统一更换了城管制服,按照职务、级别确定衔级(协管员按工作年限确定),着力提升城管队员职业自豪感,树立城管执法新形象,不断提升社会认可度和群众满意率。

4. 以考核督查强力推进城市管理

建立健全大城管督查督办体系,近5年来,共督促解决各类城市管理案件953起,下达《城管委督办单》1075期,涉及城市管理各类问题4218个。共办结4148件,办结率98.34%。对40家市级部门实施城市管理工作绩效考核,对城区和街道办事处实行市、区、街分级、分类考核,2013年起对各县(市)区"城更靓"城市环境综合整治进行考核。2016年1月1日起,市城管局抽调338人,组成26个督导组,开展对各区城市管理方面存在的14个类别、27项具体问题、贯穿全年的常态化督导工作。督导人员通过"城管通"做好上传工作,上半年、下半年各承担一次督导任务,每次一周时间(每天工作时间自早7点至晚8点)。为确保督导实效,成立了督导工作领导小组,及时编发城市管理重点问题督导考核通报、督导人员工作情况通报等,并在《徐州日报》公示各区成绩。

经过不懈的努力,2015年底,"江苏省优秀管理城市"考核专家经过现场考核,认为徐州市创建工作扎实有效,在全面整治城市环境薄弱地段脏乱差现象的基础上,营造了市容整洁美观、环境生态宜居、运行秩序优良、基础设施配套、城市功能完善、风貌特色鲜明的良好人居环境,各项考核指标符合标准要求。2016年1月30日,江苏省人民政府授予徐州市"江苏省优秀管理城市"荣誉称号。

8.4 城市环境专项整治

环境综合整治工作在解决人民群众反映强烈的突出问题、提升城市功能品质、提高城市管理水平改善环境质量、提高城市文明程度和市民素质等方面取得明显成效。市城管局在深入总结经验做法,认真分析问题的过程中发现,对照创建要求和市民期盼仍有较大差距,尤其是占道经营、户外广告、农贸市场及周边等易反复"顽疾"有必要开展专项整治行动。针对突出问题,明确专项整治目标,结合实际,研究专门的标准和办法,提出有针对性的整治措施,制定专项整治方案。通过专项整治行动,全面提升和巩固徐州"创卫"、"创优"等成果,确保整治成果常态化、不反弹。

8.4.1 占道经营专项整治

1. 整治内容

(1)整治违规:重点整治违规占道摊点、店外经营、占道修理机动车、占道修理电动(非机动)车、占道加工制作铝合金(不锈钢、门窗、广告等)、占道夜市烧烤(大排档)、占道洗车和历史疑难占道经营等问题。

（2）规范临时疏导点管理：重点对已设置的临时疏导点经营设施设置、维护、监督等进行规范，取缔擅自设置的疏导点，规范一批临时便民疏导点。

（3）规范各类便民服务亭（点）管理：重点规范书报亭、电话亭、岗亭及修非机动（电动）车、修鞋、修配钥匙、修表、修补衣服、电动车充电等各类公共服务点。

2．整治举措

（1）占道经营

1）店外经营。对所有店外经营实施规范管理、引导入室，对不具备经营条件的小餐饮、日杂店、水果店等，引导转变业态，对拒不入室经营或转变业态的，由相关部门依法吊销执照或取消行业许可，依法取缔。主次道路、街巷无超出门、窗（外墙立面）展示、销售、悬挂、堆放商品等现象。

2）占道摊点。对主次道路、重点地区、学校周边所有占道摊点和农贸市场周边所有经营农贸类占道摊点实施取缔，对街巷、居民小区占道经营进行整治、规范，实现主次道路、重要区域等无占道经营，街巷、居民小区无非法占道经营（见图8-1）。

3）占道修理机动车。按照《江苏省机动车维修管理条例》的相关规定，对城区机动车维修业户经营资质进行审查认证，对未经许可从事机动车维修经营活动的依法予以查处。对未采取环境保护措施、占道经营并存在废油污染路面的，引导其入室进行修理作业，拒不入室作业的，下达整改通知书，限时整改，逾期仍未整改的，依法查处，直至吊销执照、取消相关经营许可。对主要道路、重点地区以及店内面积狭小不具备行业作业条件的，引导改变业态，对拒不改变业态仍占道作业的，依法取缔，必要时，依法采取强制措施。通过整治，市区内无占道维修机动车现象，主要道路和重点地区无经营机动车修理的服务店。

4）占道修理非机动（电动）车。对室内满足修理条件的，引导入室作业；对拒不入室或反复占道作业的，依法查处。对室内不满足修理条件的，劝导其转变业态，对拒不转变业态仍占道作业的，依法取缔，必要时依法采取强制措施。达到所有非机动车修理店规范作业，无占道现象。

5）占道加工制作。对主要道路和重点地区、居民小区内所有占道从事铝合金、不锈钢、塑钢加工，门窗、广告设施制作等违规行为，进行全面取缔，规劝、引导店面迁址或转变业态，必要时，依法采取强制措施。对次要道路、街巷占道从事铝合金、不锈钢、塑钢加工，门窗、广告设施制作

图8-1 占道摊点整治前后

等服务店，室内场地具备作业条件的，引导入室作业，对拒不入室或反复占道作业的，依法查处；对室内不具备作业条件的，规劝、引导迁址或转变业态，必要时，依法采取强制措施。通过整治，市区无占道加工作业现象，主要道路和重点地区无经营铝合金、门窗制作类等影响城市容貌的服务店，居民区内无占道经营铝合金、门窗等加工制作类业务。

6）占道夜市烧烤（大排档）。取缔所有占道经营的夜市烧烤摊点和夜市大排档；对依托店面出店占道经营的，规范引导其入室经营，对店内面积狭小经营条件受限经常出店占道经营的，规劝迁址或转变业态，或引导进入夜市疏导点经营，对拒不整改或反复占道经营的，依法采取强制措施，予以取缔。通过整治，市区无占道夜市烧烤摊点和夜市大排档。

7）占道洗车。取缔所有占道洗车的洗车场；对不符合《机动车清洗站技术规范》与《徐州市机动车清洗站设置与管理技术规范》要求的洗车场，分类整治，对室内或院内场地具备作业条件的，限期改造，对不具备作业条件的，依法取缔或督促迁址。

8）历史疑难问题。对因各种历史原因，长期存在且短期内无法有效解决的各类占道亭棚、摊点、店外经营、占道作业等疑难问题，由各区、各单位组织调研，排查缘由，立足实际，制订解决计划并上报，必要时可申请市级联合执法，力争尽快、彻底解决。

（2）临时便民疏导点

按照《徐州市临时便民疏导点管理办法》，对现有临时便民疏导点严格管理，达到无涨市区域经营、设置维护到位外表整洁、清扫保洁到位无垃圾落地、秩序良好无乱堆乱放、监督到位无失管现象等规范要求。在街巷、居民小区内及周边，根据需要与可能的原则，在条件许可的前提下，可对现有市民有需求、但短期内无法取缔的摊点，实施统一、规范化管理，根据业态，定区域、定点位、定时间经营。

（3）公共便民服务亭（点）

书报亭外表整洁、无乱贴乱画乱挂、无亭外经营和乱堆乱放；电话亭设施完整无缺、外表无乱贴乱画；岗亭标识清晰、内外立面整洁、办公及服务物品摆放整齐、周边市容环境秩序良好；各类便民服务点（占道修非机动车、修鞋、修配钥匙、修表、缝补衣服、电动车充电等）设置统一、标识清晰、服务区域明确，无乱堆乱放、油渍污染地面、垃圾落地等现象。

8.4.2　户外广告及店招专项整治

1. 整治内容

户外广告和店招是企业向公众展示和宣传企业产品及自身形象的重要宣传手段，因此，随着经济社会的快速发展，其发展较快。但在户外广告和店招迅猛发展的同时，徐州与其他城市相似，也衍生出设置凌乱、制作质量不高、遮挡公共空间、缺少定期清洁保养等一系列问题，因此，有必要对其进行整治。整治内容主要包括：一是各类违规广告，重点整治违规楼体广告、扎地广告、移动灯箱广告、橱窗广告、LED屏广告等；二是各类店招店牌设置，重点规范一店多招、多层多招、层叠设置等店招店牌不规范问题。

2. 整治举措

（1）制定户外广告设置规划

2009年开始编制、2010年颁布实施了《徐州市户外广告设置规划》。2012年，根据徐州市城市快速发展建设的实际需要，对原规划进行部分修编，2013年颁布实施了《徐州市市区户外广告设置规划（修编）》，同时编制了《城区主要出入口道路户外广告设置规划》、《徐州市新城区户外广告和店招标牌设置规划（导则）》和《徐州市高铁站区户外广告和店招标牌设置规划（导则）》。户外广告设置规划根据徐州城区发展趋势和广告设置现状。通过宏观整体分区定位、中观多层次分类控制、节点详细规划控制导则三个层次，对徐州市区户外广告设置提出相应的处置规划建议，为城区户外广告设置的规划、实施、管理提供依据。

1）分区设置控制

规划以徐州市总体规划为指导，结合市内用地功能、人口活动频率、公共空间分布、商业业态规划、城市景观特征等，分析各类用地对环境的不同要求，明确用地性质与户外广告的关系，将户外广告设置范围在空间上分为四类：开放设置范围、一般设置范围、严格控制范围、禁止设置范围，在市区整体空间上进行全覆盖控制。

2）重要区段指引

规划根据徐州总体功能布局、道路系统规划、景观系统等具体特征，将户外广告设置重要区段分为集中展示地段、特色展示界面、景观路径界面和设置敏感地段四类。

3）户外广告分类控制

规划根据徐州市区户外广告的主要类型设置现状，分别提出各类型户外广告设置控制性导则，主要包括附属建筑物的户外广告设置规划、公共空间户外广告规划、电子显示屏户外广告规划、公益广告规划、高立柱广告规划。针对广告类型的不同特点，主要从位置、形式、尺度、密度以及色彩、材料、照明等控制要素出发，提出相应的控制要求，作为户外广告规划实施的控制性导则，也方便了管理者针对不同类型户外广告设置规划的具体实施。

4）主要道路节点建筑广告详细规划

徐州市市区三环以内的主要道路分为六纵六横，基本涵盖了商业中心、特色街区、城市广场等代表城市鲜明形象的重要区域，因此，规划的节点选取上述范围为主，主要包括道路交叉口建筑、部分道路沿线建筑、广场建筑三部分，针对附属于建筑物的户外广告和店招，提出详细的设置规划。

（2）整治户外广告，规范店招

依据《徐州市户外广告设置规划》和《徐州市市区户外广告设置规划（修编）》，对违规楼体广告、扎地广告、移动灯箱广告、橱窗广告、LED屏广告等户外广告设施进行整治，达到非法户外广告全面拆除，管理维护符合要求，安全隐患全面消除；对存在一店多招、多层多招、层叠设置、劣质材料喷绘，带有电话号码进行商业宣传等不规范的店招店牌，依法拆除、整治，并结合街景特点进行统一规范，确保店招店牌设置规范、整齐美观、风貌协调、富有特色（见图8-2）。

图8-2 户外广告及店招整治前后

8.4.3　农贸市场专项整治

1．整治内容

2010年以前，市区农贸市场以简易大棚和底商上住结构为主，产权以非公有为主，由于政府缺乏产权控制力，且农贸市场利润率较低，市场产权所有者和长期承包者为了追逐利益最大化，出现了农贸市场违规改建、擅自改变土地用途等现象，从而导致市区农贸市场数量不断减少。1999～2009年建设的31个农贸市场中有18个改变用途。数量的不足、硬件设施的落后、经营管理的混乱，使得"脏、乱、差"成了农贸市场的代名词，影响了市民的日常生活质量和城市环境的改善，制约了城市形象的提升。因此，有必要对农贸市场进行整治，整治内容主要是治理"脏、乱、差"，推进农贸市场标准化建设和规范化管理。

2．整治举措

（1）完善法规制度

2010年经省人大常委会第十六次会议批准通过，《徐州市市区农贸市场管理条例》于2011年1月1日起正式实施，在全省率先完成了农贸市场建设管理地方立法，依法明确了执法主体及其管理职责，使徐州市农贸市场的建设和管理做到了"有法可依"。为解决农贸市场建设规范和随意改变用途问题，加快提升农贸市场建设管理水平，又相继出台了《徐州市农贸市场建设标准（试行）》、《徐州市市区农贸市场产权管理办法》和《徐州市市区农贸市场经营管理办法》等规范性文件，对市区农贸市场的建设标准、产权管理和日常经营管理行为进行明确和规范。这些法规政策的颁布实施，使徐州市农贸市场逐步走上了法制化、规范化管理轨道，提高了政府调控能力，改善了市民购物环境，发挥了标准化示范作用。为配合市级财政投资，配套出台了《徐州市区农贸市场建设资金管理暂行办法》，《关于促进市区街坊中心建设发展的意见（试行）》，确保政府投资规范到位，保障街坊中心建设顺利实施。

（2）制定农贸市场建设规划

2010年，出台了《徐州市主城区农贸市场布局规划（2009～2020）》，按照"一般农贸市场服务半径一般不超过1000m，服务人口1万至3万人；批零兼营的超大型农贸市场，服务人口不超过5万人"的标准，市区规划农贸市场98处，基本实现主城区农贸市场全覆盖，让百姓生活更方便。2014年，重新修订出台了《徐州市主城区农贸市场（街坊中心）布局规划（2009～2020）》。新规划按照每个农贸市场（街坊中心）服务半径1～1.5km、每千人100m^{2}的标准，计划至2020年，市区规划设立农贸市场（街坊中心）138处，比原规划增加40处。新增加的布点既解决了老城区布点不合理、部分区域农贸市场功能缺失的问题，又兼顾了未来城市发展消费需求，网点布局更加科学合理。

（3）加大农贸市场建设与管理力度

一是加大政策扶持。2010年起，市政府每年预留1亿元的资金盘子，用于农贸市场新建和改造提升。其中新建农贸市场按照1500元/m^{2}给予补贴，实施控股51%，对于回购农贸市场也是控股51%，防止新建农贸市场改变用途。改造提升老旧农贸市场按照500元/m^{2}给予补贴。二是加强部门协作。考虑到农贸市场管理工作涉及多个部门，市、区两级均成立了农贸市场建设和改造提升管理办公室。其中市农贸办成员单位包括财政、规划、工商、质监、卫生等13个市级相关部门，实行联席会议制度，负责协调推进农贸市场建设管理具体工作落实。三是强化考核督查。为约束经营管理公司的经营行为，制定了考评惩处措施，对农贸市场经营者实行季度、年度考评，对达不到考评标准的经营公司将责令停业整顿，符合要求后方可继续经营，对管理严重不力的经营公司，终止其经营合同。同时，为强化各区政府责任，市委、市政府把农贸市场日常管理工作纳入城区科学发展综合考核体系，各区政府按照考核要求，细化落实具体考核措施，将考核机制延伸到街道办事处，调动了街道办事处抓好农贸市场建设和管理工作的积极性。四是建立长效管理机制。为推进农贸市场日常管理规范化、常态化，市委、市政府召开专题会议研究决定，市区农贸市场日常管理建立由市商务局指导、区政府监管、街道办事处负责的管理体系，三级管理体系层级明晰、责任明确（见图8-3）。

在开展以上专项整治的同时，深入开展了渣土运输、工地扬尘、乱停乱放、乱搭乱建等专项治理，都在实践中收到了较好的成效。因在其他章节中已有所总结、介绍，此节不再一一阐述。

图8-3　农贸市场整治效果图

04

第 4 篇
徐州城管案例篇

9 城管典型案例

9.1 城管岗亭建设与管理

9.1.1 背景

为进一步提升城市环境质量、推进城市管理工作，切实提高城市管理服务和执法水平，市城管局等部门制定了《徐州市城市管理行政执法协作规定》，经市政府研究同意，市政府办公室于2014年12月10日印发了《关于印发〈徐州市城市管理行政执法协作规定〉的通知》（徐政办发〔2014〕193号），2015年4月10日，徐州市城管局下发《关于印发〈〈徐州市城市管理行政执法协作规定〉实施方案（一）〉的通知》（徐城管发〔2015〕27号），其中明确了在问题多发的重点区域，人流密集的交通路口，统一设置城市管理服务岗亭，作为城管队员、交警、巡特警等日常办公、交流和指挥场所，将城管执法、街面管控和服务延伸到百姓身边。

9.1.2 实践做法

1. 城管岗亭的建设

自2015年起，市城管局投入200余万元，分3个批次在市区31个办事处以及新城区、云管委和户部山、食品城管理处设立了50个样式统一、功能完善的城管岗亭，成为"巡查一体"最主要的硬件配套设施（见图9-1）。

城管岗亭的设立，不仅使徐州街头多了一道展现城管风采的靓丽风景，更重要的是城管岗亭使基层城管指挥系统平台转移到了执法一线最前沿，上承市数字化城管指挥中心，下接一线城管执法人员，能够实时接受指令，迅速安排落实，及时回复处置结果。同时，市区城管巡查队伍以50个岗亭为依托，重点发现、上报、解决各自巡区范围内环境卫生、市容秩序、基础设施等方面存在的问题，实现主次干道、背街小巷、老旧小区等区域全覆盖、无死角巡查，确保市区市容环境卫生管理水平得到有效提高。

2015年以来，市区3个主城区为落实"巡查一体"机制，招录协管员263人，为以50个岗亭为依

图9-1　分布在徐州市区的城管岗亭

图9-2　城管岗亭既是执法前沿，又是便民窗口

托的64个巡区配备电动巡查车494台。城管岗亭外部统一外观、标识；内部通电话、通网络、通监控，统一配备了计算机（接入数字化终端）、办公桌椅、微波炉、空调、饮水机、警务通、对讲机、执法记录仪等办公设施，增加了医药箱等便民服务设施，城管岗亭已经成为城管执法的前沿、便民服务的窗口（见图9-2）。

首先，城管岗亭成为城管执法的前沿。每一岗亭根据巡区范围大小和管理难易程度，配备城管执法人员、协管员20～30人不等，采取四班三运转和24h值班制，执法队员以城管岗亭为中心，全时段实施对巡区范围内的日常执法巡查和监管，有效应对流动摊贩、抛洒滴漏等突发情况，做到问题发现及时、现场处置及时。

其次，城管岗亭成为城管形象展示的窗口。市城管局制定了岗亭值班、岗亭卫生、岗亭人员用语规范等制度，对城管执法人员，尤其是城管岗亭内的执法人员从着装、坐姿、站姿到文明接待等方面作了进一步规范，着力打造规范管理、文明执法、为民服务的新典范，为徐州创建全国文明城市增添亮点。

第三，城管岗亭成为市民投诉接待的窗口。全天候受理社会各界对城市管理工作的投诉举报，既方便了投诉人投诉、提高了其参与城市管理的积极性，又为城管人员及时提供了管理问题线索，促进了城市管理工作不断完善、巩固、创新、提高，真正实现了城管服务触角前移，既管控了重点、难点问题，又拉近了城管执法部门与人民群众之间的距离。

第四，城管岗亭成为便民服务的窗口。城管岗亭均配备了微波炉、饮水机、医药箱、工具箱、打气筒、雨伞、针线包等服务设施，方便了人民群众。

2. 城管岗亭管理与考核

为进一步深化"巡查一体"工作机制落实，推进市区城管岗亭精细化管理，建立规范、科学的日常执法管理监察机制，2015年下半年，市城管局下发了《徐州市城管岗亭管理考核办法（试行）》（徐城管发〔2015〕91号）、《徐州市城管岗亭管理考核办法补充规定》及《关于进一步落实〈徐州市城市管理行政执法协作规定〉实施方案城管执法巡查人员奖惩工作的补充规定》等相关文件，由市城管执法支队五大队、市数字化城管监督指挥中心、市公安局巡特警支队依据公开、公平、公正和奖惩结合、奖罚分明的原则，分别负责对市区50座城管岗亭、64个巡区范围内存在的问题进行日常督查考核，并对各区城管巡查人员奖惩落实情况进行抽查，确保岗亭、巡区执法人员人尽其责，实现城市管理巡查全覆盖、无盲区，打造整洁、有序、靓丽的城市环境，持续提升群众满意率和城管美誉度。

（1）考核内容

考核内容包括城管岗亭的组织机构、队容风纪、内务环境、履职尽责、执法装备、"巡查一体"巡查人员奖惩落实情况，发现实行市场化管理环境卫生类、市政管理类、交通秩序类及公共自行车类等问题奖励落实情况。

（2）考核方法

对城管岗亭的考核实行每月公布成绩（基础分＋奖励分），各区局月成绩为本辖区内城管岗亭月度成绩之和除以本辖区城管岗亭数量，年终考核成绩为每月最终成绩之和除以12的平均值。

（3）考核结果应用

年终考核成绩纳入市对各区科学发展城市管理工作考核成绩。

9.1.3 成效

随着巡区制度的建立，城市管理开始呈现出双管齐下的新局面，一方面，城管队员的执法机动性变得更加灵活；另一方面，作为"巡查一体"执法机制的配套设施，城管岗亭的设立，不但发挥了基层指挥平台的作用，同时还为群众提供便民化服务，使得执法人员为民服务的意识逐渐深入，改变了市民对城管队员以往的负面印象，深受群众赞誉。

1. 提高了执法效率

一方面，城管执法人员可以依托城管岗亭，维持巡区范围内市容秩序，对巡区内出现的市容问题疾速出动，快速反应，高效管控，有利于加强对路面市容的直接管理，更有利于对突发事件的紧急处理，将事件消灭于萌芽中。另外一方面，针对城市市容问题，在城市一些主要的、流量较大的

图9-3 城管岗亭功能多样化

路口设立城管岗亭,可以对城市管理违规行为起到威慑作用。城管人员在城管岗亭内值守,可以及时发现纠正城市管理的违规行为。

2.实现了功能多样化

亭内配置电脑等办公设备,实行即时、高效的城市管理,并可集城市管理、投诉求助、便民服务、防控处置于一体,一亭多用,使它的功能更细致、多元化。一方面,岗亭内配备纯净水、打气筒、雨伞、针线包、常用药品、简易工具箱等物品,免费供群众使用,为群众提供贴心便捷的服务;另一方面,城管人员不仅可以在岗亭里面休息,还能进行信息查询、视频监控、联系到市数字化平台进行信息核实;另外,岗亭也成为周边环卫工人的歇息点(见图9-3)。

3.提供了投诉和建议渠道

城管岗亭设立后,为群众提供了零距离的城市管理投诉和建议渠道,架设起城管与群众之间沟通的桥梁,群众投诉求助会更加便捷、快速,处理更及时、高效。

随着社会的发展,城管岗亭也在与时俱进,它不仅是查询、处置城市管理违法的窗口,也是城市管理宣传的固定阵地,更是城管人员展开便民服务的固定场所,随着城市管理的深入开展,其功用还将得到拓展。今后将不断优化其功用,提高便民服务质量,将其打造为城市管理的"金字招牌"。

9.2 人行道畅通工程

9.2.1 背景

国内城市普遍存在着机动车辆占用人行道、非机动车乱停放,行人随意横穿马路等现象,这不仅增加了交通安全隐患，而且也影响了道路的通行能力。2013年9月，国务院发布了《国务院关于加强城市基础设施建设的意见》（国发〔2013〕36号），提出城市交通要树立行人优先的理念，改善居民出行环境，保障出行安全，倡导绿色出行，设市城市应建设城市步行"绿道"。2013年11月23日，《徐州市"路更畅"行动计划实施方案》经市委常委会研究通过，标志着徐州市"五大行动计划"之一的"路更畅"正式付诸实施。徐州市城管局为从内在质量和外观形象两方面改善公共设施面貌，破解当前机动车辆占用人行道、非机动车乱停放，行人随意横穿道路等问题，减少交通安全隐患，提高道路的通行能力，根据《徐州市主城区主要道路综合整治规划》和市委市政府批准的方案，在主城区陆续实施了人行道畅通工程，让人行道回归行人，提高道路通达性和出行便利性，逐步实现徐州市"路更畅"的管理目标。

9.2.2 实践做法

人行道畅通工程是指在市主干道、次干道人行道上安装人行护栏、U型挡车器、隔离柱等交通阻隔设施，以保证行人、车辆各行其道、各停其位。

按照先急后缓、循序渐进的原则，将徐州市城区主要道路综合整治工程分三期实施：一期工程实施11条道路的整治，二期工程实施6条道路的整治；三期工程实施53条道路的整治。一期工程自2015年底启动，11条道路为：复兴路（二环北路至和平路）、民主路（解放北路至和平路）、前进路（环城路至黄河东路）、黄河西路（铜牛段）、夹河街、富国街（夹河街至淮海路）、湖北路（湖西路至苏堤南路）、二环西路（二环北路至淮海路，淮海路至湖北路）、西安路（黄河南路至苏堤南路）、宣武路（淮海路至建国路）、铜山路（复兴路至三环东路）。目前11条道路人行护栏和隔阻设施的安装已经完成。累计完成人行护栏21168m，隔离柱3019个，U型挡车器1234个，交通护栏1743m（见图9-4）。

徐州市人行道畅通二期工程主要实施6条道路的整治。分别为：建国路（二环西路至复兴路）、淮海路（二环西路至复兴路）、中山路（二环北路至苏堤南路）、解放路（二环北路至黄河南路，黄河南路至三环南路）、和平东路（和平大桥至汉源大道）、二环北路（二环西路至复兴路），已于2016

图9-4　湖北路人行护栏、隔离柱

年5月5日开始陆续实施。此次道路整治将在沿街商场、医院、学校等非机动车停放较为集中的区域增设非机动车停放护栏，结合停车线进一步规范非机动车的停放秩序。二期工程共计安装人行道护栏25863m，交通护栏7513m，隔离柱4113个，U型挡车器1014个，非机动车护栏7442m（见图9-5）。

图9-5 淮海西路非机动车停放护栏、人行护栏、隔离柱、U形挡车器

徐州市人行道畅通三期工程包括矿山路、苏堤路等53条道路的整治，设计方案已经市政府批准，已于2016年7月份开始实施。目前，各区也已陆续对部分区管道路实施人行道护栏安装等。作为一项利民工程，道路安装人行护栏将因地制宜，根据路面人行道宽度不同，分别设置机动车停放车位、非机动车停放车位。该项工程完成后，对整个城市的市容市貌将有很大的提升。

9.2.3 成效

截至2016年6月，徐州市城管局已累计完成人行护栏安装30220m、交通护栏安装4372m。非机动车停车点护栏2005m、隔离柱4459个、U型挡车器1589个。首先，人行护栏有效阻拦了随意横穿马路的行人、自行车、电动车或机动车辆，对提高道路交通安全性、改善道路交通环境、遏制道路交通事故的发生起到了重要作用。其次，行车的速度显著提高，尤其是在护栏封闭的路段，道路明显顺畅了。U型挡车器及隔离柱的设置规范了车辆的停放，有效保障了人行道的畅通及安全，避免了机动车辆占用和碾坏人行道，行人和车辆通行难题得到有效解决，人行道和非机动车道通行不畅的状况得到进一步改善（见图9-6）。

图9-6 人行道畅通工程提高了道路交通安全性、改善了道路交通环境

总体来说，通过人行道畅通工程的实施，破解了当前机动车辆占用人行道、非机动车乱停放、行人随意横穿道路等问题，切实保障了行人、车辆各行其道，各停其位，改善了城市慢行系统。

9.3 公共自行车服务项目建设

自行车交通作为城市"绿色"交通的重要组成部分，具有短途出行、接驳换乘、健身休闲三大主要功能，其在居民日常工作、学习、购物以及娱乐等短距离出行中承担着不可替代的作用，是城市实施公交优先战略、低碳交通战略、城市交通可持续发展战略的重要举措之一。为缓解城市交通拥堵，解决公交出行"最后一公里"的问题，我国许多城市从2006年开始试点和推行公共自行车服务项目，快速发展的城市公共自行车，正逐渐成为我国公共交通体系中不可或缺的组成部分。

9.3.1 背景

改革开放以来，我国的经济取得了突飞猛进的发展，资源和环境却面临着沉重的压力。低碳环保的城市公共自行车系统，作为一种新型的城市公共交通的组成部分，不仅在中短距离出行中具有占用道路资源少、机动灵活、可达性好的特点，而且可以在一定程度上缓解城市交通拥堵的压力，对于城市的节能减排、空气质量的改善等方面起着不可忽略的作用。正因为此，国务院分别于2012年12月和2013年9月发出《关于城市优先发展公共交通的指导意见》（国发［2012］64号）和《关于加强城市基础设施建设的意见》（国发［2013］36号），要求加快推进城市公共自行车的建设，特别是2012年9月住房城乡建设部、国家发改委和财政部联合发出《关于加强城市步行和自行车交通系统建设的指导意见》（建城［2012］133号），要求大力发展步行及自行车交通，指出"大城市、特大城市发展步行和自行车交通，重点是解决中短距离出行和与公共交通的接驳换乘；中小城市要将步行和自行车交通作为主要交通方式予以重点发展"。提出发展公共自行车系统要坚持以"政府主导、市场运作、企业管理"的原则来开展。到2015年，要达到城市步行和自行车出行环境明显改善，步行和自行车出行分担率逐步提高的目标。

徐州市是淮海经济区的中心城市，江苏省重点规划建设的四个特大城市和三大都市圈核心城市之一。根据国务院有关精神，按照省委、省政府"美好城乡建设行动"和"931"城市环境综合整治目标、徐州市"天更蓝、地更绿、水更清、路更畅、城更靓"五大行动计划以及创建国家卫生城市、国家生态市、国家生态园林城市、全国文明城市和江苏省优秀管理城市"五城联创"的要求，有必要构建"安全、连续、便捷、舒适、优美"的慢速交通环境，创造低碳、生态、绿色的交通出行方式。为此，徐州市政府以群众需求和意愿为导向，按照"科学规划、周密论证、规模发展、确保成功"的指导思想，适时启动了市区公共自行车服务项目一期工程和二期工程建设。

9.3.2 运营模式选择

从国内已建成并投入运营公共自行车服务的城市来看，其建设与运营模式并非完全一致，国内公共自行车服务系统投资建设和运行管理归纳起来主要有以下三种模式：

一是政府投资，国企运营，市场补充，财政兜底。主要特点是，政府直接指定市控股国有企业（如公交集团、地铁公司等）或由该企业新组建成立的公司负责运作公共自行车系统；政府投入资金，主要用于硬件购置、智能系统开发和基础设施建设，并免费提供土地；同时，将公共自行车系统的资产划拨给指定公司，并给予企业其他商业资源，如利用广告进行补充；运营公司具体负责运营、维护、调度等，后续的建设、运营、维护资金由运营公司自行解决。采取这种模式的城市比较少，主要为杭州等城市，因此也被称为杭州模式。存在的不足和需要慎重对待的问题：一是政府一次性投入建设费用过大；二是国有企业运行管理水平不高，企业亏损比较严重；三是企业的亏损最终仍由财政兜底买单，否则无法继续维持运行。

二是以市场化为主进行建设和运行管理。政府通过招标，选择拥有公共自行车运营资质的企业。企业是项目的投资主体，政府作为项目的倡导者，并一次性给予商业资源作为项目补偿；运营企业全权负责系统的建设、运营、维护等，自负盈亏。特点是设施建设和运行管理主要通过市场化解决，政府提供一定的政策支持，并同意设置车棚广告和其他广告等设施，建设和运行管理方通过广告收入作为运行经费，个别城市由政府提供少量的启动资金。迄今为止，国内只有北京、武汉、济南、烟台、苏州等少数城市在建设初期推行此种模式。目前，所有推行市场化的城市有的已开始实行政府补贴，有的已无法继续运行。总体来说，目前国内还没有以市场化运营为主的成功范例。

三是财政全额投资，分期购买外包、专业公司经营，政府全程监管。主要特点是财政提供建设和运行经费，一次性规划预算，分期购买建设和服务外包，专业公司负责施工和运行管理，政府指定部门全程监管，包括日常检查、定期考核验收。江苏省的张家港率先采用这种模式并取得成功经验，因此被称为张家港模式，目前江苏省的常熟、昆山、吴江、苏州园区等都实行了这种模式。其主要做法是：一是一次性规划预算和审批，包括建设和运行管理费用，所有费用分摊至每辆自行车单车。二是向国内有建设和运行管理经验的专业公共自行车公司招标，专业公司中标后负责整个系统的建设和运行管理，期限为五年。三是由政府指定的主管部门或单位负责监管，并按考核细则实施日常检查和考核；经考核合格后，定期向运行管理专业公司支付一次服务费用。该模式管理运行较为规范，社会效益良好，市民群众普遍满意。

综合以上三种模式的主要特点，为了加快徐州市的公共自行车系统的建设和运营，提高徐州市公共自行车的使用效率和服务质量，徐州公共自行车运营模式采用了服务外包的模式，即项目采用政府主导兴建，财政全额投资，分期5年购买服务，由中标的专业公司建设、运营、维护，政府全程监管的运作模式。其突出优点是政府每年平均支出，风险小，没有增加额外的人员编制，赏罚分明。为建成技术一流的公共自行车服务系统，徐州市公共自行车系统采用最新物联网技术，实行24h全程智能化借还车服务，全市自行车通借通还。软件系统升级扩展容量可支持100万辆自行车运营，满足将来覆盖各县、市的需要。该项目5年总投资16260万元，政府每年投资3252万元。费用实行收支两条线，市民办卡充值及所有收益上缴市财政，目前收到市民办卡充值资金共计2068万元均已进入市财政专户。

9.3.3 规划、建设与管理

徐州市公共自行车服务项目被列入2012年市城建重点工程和为民办实事项目，由徐州市城市管理局负责项目规划建设和监督管理。2012年1月，由徐州市城管、财政、规划三部门组成的考察组，先后到外地考察学习公共自行车运营管理经验，针对公共自行车系统建设运营及有关企业情况进行了实地考察。提出了初建规模要适度从大、建设标准要适度从高的目标要求。

2012年3月底《徐州市公共自行车一期建设方案》编制完成，2012年4月《徐州市公共自行车服务项目实施方案》出台，同年4月制定并执行了《徐州市公共自行车考核评分细则》，2013年1月《徐州市公共自行车二期建设方案》规划完成，2013年7月市政府印发了《徐州市市区公共自行车系统建设和管理办法》（徐政办发［2013］130号），提出公共自行车系统建设和使用管理应当遵循"政府主导、企业运营、低碳便民、智能管理"的原则。这一系列文件明确了徐州市公共自行车服务项目规划、建设和管理的技术标准，为徐州市公共自行车服务项目有序运营提供了政策保障，也为未来徐州市公共自行车事业发展奠定了良好的基础。

1. 科学规划设计，方便市民出行

《徐州市公共自行车一期建设方案》明确了徐州公共自行车项目"成网成系、远近结合、景观协调、方便换乘"的规划原则，确定了站点设计原则：一是快速路、主要景观道、带隔离栏道路两侧都要设置公共自行车站点，方便市民换乘；二是景区大门、标志性建筑物及广场周边的公共自行车站点要设置在侧面或50m远处，以免影响整体景观或妨碍行人通行；三是靠近道路转弯处或停车场出入口处不设置公共自行车站点，防止机动车辆碰撞到公共自行车设备；四是公交站台及复杂交通路口，要在离开30~50m远处设立为宜；五是站点不要设在较窄的人行道上，以免公共自行车停放时占用了人行道或盲道；六是公共自行车站点不能占用其他公共设施（如窨井盖、电力通信检修井等）；七是公共自行车站点不能设在非机动车停车处，以防市民非机动车占用公共自行车站点，造成站点瘫痪，无法借还车；八是每个公共自行车站点至少设有20~60个全自动锁车柱，并且要预留临时存车空间或锁车柱，以满足扩容空间需求；九是大型超市、行政中心、大型住宅小区等，设置锁车柱不少于30~60个，临时存放车辆可以达到30~50辆等。

根据规划方案，徐州市公共自行车一期建设规划范围主要为三环路以内，总体分为中心城区和一般区域，中心城区范围为：东起津浦东路；西起二环西路；南到云龙山；北到二环北路共约20km^2，其余为一般区域。中心城区保持300m（步行5min）一个站点，即每平方公里11个，推荐为10个。一般区域（红色标识区域）保持500m一个站点，即每平方公里4个。

按照300~500m覆盖范围规划线网布点，1km^{2}4~10个站点密度建站的原则，将公共自行车设置在各公交站、大中型公共停车场以及行政中心、购物中心、公园、风景旅游区、居住小区等人流集中的公共服务设施周边，并由市中心向外围扩展辐射，对需求量大、实施条件较成熟的地段优先布局；其他区域通过试点后分期、分步实施，最大限度地方便市民换乘，较好的解决"最后一公里"出行难问题。通过实地考察走访和认真分析，一期共计规划出公共自行车站点297个，其中包括新城区26个、云龙湖旅游区14个（见图9-7）。

根据实际选定的点位及交通状况以及人口分布情况，徐州市公共自行车一期总投放量为7500辆。

徐州市公共自行车一期工程一经推出就受到了广大市民的热烈欢迎，骑车出行成为市民和游客的重要出行方式，凸显出较高的经济和社会效应。在此背景下，2013年，徐州市委、市政府决定启动公共自行车二期工程建设，并将公共自行车二

图9-7 徐州市公共自行车一期工程站点分布图

期工程列入2013年市委、市政府城建重点工程和为民办实事项目。公共自行车二期规划范围在徐州市鼓楼区、云龙区、云龙湖风景区、泉山区等原有范围的基础上，根据公共自行车系统后台统计分析数据，在中山路、淮海路以及湖滨社区、西苑社区、民富园社区等的原范围内加密、原站点扩容，同时结合市场及市民的需求，在各大院校、集居小区、医院、商场及繁华路段规划了站点，以完善市区同时增加边缘地区站点建设的思路进行布点规划。

为更好地满足市民出行需求，徐州市城市管理局组织有关部门对公共自行车二期站点的选址进行了现场踏勘和论证，同时，通过多种形式，广泛征求市民和社会各界意见：一是在市城管局网站发布公告，面向广大市民发放了征求意见书，邀请广大市民积极参与、献计献策；二是在各区组织不少于3个社区的居民，召开座谈会、发放调查问卷，倾听市民的意见；三是专题向市人大、市政协汇报实施方案，进一步征求建议、意见，确保公共自行车项目真正成为顺民、利民、便民的民心工程。经过一系列详实周密的前期工作，最终确定了二期站点选址方案，见图9-8（蓝色图标）所示。

2. 精心组织建设，强化功能配套

2012年8月一期工程开工建设，按照行人和自行车通行连续、顺畅、舒适、安全的原则，合理分配道路空间，注重与道路的性质相匹配，实现步行、自行车、公交车平台的无缝衔接。2012年9月

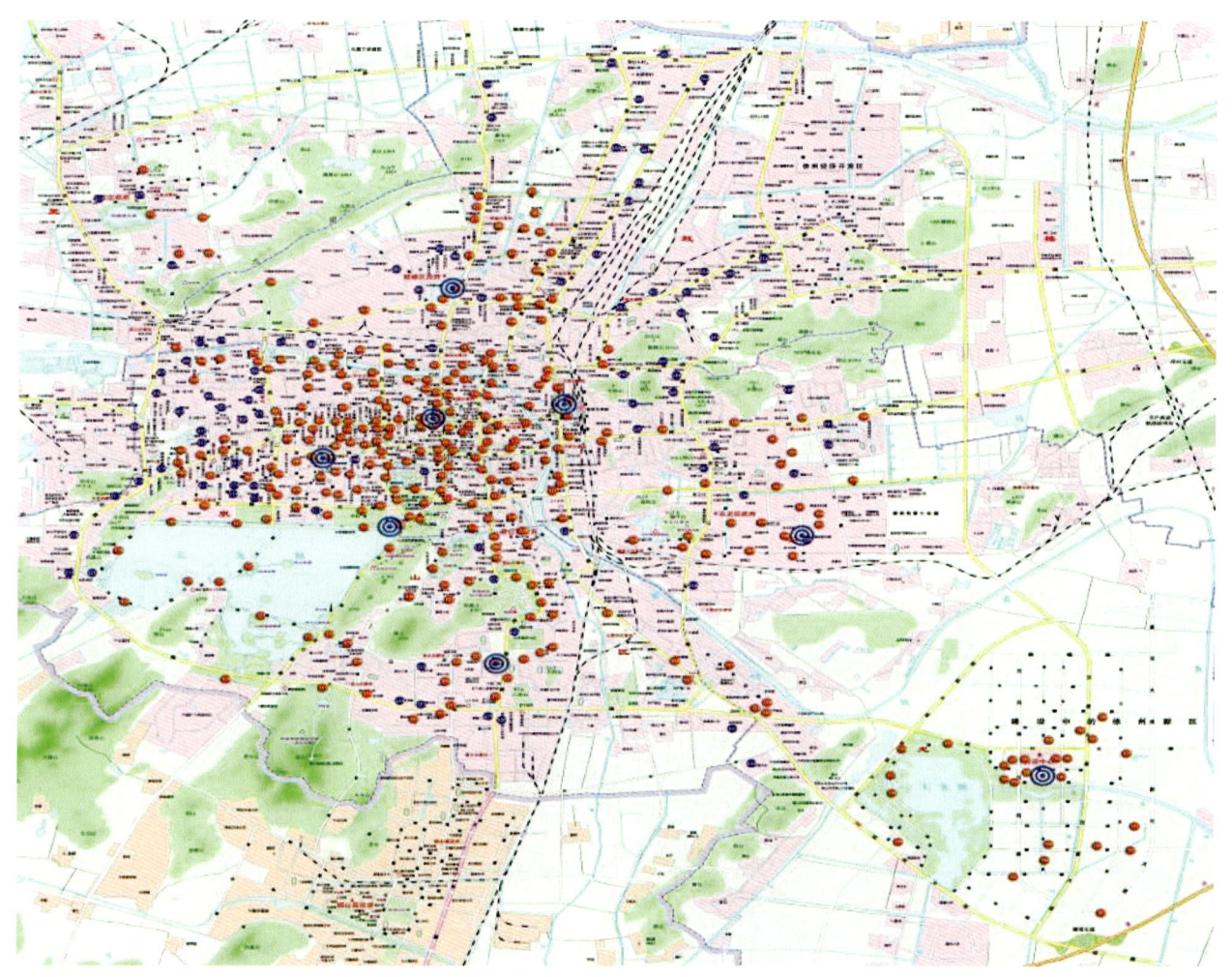

图9-8　徐州市公共自行车项目二期工程站点选址规划图

29日启动运营，11月30日全部竣工，共建设297个站点，其中新城区28个，泉山区129个，鼓楼区56个，云龙区65个，云龙湖风景区19个，自行车投放7500辆，锁车器8200个。配置调度车10辆，紧急维修车2辆（见图9-9）。

随着办卡量不断增加，每天借车达8万人次以上，7500辆自行车不能满足市民借还车需求，为此，二期工程决定适当增加站点密度和扩容车位数量，完善边缘区域站点建设，特别是公交无法停靠或不通公交的小区增设站点建设。二期工程新建145个公共自行车站点，新安装9200个锁车器（新站点新建5400个锁车器，老站点扩容3800个锁车器），新增自行车7500辆、调度车5辆、抢修车1辆及监控设施100套。二期投放的公共自行车和一期车辆相比，外观更加美化，材质更加优化，设置更加人性化，骑行更加舒适化（见图9-10）。

由于公共自行车一、二期工程所展现的突出社会效益和良好群众口碑，2013年后各区也将公共自行车项目列入区重点工程建设，作为徐州市公共自行车二期重点工程的接续和补充。2013年铜山区政府独自建设了47个站点，安装了1960个锁车器，投放1400辆自行车。2014年经济开发区新建55个站点，安装1792个锁车器，投放1380辆自行车；贾汪区新建44个站点，安装1214个锁车器，投放1000辆自行车。2015年新城区新建15个站点，安装720个锁车器，投放600辆自行车；经济开

图9-9　徐州市公共自行车项目一期工程项目安装

图9-10　徐州市公共自行车项目二期工程项目

图9-11 徐州市公共自行车站点实景图

发区新建40个站点，安装1280个锁车器，投放985辆自行车。目前，市区总共建设站点643个、锁车器24366个、投放自行车20365辆，基本能够满足市民借还车需求，方便市民出行（见图9-11）。

3.高效便捷管理，严格监督考核

首先，智能化管理。徐州公共自行车系统立足于智能化管理，市民在站点控制器上即可实时动态查询周边8个站点借、还车信息及个人信息，并开设了徐州市公共自行车网站和400服务热线，建立了徐州公共自行车微博、微信和QQ群，开发了数字移动客户端查询软件，方便市民随时查阅各站点即时信息（见图9-12）。

其次，便民化服务。为最大化的发挥公共自行车的社会效益和经济效益，徐州市相关部门通过多种途径广泛开展宣传，免费发放70万份使用手册和发布600幅站点地图，较好方便市民了解和使用公共自行车（见图9-13）。同时实行市民办卡免费政策，借车卡每天使用不限次数，每次一小时内免费。据管理系统统计借车免费率达98.9%，市民用车基本不花钱，据测算，徐州公共自行车项目实施以来，已累计为市民出行节约费用1.3亿元（1.37亿人次×98.9%）。同时，为了保障市民权益，徐州市政府给每一辆公共自行车都购买了意外保险。

第三，规范化考核。为发挥更大的社会效益，建立完善的公共自行车服务监管考核制度，2012年4月制定并执行了《徐州市公共自行车考核评分细则》，2013年7月份市政府出台了《徐州市市区公共自行车系统建设和管理办法》，对服务系统、资金管理、运营

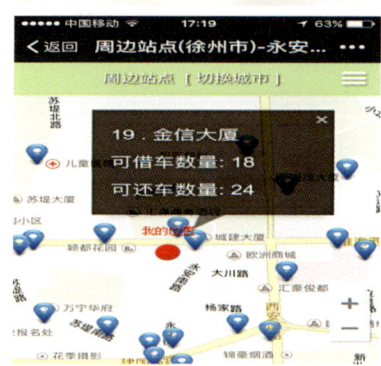

图9-12 徐州市公共自行车数字移动客户端查询软件截图

调度、维修维护等全面监管。通过优化管理调度方案，强化现场巡视，驻厂质量检验，故障分析研究，着力解决运营中发现的各类问题，设施完好率、保洁率始终保持在95%以上，保障了系统的高效运行，得到市民高度认可，市民满意度达92%。2015年1月1日至12月31日，按照《徐州市公共自行车考核评分细则》，对新、老城区自行车站点完好率、锁车柱完好率、站点设备维护、自行车维

图9-13 徐州市公共自行车项目宣传活动

图9-14 徐州市公共自行车日常运营管理考核图

护、运转调度管理、站点卫生管理、客户服务、用户反馈共8项内容实行每月一次综合考核评分，一年12个月累计总得分1032分，月平均得分86分（见图9-14）。

9.3.4 成效

从2012年9月启动运营以来，至今共建设公共自行车站点643个、安装锁车器24366个、投放公共自行车20365辆，配备员工252人、配置了18辆调度车、7辆抢修车，共设置了9个办卡点、3个维修仓库、1个指挥中心，项目5年全市总投资16260万元，极大地满足了市民的借还车需求。运营至今，市民办卡量已突破63万张，市民借车总数已达1.38亿人次，现日均借车超过13万人次，每辆自行车一天被借用8次以上，位居全国之首，取得显著的社会成效（见图9-15）。

1．交通出行环境得到明显优化

公共自行车服务系统的投放，破解了公共交通系统的"最后一公里"问题，与公交车、出租车相比，有着成本低廉、成效明显的显著特点，有利于节约道路资源，缓解市区日益突出的交通拥堵、停车难、行车难等问题，推动了交通秩序和交通环境的优化升级。据统计，公共自行车运行2013年市民借车总量为3311万人次，对徐州市的交通分担率达到2.5%（公交一年3亿人次占25.5%）。2014年借车

图9-15 徐州市公共自行车项目市民骑行图

总量超过4300万人次，交通出行分担率达到3.3%。2015年借车总量超过4458万人次，交通出行分担率达到3.5%。随着办卡量的增加，预计2016年借车总量超过5000万人次，交通出行分担率达到4%。

2．便民惠民效益得到充分发挥

免费公共自行车的租用，使得乘坐非法营运车辆的群体显著下降，有效打击了非法营运现象，增强了市民出行的安全性和便捷性，提升了政府服务社会、服务群众的美誉度。公共自行车既为市民休闲、运动提供了便利条件，还提供了252个再就业岗位。市民租用实行1h之内免费，减少了市民的出行成本，充分体现了公益性质（按每人每次出行成本1元计算，已累计为市民出行节省1.3亿元，远大于市政府每年3200万元公共自行车投放成本）。根据市统计局社情民意调查中心发布的徐州市为民办实事百姓满意度调查结果显示，2012年、2013年公共自行车服务系统连续两年被评为最为满意的实事、最受欢迎的项目，满意率分别达到了92%、93%。

3．低碳环保效应得以充分彰显

从低碳节能和环保、空气质量的维护、资源消耗的降低、生活环境的维护上均可看出公共自行车的优势，可为居民和旅游者提供便捷的绿色出行方式，提高城市的绿色竞争力。以骑车代替开汽车出行为例，按照每人每次骑行3km，汽车百公里10升油耗计算，公共自行车运营至今约节省燃油3900万L（13000万人次×3km/人次×10L/100km），减少二氧化碳排放达8.97万t（国际标准1升燃油=2.3千克二氧化碳排放）；现日均超过13万人次借车，测算每天可减少二氧化碳排量约90t，相当于增加100hm^{2}的绿地，每天节省60t氧气（1hm^{2}绿地一天吸收900kg二氧化碳，释放600kg氧气）。公共自行车项目的实施，对于优化城市空气质量、改善生态环境发挥了很好的促进作用。

4．城市品质和形象得到显著提升

徐州市公共自行车服务项目2013年获得"振兴徐州老工业基地创新奖一等奖"；2014年被江苏省住房和城乡建设厅评为"江苏人居环境范例奖"；2015年通过"住房和城乡建设部第三批城市步行和自行车交通系统示范项目奖"验收，得到验收专家组高度评价，认为徐州市公共自行车服务项目具有示范和引领作用，同时也在淮海经济区率先起到公共自行车建设的领头羊的作用。近年来，先后有浙江、山东、安徽、河南、湖北、河北、辽宁、新疆、内蒙古等41个城市来徐调研、学习徐州市成功经验、做法，对提高城市知名度和竞争力起到了积极推动作用。应该说，对于公共自行车项目的推广和实施，徐州市充分发了江苏省特大型区域中心城市的应有示范、带动和引领作用（见图9-16）。

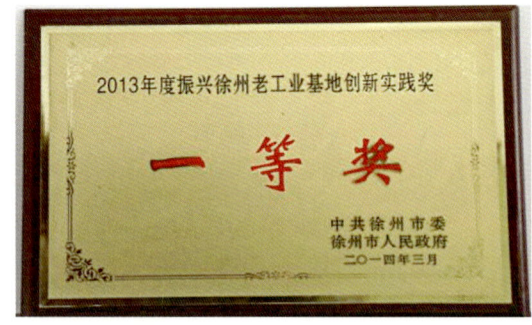

图9-16　徐州市公共自行车服务项目获得的荣誉

9.4　淮海西路省级示范路创建

9.4.1　背景

为改变徐州街景容貌档次低，市容环境管理水平不高，创建省级示范路工作落后，实现赶超省内先进城市目标，徐州市示范路创建工作开始奋起直追，2009年10月，依据省住房和城乡建设厅《关于2009年市容管理示范路评选工作的通知》（苏建函城〔2009〕530号）文件精神，下发了《关于开展市级市容管理示范路评选工作的通知》，在全市开展了省、市级市容管理示范路的创建活动。文件下发后，各县（市）、区积极响应，立即行动开展创建活动。根据参创县(市)、区申报，2010年2月，市城管部门组织相关专家组成考核组，对申报的9条道路进行评审，淮海西路等7条道路通过考核验收，被评为市级市容管理示范路。在此基础上，2010年3月又将淮海西路创建省级市容管理示范路列入2010年市重点工程项目，写入政府工作报告，投入亿余元资金，予以重点保障，着力打造。同时，对参加创建区的工作完成情况列入市对区科学发展考核内容，对参加创建的相关职能部门工作情况列入对部门的机关评议绩效考核内容，保证创建工作任务顺利实施。2010年底，淮海西路在当年全省申报考核验收的17条道路中名列第一，建成徐州市第一条省级示范路。

淮海西路位于徐州市中心商圈西部，东接中山路，西止二环西路，全长2600m，沿街单位商家335户，为中心商圈一条承载徐州历史记忆和古城标志的繁华商业老街，曾多次荣获全国百城万店无假冒商业街荣誉称号，享誉海内外。但是在创建江苏省市容管理示范路之前的街景容貌和市容环境管理上，与其所承载的内容极不相称。沿街棚户平房阻隔道路，人行道时断时续；建筑物立面陈旧斑驳，附着物设置零乱；户外广告、门头店招设置混乱；道路路面、市政设施年久失修，破损严重。针对这一情况，市委、市政府决定，对淮海西路开展综合整治，全面提档升级，打造江苏省市容管理示范路。

9.4.2　实践做法

1．高起点规划，高品质设计，彰显街景特色

淮海西路两侧有古彭商业大厦、新华书店、国美、五星电器、华美、友谊商场等大型商场，海天、最佳友谊、新锦江等数家星级酒店以及市立二院、医学院、矿务集团、中煤五公司等沿街单位（商户）335家，沿街建筑77幢。淮海西路作为市中心区历史悠久的繁华商业老街，大型商场、酒店

林立，商业氛围浓厚，沿街建筑物新旧不一，70～80年代居多，风格各异。但是整治之前，由于拆迁不到位，高楼门前留有棚户平房阻隔道路，造成人行道时断时续；沿街建筑物立面陈旧斑驳，空调外机等附着物设置零乱，各类电线乱拉乱扯，杂乱无章；户外广告、门头店招设置混乱；展览馆门前近1000个夜市摊点占道经营，周边聚集大量流动摊贩涨市严重，脏乱不堪，造成交通瘫痪，成为城市中心的一个顽疾，市民群众反映强烈；道路路面年久失修，坑洼破损严重，污水横流，公交站台公共设施陈旧破烂不足，绿化缺损严重、车辆停放杂乱，脏乱差现象严重。

为保证改造效果能够体现其独有特色和城市品位，通过招标形式，确定由东南大学城市规划设计研究院，依据《江苏省市容管理示范路检查考核评分标准》，结合淮海西路的建筑、人文、绿化、亮化景观特点，对该道路街景和户外广告进行了设计，编制了《徐州市户外广告设置规划》，经市政府批准正式颁布设施。规划本着"楼腰禁设，楼顶减量，店招规范"的原则，强调商业集中地段是户外广告设置的集中地段，应结合建筑物的特性，着重以体现建筑造型、建筑景观为目的，加强户外广告的造景功能，创造该地段的繁华商业氛围。户外广告应多采用新材料、新技术，广告设置应色彩鲜艳明快，形式多样。广告照明应采用喷图照明、灯箱、霓虹灯及其他新形式，强调闪、亮、跳的夜景效果，白天美化、夜晚亮化，尽量塑造繁华热闹的商业氛围。规划方案经反复讨论，广泛征求意见修改完善后，经规委会审核批准后实施，从而保证了示范路建设的高品位、上档次。

2．加大资金投入，精细精致施工，确保建设质量

2010年将淮海西路创建省级市容管理示范路列入市重点工程项目，投入资金亿余元，对照《江苏省市容管理示范路评分标准》，创建省级示范道路，对照户外广告(街景)规划设计方案，从道路路面整修，建筑物立面装饰，广告、店招拆除、规范设置，到建筑物顶部整治等一次到位，保证街景景观规划设计实施到位。工程共分道路路面改造和沿街立面整治两部分。路面改造工程包括拆除机非分隔带，将原来的四车道增为六车道，铺设沥青17.41万 m^2，铺设花岗岩人行道板4.8万余 m^2；改造电力、电信、煤气、热力、弱电、交警、公安监控等管线累计总长约14.9km；沿线树穴改造成突出式树穴，树围全部更换为大理石材质；快、慢车道及人行道各种管线窨井、检查井整治1951套（座）；新建14个港湾式公交站台，更换了新型公交站棚；新增3个渠化道口，更换路名牌、交通划线、更换交通信号设施、交通标志牌。新增欧洲商城、新一佳超市、展览馆、工人医院等4个树阵式停车场。沿街立面整治包括粉刷沿街建筑物外立面19400余 m^2，清洗脏污墙体4300余 m^2，立面干挂石材装饰390 m^2，GRC装饰线及安装线管1100余m，屋顶喷漆修缮870余 m^2，油漆门窗2600 m^2，空调外机安装装饰罩3500 m^2，改造门头1500 m^2，油漆卷帘门170个，建设文化墙430m以及防盗窗等相关项目改造。

工程施工中，建立了严格的质量管控制度，按照"政府监督、工程监理、企业自检"的三级质量管理模式，对现场施工质量、进度和工程建设投资及安全施工等，依据合同、规范、标准和设计文件进行全天候、全方位、全过程的施工质量监控管理。始终坚持"精致施工、细节取胜"的原则，严格按照项目合同的要求，对施工质量进行严格把关，细节控制，严把材料选用关，以优质的材料为精致建设提供支撑，狠抓施工管理，通过全方位、全过程的质量监管，为精致建设提供保障，打造精品工程。

3．堵疏结合，联动互动，营造良好的街区市容秩序

由于淮海西路街景容貌档次偏低，市容管理水平不高，两侧巷口头占道摊点、一些业态层次相对较多的五金杂品店等店外经营多、乱停乱放现象相对较严重。尤其是展览馆门前小百货夜市，近1000个摊位，加之周边100多个流动摊点，给周边地区的交通和市容环境造成了较大影响，危及行人交通安全问题。在认真调研的基础上，采取堵疏结合，联动互动的管理模式，较好地解决了这一难题。针对展览馆门前夜市，城管部门创新思维，多方努力寻找出路，最终与巨龙商贸有限公司达成共识，由已经破产的巨龙商厦利用其闲置商业大楼吸纳夜市的经营业户，对市场实施搬迁。运作过程中，联合泉山区积极与巨龙商贸有限公司合作，将展览馆夜市搬迁至巨龙商厦，由企业运作管理，最终圆满解决了这一困扰多年的老大难问题，实现了企业与政府双赢、社会效益与经济效益双丰收的良好局面。为防止部分业户滞留不走，出现回潮，在对展览馆夜市搬迁的同时，对夜市占用的场地进行改造，将其设置为树阵式机动车停车场，缓解周边停车难问题。同时加大整治查处力度，对道路两侧出现的流动摊点、店外经营实施早中晚连续集中清理取缔，攻克了一批群众关心、反响较大的市容顽症，市容环境秩序得到较大程度提高。同时，与公安等相关部门联动，规范设置交通信号标志、标识、标线，强化巡查执法，严格查处违停车辆。使淮海西路基本达到了无占道摊点、店外经营等违规违章现象，也基本解决了占道违停问题，营造良好的街区市容秩序。

4. 网格管理、市场保洁，保证长效管理落到实处

负责该路段执法管理的市局城管直属一大队，在淮海西路实施了以"一岗双责"为核心的网格化管理责任制。在2010年创建整治工作中，拆除楼顶广告牌、墙体广告、灯箱灯桥广告34处，约2120m²，违章扎地广告47处，约125m²，还拆除了新一佳超市的高炮广告一座。同时还对31处570m²不规范门头进行了提档升级。拆除南洋洗浴中心外围搭建、鞋城违建、薇园管理房等6处700m²违法建筑，查处擅自悬挂条幅26起（次），查处各类流动摊点、夜市排档650余起，清理店外经营200余起，及时制止擅自占用公共场地举办宣传活动行为。同时深入推进市容环卫责任区制度的落实，提高沿街单位市容环卫责任人的履约率，淮海西路的市容环卫责任书的签约率为100%，履约率达到了100%，垃圾分类知晓率95%以上。

环卫保洁全面落实了市场化运作，强化环卫作业规范。按照省住房和城乡建设厅作业定额标准，配备作业人员，实行定岗定责管理，加强作业人员的技能培训，提高保洁技能；加强检查考核。市环卫处、各大队加强道路保洁质量的检查考核，加强巡查密度，对检查发现的问题即时通知保洁作业单位进行整改。将检查考核结果和作业经费挂钩，调动了保洁作业单位的积极性；实行精细化管理，提升保洁水平。淮海路改造后，人行道板全部更换为新型花岗岩材料，快慢车道均采用大理石隔离花坛，提升了淮海路的整体档次，同时给道路管理工作提出了更高的要求。为了切实做好淮海路的保洁工作，使淮海路保洁水平上一个新台阶，对淮海路人行道进行每日冲洗，并增加保洁人员对涂刷野广告等行为进行清理。

9.4.3 成效

1. 提升了道路整体形象，推动了区域经济的可持续发展

通过示范路创建，对淮海西路建筑、绿化、亮化景观等进行提档升级，畅通了道路，提升了道路整体形象。同时，优质的环境与不断提升的商业发展潜力，吸引了一批如金鹰国际二部、欢乐买购物中心，海天假日、颖都新锦江、金陵金源大酒店等知名品牌企业入驻，带动了整条道路两侧店面经营业态的转型升级，一批品牌精品店在街区内落户，活跃了街区经济氛围，促进了中心商业圈的发展，推动了区域经济的可持续发展（见图9-17）。

2．带动了周边市容环境的整体提升，完善了城市综合服务功能

受示范路创建的影响，淮海西路周边道路综合整治范围也在不断扩大，从而形成了整个淮海西路周边市容环境的整体提升。同时，在淮海西路示范路创建过程中，拆除了道路两侧占道棚户平房，打通了阻塞人行道的障碍，搬迁展览馆夜市，建设树阵式停车场，增加停车泊位，配置公共自行车站点，切实解决了市民出行"最后一公里"的问题，设置规范的公交站台等，城市综合服务功能得到了进一步完善了（见图9-18）。

图9-17　通过示范路的创建，提升了道路整体形象

图9-18　淮海西路机非隔离花坛、港湾式公交站台

9.5　桃园社区省级示范社区创建

9.5.1　背景

2013年7月1日，《省政府办公厅关于印发江苏省城市环境综合整治行动实施方案的通知》（苏政办发城〔2013〕121号）中指出，到2013年底，各省辖市至少一个社区达到"江苏省城市管理示范社区"标准。到2015年底，达到"江苏省城市管理示范社区"标准的社区，省辖市市区有5个，县（市）有3个。以此为基础和指导，全省各市开展了创建示范社区的各项工作，徐州市在8月30日下发《中共徐州市委、徐州市人民政府关于印发徐州市"城更靓"环境综合整治行动实施方案的通知》（徐

委发〔2013〕46号），《徐州市"城更靓"环境综合整治行动实施方案》对示范社区的创建提出明确目标，即2013年，主城区至少有1个社区达到"江苏省城市管理示范社区"标准，到2015年底，主城区至少有3个社区达到"江苏省城市管理示范社区"标准，各县（市）、贾汪区争取1个社区达到"江苏省城市管理示范社区"标准。为完成此目标，市城管局立即组织市级城市管理示范社区创建。2013年10月28日，为指导各地开展城市管理示范社区创建，进一步优化社区和道路市容环卫服务功能，提高城市容貌品质和人居环境质量，提升群众满意度，省住房和城乡建设厅下发《省住房城乡建设厅关于印发〈江苏省城市管理示范路标准〉、〈江苏省城市管理示范社区标准〉的通知》（苏建城〔2013〕536号），为徐州市城市管理示范社区创建提供了参照标准。

2014年1月10～11日，根据《关于组织2013年度市级城市管理示范社区验收的通知》（徐城管市容〔2014〕11号）的安排，对照《江苏省城市管理示范社区检查考核评分标准（试行）》，徐州市城市管理局组织市容、环卫、广告、道路等部门相关人员，对各单位申报并通过审核的4个社区的创建情况进行了检查考核。根据考核情况，经综合评定，2014年2月13日，下发《关于命名2013年度徐州市城市管理示范社区的通报》（徐城管市容〔2014〕18号），命名鼓楼区牌楼街道办事处雅园社区、云龙区大龙湖街道办事处蝶梦社区、泉山区湖滨街道办事处滨湖花园社区、徐州经济技术开发区金山桥街道办事处桃园社区4个社区为"徐州市城市管理示范社区"；14日，徐州市城管局签发《关于申请对雅园社区等4个社区进行江苏省城市管理示范社区验收的报告》（徐城管报〔2014〕26号），向省住房和城乡建设厅推荐4个社区参加省级城市管理示范社区的考核，并申请验收。省住房城乡建设厅组织相关专家在对各地报送的城市管理示范路和示范社区项目申报材料进行初审的基础上，于2014年2月27日～3月2日，分6个考核组对有关申报社区进行了现场考核，并于3月17～23日将考核结果作了为期7天的公示。于2014年04月01日下发《省住房城乡建设厅关于命名2013年度江苏省城市管理示范路和示范社区的通知》（苏建城〔2014〕147号），命名43个社区为"江苏省城市管理示范社区"。徐州市被命名的有桃园社区、滨湖花园社区和雅园社区三个社区，其中桃园社区验收综合评价位列全省第一。

桃园社区成立于2001年8月，是一个十分成熟的城市管理社区，隶属于徐州经济技术开发区金山桥街道办事处，杨山路南，三环路东，依山傍水，风景秀丽，地理位置十分优越。社区东临仁慈医院，西接武警消防特勤大队的驻地，南至青龙山和杨山，北到杨山大道，面积约1.2km²，总楼数78栋，别墅236栋，常住居民2300余户，居民总数7000余人，常住人口12000余人。社区内共有四个居民小区，分别为桃园小区、金山晓月小区、协丰森林湾小区和霖雨山庄别墅区（见图9-19）。辖区内有世界500强企业卡特彼勒公司、中国医药500强的万邦医药公司等，生产型企业10家，经营店家200余家，配套设施完善，生活氛围浓厚。社区警务室有正式公安干警2人，协勤警员5人。近年来，徐州经济技术开发区认真贯彻省、市有关社区管理的精神，着力加大幸福社区建设，高度重视老小区提档升级，涌现出一批以桃园社区为代表的社区管理典型。按照《江苏省城市环境综合整治行动实施方案》和《江苏城市管理示范社区标准》，先后又投入600余万元，整治环境，更换陈旧设施，美化亮化，活跃居民精神文化生活，使社区居住环境和现代文明程度明显提高。通过省级城市管理示范社区创建工作的深入开展，桃园社区的环境面貌、文明程度和居民的精神状态发生了显著变化。桃园社区目前已成为一个道路通畅、干净整洁、舒适优美、规范有序的花园式社区。先后荣获文明社区、绿色社区、民主法治示范社区、充分就业示范社区、示范儿童之家等省级荣誉称号。

图9-19　桃园小区、金山晓月、霖雨山庄、协丰森林湾

9.5.2　实践做法

1．大力度投入，以一流配套设施保障示范社区创建

开发区每年以为民办实事工程为抓手，着力构建向老小区提升改造的倾斜机制。坚持环境卫生、设施配套、市容面貌、秩序管理四管齐下，三年来共投入1500多万元用于示范社区创建，为高标准打造一流的配套设施提供了坚强保证。

（1）加大环卫设施投入力度

新建3座免费水冲式公厕；新购买1部清洗一体化作业车，对龙潭环路等3条道路实行全天候机械化清扫；新配备了240个垃圾箱体，并在桃园小区进行垃圾分类试点，更换、新增垃圾桶240个，垃圾分类试点取得明显成效。先后组织了6次大规模卫生清洁行动，参加人数1890余人次，清理各类垃圾110余车。配备30名保洁员，区域、责任范围明确（见图9-20）。

（2）加大市政设施建设力度

修铺小区内外道路1500多m²，新铺设盲道1200m，做到盲道畅通无阻；新建公共自行车站点8处，投放自行车200辆；更换窨井盖47个，及时清理公共排水管道、化粪池，共清理化粪池60个，疏通下水道750m，打捞水面漂浮物30余车。楼道灯更换1100个、路灯150个；新更换指示牌450个、门牌1628个，平面示意图6处，实现了所有楼层号、单元号的统一更新。建立了公共设施设备档案，设施设备运营检修近30次（见图9-21）。

图9-20　新的垃圾箱体及分类垃圾箱

图9-21　市政设施建设

（3）加大市容市貌整治力度

更换沿街店面门头字号460m²，粉刷居民楼外立面3.4万m²，新装沿街空调外机遮挡罩560个，补植绿化1.7万m²，新增绿化护栏1.8万m、温馨提示牌266块，小区绿地游园布局合理，管理养护到位，温馨提示牌耳目一新，实现了小区保洁、保绿、楼栋长制度落实"三到位"。小区保洁、保绿、保序标准，楼栋长制度落实到位，无失管小区（见图9-22）。

（4）加大秩序管理力度

严格执行"主干道严禁、次干道严控、小街巷规范"的要求，设置规范了便民疏导点1处，确保摊收场清，规范有序，解决了社区居民买菜难的问题；施划了热熔标线5500m、停车泊位973个，建立了车辆专人管理制度，及时制止了逆向停车、占用盲道等不文明现象，车辆停放有序，非机动车按指定位置停放。严格执行防违控违巡查机制，无严重影响市容环境的乱搭乱建现象，切实做到违建零增长（见图9-23）。

2．有序化推动，以良好工作机制促进示范社区创建

认真抓好组织领导、宣传发动、文明创建等工作，积极营造有利于示范社区创建的优良环境。

（1）加强组织领导，责任明确，形成强大创建合力

按照《江苏省城市管理示范社区创建标准》，开发区、办事处、社区分别成立由主要领导负责的创建领导小组，制定实施方案，分解任务，逐条责任到人，并组织城管、规划、房管、宣传等职能部门深入社区参与创建。同时加强了居民纠纷调解委员会、治安委员会、计划生育、妇联共青团等组织建设，全体干部群众团结协作，共同制定了相应的创建计划，志愿者服务责任制等具体措施，制定了省级城市管理示范社区创建工作实施方案和详细计划，实行区、街道、社区分级投入机制，形成"三级联动、分工协作、责任明确"的创建组织机构，形成合力，促进创建工作有序开展。

（2）加大宣传力度，营造氛围，争取居民广泛参与

利用道德讲堂，宣讲示范社区创建意义、内容，宣讲先进文化引导人；利用市民学校，向社区

图9-22　市容市貌的整治

图9-23　通过规范疏导点、行车划线，进行秩序管理

居民宣讲创建城市管理示范社区的重要意义、工作标准；利用板报、橱窗、流动宣传车等阵地，大力宣传创建工作的内涵、居民日常行为规范。发放《致居民的一封信》3000余份、知识问答2100份，提高了创建工作的知晓率。定期召开党员会、业主代表大会、楼栋长会、志愿者会，及时向社区居民征求意见，先后发放群众调查问卷650份，采纳60余条，倾听居民心声，让居民广泛参与，让居民当家，使桃园小区创建管理更畅通，把居民急需解决的热点、难题问题转化为创建工作的重要着力点，明确时间一一整改推进。社区成立了430多人的志愿者团体，都是群众基础好、威信高的老党员、老干部，他们热心公益，常年从事保洁监督、文明引导、杂物清理、设施维修等公益活动，为小区管理做了大量默默无闻的工作（见图9-24）。

（3）深入开展文明创建活动

结合示范社区创建工作，积极倡导绿色低碳文明的生活方式，开展绿地认养、旧物置换等活动；扎实开展了"模范居民"、"好邻居"、"文明家庭"、"文明店面"等系列创评活动，每年进行评选表彰，用榜样的力量时刻感召和激励群众提升文明素养；利用4支社区文艺宣传队，自编自演喜闻乐见的示范社区创建节目，让群众在丰富精神文化生活的同时，激发他们参与创建工作的热情（见图9-25）。

3．标本兼治，智慧管理，完善长效管理机制

坚持管理机制创新、深化便民服务、强化居民自治三策并举，全面推进示范社区建设内涵式发展。

图9-24　宣传发动工作

图9-25　文明创建活动

（1）健全机制，推行网格化、精细化管理

为构建社区管理长效机制，办事处围绕管理职能，推行"4+4"管理机制，即以社区党支部、社区居委会、业主委员会、物业公司为主体，社区民警每天流动巡查，城管队员进驻社区，市政部门上门服务，设立了社区便民服务平台、城管进社区平台、民警值班室、邻里纠纷矛盾调解室，健全了社区干部包片责任制、社区民警治安防控机制、城管队员流动巡查机制、"物管110"上门服务机制，形成了社区党支部、社区居委会、街道便民服务部门、业主委员会、物业公司"五位一体"的管理服务体系，真正做到了高效管理、精细化服务的"无缝隙"全覆盖。在齐抓共管的基础上，将整个社区划分为26个楼栋责任区，建有"社区干部"包片责任制，结合办事处数字化城管对"发现的问题"快速反应处理机制。按照"谁的属地谁管理、谁的职责谁负责"的原则，做到市容环境有人巡查、发现问题有人纠正，执法协调有人配合，形成了力量叠加、优势互补的工作格局。数字化城管全覆盖，凸显精细化管理。去年结案200余件，结案率100％。社区在创建中坚持创建整治与管理并重，以整治促创建、以创建促管理、以管理促规范，积极实行疏堵结合的方式，在后续的整改过程中，变污点为亮点，在这些死角处因地制宜的栽植花木、补植草坪或是硬化处理。同时，社区还积极倡导绿色文明的生活方式，开展绿地认养、旧物置换等活动，全面提高了社区居民的文明素养，营造健康文明的社区文化。

（2）优质服务，打造5分钟便民生活圈。

随着开发区的快速发展，社区基础设施得以不断更新，各项便民设施逐步齐全，周边有开发区中学、实验小学、徐师幼儿园、仁慈医院、百大超市、公共自行车、便民疏导点、水冲式公厕、怡园活动中心等配套一应俱全，新装修便民服务大厅、社区活动中心共2000余m²，打造"一站式"服务，内设劳保、计生、民政、党建、综治等服务窗口，实行服务大厅工作人员AB角工作制度，避免出现脱岗现象，为居民提供一条龙服务。社区服务中心、图书室、棋牌室、市民学校，常年对外开放。适逢节日开展饺子宴、趣味运动会、乒乓球赛、文艺会演等活动，丰富居民精神文化生活。不出社区就能满足居民物质和精神基本生活需求，积极打造5分钟便民生活圈，让居民住得舒心放心，增强了居民对社区的认同感和归宿感（见图9-26）。

（3）切实强化居民自我管理，提升群众建设幸福家园的主体意识

没有群众参与的创建是不完整的创建，桃园社区成立了由老党员、老教师、退休职工为主体的

"红袖章"治安巡逻队、"娘子军"环境卫生监督队，以退休医生、中青年党员等为主体的尊老敬老服务队，同时依托辖区中小学，组建了青少年爱绿护绿小分队。通过组织居民参与各类社会组织，让群众在自我服务、自我管理中提升自我，唱响了"我住社区、服务社区、管理社区、建设社区"的主旋律（见图9-27）。

图9-26 桃园社区"一站式"服务中心

图9-27 居民的自我管理

（4）加强考核，确保长效化管理

为探索培育社区管理示范单位，区、办两级主要领导包挂桃园社区，重点督导社区管理对照细则开展各项创建工作，加大资金投入，增补修缮了社区公共基础设施。每年开发区、办事处相关部门结合社区实际制定目标管理责任状，明确考核表彰、量化考核指标。社区对小区物业管理单位、驻区企业单位分别送达了合作管理方案，自上而下健全了日检查、周评比、月通报、年总结的管理制度。年终，区、办两级将分别对工作扎实有效的物业公司和个人给予重奖，以奖代补、以考核促落实的杠杆管理模式，有力推动社区管理服务。

9.5.3 成效

"桃园是我家、管理靠大家"主题实践活动的持续推进，使桃园社区的环境面貌和居民的精神状态发生了显著变化，群众的幸福感和满意度明显提升。

1. 居住环境更加整洁舒适

桃园社区抓住创建江苏省优秀管理社区的机遇，从硬化、美化、亮化等关键环节入手，综合整治，狠抓社区环境建设。并依靠老党员保绿养护服务队、群众卫生监督队等群众组织，建立了社区环境维护制度。新增绿化面积达三千多m²，如今的桃园社区俨然成为一个道路通畅、绿荫掩映、花草飘香、干净整洁、舒适优美、规范有序的花园式社区，呈现出了白天是景点、晚上是亮点、节假日是看点的崭新形象（见图9-28）。

图9-28 整治前后对比

2．社会秩序更加和谐稳定

创建前期，社区环境脏乱差，小市场占道经营等现象严重。通过优秀管理社区建设，推动了社区工作由管理为主向服务与管理并重转变、由粗放式管理向精细化管理转变，美化环境，责任到人。建成蔬菜水果市场，畅通了小区道路，社区内无占道经营和店外经营情况发生。社区四个小区都新规划了停车位，施划停车泊位700余个，新建地面停车场两处，容纳近200辆车辆，解决了居民区内车辆乱停乱放问题（见图9-29）。

3．居民彼此间情谊更加浓厚

通过优秀管理社区的创建，充分调动居民群众广泛参与社区建设和管理的主动性，唱响了"我住社区、服务社区、管理社区"的主旋律，不仅增强了居民对社区的认同感和归宿感，而且还增进了居民彼此间的真挚情感。志愿者、义工等组织活动经常举行，居民认同较高，从而带动广大居民群众参与到小区建设中来。

图9-29　新规划停车

9.6　好来花园"幸福家园"创建

9.6.1　背景

为进一步提高市民的居住条件和生活质量，打造和谐平安、幸福舒适、管理有序、环境优美的人居环境，2012年3月12日，市政府发布《关于印发徐州市幸福家园创建活动方案的通知》（徐政发[2012]38号），决定在市区范围内开展创建幸福小区活动，明确了创建活动的总体目标是：通过在全市居民小区开展创建幸福家园活动，努力打造"管理有序、环境优美、治安良好、生活便利、文明祥和"的城市人居环境。幸福家园创建活动既是改善城市小区居住环境、提高居民小区管理服务水平的重要举措，也是提升小区居民幸福感、构建和谐社区的一项重大决策部署。

2012年3月15日，市政府决定，首批选择10个基础条件较好、管理服务到位、群众满意度高的小区作为典型进行培育，先行创建幸福家园，好来花园顺利入选先行创建小区名单，开始参与创建幸福家园活动。

好来花园位于共建路和和平路交叉口，占地2.3hm²，容积率1.3，绿地覆盖率大于45%，小区共

9栋楼，238户，2004年上房，总建筑面积近4万m²。艺术化的小区园林设计，将人与自然和谐地融为一体。安全设施配有覆盖小区的视频监控系统、红外对射系统、电子巡更系统、楼宇对讲系统实现了安全一体化；另外小区提供生活配套设施：体育广场、儿童娱乐场等（见图9-30）。

徐州银建物业公司于2004年承接好来花园物业服务，建立了一套规范、系统、科学的服务流程和管理规范，注重对员工服务意识和岗位职业技能的培养培训，能够在服务过程中把握服务的细节，注重基础管理，推出特色增值服务、亮点服务，获得了业主的认可。小区物业费收缴率连年超过95%，业主满意率均保持在98%以上，获得了诸多社会荣誉，先后被评为市级优秀住宅小区、省级优秀住宅小区，市级园林式小区、节水型小区等，并多次接待社会媒体及同行业者参观报道。

经过近一年的创建，2012年年底，幸福家园创建检查组对全市28家市级幸福家园候选小区进行考核验收，好来花园以十四项评分各项均第一和总分第一的成绩，成功当选2012年度幸福家园示范小区。

图9-30 园区一览

9.6.2 实践做法

1. 成立创建领导小组

好来花园参与创建徐州市幸福家园示范小区后，专门成立创建领导小组和执行组（见图9-31）。联合创建工作小组总体部署负责创建工作，带领联合工作小组制定整改方案，并负责协调各部门配合整改工作，配合组长制定并实施整改方案，监督创建工作小组工作。

创建小组带领组员对好来花园创建幸福家园工作全面计划、组织、协调。负责"创建"小组组员开展"迎检"前的自检自查整改工作；对好来硬件设施（卫生环境、园林绿化、基础设施等）的

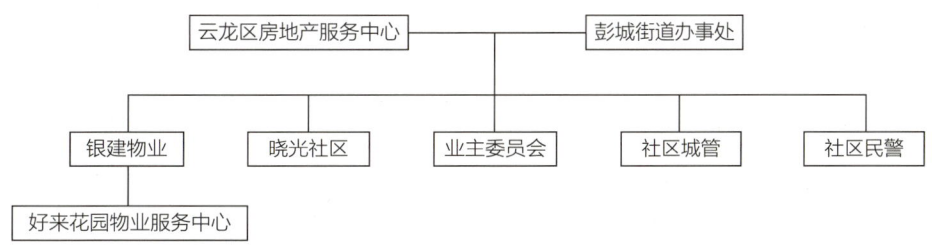

图9-31 联合创建工作小组架构图

维护整改和"创建"资料（原始凭证、管理体系及规章制度、业户档案等）的完善。各组员根据自身分管部门积极配合组长进行"创建"工作，努力完成计划工作内容。

2．加强宣传发动

创建活动是一次系统的、长期的工作，因此，加强宣传发动，是达标创优工作的先决条件。

（1）部署创建工作

为使员工尽快进入紧张的"创建"工作状态，提高工作效率，加快工作节奏，作好打硬仗的准备，银建物业积极配合云龙区房产服务中心、彭城街道办事处领导制定创建工作方案，组织召开"创建"动员大会，安排部署创建工作，动员全体人员参与创建工作，并严格按照创建标准进行整改（见图9-32）。

（2）营造创建氛围

小区现场布置宣传工作，动员全体业主参与。在主出入口，中心广场区域悬挂横幅标语，在宣传栏内进行创建幸福家园活动的目的、意义、标准、条件等内容的公示，营造和谐的创建氛围，从而提高广大业主支持、配合、参与创建幸福家园的积极性。发放《好来花园创建徐州市幸福家园示范小区倡议书》，举办《好来花园，我的幸福家园》活动，以图文并茂的形式展示业主共同参与创建幸福家园工作，维护与保持创建成果（见图9-33）。

图9-32　创建动员大会

图9-33　创建宣传

3．广泛征求业主意见，全面创建

按照创建标准，制定业主意见征求表，主要包含管理服务内容各类目等，开展业主满意度测评，找出差距和不足。在此基础上，从管理有序、环境优美、治安良好、生活便利、文明祥和等5个方面，有针对性地制定创建计划，全面开展创建工作。

（1）管理有序

1）努力改善小区环境秩序，做到园区内无违章搭建、无乱停乱放、无乱扯乱挂、无乱堆乱放、无乱贴乱画、无破墙开店、无侵占公共空间、无故意毁绿、无饲养家禽等违规现象；实现城管部门进小区，确保各项工作顺利开展。

2）保持较高物业服务质量，认真履行物业服务合同，大力推进公共服务、特约服务和24h全天候服务；健全管理制度并严格落实，不断提高业主生活满意率，收缴率达到95%以上。完善业主满意度调查制度和公示制度，通过对住户问卷调查、业主访问等形式与业主进行充分沟通，了解其需求，以便有针对性的提供便民服务。小区每年进行2次全面的业主调查，不断改进物业服务，满意率达98%以上。

3）通过小区公示栏、宣传栏向业主介绍物业管理服务的相关法律、法规、物业管理服务的具体内容、服务收费标准、业主活动剪影等，让业主了解物业的工作，监督物业服务并做到小区收费规范，无违规收费，公开透明（见图9-34）。

（2）环境优美

1）着重小区卫生环境整洁维护，确保环卫设施配置齐全，整洁有序，保洁人员，对小区园区公共区域、公共设施卫生及时、适时、准时进行维护清洁，保洁员在各自的区域内进行清洁打扫。做到小区道路、共享场地无纸屑、烟头等废弃物。小区内生活垃圾保持日产日清，定期对垃圾箱进行清洗，保持干净无异味。对中央水池每天及时清理水上漂浮物，为业主提供一个清洁、舒适的生活和工作环境。

2）做到环保要求达标，杜绝噪音及油烟扰民现象。

3）园区内"四害"密度达到国家标准。并由专人定期对垃圾暂放处、下水道进行喷洒药水消毒，定期灭鼠、蚊、蝇等。

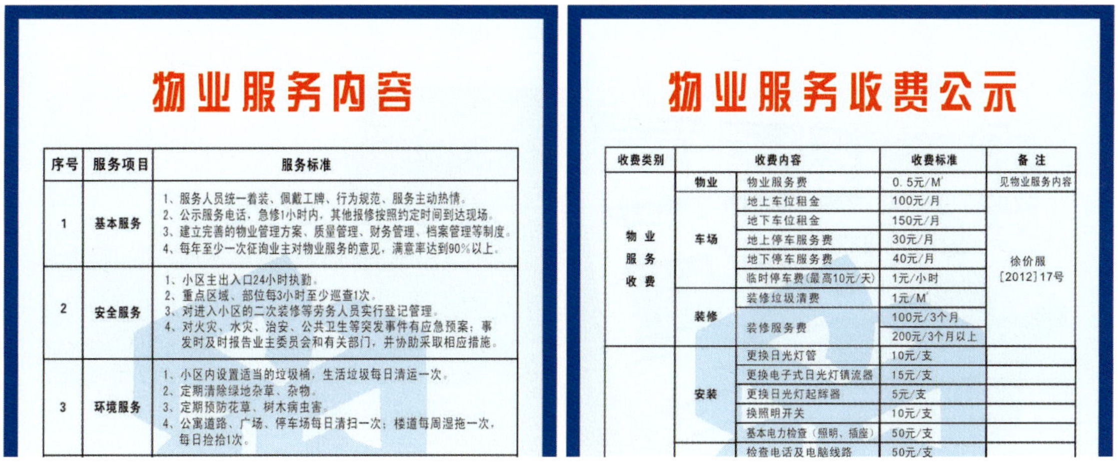

图9-34 制度公示

4）及时进行绿化养护，按照规范认真做好绿化养护管理工作，并积极开展"家庭增春、城市增绿"活动，建立长效绿化养护机制，维护良好的园林绿化效果。建立长效绿化养护机制，维护良好的园林绿化效果。根据园林养护要求，养护管理体现植物造景，合理养护群落，使植物季相分明，色彩丰富，生长茂盛，通过对各类植物的人工养护，营造优美的绿化环境。使群落结构完整，层次丰富，黄土不裸露，有整体观赏效果。根据季节及时补种和移栽树木，并有计划的及时进行修剪、施肥、养护，从而保证了美观和成活率。同时在绿化地带设立了富有人情味的友情温馨提示牌，告知业主树立良好的爱护花草意识（见图9-35）。

（3）治安良好

1）小区全面实施封闭管理，门卫24h值班，物防、技防和人防有机结合，保证电子门禁系统、电子监控系统、电子巡更系统使用正常。监控系统全天24h开通运行，定点监控录像，对可疑情况作跟踪监视及同步录像（见图9-36）。对异常情况严格按应急规程处理，严加防范不安全因素，给业主提供一个安全的居住场所。

2）杜绝重大治安和刑事案件发生，杜绝黄赌毒现象，做到无违规饲养犬只等。

3）加强车辆停放管理，确保公共道路畅通有序。小区内交通道路畅通，各项交通指引标识齐全，将机动车与非机动车停放场所分开，避免出现混停，造成安全隐患。

4）加装摄像头，为停放在小区围墙外路边的业主车辆进行监控。

5）根据市、区关于文明养犬的要求，通过悬挂条幅，在宣传栏内公示、在单元内张贴温馨提示等形式积极倡导文明养犬，得到业主的大力配合。

图9-35　环境绿化整洁

图9-36　安全秩序维护

（4）生活便利

1）全面整改影响业主生活质量的基础设施，重新粉刷单元门及门廊，维修加固油漆小区围栏；增加了4件健身器材，确保体育设施配套齐全，便于广泛开展全民健身活动。对儿童娱乐、健身设施除锈刷漆，做好休闲公共设施维护，确保正常使用。

2）及时修补小区道路、对广场休闲广场进行鹅卵石铺设改造；增设路灯，保障路灯、楼道灯使用正常，便于业主生活和出行；在小区空置区域规划停车位，满足业主基本生活需求，缓解业主停车困难（见图9-37）。

3）核查小区内标识标牌，使用高质量材质重新定制标示标牌、指示牌等，更新小区内车位线、各类井盖标识线等；定期更新公示栏、宣传栏内容。

4）小区为业主提供便民车、公益伞、充气泵服务；在单元门加装挂钩，便于业主推行车辆；在季节转换、节假日等，发放防火、防盗、防寒等温馨提示，提醒业主增强安全防范意识（见图9-38）。

5）为方便业主生活需要，服务中心还为业主提供人性化的特色服务，如牛奶投送，物品存放、递送包裹、代叫出租车等，让业主真正感到方便，从而更好地给业主提供一个优质的服务，得到业主的赞同。

（5）文明祥和

1）公司配合做好社区党建工作，建立联合工作机制，制度健全，机构完善，人员到位，"三位一体"工作记录完整。

图9-37　在小区空置区域规划停车位，缓解业主停车困难

图9-38　各项生活便利服务

2）健全司法调解机制，建立小区矛盾协调机构和处理机构，避免出现急访、越级上访和闹访等现象。

3）为丰富社区文化，成立了好来艺社，组织小区诗、书、画、文体爱好者组建业余的群众文化组织，开展了丰富多彩的社区文化活动，倡导文明生活，邻里团结和睦，形成了健康、积极向上的社区文化氛围（见图9-39）。

4）大力倡导文明生活，业主自觉遵守小区的各项管理规约和制度，文明程度较高，邻里团结和睦，志愿者工作顺利开展，业主满意率达97%以上。

4．认真总结，全面整改

2012年6月，云龙区相关领导对好来花园小区创建工作进行现场检查指导，肯定了创建工作的进展成效，提出了进一步整改的意见。创建领导小组根据各主管部门对创建工作阶段性检查发现的问题，组织召开专题会议，认真总结阶段性创建工作，研究解决方案，检查工作落实情况，积极做好小区北大门、宣传栏、景观绿化等各项整改的深化工作（见图9-40）。

图9-39　社区精神文化生活

图9-40　整改前后

9.6.3 成效

好来花园小区的幸福家园创建，明显提升了小区的硬件配套设施和软件服务质量，不仅使市民的生活更便利、居住环境更优美、治安条件更安全，而且也增强了居民对社区的认同感和归宿感，提升了市民的幸福指数（见图9-41）。2013年，在成功创建幸福家园后，好来花园业主委员会及小区业主集资购置景观石"好来情"安放于园区内，并在景观石背面篆刻由小区书法家撰写的诗文"好来赋"，以共襄盛举。

图9-41 好来花园业主集资购置景观石"好来情"，撰写诗文"好来赋"

9.7 文化墙建设

9.7.1 背景

文化墙即墙绘，是指以绘制、雕塑或其他造型手段在天然或人工墙壁面上绘制的画。文化墙作为景墙的一种类型，属于人文景观，是按照审美理想和文化观念精心构思设计的艺术化的景观，带有突出的艺术感应效应。同时，文化墙意在展示历史、民俗风貌、风土人情、政府政策趋向、未来展望、社会价值体系等元素，并在视觉传达、环境艺术相融合，以文字和图像符号为信息载体，以城市闲置的围墙或建筑立面为物质载体，采用喷绘、手绘、纸模或者贴纸、石雕为其表现手法的一种新兴的当代城市媒体，能与城市绿化、城市建筑以及其他建筑小品共同阐述城市之美。在物质文明高度发达的今天，城市公共文化和艺术的建设已成为发展现代化城市、提高城市文化品位的一条路径。文化墙在担当审美价值和导向意义的同时，也对城市的装饰和美化起着积极的作用，成为城市的组成部分，丰富着城市居民的精神空间。"美化城市、传播文明、宣传政策、弘扬公益"是现代城市文化墙四大功能的简要概括。

在西方，城市文化墙具有悠久的历史。西方的文化墙起源于街头涂鸦。涂鸦又源起于20世纪60年代后期，美国的费城和宾夕法尼亚州出现涂鸦文化（graffiti）。一批富有造反精神的非帮派画家意识到，墙是世界上最便宜、最实用的画布，"涂鸦"艺术自此诞生。此后，从简单地书写tag和门牌等字母与数字的组合逐渐过渡到了20世纪70年代前期对字型、效果等的钻研。如今，几十年的发展已经让涂鸦文化走出美国的墙角，慢慢被人们接受并逐渐成为一门新兴的、全球性的艺术创作。

在中国，尽管存留下来的大量壁画充当了文化墙的审美意趣和价值导向，但真正意义上的文化墙应该是在20世纪上半叶出现的。到80年代，西方涂鸦文化随着改革开放涌入中国的北京、上海、广州等一些经济、文化比较发达的城市，中国现代文化墙进入了发展高潮，特别是20世纪80年代以后，伴随着改革开放和经济、文化的发展，城市文化墙在许多大中城市如雨后春笋般出现。很多城市出现了倡导时代旋律、弘扬社会精神的优秀文化墙作品。近几年来，墙绘艺术已普遍进驻乡村，扩大了自身的时空存在范围。如今，文化墙已成了描绘和谐、文明、人文、艺术的城乡风景线。

徐州历史上为华夏九州之一，地处两汉古都，文化悠久，是著名的帝王之乡，是中国第一位养生学家彭祖的老家，也是中国佛教的发源地，这里人文鼎盛、星光璀璨，英雄豪杰之士层出不穷。徐州精粹的楚汉文化和古今闻名的军事要塞都赋予徐州深厚的文化底蕴，同时，徐州作为"五省通衢"的重镇，历来又是南北方文化交融的中心。其中，两汉文化、彭祖文化、战争文化等等都是享誉国内的城市文化特征。

为促进徐州市市容市貌建设，提高市民审美及传统文化素养，徐州市委、市政府选择一部分造型不够美观，所处位置比较重要的街道景观进行文化墙改造，全面升级徐州街景艺术景观，突出徐州特有文化，并将其列为2012年市城建重点工程建设项目，着力打造成一系列格调高雅，与环境相得益彰的文化墙传世之作。

9.7.2　实践做法

徐州市文化墙建设设计周期包括泉山区、云龙区、鼓楼区三个主城区。设计的重点是考虑墙面的形式与内容和所处文化环境的关系，突出以徐州特有文化为内容的整体环境改造。徐州文化一个突出的特点在于矛盾性，一方面地处温婉的江苏，另一方面从地理位置上处于北方，与邻近各省的文化有一定的交叉关系，表现出非常鲜明的北方特质；同时兼具楚文化之浪漫和汉文化之雄浑。因此，表现在雕塑的手法上，重点人物处理细腻写实，次重点及背景则大刀阔斧，注重象征写意。

1.精细选址

根据文化墙设计内容的不同类型及选址方案，确定了四个组团。第一个组团，民主南路，包括：民主小区、政协对面小区、节水办附近小区。所用材料以石材、石雕、铜雕等档次较高的材料为主。所用主题为徐州历史沿革、徐州重要历史事件等内容为主，构图以宏大见长，墙体尺度较大；第二个组团，小区附近，内容可重点考虑民众喜闻乐见的主题，比如徐州民俗、徐州典故、吉祥花鸟等等。墙体形式以青砖白墙，表现手法以石雕，砖雕为主。此组团包括：绿苑小区、民主小区；第三个组团，学校，包括夹河街一中围墙、解放路三中西侧围墙。形式上考虑与已有部分衔接，浮雕采用铜雕与砖雕。内容上主要为劝学故事、诸子百家故事等教化相关的内容；第四个组团，主题性比较突出的位置，包括两个位置：动物园西门，主题突出，以生肖花鸟为主题。湖北路沿线，周边环境复杂，造型及主题要根据周边情况分段设置，内容主要反映徐州风景及徐州现代化建设成就。

2．精选素材

鼓楼区的两组文化墙是为提高市民审美及文化素养而精心打造的"文化套餐"，其中解放路三中西侧文化墙包含10组巨幅棕铜色劝学铜雕和10组名言警句，分别镶嵌在米黄色石材墙面上，间隔以黑色大理石条形装饰，古朴大气，夜间有照明灯饰点缀，更显美观。这10组劝学故事都是中国历史上知名典故，有程门立雪、闻鸡起舞、卧薪尝胆等（见图9-42）。10组劝学故事和名言警句长约163m、高5m。这些铜雕作品都是在杭州知名铜雕工艺品公司加工制作的。

三中民主路文化墙包含多幅徐州经典记忆铜版画，同时配以相应的注释牌，记录着徐州的历史（见图9-43）。

图9-42 第三中学解放路西侧文化墙（劝学和名言警句）

图9-43 第三中学民主路文化墙（徐州经典记忆）

　　民主小区文化墙包含8组浮雕，这8组与徐州历史相关的故事仿佛为市民展开了一幅老徐州的画卷：《彭祖献羹》、《季子挂剑》、《秋风戏马》、《大唐乐舞》等，每组浮雕构图都生动形象、人物造型逼真（见图9-44）。

　　泉山区夹河街一中围墙作为学校外墙可以体现一些传统文化的内容，将一些诸子百家故事以画面的形式反映出来，重点考虑文化性，内容详实多样，造型简洁大方，并设计夜景透视效果（见图9-45）。

图9-44　民主小区文化墙（徐州历史故事）

图9-45　夹河一中文化墙（诸子百家的故事）

图9-46　绿苑小区文化墙（徐州民俗铜雕）

　　云龙区文化墙全长231.2m，位于和平路东沿绿苑小区，围墙设计采用中式传统白墙黑瓦、分段设置马头墙及鱼鳞瓦窗格等温馨怡人的造型，画面主题为徐州民俗，选材内容方面重点考虑清新雅致的文化元素。从普通老百姓的衣食住行等基本的生存物资需求，如《耕作》、《小吃》、《汲水》、《集市》、《手艺人》，到朴实而丰富的精神文化需求，如《柳琴戏》、《二胡》、《武术之乡》、《象棋村》，都表现出非常鲜明雄浑的北方汉文化精神。画面人物处理细腻写实，背景大刀阔斧，展现出古彭徐州的历史人文，成为展现徐州街景文化的重要景观（见图9-46）。

　　3．精致施工

　　文化墙建设没有采用传统的丙烯颜料涂画，而是采用铜雕手法为主，石雕、砖雕为辅的施工方式，力求高端大气，延长作品寿命。铜雕为中国传统景泰蓝制作前期胎体工艺，纯手工打造。画面立体感强，制作人物形象生动，栩栩如生。其中，云龙区绿苑小区基本是使用现有墙体，利用其墙面较长的优势，使用系列延展性比较好的方案展示，适当分段设置。每幅画面尺寸约6m²，单幅铜雕画面尺寸全国少见。民主南路政协礼堂对面围墙则是原围墙及民房需要拆除，新建墙后移，墙体加高以挡住后面的民房。鼓楼区民主小区北侧围墙重点考虑文化性，造型简洁，采用石雕及文化石的手段。利用民主小区现有景观条件较好的优势，采取部分通透的手法，使得围墙的造型虚实有致，层次丰富，也不会因为大面积的石雕使得墙体过于厚重。解放路三中围墙造型材料与三中现有围墙一致，规整尺寸比例，加大铜版画的数量及尺寸。表现形式为铜雕，内容包括十组经典劝学故事及十组名言警句。泉山区夹河街一中利用原有墙体基础翻新，贴面砖，加铜雕，使用现有26个墙垛，做高浮雕效果图的名人头像铜雕。在小型景框中设徐州风景相关诗词砖雕，全方位展示徐州的自然景观及人文风貌。动物园西门现有围墙栅栏全部改造，现有围墙很新，而且竹子灌木很茂盛，保持不变，将现有破败的栅栏改造，与现有围墙接起来。现有栅栏不变，将现有围墙改造，加上砖雕的文化内容。

9.7.3 成效

城市既是人的物质寓所，也是人的精神家园，文化让城市充满内涵，文化使城市风情万种。位于市中心的文化墙建成后，具有浓郁徐州地方色彩的主题浮雕跃然墙上，优美典雅的图画和精致的文字使这些原本冰冷的围墙变得神采飞扬，驻足街头，一幅幅内容不一、风格独具的墙画，活灵活现地传递着徐州这个城市的历史文化与特色品质。城市因景墙而异彩纷呈，文化因景墙而可感可触。徐州文化墙既是徐州市的一张文化名片，又是彰显徐州个性、宣传徐州形象的新兴传播载体。让市民随时随地了解历史文化、体会风土人情、接受道德教育、感受文明熏陶，令人耳目一新的同时扮美了城市空间、提升了文明素养，受到了群众的极大好评。

9.8 展览馆夜市搬迁

9.8.1 背景

"徐州展览馆夜市"地处于徐州市中心黄金位置，夜市门前即为最繁华的淮海路，马路对过就是徐医附院，周边有徐州医学院、徐州一中、光荣巷小学等多所学校，居民区集中。该夜市原为市计经贸委为解决下岗职工和社会无业人员就业问题，在原银河广场设立的"银河广场夜市"，后迁到富国街，2003年移交给奎河街道办事处，更名为"富国街下岗职工再就业小商品市场"。2005年3月因市政府修建"中心时尚大道"，将中山路和淮海路交叉口封闭，通行的车辆改走富国街，为保障道路畅通，"富国街下岗职工再就业小商品市场"按市政府要求搬迁至展览馆广场。初期的经营业户只有400余户，由于摊点的聚集效应，夜市规模不断变大，业户不断增加，至2010年初，经营业户总数达810户，下岗再就业人员占总人数的80%，其中困难户（由社区证明信办理的摊户）有20%。摊位总数达975个（含临时摊点77个），其中小吃摊点49个，其他小百货926个，经营种类包括服装鞋帽、化妆品、饰品、音像产品、电子产品等45类。

展览馆夜市主要在下午5点以后到晚间11点经营，由于经营商品种类丰富，迎合了市民的晚间休闲消费需求，其发展越来越火爆。但夜市露天粗放式经营与城市发展的要求相悖，逐渐暴露出一系列安全隐患和影响城市容貌的突出问题。如：市场功能区域划分不合理，小吃和百货摊位交叉经营，造成火灾安全隐患；市场开放式经营，管理难度较大，涨市摊点挤占淮海路人行道、慢车道，严重影响交通秩序，经常交通堵塞；部分商户和市民素质不高，造成夜市及淮海路周围环境卫生差，经常油污满地，污水横流，等等。对此，不仅广大市民反映强烈，而且也与2010年城建重点工程——淮海路省级示范路的创建背道而驰。因此，夜市搬迁被列入2010年徐州市人代会1号议案。

经过多方调研、专家论证，本着"以人为本，以疏为主，就近安置，实现双赢"的宗旨，以切实维护展览馆夜市合法商户利益为出发点，研究决定将展览馆夜市搬迁至展览馆对面的巨龙商厦内入室经营，成立巨龙淘宝夜市，并将此项工作列入2010年全市重点工程。

新成立的巨龙淘宝夜市是一个封闭式室内市场，面积近5000m²，与展览馆夜市仅一路之隔，充分尊重了业户、消费者的经营习惯与消费心理，应该说是当时在闹市区能够找到的最佳场地。市政府投入资金对市场的消防和场地进行改造，配备空调、监控等完善的硬件设施。巨龙商贸有限公司从南京引进专业管理团队对市场进行管理，拥有专业的保安和物业管理服务。市场三层、四层准备引进淘宝网络实体店，将进一步增加市场人气，发展前景良好。最重要的是市场经营不再受天气、时间、场地的制约，经营摊位固定，并免收摊位费和押金。泉山区按照市委、市政府统一部署，从4月12日至4月27日，历时16天，共搬迁商户738户，899个摊位，圆满完成了夜市搬迁工作。

9.8.2 实践做法

根据市政府的有关要求，为加快搬迁进程，徐州市城管局将搬迁展览馆夜市作为头等大事来抓，在各级领导的高度重视和搬迁领导小组的具体组织下，通过各相关部门、单位的密切协作配合，以更大的诚心、细心、耐心，做好搬迁各项工作。

1. 成立组织机构，明确工作责任

为了保障夜市搬迁工作的顺利实施，市委、市政府做出展览馆夜市搬迁决定后，泉山区专门成立了展览馆夜市搬迁工作指挥部，下设综合协调组、信访稳定组、搬迁实施组、应急处置组、政策咨询组和后勤保障组等6个工作组。王陵街道办事处负责夜市搬迁工作的具体实施，为了与区搬迁指挥部统一协调对接，办事处成立了相应的工作小组，采取"挂图作战，倒排工期"的方法，制定工作方案和应急预案，定期召开协调会议，协调解决搬迁中遇到的困难和问题，有力地推进搬迁工作顺利实施。

2. 科学制定方案，注重工作实效

制定科学合理的搬迁方案是搬迁成功的第一步，选择在夜市对过的巨龙商厦作为新夜市经营地点，规划设置摊位975个。制定搬迁方案、设计搬迁程序、进行商户基本情况摸底排查、科学划分业户类别、及时掌握了解商户的思想动态，积极与巨龙淘宝夜市的衔接，指导他们做好各项搬迁工作。本着公开、公平、公正的原则，坚持"阳光操作、人性化搬迁"的理念，特别注重结合展览馆夜市经营特点和巨龙淘宝夜市场地的实际情况，因地制宜，共同研究，科学设计搬迁方案。搬迁流程设计力求通俗易懂，搬迁方案制定充分考虑夜市的经营特点、业户的需求和市场安全管理的需要，将小吃类摊位安排在室外经营，百货类安排在室内按单双日隔日经营，合理的分流人群，减少了安全隐患；在搬迁方法设计上，采取简单、易懂、易于操作的"抓阄法"，使商户易于理解和接受；根据业户经营资历、证照手续完备程度等，将业户划分为若干等级，充分照顾了老银河和老富国街业户的利益；简化工作程序，方便业户选择，充分尊重业户自主权，将巨龙淘宝夜市划分为若干功能区域，商户可以一号选多摊等。这些人性化措施提高了商户对搬迁工作的认知度，保障了搬迁工作的有序进行。

同时方案设计力求严谨、周到、细致、可操作性强，针对搬迁中可能发生的问题提前谋划、提前介入，深入细致地做好各项应对措施。制定了展览馆夜市搬迁应急处置预案、展览馆夜市搬迁信访维稳预案和搬迁结束后后续管理方案，一旦出现突发问题，立即启动预案，避免了工作的被动性、盲目性。

3. 注重宣传发动，积极引导教育

为营造良好的搬迁氛围，形成强大的政策舆论宣传攻势，使商户认识到搬迁的必然性和必要性，区委宣传部和市执法局制定了周密的新闻宣传方案，统一宣传口径，安排夜市管理办公室提前介入，收集素材，协调电台、电视台、报纸等新闻媒体分阶段、分层次的从不同侧面宣传报道夜市

的脏乱差、不文明现象和安全隐患等，引导商户接受搬迁的现实。为了让商户了解、熟悉、接受搬迁工作各项政策和搬迁流程，搬迁工作实施前，指挥部在夜市管理办公室和巨龙淘宝夜市分别设立了政策咨询处，专门组织相关工作人员学习搬迁工作相关的法律法规、政策规定以及市委、市政府对这次搬迁工作的具体指示、要求，学习理解搬迁工作方案和搬迁程序，吃透精神，把握重点，确保宣传发动工作的准确性。同时设立公示栏，将夜市搬迁公告、夜市搬迁政策、搬迁流程、巨龙淘宝夜市摊位分布平面图、业户资料和监督电话等向群众公开，使被搬迁业户及时了解搬迁相关政策。同时还印制了《展览馆夜市商户搬迁须知手册》、《致广大商户一封信》、《展览馆夜市商户基本情况公示》、《搬迁须知》、《夜市搬迁法律法规宣传单》等宣传资料，发放到每一位业户手中。抽调了机关科室、社区干部及城管执法人员会同有关部门认真细致地做好每一个被搬迁业户的思想政治工作，不厌其烦地向他们宣传解释搬迁政策，千方百计帮助他们解决实际困难，征求他们对搬迁安置的意见和要求，用真心真情赢得了人心，做到了"文明搬迁、和谐搬迁"。

4．周到细致准备，热情文明服务

为保证搬迁工作顺利实施，指挥部在搬迁办公现场合理划分办公区域，严谨安排工作流程，提前做好办公现场的各项准备工作。在搬迁实施前办事处专门组织工作人员进行业务培训，并进行2次实地模拟演练，及时发现问题，及时调整工作安排。办公过程中的一些人性化安排，及时化解了对立情绪，最大限度的保障了搬迁工作顺利实施。一是把办公现场安排在老体育场田径馆，既避免了人群聚集影响交通，又疏散了人群；二是在办公现场设计了由交通护栏和检票护栏组成的排队区，既避免人员拥堵，又保证了办公秩序；三是采用流水办公的方法，既方便业户办理手续，又保证了办理速度；四是发挥现场宣传喇叭的作用，一方面宣传法律法规、政策规定和搬迁进展情况，另一方面针对现场情况及时调整宣传方法，争取动员持观望态度的业户，警告、告诫现场不法分子停止违法行为。通过工作人员的热情接待，文明服务，确保了搬迁工作顺利实施。

5．利用接访平台，有情处置信访

展览馆夜市搬迁工作涉及面广、影响面大，如何有效处理信访问题是整个搬迁工作的一道难题，指挥部充分估计困难，采取提前谋划，提前介入，及时掌握业户思想动态，做到及时发现，及早预防，阳光接访，有情处置的方法，有效的化解矛盾。一是夜市管理办公室对市场内业户的思想状况逐一进行梳理，列出重点信访人头，密切与信访、公安部门的协调配合，重点监控其在搬迁期间的一举一动。二是深入了解业户的思想动态，在上访、闹访核心层安插眼线，及时掌握闹事人员的动态，为指挥部决策部署提供信息支持。三是通过各种渠道、各种关系分化瓦解上访、闹访核心层人员，做到提前息访。四是充分利用接访的机会，与上访业户面对面沟通，把接访作为政策宣传的平台，及时化解矛盾。

6．阳光无私操作，公开、公平、公正

为了确保搬迁工作公开、公平、公正，区委、区政府对工作人员提出了严格的要求，在手续办理环节设置了初审，审核登记，复核等环节；在搬迁实施过程中除聘请公证机关现场公证外，区纪检监察机关全程参与，邀请、夜市业户代表和新闻媒体全程参与监督搬迁工作。由于工作的透明性和公正性，取得了绝大多数商户的认可和支持。

7．细化管理措施，严防反弹回潮

为了确保展览馆夜市搬迁后不回潮，市城管局主要采取了三项措施：一是按照辖区管理原则，

明确了管理、监管责任主体。淮海西路（含展览馆广场）由市城管局直属二、三大队负责；与淮海西路相交的各路口、周边道路及小街巷由泉山区负责；巨龙淘宝夜市内部管理由巨龙商贸有限公司负责，市容环卫责任区制度落实由市城管局直属三大队监管。二是加强协调联动，开展集中整治活动。市城管局直属一、二大队与泉山区城管局、王陵办事处集中人力物力，加大执法力度。采取定人定岗与执法巡查相结合的办法，正常班进行定人定岗管理，17：30～23：00进行执法巡查，及时清理占道摊点；对聚集在展览馆附近的摊点，在说服教育无效的情况下，依法暂扣经营设备，强制取缔违法行为。三是明确工作措施，实施长效管理。制定了《展览馆夜市搬迁后周边市容管理措施》，明确了全面落实执法管理"双责"制度；将展览馆周边列入市容管理重点区域进行日常考核；建立信息通报和行动协作制度等7项工作措施及要求，确保原展览馆夜市周边及淮海路无固定经营摊点，保持较好的市容环境秩序。

9.8.3 成效

展览馆夜市搬迁至巨龙商场，一方面在解决群众就业、丰富市民生活等方面发挥了积极作用；另一方面，展览馆夜市原址规划建设成为树阵式停车场，进一步提升了中心商圈的设施配套水平，完善了城市功能，在有力地支撑了淮海路省级示范路创建的同时，也成为提升城市形象的又一亮点（见图9-47）。

图9-47 展览馆夜市改造为树阵式停车场

9.9 开明农贸市场搬迁

9.9.1 背景

老开明市场位于建国路与民主路交叉口，是政府菜篮子工程的重点实施单位，隶属徐州市市场开发管理有限公司，建成于1988年9月，占地10.96亩，房屋及大棚面积为4866m²，市场有经营业户455户，经营摊位和门面房共567个（间）。市场投入使用后，因其地处城市中心区、商品种类齐全、价格相对低廉，逐渐发展为徐州农副产品的批发、零售集散地，在徐州市及淮海经济区享有较高的知名度，多年来为繁荣一方经济、服务百姓生活做出了突出贡献。

但随着徐州城市化进程的加快和商贸流通业的繁荣，开明市场受自身空间局促、设施陈旧、功能单一等因素的制约，也逐渐暴露出一些问题：首先，交通安全隐患凸显。由于市场地处闹市，加之进出人流量较大，经常造成道路堵塞，机动车、非机动车和行人混行，时常发生交通事故，而且公交车时常被堵，影响市民生活；其次，污染环境严重。许多卖鸡鸭和卖牛羊肉的多是场外交易，每天早上市场周围马路上到处是血水和家禽粪便，百姓很有意见，加之市场每天从凌晨三四点钟开市，各种货车、拖拉机和机动三轮车把路口挤得水泄不通，且噪声甚大，导致周围居民长期得不到正常休息；第三，资源闲置浪费。开明市场位于市中心的位置，每天上午十点左右就结束营业了，其余时间闲置，造成市场资源浪费。因此，其已越来越不符合城市建设和自身发展的新要求。

2010年市十四届人大三次会议将开明市场搬迁工作列为第1号议案，要求尽快实施。为此，市委、市政府经过多方调研，本着"以人为本，整体安置，先建后搬、实现双赢"的原则，决定将开明市场由建国东路搬迁至城东大道，并将此项工作列入2010年全市为民办实事工程，由云龙区具体实施。

新开明市场坐落在黄山街道店子社区，总占地面积37.95亩，分两期建设，由市、区两级政府为主体投资兴建。市场一期营业楼占地19.35亩，比老市场多8.39亩，建筑面积2.1万m²，是原市场的4.3倍。营业楼共五层，一层安排水产品、生鲜、水发菜、豆制品类，二层安排蔬菜、干货、调味品、熟食类，两层共拥有摊位682个（间）；三、四层为仓储服务区，负一层为大型室内停车场。为方便人员进出，市场配套了10部电梯（其中2部为新增升降货梯），并在营业楼南侧一、二层设有为小型货车配送货物专用的外坡通道。市场内配备标准冷库和环保式杀鸡房，安装抽送风设施，垃圾收集房密闭管理，垃圾日产日清。市场还配置了防盗、消防设施和电视监控设施，供水设施按各行业交易区的用水要求配足容量，一户一表。新开明市场2010年5月破土动工，11月30日竣工，是照国家商务部行业标准建设、目前徐州市配套设施最完善的大型现代化综合农贸市场。

9.9.2 实践做法

按照市政府的部署，老开明市场采取拆迁货币补偿、业户整体安置的办法，遵循安全、有序、和谐的原则，即在计划的时间内完成拆迁手续办理、拆迁公告发布和整体搬迁工作，实现老市场关停和新市场试运营的无缝对接，确保全过程不得发生安全事故，不得发生治安事件，业户不得流失。经过各方的共同努力，搬迁工作于12月21日全面集中实施，455家商户全部入驻新市场，22日新市场正常试营业。

1. 明确新市场管理主体

市场管理方发挥政府与市场业户之间的桥梁和纽带作用，积极参与搬迁工作，为市场顺利搬迁提供了基础保障。起初市场管理方对开明市场搬迁认识不够到位，甚至有较大的抵触情绪，对此，云龙区政府本着以人为本、开诚布公、求同存异、互利共赢的原则，就接管新市场问题与市场管理方进行了深入交换意见，通过半年多几十轮的沟通洽谈，彻底消除了管理方的顾虑，并就老市场拆迁谈定了补偿金额。他们从不理解、不支持到后来积极参与搬迁工作，可以说是经历了一个巨大的思想转变的过程。店子社区代表区政府与市场管理公司正式签署了委托经营管理协议，市场管理方提前介入新市场建设和搬迁实施工作，标志着新市场管理责任主体的确定和搬迁工作的正式启动实施。

2. "零距离"做业户的工作

业户的热情拥护和主动配合是成功搬迁的法宝。一是加强政策宣传。充分发挥街道社区干部的优势，深入市场开展宣传教育工作，对开明市场搬迁的重要意义和"一免一减半"优惠政策进行反复宣讲，并向每位业户发放《告业户一封信》和《业户搬迁须知》，最大限度地积极争取业户的理解和支持。二是积极听取采纳业户合理的意见和建议。11月份以来直至搬迁当日，共接待群众来访30多批次，倾听梳理群众意见上百条。区政府领导靠前接访，采取上门拜访、约见会、座谈会等方式与广大业户面对面交流，并向业户公布通信号码，畅通沟通渠道，倾听群众呼声，实时掌握业户思想动态，及时疏导、化解矛盾，及时解决问题。例如，在原建设方案已完成的基础上，根据群众的意见，又增加投资数百万元，增加了两部货梯以及熟食铝扣房、鱼池和干货架等配套设施，为商户创造了一个更加安全、便捷的交易平台。通过艰苦细致的思想教育工作，业户对搬迁工作的认识逐步到位，奠定了顺利搬迁的思想基础。三是排除外部干扰因素。"开明大菜屋"、"七里沟农副产品交易市场"等，针对开明市场业户进行了非常规手段招商干扰，严重影响了整体搬迁工作，云龙区政府及时协调市有关部门，对不正当竞争行为进行了有效制止，稳定了经营户的波动心理。

3．科学实施抽签选摊

抽号选摊工作是整个搬迁工作的关键环节，抽号工作能否成功将直接决定搬迁能否顺利实施。对此，云龙区政府尤为重视。一是做仔细的调查摸底工作。由于开明市场经营历史长久，业户情况相当复杂，云龙区政府组织人员力量奋战几个昼夜，准确核实了基本底数，确定了老业户资格，并把抽签入场证及时发到每一位业户手中，为抽号工作的开展奠定了坚实的基础。二是科学合理制定抽签方案。在尊重开明市场现状和听取管理方、业户意见的基础上，云龙区政府经过充分酝酿，精心设计了公开、公平、公正的抽签规则，所有的摊位、门面实行"1+2"（连摊户抽一次、单摊位抽两次）随机抽签，优化组织流程，赢得了广大业户的认同。三是周密组织现场抽签工作。12月19日，在抽号工作领导小组统一指挥下，3个抽签小组同时开展工作，市、区领导靠前指挥，个别问题现场协调，人性化处理，整个抽签工作秩序有条不紊，无一例上访事件，无一例纠纷，无一业户缺席，为实现整体搬迁奠定了良好的基础。

4．搬迁过程安全有序

经过多轮研商和论证，制定了科学、严谨、周详的集中搬迁工作方案和安全、治安、交通等工作预案，使搬迁工作有"法"可依，按部就班。搬迁当日，云龙区组织公安150人、城管200人、交巡警50人，商贸、安监、信访等相关部门100人，辖区街道办事处工作人员300人，共计800多人，形成强大的搬迁保障队伍，突出老市场场内、场外、途中、新市场场外、场内等五个关键区域，细化流程，责任到人。为解决业户车辆不足问题，云龙区政府还准备了近30辆搬家货车，40余辆上货车辆，备业主使用。新、老市场所在街道办事处还分别各组织了60人的搬迁服务队，协助业户搬迁。公安、交巡警、城管、安监等部门和属地街道办事处各司其职，疏导交通，维持秩序，保障安全。12月21日早9点30，搬迁工作全面启动，熟食、水产、生肉等行市500多户老开明市场业主，在规定时间、沿着规定路线、持统一配发的通行标志，有序进行搬迁。至晚8时左右，搬迁全面完成。晚12点整，区建设和城管部门对老市场实施了封闭管理。

5．严格规范新、老市场搬迁后续管理

市场整体搬迁后，按照属地管理的原则，作为市场管理的主管单位，云龙区政府对新市场明确了新的目标定位，即：在保障百姓"菜篮子"的同时，推进新市场大发展，努力创建全国文明诚信市场，力争将新市场打造为淮海经济区一流的现代化综合农贸市场。围绕这一目标，坚持目标不变、人员不散、力度不减，云龙区政府专门设立了新市场监管机构，将力量转移到新市场的管理和老市场的整治上来：一是指导、监督市场管理公司按照有关行业、专业标准，对市场经营秩序、安全管理、环境卫生、业户服务进行强化规范，力争新市场尽快进入正常管理轨道；督导市场管理公司切实加大力度，运用市场化机制抓好物业管理工作，保证市场内消防、计量、电梯等各类设施完好，做到安全、有序、整洁；二是加强对新市场周边占道经营、环境卫生、交通秩序、车辆停放、违章亭棚的集中整治工作，持续到春节后转入长效管理。目前，新市场运转平稳，业户普遍反映销售额特别是零售额比以前有所增加；三是组织联合执法组对老市场周边环境进行集中整治。

9.9.3　成效

　　开明市场搬迁既是徐州市城市功能布局调整、优化的需要，也是改造、提升城区环境的需要。新开明市场基础设施齐全、配套设施先进、摊位通道宽敞、环境整洁有序，在改善业户经营状况的同时，也方便了市民的日常生活。开明市场搬迁不仅提升了城市的整体形象，而且成为农贸市场换代提档升级的成功范本，实现了政府、业户和市民的三方共赢（见图9-48）。

图9-48　老开明市场与新开明市场对比图

　　首先，提升了城市形象。根据规划，开明市场搬迁后，原址将建设历史文化街区，在空间布局结构上，与老东门时尚街区相互呼应，提升了徐州市的文化品位，同时，历史文化街区的出现，对新的城市形态建构也有很大帮助。

　　其次，提高了市民和业户的满意度。开明市场的搬迁解决了原来存在的交通安全、环境污染等隐患，改善了人居环境，尤其是原址上历史文化街区的构建，打造出高品位的生活环境，市民非常满意；对于业户来说，市场搬迁也许暂时会带来这样那样的麻烦，但新开明市场面积大，设施完善，经营环境好，是一个专业化的、现代化的综合农贸市场，有利于业户集约经营，增强集聚效应，有利于业户的长远发展，因此，也受到了业户的理解与认同。

9.10 公共厕所建设与管理

9.10.1 背景

城市公共厕所是独立建筑于城市道路、广场、车站、公园等公共场所附近，或附建在公共建筑之内，并向社会公众全天候提供方便和服务的设施，强调的是可供所有的公众使用的厕所才是公共厕所。公共厕所是一个国家或地区经济和社会发展总体水平的体现，是表现城市细节，体现人文关怀和城市精神的服务性基础设施，为整个城市的运行起着重要的保障作用。城市公共厕所虽然不像城市交通、市政、能源等其他城市基础设施那样，直接为城市的生产经营活动、社会文化活动提供基本保障，但可以通过自身的合理布局与多种服务的功能，来体现一座城市对公众细微的体贴和人文关怀，因此，它既是城市形象的标志，又是现代文明的缩影，折射出一座城市的文明水准和文化品位。公厕问题看似小事，实则关乎民生，最能体现政府为民办实事的情怀，也是对政府管理能力的考验，其设施档次、保洁质量代表着一个城市的文明程度，反映了一座城市的公民素质和管理水平。因此，做好公厕的建设与管理，是城市管理的重要环节。

多年来，市政府非常重视公共厕所的建设改造，新建了一批公共厕所，同时每年还投入一定资金用于公共厕所的改造和提升，市区公共厕所数量明显增加，服务功能进一步完善，截至2013年底，徐州市主城区纳入环卫系统管理的公共厕及社会公厕已达627座。但是，由于资金不足、管理不顺等原因，市区公共厕所还存在着一系列问题有待解决：一是总量不足、布局不均。中心城区公共厕所建设力度较大，设置较密集，数量基本能满足需求，但城区外围区域如开发区、新城区、泉山区西部及南部及云龙区东部地区则分布密度较低，数量不足；二是建筑形式单一。公共厕所建筑形式分为独立式、附建式和移动式三种。主城区独立式公厕、附建式公厕和移动式公厕分别占比95.2%、3.5%和1.3%，绝大部分为独立式公厕；三是结构不合理，等级标准低。中心城区大部分公厕建筑等级还是按照1987年颁布的国家标准实施，若按2005年建设部颁布的《城市公共厕所设计标准》进行分类，则中心城区公厕建筑等级中一类公厕只有3座，占0.5%，二类公厕301座，占48%，三类公厕323座，占51.5%；四是外观陈旧、环境卫生较差。除部分新建和近年进行改造的外，公厕建筑质量普遍一般，且由于建设年代较早，建筑外观和内部设备及功能都不能满足现代城市公厕的需要，节水和卫生指标都达不到要求；五是缺乏完善的引导标识系统。公厕标识不够清晰明了，导向标志设置位置不合理，不易寻找；现有标志不规范，不易识别；如厕者不能及时找到厕所，现有公厕无法发挥应有的服务功能；六是产权复杂、标准不一，管理体系不尽完善。市区公共厕所所有权归属存在多种不同的形式，并相对应于不同的管理标准和管理方式。其中区环卫公厕主要分布于城市建成区，并分别由区环卫处和街道环卫所管理，纳入日常环卫系统管理、考核制度中。其他公厕组成和管理较为复杂，主要分布于开放性公园、车站、社会公共服务设施内，产权归各自所属单位，并由各自单位分别管理，尚未纳入环卫系统管理、考核体系。

因此，有必要进一步完善市区公共厕所规划布局，提高公共厕所等级，改造建设一批高规格公共厕所，完善公共厕所保洁管理体制，提升保洁标准，进一步改善公共厕所在市民心中的形象。

9.10.2　实践做法

1．科学规划设计

要建设和管理好公共厕所，必须做到规划先行。为解决徐州市区公共厕所存在的诸多问题，从根本上缓解"如厕难"，2014年徐州市城市管理局委托徐州市规划设计院编制了《徐州市中心城区公共厕所建设和管理专项规划（2013～2020）》，专项规划根据功能区设置密度预测等方法，预测远期中心城区需要1200座左右的公共厕所保有量，并根据规划用地实际情况及各类功能区的不同布局密度对中心城区公厕进行了优化布局；根据公共厕所建筑等级规划指标，确定了中心城区公厕等级指标为一类6%，二类66%，三类28%，规划形成一类74座、二类792座、三类329座的固定式公厕等级分布。规划提出对于城市新建大型办公楼宇、商业综合开发地块、大型交通设施地块等公共设施空间配置附建式公厕，应设置单独出入口和管理间；已建成的公共建筑，鼓励使用单位对外开放其内部公共厕所，特别是车站、商场、超市、餐厅等各类公共场馆、贸易集市等公共场所争取大部分采取附建式对外开放社会公共厕所。

公共厕所专项规划明确了发展目标：近期是中心城区建成区以内将新建一批公共厕所，改建一批公共厕所，设置一批移动厕所，开放一批社会厕所，完善公共厕所标识导向系统，将中心城区公共厕所基本形成布局合理、服务优质、管理有效的格局；远期是结合中心城市的用地功能布局，科学确定公共厕所服务半径，加强和完善公共活动场所和主要出行区域公共厕所的配置，建立统一规范的公共厕所标志导向系统，公厕数量在现有基础上增加500多座，总量达到1100座以上，形成数量适度，布局均衡，等级适应，资源节约，环境卫生，风貌匹配的公共厕所服务体系。并形成规划统一，运营规范，服务优质，管理有效的公共厕所管理体系。力争到2020年，建成省内一流的公共厕所供给体系，达到主要街道步行3～5min，300～500m范围即能找到公共厕所的要求。

2．加大资金投入，落实公厕建设改造

2011-2016年，徐州市政府每年都把城市公共厕所建设和改造作为城市建设重点工程和为民办实事工程。据统计，6年间，市、区两级财政共投入资金3050万元，建设改造环卫系统管理的公厕178座，其中新建公厕54座，提档升级改造公厕124座。2011年新建改造公厕10座，2012年新建改造公厕50座，2013年新建改造公厕47座，2014年新建改造公厕21座，2015年新建改造公厕30座，2016年计划新建改造20座。

在公厕建设中，始终遵循实事求是、注重实效的原则，公共厕所设置指标包括了空间布局指标、建筑等级指标、新建公共厕所面积指标、新建公共厕所男女蹲位比例指标、节水节能设施使用率指标和异味控制达标率指标等六大指标的确定。在设计上注重外观与周边环境的一致性，注重内部设施的实用性。公厕设计方案坚持以人为本的理念，最大程度的考虑男女厕位比例，近年新建、改建的公厕男女比例均在1：1～1：1.5左右，充分考虑了女性人群的需求。

按照科学合理布局的原则，通过科学预测公厕需求量，并根据不同功能区选择合理的公厕服务半径，进行公厕布局。公厕布局做到了两个适应：一是适应城市的发展速度和发展形态；二是适应公众用厕的生理特性和心理特性。推进社会单位供给公共厕所布局工作，加大社会单位开放厕所工

作力度，已初步形成了社会单位厕所开放的理念，进一步优化了区域公共厕所的均衡布局。

坚持质量第一，功能完善的建设标准，2015年徐州市城管局下发了《关于进一步加强市区公厕建设和管理工作的通知》和《关于印发〈2015年徐州市公共厕所提升改造工作实施方案〉的通知》，在公厕建设和改造过程中，严格按照建设标准和设计标准进行建设。加强施工过程管理，狠抓工程质量，严把施工材料关，对主要材料实行甲控，确保工程材料质量优良。施工过程中，由监理单位和市、区两级环卫部门严格按照相关标准加强日常监管，责任到人，同时要加强部门（特别是建设和管理部门）协作和沟通。环卫主管部门要定期、不定期组织工程建设、运行管理、工程监理等有关人员对施工过程和关键工序进行全面巡查，发现问题及时下发整改通知书，对未整改或者整改不到位的，不得进行下一道工序。

在公厕建设中，因地制宜，配套建设环卫工人休息室，在解放北路、积翠新村、响山南路等6座公厕建设环卫工人休息室和环卫工人安康驿站，为环卫工人提供了更衣、休息、饮水、热饭菜的方便，尽可能地保障环卫工人的权益。

3．创新机制，加强管理

经过历年建设，目前市区水冲公厕总数达到759座，根据产权分为区级环卫部门管理公厕、市级职能部门管理公厕和社会单位管理公厕。环卫部门管理公厕按照属地管理原则，由各区环卫部门负责管理养护；市级职能部门管理公厕由政府授权责任单位（水利局负责故黄河两岸公厕、园林局负责公园、景点公厕、云龙湖风景管理处负责云龙湖范围内公厕、城管局负责彭城广场、人民广场公厕）负责管理养护；社会单位管理公厕由各自产权单位（车站、市场、居民小区、加油站等）负责管理养护。目前市区公厕管理和保洁方式分为以下几种：（1）市场化保洁。目前主城城区范围大部分环卫公厕以及黄河两岸、公园广场、云龙湖风景区内的公厕实施了市场化保洁，通过政府购买服务，专人值守，免费对外开放。（2）区环卫部门保洁。环卫部门管理的公厕除去纳入市场化保洁的公厕外，剩余的部分区级公厕仍由各区环卫部门负责日常管理保洁。（3）社会单位管理和保洁。除园林、水利部门纳入市场化保洁公厕外，其他社会公厕由各自产权单位自行负责日常管理养护。

随着公厕保洁市场化的不断深入，徐州市城管局创新管理理念，加强公厕管理和考核，在公共厕所管理中，主要从以下几个方面加强管理：一是加强保洁时间管理，将公厕保洁分为三类，在免费公厕开放时间上及时按季节调整，充分体现人性化管理，市区重要主干道夏季的晚间开放时间延长到23点，在2016年市场化保洁招标中，对解放北路等公厕要求全天24h开放。二是在作业保洁中注重专业培训实效，做到持证上岗，同时定期培训学习，统一了全市公共厕所保洁人员的服装和工号，设置保洁公示牌，将保洁单位、保洁人员及监督电话等信息公示，随时接受社会各界的监督。三是加大公厕管理与保洁的检查考核力度，杜绝在岗人员出工不出力、脱岗、干与本岗位无关的工作。四是加强维修力度，在公厕日常使用中加大巡回检查，发现个别配件丢失或损坏时，及时要求保洁公司修复或更换，一般问题当日修复，较大的问题，在一定期限内进行整改。

实行精细化管理和考核，水冲式公厕，冲刷是非常关键的环节，在以往的管理保洁中，部分保洁单位为了降低费用，往往舍不得用水，造成冲刷不到位。为了确保水冲式厕所冲刷到位，市城管局对市场化免费开放的公厕，每座都核定了用水量（每月每座180～300t不等）、用电量（每月每座50～70度不等），公厕保洁中将实施对水、电及维修的据实核算，达不到核定用水用电标准的公厕，费用不予支付，超过核定标准的，按照核定标准支付。这样就避免了保洁公司工作投入的缩水，鼓励保洁公司多冲勤冲勤维护，提高资金使用效率，切实提高服务水平。

9.10.3 成效

近年来，市城管局环卫部门通过进一步完善徐州市市区公共厕所规划布局，并相应提高公共厕所等级，改造建设了一批高规格公共厕所，完善了公共厕所保洁管理体制，提升了保洁标准，彻底改变了公共厕所在市民心中的形象。

1. 环境面貌明显提升

通过合理规划、高标准建设、市场化运作、强化管理，市区公厕彻底改变了以往"脏、乱、差"的面貌，公厕管理走上市场化、标准化、规范化轨道，环境面貌得到明显提升（见图9-49）。

2. 市民满意度显著提高

以往公共厕所投诉是环境卫生工作中一个比较突出的问题，2000年以前，公共厕所问题每年都是市人大政协两会关注的热点议题，人大代表、政协委员关于公共厕所建设和管理的建议、提案数量要占环境卫生类的一半左右。但是近年来，公共厕所方面的建议和提案明显减少，每年只有一、两件左右，而且内容主要关注的是公厕的提档升级，反映出市民的满意度显著提高。

3. 为创建提供了坚实的基础

近年来徐州市先后成功创建国家环保模范城市、国家园林城市、国家卫生城市、国家生态园林城市，目前正在积极创建全国文明城市。在城市创建过程中，造型优美、设施完善、管理有序的公

图9-49 环境面貌明显提升

共厕所作为最基本的市政公共设施，提升了城市的整体形象，完善了城市的功能，为徐州市的各类创建提供了坚实的基础。

9.11　宣武路（小商品批发市场衔接道路）市容环境整治

9.11.1　背景

宣武路是徐州市东部地区的重要道路，北起淮海东路，南至建国东路，全长570m，宽6m，共有沿街店铺和单位138家。宣武路周边有新生里批发市场、宣武商贸城、老街坊时尚街区、百惠家美时超市、时代小商品城等商业体，是徐州市及淮海经济区的商品批发、零售中心。长期以来，该地段由于商贾云集，人流众多，吸引了大量占道流动商贩，形成已有20多年的"马路市场"。该地段流动摊点最多时达163个。在经济利益的驱动下，占道违章商贩，长期违规经营。有的与城管部门"打交道"十几年，部分违章摊点甚至"抱团"联合对抗执法，加之沿街小商铺为方便经营，普遍存在店外经营、乱搭乱建、乱堆乱放、乱贴乱画等现象，造成市容环境的脏乱差，成为城市管理的"顽疾"，在影响市容市貌的同时，还严重占用社会公共资源，导致市民的道路通行权被侵犯，影响到徐州城市形象的提升。为加强城市管理工作，巩固创卫成果，提升宣武路的市容环境管理水平，为市民打造良好的市容环境秩序，徐州市城管局开展了宣武路市容环境集中整治行动。

9.11.2　实践做法

1．充分做好整治准备工作

为切实做好宣武路市容环境综合整治工作，云龙区彭城街道办事处曾多次组织城管执法人员进行摸底调查，并形成了第一手的"大数据"：宣武路北段占道二手手机摊位13家，百惠家美时超市周边占道小吃摊点16家；宣武路中段老街坊街区东门口服装、小百货占道经营摊位22家，老干部活动中心到青年路15家，老干部活动中心前和市委宿舍东墙外人行道，有7处用机动车作为摆摊设点工具的商贩；宣武路南端建国路路口小商品、小百货占道摊点14家。整条宣武路共计约87家摊贩长期盘踞，比较固定，此外，还有部分流动摊贩在此聚集，最多时达106家。138家沿街门面中，其中11家店面长期出店经营，百惠家美时超市周边小吃摊点店外经营问题普遍，宣武商贸城西门北侧路东存在乱搭乱建、占道经营行为。

针对宣武路的特殊情况，云龙区政府按照"重点突破、疏堵结合、落实长效"的原则，加强整治工作的组织领导，落实市容环卫长效化管理，成立宣武路市容环境综合整治领导小组。由区人大副主任、区城市管理局局长、彭城街道办事处主任分别担任组长、副组长，其他多个相关单位责任人为小组成员。领导小组下设办公室，办公室设在彭城办事处，办公室主任由彭城办事处副主任兼任。领导小组负责对各责任单位整治工作进行督促、检查、指导、协调，组织对宣武路及周边地区开展全方位综合整治。重点对店外经营、占道摊点、占道作业；机动车、非机动车乱停乱放；乱搭乱建、乱拉乱挂、乱堆乱放；卫生保洁、积存垃圾；无证小餐饮、油烟扰民等进行集中整治。

云龙区城管局对照整治内容，逐条逐项进行调查摸底，对存在的问题进行全面排查，根据存在问题的实际情况，制定详细的解决方（预）案；以各种形式向社会和业主进行宣传，努力形成人人自觉维护市容环境秩序的良好氛围。整治前两天，云龙区城管局采取了逐户通知、劝说的方式，将此次联合整治行动的目的告知每一位违法经营行为责任人，希望他们能配合行动。对于拒不配合执法的摊点，将依法坚决取缔。

2．实施整治，"治乱"、"治脏"、"治差"

（1）"治乱"，清理占道经营和流动商贩

根据所制定的详细周密的宣武路整治方案和应急预案，开展集中行动，拔除市容难点。2015年3月28日，在市城管局的指导帮助下，云龙区组织城管、公安、巡防、办事处、公证处、卫生局等十多个部门共计300余人，开展声势浩大的联合执法行动，出动铲车、清障车、洒水车等30余辆专业车辆，彭城办事处准备客货车3辆、切割机等设备3套、操作工若干，做好占道摊点车体清理的准备工作，集中对宣武路、老民主南路的店外经营、占道经营进行清理，取缔违章摊点120处、店外经营70家；拆除遮阳伞、违章亭棚13处，暂扣物品5车。宣武路南段违章亭棚、宣武西门摊点、宣武路中段店外经营、百惠家美时周边小吃群、淮海堂周边占道二手机交易等5处市容难点全部得以取缔。

对于3月份的整治，云龙区城管局做了大量的前期分析调研，对占道摊贩的疏导分别设计方案，对整治后的长效管理确立了机制和人员。通过梳理、走访，106个占道摊点中，属于靠摆摊维持生活、家庭困难的弱势群体有26个，这部分摊贩全部向老街坊或疏导点进行了免费安置。13家二手手机摊贩引导至文化宫电子商城内经营。其余60个摊位原先大多是批发、零售从业者，附近有店面，或是业余时间摆摊，对这部分业主则进行了异地经营或改行（见图9-50）。

（2）"治脏"，开展环卫保洁大扫除

撤除原有道路两侧拉臂罐，更换5组新型封闭式垃圾桶。增加道路清扫保洁力量，安排2台机械化清扫保洁车，在早中晚人流高峰期对宣武路巡回保洁。利用夜间时段，组织高压清洗车对宣武路开展路面冲刷，变"扫路"为"洗路"，提升了道路卫生质量。对宣武路周边2座人流量较大的公厕，实施改造出新，增加无障碍蹲位，更新冲洗设备，安装文明导引牌等，宣武路周边如厕环境焕然一新。

（3）"治差"，实施公共配套设施建设

为巩固整治成效，防止反弹，在清理占道摊点后的空地，设置公共自行车停放点和护栏，既防止占道摊点回潮，又美化提升了城市环境。同时，对宣武路两侧门头、店招、建筑外立面实施

图9-50　清理占道经营和流动商贩

综合改造，共粉刷1200m²建筑外墙，规整空调外机70处，制作铝塑板幕墙280m²，规范门头店招550m²，改造绿篱花坛30m²，对各路段的非机动车停放点，重新进行划线规范，安排专人管理，宣武路容貌形象得到根本转变（见图9-51）。

3. 落实巡查一体，建立长效管理机制

在宣武路与民和路交叉口设置了城管便民服务岗亭，配备巡区巡查队员8名，实现对宣武路日常管理巡查的无缝对接。巡查队员发现占道经营、店外经营等违章行为，及时予以取缔，各责任单位要根据工作需要，按工作责任范围，落实长效管理措施，巩固整治成果，确保该路段的市容环境秩序规范有序，严防占道经营等违章行为回潮。积极提升市容管理公众参与度，城管队员与宣武路沿街业主签订《市容环卫责任书》，签订率100%，履行率97%，形成齐抓共管，共同治理的局面。通过整治，宣武路的环境面貌得到了彻底的转变，杜绝了占道经营、店外经营、乱扯乱挂、乱堆乱放等现象，达到了还路于民，通畅交通的目的，得到了周边居民群众和来往客商的赞誉（见图9-52）。

宣武路整治前，这条500余米长的路上有11名城管队员定岗。整治后，宣武路上定岗队员增加至20名。在宣武市场附近路段，从早7点至晚7点不间断巡查治理，尽可能保障占道经营治理工作及时到位。只要发现一家回潮的违法经营摊点，坚决在第一时间取缔，让宣武路车通路畅成为常态。

图9-51　占道摊点清理后和整治后的公共自行车站点

图9-52　落实长效管理

9.11.3 成效

宣武路就像是徐州城市管理水平逐步提升的一个缩影，现在的宣武路上，沿街店面整齐划一，流动摊贩已然消失，市场秩序井然有序；车辆按规定停在了指定区域，道路秩序明显改观（见图9-53）。

图9-53 整治后市场井然有序、道路秩序明显改观

9.12 矿西路（城郊接合部道路）环境综合整治

9.12.1 背景

矿西路地处徐州市南郊城乡混合街区，东临中国矿业大学、南临风华园小区、北临卜蜂莲花超市，东接解放南路，道路全长630m，路面宽20m，为城乡混合和高校、医院、居民区、商业聚集的复杂街区。道路周边有社区医院2所、农贸市场1座、医药商店5家、小餐饮50家、服装百货店27家、美容美发店16家、建材加工业户8家，附近有大学城、风华园、泰山嘉园、崔庄小区、学府嘉苑、翠湖新语、天成花园、泰山汇景等十几个居民小区以及泰山村、孟庄、周庄、侯山沃城中村，人口密集，承接着本地5万居民及2万流动人口的生活保障，是泉山区泰山办事处辖区人流量较大、商铺较多的商业街道。

矿西路由于其特殊的地理位置和先天的规划建设不足，吸引周围的众多摊贩到此进行违章占道经营。其中矿西农贸市场由于建设时间较早（1996年始建），存在规模小、配套设施不健全等问题，无法满足周围居民的消费需求，长期以来，在市场周围及解放南路矿大西门段自发形成了"马路市场"，占道经营、乱摆乱放现象屡禁不止，道路破损严重，车辆乱停乱放，沿街广告设置杂乱，环境卫生脏乱差，对周围市容环境卫生以及交通等问题造成了严重的影响，尤其是晚上，道路两边满是小吃摊位，人流量集中，电动车随处停放，导致交通堵塞，机动车进退不能。多年来，由于道路狭窄、设施陈旧、管理滞后，摊点随意摆放、车辆乱停乱放，造成道路拥堵不堪，再加上沿街广告设置杂乱，环境卫生脏乱差，成为市容管理的乱点、难点。

9.12.2 实践做法

1. 坚持整体管理理念，统一规划实施

道路的管理涉及很多方面，包括市政设施、沿街商铺、户外广告、车辆摆放等，是一项系统工作，需要全盘考虑。泰山办事处对矿西路进行改造整治工作启动之前，坚持从整体出发，对道路路面、两侧墙体、交通秩序、门头店招等进行整体规划设计，统筹考虑、统一标准。加大投入力度，投资200余万元，采取"以点带面、全面铺开、整体推进"的方法，有条不紊地推进综合整治工作。

首先，做好宣传发动，向沿街166家商铺经营业主发放《创建示范路（街、巷）告业户一封信》，对50家不规范经营的餐饮业户下达限期整改通知书；其次，整治工作中，对路两旁的店面违规门头广告及占用人行道的广告牌进行拆除，对道路两侧门头店招统一规划、统一制作。拆除道路两旁违规门头店招、楼腰广告及落地广告牌1600m²，统一制作门头广告1100m²；第三，针对楼体外立面陈旧杂乱的问题，实施粉刷清洗、统一颜色，共粉刷沿街楼体外立面5600m²，同时，清理沿街楼顶及外立面的各类杂物，使沿街建（构）筑物外立面和其他附属设施达到外形完好、整洁美观；第四，对道路两侧的人行道板进行更换，新铺设彩板人行道、盲道，修补破损路面1200m²，实现了道路及两侧建筑外立面整体改造，整体出新（见图9-54）。

图9-54 矿西路门头店招、人行道整修前后

2. 坚持精细管理理念，注重完善细节

首先，为解决交通拥堵问题，精心设置机动车、非机动车停放区域和场所，划定机动车停车位69个、非机动车停放处12处，在主要路口设置隔离墩30个，安装非机动车停放护栏1260m；其次，在矿西路东口，与解放路交叉路口安装停车温馨语音提示设备，及时提醒线内停车；第三，安排专人在矿西农贸市场非机动车停放处看管，规范车辆停放；要求沿街商铺严格落实"门前三包"规定，严禁车辆在责任区范围内乱停乱放，对在责任区内随意停放非机动车的，沿街商铺予以劝阻，引导按规定停放；第四，城管队员协助交警指导机动车按照划定泊位、指定方向停车。通过上设施、上人员，完善落实各种细节，有效改善了交通环境。目前，在矿西路上，行人、车辆文明出行、各行其道、有序停放已成为市民的一项自觉行动，文明、有序的市容环境受到居民称赞（见图9-55）。

3. 坚持科学管理理念，实现部门联动

道路整治要遵循规律，科学施策。摆摊设点、店外经营、乱停乱放等现象不仅影响市容环境，还造成交通拥堵，给市民出行带来不便，为破解过去办事处城管"单打一"的困局，积极协调各职能部门，建立城市管理多部门联动的科学管理机制。由区城管联席会牵头组织，条块配合协作，属地负责落实，形成了公安、工商、食药、城管等职能部门力量整合、信息互通共享、行政执法

图9-55 非机动车停放整治前后

协调联动的工作机制，形成了上下联动、问题联处、执法联勤的城市管理联动新局面，解决了城市管理执法工作中由于职能单一存在的执法难、易反复的问题，为城市管理提供了坚实有力的支撑和保障。

在整治活动中，云龙交巡警大队协助制定机动车停车方案，划定机动车行车线和停车位，设置交通标识，使车辆行驶和车辆停放更加有序。翟山派出所派出干警协助清理了多年占道经营的"钉子户"，对于阻挠行政执法的不法业户及时给予法律制裁。工商、食药监等部门对沿街餐饮的业户进行全面排查，对不达标食品餐饮卫生许可条件的店面下发整改通知，对不符合经营餐饮卫生条件的坚决取缔，通过采取城管、交警、公安、工商、食药等联合执法、综合执法新机制，攥指成拳、合力整治，有效地解决了困扰多年的矿西路城市管理"疑难杂症"，提高了执法整治效率（见图9-56）。

4．坚持长效管理理念，创新工作举措

示范道路管理不是一时的工作，需要长期坚持、长效管理。巡查一体，执法联动，实现城市管理无死角全覆盖，是创新城市长效管理的新举措。在巩固和加强矿西路管理服务上，办事处一方面依托矿西街城管岗亭，对周边路段、区域进行服务与管理，另一方面实行24h巡查一体新机制。

图9-56　占道经营整治以及划定机动车停车线

一是以矿西城管岗亭为平台，选调城管精干队员，成立矿西街城管女子行政执法队，用温情执法、微笑服务对周边路段、区域进行服务与管理。矿西城城管岗亭不仅配有执法记录仪、警务通、对讲机、计算机等执法装备，具有及时、高效的城市管理功能，同时，岗亭内还配备纯净水、雨伞、急救箱、工具箱等物品，免费提供市民使用，集城市管理、投诉办理、便民服务于一体，实现了管理、服务的有机融合。自2015年以来，矿西城管岗厅办理占道经营、店外经营、乱搭乱建、乱摆摊位、车辆乱停乱放等案件5400余件，为12000人提供问路咨询、困难救助，为166家商铺店面提供146件政策咨询。矿西城管岗亭被评为全市首座女子城管示范岗亭、首个女子党员先锋岗，展示了泰山城管队伍新形象（见图9-57）。

图9-57　矿西城管岗亭被评为全市首座女子城管示范岗亭

二是参照徐州市巡特警的执法模式，积极落实24h"巡查一体、四班巡查、错时换班"的执法新方式。城管队员"四班三运转"，定点值守与巡回检查相结合，对出现的城管问题快速反应、快速处置，并配合交警部门加强静态交通管理，规范车辆停放，保证了道路24h畅通无阻，确保长效化、常态化。

三是推行道路环卫保洁市场化管理，确保道路垃圾不落地。聘请高资质、专业的保洁公司进行道路、店面环卫保洁，安排专人负责日常巡查、监管考核，道路护栏、绿化箱体、垃圾容器等基础设施齐全，布局合理，功能完好，整洁美观，努力营造整洁有序、文明和谐的市容环境。

9.12.3　成效

在市、区城管部门的指导和市公安局、翟山派出所、云龙交巡警大队的大力支持下，泰山街道办事处坚持以"整体、精细、科学、长效"的"四观"理念为指导，围绕环境综合整治重点工作，以创建精品示范路为引领，加大投入、强力推进，彻底改变矿西路市容环境，将城市管理难点打造成亮点，为城郊接合部环境综合整治积累了经验，提供了示范。

9.13　环城街道夜市便民疏导点建设

9.13.1　背景

近年来，鼓楼区城管局在推进科学管理城市中，按照"精致、细腻、整洁、有序"的要求，坚持效率和公平并重，以精细化管理求效率，以人性化管理求公平，通过设置便民疏导点，使城市管理更加人性化、更具包容性。截至目前，鼓楼区已累计设置便民疏导点23处，其中环城街道办事处的便民夜市疏导点以其管理规范、疏导成效显著的特点，在全市疏导点建设中发挥了示范作用。

环城街道办事处东起复兴北路，西至中山北路，南依环城路，北接奔腾大道，面积3.6km²。该街道办事处地处鼓楼区核心地带，下辖堤北、朱庄、王场、苏电、煤港、闸口、双惠、华康、环城、银郡等10个社区，其中堤北、朱庄为涉农社区（城中村）。辖区内居民小区127个，主干道8条，次干道及背街小巷23条，常住人口约11万人，约占鼓楼区人口的三分之一，人口数量及人口密度均为鼓楼区第一。鼓楼区在历史上就是老工业区，环城街道办事处因地理位置因素，辖区内更是集中了大量的工业企业及宿舍区。受多种因素影响，辖区内城市基础设施配套不足、外地来打工、下岗职工等低收入群体人数众多，长期以来辖区占道经营、店外经营、马路市场等城市管理问题十分突出，尤其是在祥和路、煤港路周边形成了多个市容管理难点。

由于环城街道办事处辖区内仅苏北农贸市场、23市场、王场市场3个农贸市场，无法有效的疏导被取缔的摊点。因缺乏疏导的经营场所，众多主干道上的占道摊点被压缩到附近小街巷和居民小区内，影响了居民日常出行，周边的居民群众意见大。在这种情况下，如何在强力整治的同时，通过有效的疏导解决众多经营业主的经营问题，成为摆在管理者面前的一道难题。

9.13.2　实践做法

1. 环城街道便民夜市疏导点建设

2014年，徐州市顺利通过国家卫生城市考核验收。如何巩固创卫成果，满足百姓的日常消费需求，合理引导安置夜市烧烤、大排档业户，得到了各界关注。基于此，徐州市委、市政府把规划建设集中烧烤点列为2015年全市为民办实事工程。鼓楼区委、区政府始终坚持疏堵结合，指导各街道办事处辖区中队至少选择1处合适地理位置，设置夜市烧烤大排档疏导点，从根本上解决夜市扰民问题。

环城街道办事处为解决辖区占道夜市扰民问题，率先在煤港路徐州化机厂北侧地块高标准投资建设了占地6000余m²的青啤环城大排档、烧烤疏导点，为徐州市民创造了一个宽敞、明亮、整洁、放心的烧烤、大排档消费环境。

在鼓楼区城管局的指导和推动下，2014年9月，该疏导点成为全区被市政府批准的26处规划建设的便民疏导点之一。2015年4月，青啤环城大排档建成开业。该便民疏导点总投资400万元，占地6079.84m²，其中房屋面积958.84m²，场地面积2661m²，停车场面积2460m²，疏导点内设有商铺门面41家，分为A、B、C共3个区域，A区是特色小吃，B区是大排档，C区是烧烤。疏导点内设置古朴典雅的中式门头，配以LED灯箱，石材地面与墙面完美的结合，营造出一副江南水乡的画面，室内两侧整齐划一的店铺统一的招牌、字体，地面铺贴白色瓷砖，上罩白色彩钢瓦大棚，灰白相间的乳胶漆营造出一个节能、环保、整洁、优化的大排档环境。疏导点还设置了油烟机净化系统，这套环保排烟系统在烟道终端配有油烟净化系统，每家排出的油烟可以做到零排放，为周围群众创造了良好的生态环境（见图9-58）。

2. 环城街道便民夜市疏导点管理

该疏导点在经营管理上，全面引入了市场化的运作方式，即按照"政府主导投资、市场化经营管理"的原则，由鼓楼区国有投资公司、环城街道办事处共同投资建设，青岛啤酒冠名，引入朗悦商业管理公司进行规范化管理。

一是为了引导马路占道经营夜市烧烤、大排档业户入驻疏导点，鼓楼区政府为入驻业户减免部分租金，统一购买配置餐桌板凳，统一安装门头字号，共疏导安置原马路市场经营业户28家（见图9-59）。同时，按照小餐饮标准，要求入驻业户转变以往脏乱差的经营习惯，统一设计配置厨房操作间，统一安装环保油烟净化设备，统一健康体检，统一配送餐具，并且每天统一由14个保洁员不间断巡回保洁，统一设置治安摄像头，统一建设停车场，配套建造公厕和警务工作室。

二是为了实现疏导点的长效化管理，杜绝疏导点周边出现占道夜市摊点干扰疏导点的正常经营现象，环城办事处城管中队借助"巡查一体"制推行的契机，在该处疏导点门前设置城管岗亭一座，24h安排城管人员值班，避免疏导点周边占道夜市回潮。

图9-58 节能、环保、整洁、优化的大排档环境和油烟机净化系统

图9-59 店铺统一的招牌、字体以及厨房操作间

9.13.3 成效

开业以来，青啤环城夜市大排档客人络绎不绝，每天客流量达3000人左右，该疏导点设置既为马路占道经营夜市烧烤、大排档业户提供了就业经营场所、提高了经济收入，彻底解决了城管难题，又为徐州百姓提供了整洁、放心的就餐消费环境，赢得了广大市民的一致好评，省、市多家新闻媒体也给予宣传报道，实现了"经营者安心、消费者放心、管理者省心"的三赢局面（见图9-60）。

环城街道便民夜市疏导点由于规模大、设置标准高，管理规范，配套设置齐全，成为全市疏导点的样板，深圳、济南、菏泽、济宁、淮北等外地城管同行多次前来参观考察学习。

图9-60 多家新闻媒体给予报道

参考文献

[1] [美]拉塞尔·M·林登. 无缝隙政府[M]. 北京：中国人民大学出版社，2002.

[2] [美]世界观察研究所. 世界报告2007：我们城市的未来[M]. 北京：中国环境科学出版社，2007.

[3] [美]戴维·R·摩根，罗伯特·E·英格兰，约翰·P·佩利赛罗. 城市管理学：美国视角（第六版）. 杨宏山，陈建国译[M]. 北京：中国人民大学出版社，2011.

[4] [美]奥沙利文. 城市经济学（第6版）. 周京奎译[M]. 北京：北京大学出版社，2008.

[5] [美]珍妮特·V·登哈特，罗伯特·B·登哈特. 新公共服务：服务而不是掌舵. 丁煌译[M]. 北京：中国人民大学出版社，2004.

[6] 吴群刚，孙志祥. 中国式社区治理：基层社会服务管理创新的探索与实践[M]. 北京：中国社会出版社，2011.

[7] 荆其敏，张丽安. 城市空间与建筑立面[M]. 武汉：华中科技大学出版社. 2011.

[8] 牛东杰，秦峰，赵由才. 市容环境卫生管理[M]. 北京：化学工业出版社，2007.

[9] 王敬波. 城市管理与行政执法[M]. 北京：研究出版社，2011.

[10] 王树文. 我国公共服务市场化改革与政府管制创新[M]. 北京：人民出版社，2013.

[11] 王佃利，张莉萍，高原. 现代市政学（第二版）[M]. 北京：中国人民大学出版社，2008.

[12] 周传林. 市政道路养护与管理[M]. 北京：人民交通出版社，2009.

[13] 王震国. 城市管理的理念创新与举措优化. 江苏建设[M]. 南京：东南大学出版社，2013.

[14] 陆玉龙. 关于城市道路停车管理创新的思考. 江苏建设[M]. 南京：东南大学出版社，2013.

[15] 潘海啸，贾宁. 低碳城市的高品质交通政策、体系与创新[M]. 上海：同济大学出版社，2011.

[16] 吴玉宗. 服务型政府建设研究[M]. 经济日报出版社，2007.

[17] 张成福，党秀云. 公共管理学[M]. 北京：中国人民大学出版社，2007.

[18] 张凯. 循环经济研究[M]. 北京：中国环境出版社，2013.

[19] 李军鹏. 公共服务型政府[M]. 北京：北京大学出版社，2007.

[20] 叶晓川. 城管执法权的制度困境及其出路[M]. 北京：中国人民公安大学出版社.

[21] 王军. 循环经济的理论与研究方法[M]. 北京：经济日报出版社，2007：244–245.

[22] 聂永有等. 静脉产业发展政策研究[M]. 上海：上海大学出版社，2015.

[23] 王军. 静脉产业论[M]. 北京：中国时代经济出版社，2011.

[24] 魏全平，童适平等. 日本的循环经济[M]. 上海：上海人民出版社，2006：137–140.

[25] 黄兴华，邱江. 固体废物收运物流系统导论[M]. 北京：化学工业出版社，2010.

[26] 张玉华，吴远彬. 乡村垃圾收集与无害化处理技术[M]. 北京：中国农业科学技术出版社，2006.

[27] 钱健，谭伟贤. 数字城市建设[M]. 北京：科学出版社，2007.

[28] 杨书文. 中国城市管理综合执法体制研究[M]. 天津：天津人民出版社，2009.

[29] 张成福，党秀云. 公共管理学[M]. 北京：中国人民大学出版社，2001.

[30] 张金马. 公共政策分析：概念·过程·方法[M]. 北京：人民出版社，2004.

[31] 褚大建. 管理城市发展：探讨可持续发展的城市管理模式[M]. 上海：同济大学出版社，2004.

[32] 尹艳华. 现代城市政府与城市管理[M]. 上海：上海大学出版社，2003.

[33] 杨冰之，郑爱军. 智慧城市发展手册[M]. 北京：机械工业出版社，2012.

[34] 王人博，程燎原. 法治论[M]. 桂林：广西师范大学出版社，2014.

[35] 周佑勇. 行政法专论[M]. 中国人民大学出版社，2010.

[36] 胡建淼. 行政法学（第3版）[M]. 北京：法律出版社，2010.

[37] 葛洪义. 法治中国——中国法治进程[M]. 广州：广东人民出版社，2015.

[38] 季卫东. 法治中国[M]. 北京：中信出版股份有限公司，2015.

[39] 王立峰. 法治中国[M]. 北京：人民出版社，2014.

[40] 陈振明. 政府再造——西方"新公共管理运动"述评[M]. 北京：中国人民大学出版社，2003.

[41] 杨宏山. 城市管理学（第二版），北京：中国人民大学出版社，2013.

[42] 马彦琳，刘建平. 现代城市管理学，北京：科学出版社，2010.

[43] 莫于川. 从城市管理走向城市治理：完善城管综合执法体制的路径选择[J]. 哈尔滨工业大学学报（社会科学版），2013，06：37-46+2.

[44] 李国平，谭玉刚. 试论城市管理中的公众参与及公众满意——基于某城市新区的问卷调查分析[J]. 中国城市经济，2008，08：28-33.

[45] 张小明，曾凡飞. 大城管模式下城市综合执法联动机制研究——以贵阳市为例[J]. 中国行政管理，2010.

[46] 青锋，江凌. 相对集中行政处罚权制度发展历程及实施情况——城管执法体制改革十三年回顾[J]. 城市管理与科技，2010，01：36-39.

[47] 中国行政管理学会课题组，高小平，沈荣华. 推进综合执法体制改革：成效、问题与对策[J]. 中国行政管理，2012，05：12-14.

[48] 曲华林，翁桂兰，柴彦威. 新加坡城市管理模式及其借鉴意义[J]. 地域研究与开发，2004，06：61-64.

[49] 吴俊、王达. 创新城市管理理念改革城市管理体制[J]. 城市问题，2007，10.

[50] 邵任薇. 国外城市管理中的公众参与[J]. 江海学刊，2003，02：100-105.

[51] 周奋进. 为城市管理立法，破解城市管理执法难[J]. 云南行政学院学报，2008，06：134-136.

[52] 宋刚，邬伦. 创新2.0视野下的智慧城市[J]. 北京邮电大学学报（社会科学版），2012，04：1-8.

[53] 宋刚，从数字城管到智慧城管：创新2.0视野下的城市管理创新[J]. 城市管理与科技，2012.

[54] 陈平. 数字化城市管理模式探析[J]. 北京大学学报（哲学社会科学版），2006，01：142-148.

[55] 仇保兴. 推行城市管理新模式[J]. 求是，2007，09：24-26.

[56] 冯东方. 中国城市环境现状及主要城市环境管理措施[J]. 城市发展研究，2001，04：51-55.

后记

《徐州城市建设和管理的实践与探索——城管篇》的出版，得到了徐州市委、市政府的高度重视和市有关部门、各区政府（管委会）、江苏师范大学城市与环境学院的大力支持，凝结着编委会各位领导、编写组各位成员和专家学者的智慧和辛劳。

自本书提纲编写到成书出版，徐州市相关领导同志亲自圈题命题、殷切指导、把关审定，并对编撰工作细致部署、研拟提纲、审核修改；徐州市城市管理局徐建、徐品、李园、张彪、高吉才、张伟、菅志辉、李俊军、刘新宏、张庆新等领导同志指导相关处室、单位有关工作人员，分工协作、收集素材、编撰组稿；江苏师范大学城市与环境学院苗天青教授带领科研团队给予学术指导，为本书的顺利出版做出了积极贡献。在此，一并表示衷心的感谢！

由于城市管理涉及领域广阔，受时间和认识水平限制，书中难免存在漏误或不妥之处，敬请广大读者不吝指正；写作中参考了大量文献，因篇幅限制，有些没有列出，也烦请作者见谅。